Python
题库精选

——学、问、练、赛、测、考一体化教程

董付国 ◎ 著

清华大学出版社

北京

内 容 简 介

本书精心设计和收录了3634道客观题和832道编程题，涵盖Python开发环境搭建与使用，内置函数与运算符，列表、元组、字典、集合，选择结构与循环结构，字符串，正则表达式，函数设计与使用，面向对象程序设计，文件操作，异常处理结构，算法设计，网络爬虫，套接字编程，多线程与多进程编程，NumPy数组运算与矩阵运算，Pandas数据分析与处理，Matplotlib可视化等领域。

本书设计了配套在线练习与考试软件并免费向全网开放使用，所有题目均可在线练习，支持自动判断对错。服务器端Python版本目前为3.11，后面升级为更高版本时会检查所有题目确保兼容Python 3.11和相关扩展库。

本书及配套在线练习与考试软件适用于各类Python编程基础类教材以及各章节相关的其他教材，可供Python学习者使用。

图书在版编目（CIP）数据

Python 题库精选：学、问、练、赛、测、考一体化教程 / 董付国著 . -- 北京：清华大学出版社，2025.7.
ISBN 978-7-302-69693-3

Ⅰ . TP312.8

中国国家版本馆 CIP 数据核字第 2025HM7764 号

策划编辑：白立军
责任编辑：杨　帆
封面设计：刘　键
责任校对：韩天竹
责任印制：刘海龙

出版发行：清华大学出版社
　　　　网　　　址：https://www.tup.com.cn，https://www.wqxuetang.com
　　　　地　　　址：北京清华大学学研大厦 A 座　　　　邮　　编：100084
　　　　社 总 机：010-83470000　　　　邮　　购：010-62786544
　　　　投稿与读者服务：010-62776969, c-service@tup.tsinghua.edu.cn
　　　　质量反馈：010-62772015, zhiliang@tup.tsinghua.edu.cn
　　　　课件下载：https://www.tup.com.cn, 010-83470236
印 装 者：三河市龙大印装有限公司
经　　销：全国新华书店
开　　本：185mm×260mm　　　印　张：26.25　　　字　　数：626 千字
版　　次：2025 年 8 月第 1 版　　　印　　次：2025 年 8 月第 1 次印刷
定　　价：99.80 元

产品编号：109355-01

前　言

作者 2002 年第一次接触和试用 Python 语言，但当时正沉迷于 C 语言的世界中所以并没有被 Python 语言吸引，直到 2011 年才开始使用 Python 编写程序解决问题，2013年开始系统学习 Python 并于 2015 年开始讲授 Python 语言相关课程。十年来，作者设计、整理了大量教学素材，出版了十多本相关教材，自主开发了一套在线练习与考试软件，精心设计了 6100 道客观题、900 道编程题放在软件题库中免费向全网开放并定期更新题库增加新题目。

应广大师生要求，从软件题库中精心选择一部分题目整理成书。由于题库庞大，为了节约篇幅不得不忍痛割爱放弃了很多题目，相似的题目只选择了一部分收录到本书中。为了收录更多题目，不得不对部分题目中的代码在保证功能一致的前提下进行了压缩排版，并删减了一些测试用例。同样还是为了节约篇幅收录更多题目，题目答案和解析没有放在书中，而是做成了 PDF 电子版并支持扫码查阅和下载。经过几个月的反复挑选、优化和压缩，最终确定收录了 3634 道客观题和 832 道编程题，其中有 4 道编程题是山东工商学院方向老师提供的，还有 1 道编程题改编自中国传媒大学胡凤国老师交流的题目，书中在对应题目处进行了说明。

关注作者亲自维护的微信公众号"Python 小屋"，发送消息"题库"可下载配套的在线练习与考试软件客户端，可以查看完整题库并在线练习，一定不要错过这个练习更多题目的机会。软件客户端、全部题目以及所有相关服务都是免费的，不用有任何顾虑。建议在校学生通过任课教师以教学班级为单位统一创建账号，个人读者可以在微信公众号中发送消息"账号"获取在线练习账号。

本书所有题目都提供了参考答案，不建议直接查看，建议反复思考仍无法答对时再查看答案，或者答对题目之后再与参考答案比较性能优劣和代码简洁程度。

由于题库庞大，书中难免存在错误和不足，诚挚期待和欢迎广大师生、企事业界朋友和个人读者通过微信公众号、微信、QQ、电子邮箱、微信视频号等方式与作者交流反馈。如果您发现错误请及时联系作者确认或修改，在此表示衷心感谢。

董付国

2025 年 4 月

目　　录

第 一 篇

客 观 题

    本篇收录了 3634 道题目，是配套在线练习与考试软件中 6100 道题目中的一部分，并且软件题库中的题目数量还会不断增加。为了节约篇幅以收录更多题目，一些题目中的代码在保证功能一致的前提下进行了压缩排版，读者在练习时可以自由调整为优雅的格式，建议通过配套软件查看和学习完整题库。

第 1 章

Python开发环境搭建与使用

1.1 填 空 题

（1）Python 安装和管理扩展库常用的命令主要有＿＿＿＿＿＿＿和 conda，其中前者是 Python 官方安装包自带的。

（2）Python 源程序文件扩展名主要有 py 和＿＿＿＿＿＿＿两种，其中后者常用于 GUI 应用程序。

（3）为了提高 Python 代码加载速度和进行适当的保密，可以将 Python 程序文件编译为扩展名＿＿＿＿＿＿＿的字节码文件。

（4）使用 pip 命令把本机已安装的扩展库名称和版本信息输出到文本文件 requirements.txt 中的完整命令是 `pip freeze ＿＿＿＿＿＿ requirements.txt`。

（5）使用 pip 命令读取文件 requirements.txt 中的扩展库名称与版本信息并进行安装的完整命令为 `pip install ＿＿＿＿＿＿ requirements.txt`。

（6）使用 pip 命令查看当前已安装的扩展库名称（含版本信息）的完整命令是 `pip ＿＿＿＿＿＿`。

（7）使用 pip 命令卸载已安装的扩展库 jieba 的完整命令为 `pip ＿＿＿＿＿＿ jieba`。

（8）使用 pip 命令升级已安装的扩展库 pypinyin 到最新版本的完整命令为 `pip install ＿＿＿＿＿＿ pypinyin`。

（9）扩展库编译好的离线安装文件的扩展名为＿＿＿＿＿＿＿。

（10）假设有 Python 程序文件 abcd.py，其中只有一条语句 `print(__name__)`，则直接运行该程序时得到的结果为＿＿＿＿＿＿＿。

（11）假设有 Python 程序文件 abcd.py，其中只有一条语句 `print(__name__)`，则执行语句 `import abcd` 把文件 abcd.py 作为模块导入时得到的结果为＿＿＿＿＿＿＿。

（12）编写 Python 程序时，一般以＿＿＿＿＿＿＿个空格作为缩进的基本单位。

（13）内置模块 `sys` 的成员＿＿＿＿＿＿＿可以查看所有内置模块的名字，内置模块集成在 Python 解释器及动态连接库中，没有对应的 Python 程序文件。

（14）内置模块 `sys` 的成员＿＿＿＿＿＿＿可以查看当前 Python 安装目录。

1.2　判　断　题

（1）Python官方安装包文件非常大，安装后至少占用3GB磁盘空间。

（2）可以在同一个计算机上把多个版本的Python安装到同一个文件夹中。

（3）升级Python版本时可以直接安装到旧版本Python的安装文件夹，把原来的版本升级为高版本。

（4）安装Python时，安装路径中最好不要有空格和中文字符，路径深度也不要太大，这样使用更方便。

（5）使用Python官方安装包安装时，pip命令是可选的，可以安装也可以不安装，但一般建议同时安装pip。

（6）在升级本机的Python版本时，例如从Python 3.12到Python 3.13，不需要对已安装的扩展库进行升级，可以继续使用之前的扩展库。

（7）在Windows操作系统中，直接执行cmd命令进入命令提示符环境，然后执行命令python，一定会打开本机安装的最高版本的Python解释器。

（8）在命令提示符环境中执行命令python -V可以查看Python的版本。

（9）假设Python已经正确安装并配置了系统环境变量Path，则在命令提示符环境中执行命令python -c 3+5会输出8。

（10）假设Python已经正确安装并配置了系统环境变量Path，则在命令提示符环境中先后执行命令python -c x=3和python -c print(x)会输出3。

（11）在命令提示符环境中执行Python程序时，只能使用系统环境变量Path中排在最前面的Python环境，无法使用其他Python。

（12）在Windows操作系统的PowerShell环境中执行当前目录中的命令或程序需要在前面加".∕"。

（13）自己编写的程序文件不能和标准库名一样，否则可能会影响程序运行，甚至导致Python无法启动。

（14）Anaconda3自带Python解释器，可以只安装这一个开发环境，不需要再安装Python官方解释器。

（15）在Windows操作系统上编写的Python程序一定无法在UNIX操作系统上运行。

（16）pip命令支持使用扩展名为whl的文件离线安装扩展库，但对文件名格式有严格要求，下载whl文件后不要随意改名。

（17）如果安装Anaconda3并使用Jupyter Notebook或者Spyder作为开发环境的话，只能使用conda来管理扩展库，不能使用pip。

（18）用来安装扩展库的pip命令应该在命令提示符环境或者PowerShell环境中执行，如果安装了多个版本的Python，最好切换至相应版本的Python安装目录下的scripts子文件夹执行。

（19）成功安装Python后，math、itertools、time、sys、marshal、gc这样的内置模块没有对应的Python源程序文件。

（20）默认情况下，成功安装扩展库后，对应的源程序文件都在 Python 安装路径的 Lib\site-packages 子文件夹中。

（21）不管计算机上安装了多少个 Python 版本，每个扩展库只需要安装一次，就可以在所有 Python 版本的开发环境中使用了。

（22）使用 pip 命令安装扩展库时，可以切换到 cmd 或 PowerShell 环境中运行命令，也可以在 IDLE 交互模式下直接运行命令。

（23）使用 pip 命令安装扩展库时，如果文件下载速度非常慢，可以使用 -i 选项指定从国内服务器上下载和安装并使用 --trusted-host 选项指定服务器主机可信任，可以大幅度提高安装速度。

（24）使用 pip 命令安装扩展库时，可以使用选项 --target 指定扩展库的安装位置，例如 pip install --target=c:\python311\lib\site-packages gif。

（25）安装扩展库的命令 pip install openpyxl 可以在 Spyder 交互界面直接执行。

（26）可以使用 pip 命令同时安装多个扩展库，例如执行命令 pip install jieba pypinyin 可以同时安装扩展库 jieba 和 pypinyin。

（27）使用命令 pip 在线安装扩展库时，默认安装的是扩展库最高版本，如果想指定其他版本需要使用 "==" 来指定，例如 pip install moviepy==1.0.1。

（28）可以使用 py2exe、pyinstaller、Nuitka 等扩展库把 Python 源程序打包成扩展名为 exe 的可执行文件，从而脱离 Python 环境在 Windows 平台上运行。

（29）可以使用扩展库 py2app 把 Python 源程序打包成扩展名为 exe 的可执行文件，从而脱离 Python 环境在 Windows 平台上运行。

（30）使用扩展库 easycython 把 Python 源程序文件编译为扩展名 pyd 的二进制文件，可以更好地保护源码和知识产权。

（31）在 IDLE 交互模式下，编写完选择结构、循环结构、异常处理结构、函数定义、类定义等复合语句后，需要按两次回车键来执行刚刚写完的代码。

（32）如果一条语句太长，可以拆分成多行，并把拆分得到的多行代码放在一对圆括号中表示它们是一条完整的语句。

（33）把包含若干运算符的长表达式拆分为多行时，可以在某个运算符前面换行，也可以在运算符后面换行，没有对错，也没有好坏，但最好在整个项目中保持风格一致。

（34）Python 程序中可以在同一行编写多个简单语句并且不影响执行，例如下面的写法：print(1); print(2); print(3)。

（35）在 Python 程序中必须设计一个主函数 main() 作为程序执行的入口和开始，要不然无法确定从哪里开始执行。

（36）一般建议，以井号 "#" 开头的单行注释如果比较短并且仅对当前行代码的功能进行解释和描述，可以直接放在代码同一行的后面，井号前至少空两个空格，井号后面空一个空格。

（37）一对三引号中的字符串作为注释时往往用作文档字符串，在程序文件、类定义、函数定义的开头对整体功能或接口定义进行描述，一般不用作普通的注释对特定的代码块功能进行描述。

（38）放在一对三引号之间的任何内容都会被 Python 解释器认为是注释。

（39）Python 官方安装包没有包含任何扩展库，只有内置对象、内置模块和标准库，这些是 Python 自带的，不需要导入就可以直接使用。

（40）大部分扩展库都不是通用于所有版本 Python 的，安装时应选择与本机已安装 Python 的版本对应的扩展库，尤其是离线安装时。

（41）如果在指定的路径中有同名的 py 文件和 pyc 文件，关键字 import 会优先导入 pyc 文件，除非 py 文件的日期更晚。

（42）Python 源程序文件打包为扩展名为 pyd 的文件后，可以在另一个 Python 程序中使用关键字 import 导入这个 pyd 文件。

（43）执 行 语 句 `import math.sin as sin` 后，可 直 接 使 用 sin() 函 数，如 sin(3)。

（44）一般不建议使用 `from math import *` 或类似的语句导入模块中的全部对象，更建议只导入确实使用的对象。

（45）在编写 Python 程序时，对代码进行缩进只是为了好看，不缩进也不影响程序的正常执行。

（46）Python 程序只能在开发环境中直接运行，不能在 cmd 命令提示符或 Power Shell 环境中运行。

（47）在 IDLE 交互模式下，依次执行语句 `print(3+5)` 和 `print(_+5)`，第二次的输出结果为 13。

（48）在 IDLE 交互模式下，依次执行语句 `3+5` 和 `_+5`，第二次的输出结果为 13。

（49）在 IDLE 交互模式下，依次执行下面 3 条语句，第三次的结果为 28。

```
a, _ = divmod(123, 100)
3+5
_+5
```

（50）在 IDLE 和 Spyder 交互模式窗口中，直接把表达式作为语句执行可以立刻得到输出结果，在程序中需要明确使用 print() 输出才行。

（51）在 Jupyter Notebook 中编写 Python 代码时，每个 cell 中的代码是互相独立的，后面的 cell 不能访问前面 cell 中定义的变量。

（52）在 Spyder 中，使 用 菜 单 Source → Format File or Selection with Autopep8 对当前文件中的代码进行格式化，会自动调整空格与空行数量，代码布局更清晰。

（53）在 IDLE 交互模式窗口中，把光标移动到已经执行过的代码任意位置然后按回车键，可以复制光标所在位置的语句到将要执行的新语句的最后位置。

（54）已知文件 one.py 中内容如下，则在交互模式下执行语句 `from one import *` 后，变量 _x 和 z 是可以访问的。

```
_x, __y, z = 3, 5, 8
__all__ = ['_x', 'z']
```

1.3 多 选 题

（1）下面属于 Python 源程序文件扩展名的有（　　　）。

    A.py　　　　　　　　B.pyw　　　　　　　　C.pyc　　　　　　　　D.pyd

（2）下面属于 Python 语言特点的有（　　　）。

    A. 开源　　　　　　　B. 免费　　　　　　　C. 跨平台　　　　　　D. 解释执行

（3）下面的应用领域中可以使用 Python 语言的有（　　　）。

    A. 数据分析与处理　　　　　　　　　B. 网站开发

    C. 办公自动化　　　　　　　　　　　D. 开发操作系统

（4）下面的应用领域中可以使用 Python 语言的有（　　　）。

    A. 系统运维　　　　B. 网络爬虫　　　　C. 网络攻防　　　　D. 人工智能

（5）下面能够支持 Python 程序编写和运行的环境有（　　　）。

    A.IDLE　　　　　　　B.Anaconda3　　　　C.PyCharm　　　　　D.Eclipse

（6）下面场合中可以直接执行 pip 命令安装扩展库的有（　　　）。

    A.cmd 命令提示　　　　　　　　　　B.Power Shell

    C.IDLE 交互模式　　　　　　　　　　D.Spyder 交互模式

（7）下面扩展库中可以用来把 Python 程序打包为可执行程序的有（　　　）。

    A.pyinstaller　　　　　　　　　　　B.Nuitka

    C.cx_Freeze　　　　　　　　　　　D.jieba

（8）下面可以用来安装和管理扩展库的命令有（　　　）。

    A.pip　　　　　　　B.conda　　　　　　C.pyinstaller　D.py2exe

（9）下面导入标准库对象的语句中正确的有（　　　）。

    A.from math import sin　　　　　　B.from random import random

    C.from math import *　　　　　　　D.import *

（10）下面导入标准库对象的语句中正确的有（　　　）。

    A.import math.sin　　　　　　　　　B.from math import sin

    C.import math.*　　　　　　　　　　D.from math import *

第 2 章

内置函数与运算符

2.1 填 空 题

（1）Python 关键字＿＿＿＿＿＿＿表示空值。

（2）Python 关键字＿＿＿＿＿＿＿表示逻辑真。

（3）Python 运算符中用来连接两个列表得到新列表的是＿＿＿＿＿＿。

（4）Python 运算符中用来计算集合差集的是＿＿＿＿＿＿＿。

（5）Python 运算符中用来实现列表、元组、字符串与整数进行运算实现元素重复的是＿＿＿＿＿＿＿。

（6）Python 运算符中用来计算整除的是＿＿＿＿＿＿＿。

（7）Python 运算符中用来计算真除法的是＿＿＿＿＿＿＿。

（8）Python 运算符中用来计算两个整数的余数的是＿＿＿＿＿＿＿。

（9）Python 运算符中用来进行幂运算的是＿＿＿＿＿＿＿。

（10）Python 运算符中用来计算集合并集的是＿＿＿＿＿＿＿。

（11）Python 关键字中用来判断两个对象的引用是否相同的是＿＿＿＿＿＿＿。

（12）Python 关键字中用来表示"逻辑与"运算的是＿＿＿＿＿＿＿。

（13）Python 关键字中用来测试一个对象是否存在于另一个可迭代对象的是＿＿＿＿＿＿＿。

（14）语句 print(0b10101) 的输出结果为＿＿＿＿＿＿＿。

（15）表达式 0x41 == 65 的值为＿＿＿＿＿＿＿。

（16）表达式 0o777 == 511 的值为＿＿＿＿＿＿＿。

（17）表达式 0b1111 == 0xf 的值为＿＿＿＿＿＿＿。

（18）表达式 True + 3 的值为＿＿＿＿＿＿＿。

（19）表达式 'Python' + '小屋' 的值为＿＿＿＿＿＿＿。

（20）表达式 [1] + [2] 的值为＿＿＿＿＿＿＿。

（21）表达式 0.4-0.3 == 0.1 的值为＿＿＿＿＿＿＿。

（22）表达式 2.75-1.5 == 1.25 的值为＿＿＿＿＿＿＿。

（23）表达式 2--3 的值为＿＿＿＿＿＿＿。

（24）表达式 2++3 的值为＿＿＿＿＿＿＿＿＿。

（25）表达式 3 + 4j.imag 的值为＿＿＿＿＿＿＿＿＿。

（26）表达式 (3+4j).imag 的值为＿＿＿＿＿＿＿＿＿。

（27）表达式 13 / 4 的值为＿＿＿＿＿＿＿＿＿。

（28）表达式 13 // 4 的值为＿＿＿＿＿＿＿＿＿。

（29）表达式 -13 // 4 的值为＿＿＿＿＿＿＿＿＿。

（30）表达式 13 // -4 的值为＿＿＿＿＿＿＿＿＿。

（31）表达式 (-13) // (-4) 的值为＿＿＿＿＿＿＿＿＿。

（32）表达式 30.0 // 5 的值为＿＿＿＿＿＿＿＿＿。

（33）表达式 (-10) % (-3) 的值为＿＿＿＿＿＿＿＿＿。

（34）表达式 1234 % 1000 // 100 的值为＿＿＿＿＿＿＿＿＿。

（35）表达式 1234 // 100 % 10 的值为＿＿＿＿＿＿＿＿＿。

（36）对于任意自然数 x 和 y，表达式 x//y*y == x - x%y 的值为＿＿＿＿＿＿＿＿＿。

（37）表达式 '123' * 3 的值为＿＿＿＿＿＿＿＿＿。

（38）表达式 [1,2,3] * 0 的值为＿＿＿＿＿＿＿＿＿。

（39）表达式 3 + 4j * 2 的值为＿＿＿＿＿＿＿＿＿。

（40）表达式 (3 + 4j) * 2 的值为＿＿＿＿＿＿＿＿＿。

（41）表达式 2 ** 3 ** 2 的值为＿＿＿＿＿＿＿＿＿。

（42）表达式 (2**3) ** 2 的值为＿＿＿＿＿＿＿＿＿。

（43）表达式 -3 ** 2 的值为＿＿＿＿＿＿＿＿＿。

（44）表达式 16 ** 0.5 的值为＿＿＿＿＿＿＿＿＿。

（45）表达式 8 ** (1/3) 的值为＿＿＿＿＿＿＿＿＿。

（46）表达式 8 ** (1//3) 的值为＿＿＿＿＿＿＿＿＿。

（47）已知 x = [5, 7, 3, 2, 8]，表达式 x[2] 的值为＿＿＿＿＿＿＿＿＿。

（48）已知 x = [5, 7, 3, 2, 8]，表达式 x[-1] 的值为＿＿＿＿＿＿＿＿＿。

（49）已知 x = [5, 7, 3, 2, 8]，表达式 len(x[:9]) 的值为＿＿＿＿＿＿＿＿＿。

（50）已知 x = [5, 7, 3, 2, 8]，表达式 len(x[1:4]) 的值为＿＿＿＿＿＿＿＿＿。

（51）表达式 [1, 2, 1, 2, 1][-3:] 的值为＿＿＿＿＿＿＿＿＿。

（52）表达式 (not not 2) == (not not True) 的值为＿＿＿＿＿＿＿＿＿。

（53）表达式 1 is True 的值为＿＿＿＿＿＿＿＿＿。

（54）表达式 [] == False 的值为＿＿＿＿＿＿＿＿＿。

（55）表达式 3.0 == 3 的值为＿＿＿＿＿＿＿＿＿。

（56）表达式 1 < 3 == 3 的值为＿＿＿＿＿＿＿＿＿。

（57）表达式 3==3 is not True 的值为＿＿＿＿＿＿＿＿＿。

（58）表达式 5 > (3 is True) 的值为＿＿＿＿＿＿＿＿＿。

（59）表达式 3 in [1,2,3] is True 的值为＿＿＿＿＿＿＿＿＿。

（60）表达式 5 > 3 in [1,2,3] 的值为＿＿＿＿＿＿＿＿＿。

（61）表达式 float('inf') == float('inf') + 5 的值为＿＿＿＿＿＿＿＿＿。

（62）表达式 [3] in [1, 2, 3, 4] 的值为＿＿＿＿＿＿＿＿＿。

（63）表达式 'ab' in 'abce' 的值为＿＿＿＿＿＿＿＿＿。

（64）表达式 'ab' in 'acbed' 的值为＿＿＿＿＿＿＿＿＿。

（65）已知集合 A 是集合 B 的真子集，表达式 A < B 的值为＿＿＿＿＿＿＿＿＿。

（66）已知集合 A 是集合 B 的子集，表达式 A <= B 的值为＿＿＿＿＿＿＿＿＿。

（67）表达式 3 or 5 的值为＿＿＿＿＿＿＿＿＿。

（68）表达式 0 or 5 的值为＿＿＿＿＿＿＿＿＿。

（69）表达式 3 and 5 的值为＿＿＿＿＿＿＿＿＿。

（70）表达式 not 3 的值为＿＿＿＿＿＿＿＿＿。

（71）表达式 not 0 的值为＿＿＿＿＿＿＿＿＿。

（72）表达式 not [] 的值为＿＿＿＿＿＿＿＿＿。

（73）表达式 not range(8,5) 的值为＿＿＿＿＿＿＿＿＿。

（74）已知 x = 999999999999999999999999999，表达式 x*1.0*x == x*x 的值为＿＿＿＿＿＿＿＿＿。

（75）表达式 3>5 and a<b 的值为＿＿＿＿＿＿＿＿＿。

（76）表达式 3<5 or a<b 的值为＿＿＿＿＿＿＿＿＿。

（77）表达式 not not 3 的值为＿＿＿＿＿＿＿＿＿。

（78）表达式 9.9 > 9.11 的值为＿＿＿＿＿＿＿＿＿。

（79）表达式 'Hello' > 'world' 的值为＿＿＿＿＿＿＿＿＿。

（80）表达式 {1,2,3} < {2,3,4} 的值为＿＿＿＿＿＿＿＿＿。

（81）表达式 {1, 2} - {1, 2, 3} 的值为＿＿＿＿＿＿＿＿＿。

（82）表达式 {1,2,3} | {1,2} 的值为＿＿＿＿＿＿＿＿＿。

（83）表达式 {1,2,3} ^ {1,2} 的值为＿＿＿＿＿＿＿＿＿。

（84）设 A 和 B 是两个集合，表达式 A^B == (A-B) | (B-A) 的值为＿＿＿＿＿＿＿＿＿。

（85）表达式 {1,2,3} & {1,2} 的值为＿＿＿＿＿＿＿＿＿。

（86）内置函数＿＿＿＿＿＿＿＿＿用来创建整数 0 或把实数、字符串转换为整数。

（87）内置函数＿＿＿＿＿＿＿＿＿用来返回整数的二进制形式。

（88）内置函数＿＿＿＿＿＿＿＿＿用来查看实数的绝对值和复数的模长。

（89）内置函数＿＿＿＿＿＿＿＿＿用来返回列表、元组、字典、集合、字符串以及 range 对象中元素个数。

（90）内置函数 max()、min()、sorted() 的＿＿＿＿＿＿＿＿＿参数用来指定排序规则。

（91）内置函数＿＿＿＿＿＿＿＿＿用来返回可迭代对象中所有元素之和。

（92）内置函数＿＿＿＿＿＿＿＿＿用来测试可迭代对象中是否所有元素都等价于 True。

（93）内置函数＿＿＿＿＿＿＿＿＿用来测试可迭代对象中是否存在等价于 True 的元素。

（94）内置函数＿＿＿＿＿＿＿＿＿用来查看指定模块的成员或者指定对象的方法。

（95）内置函数＿＿＿＿＿＿＿＿＿用来查看指定函数、方法或对象的使用帮助。

（96）内置函数_____用来接收键盘输入。

（97）内置函数 sorted() 的_____参数值为 True 时表示降序排列。

（98）内置函数_____用来查看单个字符的 Unicode 编码。

（99）内置函数_____用来返回给定整数作为 Unicode 编码对应的字符。

（100）内置函数_____用来创建空字符串或把任意对象转换为字符串。

（101）内置函数 str() 把字节串转换为字符串时参数_____用来指定编码格式。

（102）内置函数_____用来对字符串进行格式化。

（103）内置函数_____用来测试指定对象是否为某个或某几个类之一的对象。

（104）内置函数_____用来判断给定表达式是否等价于 True。

（105）内置函数_____用来创建空列表或把可迭代对象转换为列表。

（106）内置函数_____用来计算对象的哈希值，如果对象为不可哈希对象则抛出异常。

（107）内置函数_____用来计算幂或幂模。

（108）内置函数_____用来计算整数或实数的四舍五入结果。

（109）内置模块 sys 的函数_____用来查看对象的引用次数。

（110）表达式 abs(3+4j) 的值为_____。

（111）表达式 all([1, 2, 3, -3, []]) 的值为_____。

（112）表达式 set(map(bool, [1, 2, 3, -3, []])) == {True} 的值为_____。

（113）表达式 any([1, 2, 3, -3, []]) 的值为_____。

（114）表达式 all([]) 的值为_____。

（115）表达式 any([]) 的值为_____。

（116）已知 x = map(str, range(5))，表达式 (all(x), list(x)) 的值为_____。

（117）表达式 bin(13).count('1') 的值为_____。

（118）表达式 set(map(int, bin(12345678)[2:])) <= {0,1} 的值为_____。

（119）表达式 len(set(enumerate([1,1,1,1]))) 的值为_____。

（120）表达式 bool(-3) 的值为_____。

（121）表达式 bool([]) 的值为_____。

（122）表达式 bool([0]) 的值为_____。

（123）表达式 bool(('')) 的值为_____。

（124）表达式 bool('[]') 的值为_____。

（125）表达式 bool(map(str, range(8,5))) 的值为_____。

（126）表达式 bool(sum) 的值为_____。

（127）表达式 int() 的值为_____。

（128）表达式 int('123') 的值为_____。

（129）表达式 int(b'123') 的值为_____。

（130）表达式 int(-3.14) 的值为_____。

（131）表达式 int('11', 2) 的值为_____。

（132）已知 x 为整数变量，表达式 int(hex(x), 0) == x 的值为_____。

（133）表达式 int('   111   ', 2) 的值为_____。

（134）表达式 callable(int) 的值为_____。

（135）表达式 callable([].index) 的值为_____。

（136）表达式 chr(ord('b')+1) 的值为_____。

（137）已知 _, v = divmod(36, 12)，则变量 v 的值为_____。

（138）表达式 eval('3*2'+'22') 的值为_____。

（139）表达式 eval('*'.join('1234')) 的值为_____。

（140）表达式 eval('{a+b}', {'a':3, 'b':4}) 的值为_____。

（141）表达式 eval('a+b', {'a':3, 'b':4}, {'a':5, 'b':6}) 的值为_____。

（142）表达式 eval('" a+b "', {'a':3, 'b':4}) 的值为_____。

（143）把下面的代码保存为 Python 程序文件并运行，输出结果为_____。

```
for i in range(1, 5): exec(f'x{i} = i**i')
print(x3)
```

（144）表达式 round(3.9) 的值为_____。

（145）表达式 round(3.14, 3) 的值为_____。

（146）表达式 round(-3.9) 的值为_____。

（147）表达式 round(12345, -2) 的值为_____。

（148）表达式 5 in range(11, 1, -3) 的值为_____。

（149）表达式 range(10)[-1] 的值为_____。

（150）表达式 range(3,70,5).start 的值为_____。

（151）表达式 isinstance({}, dict) 的值为_____。

（152）表达式 isinstance('Python 小屋', str) 的值为_____。

（153）表达式 isinstance(4j, (int, float, complex)) 的值为_____。

（154）表达式 type(3) in (int, float, complex) 的值为_____。

（155）表达式 type({3}) == set 的值为_____。

（156）表达式 (6).bit_count() 的值为_____。

（157）表达式 (6).bit_length() 的值为_____。

（158）表达式 (3.5).as_integer_ratio() 的值为_____。

（159）语句 print(1, 2, 3, sep=':', end=',') 的执行结果为_____。

（160）表达式 pow(3, 3.0) 的值为_____。

（161）表达式 pow(3, 3, 5) 的值为_____。

（162）表达式 list(map(pow, [1,2,3], [1,2,3], [3,5,7])) 的值为_____。

（163）表达式 sum(range(1, 10), -5) 的值为_____。

（164）表达式 sum(sum([[1,2,3],[4],[5],[6]], [])) 的值为_____。

（165）表达式 sum(map(int, str(123456))) 的值为＿＿＿＿＿＿＿＿。

（166）表达式 sum(map(lambda x,y:x*y, [1,2,3], [4,5])) 的值为 ＿＿＿＿＿＿＿。

（167）表达式 max(3, 5, 8, key=int.bit_count) 的值为＿＿＿＿＿＿＿＿。

（168）表达式 max([121, 34], key=str) 的值为＿＿＿＿＿＿＿＿。

（169）表达式 max(['121', '34']) 的值为＿＿＿＿＿＿＿＿。

（170）表达式 max(['121', '34'], key=len) 的值为＿＿＿＿＿＿＿＿。

（171）表达式 max(map(str, range(5,8)), default='0') 的值为＿＿＿＿＿＿＿＿。

（172）表达式 max([1234, 67, 9, 345], key=lambda num: sum(map(int, str(num)))) 的值为＿＿＿＿＿＿＿＿。

（173）表达式 max([3, 2, -5, 4], key=abs) 的值为＿＿＿＿＿＿＿＿。

（174）表达式 max('abcdefg', key=ord) 的值为＿＿＿＿＿＿＿＿。

（175）已知 x = [7, 9, 3, 2]，表达式 max(range(len(x)), key=lambda i: x[i]) 的值为＿＿＿＿＿＿＿＿。

（176）已知 x = [7, 9, 3, 2]，表达式 max(x, key=x.index) 的值为＿＿＿＿＿＿＿＿。

（177）表达式 list(filter(None, [-3, 0, 3])) 的值为＿＿＿＿＿＿＿＿。

（178）假设已使用 from functools import reduce 导入对象，表达式 reduce(lambda x,y:x*10+y, (1,2,3,4,5)) 的值是＿＿＿＿＿＿＿＿。

（179）假设已经执行语句 from math import ceil 导入对象，表达式 ceil(3.1) 的值为＿＿＿＿＿＿＿＿。

（180）假设已导入模块 random，表达式 len(set(random.sample(range(100), 20))) 的值为＿＿＿＿＿＿＿＿。

（181）表达式 len('[1,2,3]') 的值为＿＿＿＿＿＿＿＿。

（182）表达式 len(str([1,2,3])) 的值为＿＿＿＿＿＿＿＿。

（183）表达式 len({1,2,3,1,2,3}) 的值为＿＿＿＿＿＿＿＿。

（184）内置模块 math 中用来计算最大公约数的函数为＿＿＿＿＿＿＿＿。

（185）内置模块 math 中用来计算最小公倍数的函数为＿＿＿＿＿＿＿＿。

（186）内置模块 math 中用来计算连乘的函数为＿＿＿＿＿＿＿＿。

（187）内置模块 math 中用来计算直角坐标系中任意一点到坐标原点距离的函数为＿＿＿＿＿＿＿＿。

（188）内置模块 math 中用来计算两点之间欧氏距离的函数为＿＿＿＿＿＿＿＿。

（189）内置模块 math 中用来计算正弦函数值的函数为＿＿＿＿＿＿＿＿。

（190）内置模块 math 中用来测试两个数字是否足够接近的函数为＿＿＿＿＿＿＿＿。

（191）内置模块 math 中用来计算组合数的函数为＿＿＿＿＿＿＿＿。

（192）内置模块 math 中用来计算排列数的函数为＿＿＿＿＿＿＿＿。

（193）内置模块 math 中用来计算平方根的函数为＿＿＿＿＿＿＿＿。

（194）内置模块 math 中用来计算任意大自然数的平方根整数部分的函数为＿＿＿＿＿＿＿＿。

（195）内置模块 math 中用来计算立方根的函数为_____。

（196）内置模块 math 中用来把角度转换为弧度的函数为_____。

（197）内置模块 math 中用来把弧度转换为角度的函数为_____。

（198）假设已导入内置模块 math，表达式 `math.tau == math.pi*2` 的值为_____。

（199）假设已导入内置模块 math，表达式 `round(math.remainder(5.4,2), 3)` 的值为_____。

（200）假设已导入内置模块 math，表达式 `round(math.cos(math.pi/2))` 的值为_____。

（201）假设已导入 math 模块中的阶乘函数 factorial()，表达式 `sum(map(factorial, range(4)))` 的值为_____。

（202）标准库 random 中用来从容器对象中随机选择一个元素的函数为_____。

（203）标准库 random 中用来从闭区间生成随机整数的函数为_____。

（204）标准库 random 中用来设置种子数的函数为_____，设置种子数后生成的随机数序列就是固定的了。

（205）标准库 random 中用来把列表中元素随机打乱顺序的函数为_____。

（206）标准库 random 中用来生成具有指定长度二进制位的随机整数的函数为_____。

（207）假设已使用 `from datetime import datetime` 导入对象，表达式 `(datetime(2021, 9, 20, 21, 0, 0) - datetime(2020, 9, 19, 21, 0, 0)).days` 的值为_____。

（208）假设已使用 `from datetime import datetime` 导入对象，表达式 `int((datetime(2021, 9, 20, 21, 0, 0) - datetime(2021, 9, 19, 21, 0, 0)).total_seconds())` 的值为_____。

（209）假设已使用 `from datetime import datetime` 导入对象，表达式 `(datetime(2021, 9, 20, 21, 0, 0) - datetime(2021, 9, 19, 21, 0, 0)).seconds` 的值为_____。

（210）假设已使用语句 `from datetime import date, timedelta` 导入对象，表达式 `str(date(2024,9,29)+timedelta(days=5))` 的值为_____。

（211）假设已使用语句 `from calendar import isleap` 导入对象，表达式 `isleap(2024)` 的值为_____。

（212）假设已导入 itertools 模块的组合函数 combinations()，表达式 `len(tuple(combinations('abcd', 2)))` 的值为_____。

（213）假设已导入 itertools 模块的计数函数 count()，表达式 `len(tuple(zip(range(1,10), count(5,3))))` 的值为_____。

（214）假设已导入 itertools 模块的函数 product()，表达式 `len(tuple(product`

([1,2,3], 'ab', range(2)))) 的值为＿＿＿＿＿＿。

（215）假设已导入 itertools 模块的函数 product()，表达式 len(tuple(product ([1,2,3], repeat=4))) 的值为＿＿＿＿＿＿。

（216）假设已执行语句 from itertools import cycle 导入对象，表达式 len (tuple(zip(range(10), cycle('abc')))) 的值为＿＿＿＿＿＿。

（217）假设已执行语句 from itertools import dropwhile 导入对象，表达式 tuple(dropwhile(lambda i:i%2==0, range(4))) 的值为＿＿＿＿＿＿。

（218）假设已执行语句 from itertools import takewhile 导入对象，表达式 tuple(takewhile(lambda i: i<5, range(10))) 的值为＿＿＿＿＿＿。

（219）假设已执行语句 from itertools import filterfalse 导入对象，表达式 tuple(filterfalse(lambda i: i%2, range(6))) 的值为＿＿＿＿＿＿。

（220）假设已执行语句 from itertools import pairwise 导入对象，表达式 all(map(lambda it: it[0]<it[1], pairwise((1,2,3,4,5)))) 的值为＿＿＿＿＿＿。

（221）假设已执行语句 from itertools import starmap 导入对象，表达式 tuple(itertools.starmap(lambda i, j, k: i+j+k, ((1,2,3), (3,4,5)))) 的值 为＿＿＿＿＿＿。

（222）把下面的代码保存为 Python 程序并运行，输入 13 时输出结果为 ＿＿＿＿＿＿。

```
n = int(input('输入一个自然数：'))
print(all(map(lambda p: n%p, range(2,int(n**0.5)+1))))
```

（223）把下面的代码保存为 Python 程序并运行，输出结果为＿＿＿＿＿＿。

```
values, weights = [4, 5, 6], [1, 2, 1]
result = sum(map(lambda x, y:x*y, values, weights)) / sum(weights)
print(round(result, 3))
```

（224）先后执行语句 x = y = 3 和 y = y + 6 后，变量 x 的值为＿＿＿＿＿＿。

（225）执行语句 x = int(y:='123') 后，表达式 x is y 的值为＿＿＿＿＿＿。

（226）语句 print((x:=3), x+1) 的输出结果为＿＿＿＿＿＿。

（227）把下面的代码保存为 Python 程序并运行，输出结果为＿＿＿＿＿＿。

```
x = (a:=3); print(x)
```

（228）把下面的代码保存为 Python 程序并运行，输出结果为＿＿＿＿＿＿。

```
x = (a:=3); print(a)
```

（229）把下面的代码保存为 Python 程序并运行，输出结果为＿＿＿＿＿＿。

```
x = (a:=3), a+1; print(x)
```

2.2 判 断 题

（1）Python 中整数使用 8 字节表示，大小不能超过 2**64-1。

（2）使用语句 dir(__builtins__) 可以查看所有内置对象的名字。

（3）表达式 max(set(), 0) 的值为 0。

（4）表达式 range(1e4, 1e5) 用来创建包含所有 5 位数的整数范围对象。

（5）把下面的代码保存为 Python 程序文件并运行，两个输出结果都为 True。

```
x = map(str, range(5)); print(all(x)); print(all(x))
```

（6）把下面的代码保存为 Python 程序文件并运行，两个输出结果都为 True。

```
x = map(lambda x: x, range(5)); print(all(x)); print(all(x))
```

（7）把下面的代码保存为 Python 程序文件并运行，两个输出结果都为 True。

```
x = map(str, range(5)); print(any(x)); print(any(x))
```

（8）把下面的代码保存为 Python 程序文件并运行，两个输出结果都为 True。

```
x = map(str, range(5)); print(all(x)); print(any(x))
```

（9）把下面的代码保存为 Python 程序文件并运行，两个输出结果都为 True。

```
x = map(str, range(5)); print(any(x)); print(all(x))
```

（10）把下面的代码保存为 Python 程序文件并运行，输出结果为 True。

```
from math import isclose
print(isclose(3, 3+1e-16))
```

（11）把下面的代码保存为 Python 程序文件并运行，输出结果为 True。

```
from math import isclose
print(isclose(3, 4, abs_tol=2))
```

（12）把下面的代码保存为 Python 程序文件并运行，输出结果为 True。

```
from math import isclose
print(isclose(1e-17, 0))
```

（13）把下面的代码保存为 Python 程序文件并运行，运行结果为 3。

```
max = 5
print(__builtins__.max([1, 2, 3]))
```

（14）表达式 3+4j < 5+6j 的值为 True。

（15）表达式 {'a':97} == {'a'} 的值为 False。

（16）Python 程序中所有变量在任何时刻都属于确定的类型。

（17）Python 程序中不需要事先声明变量名及其类型，使用赋值语句可以直接创建任意类型的变量，变量的类型取决于等号右侧表达式值的类型。

（18）整数 9 和 9999999999 占用的内存空间大小是一样的。

（19）把下面的代码保存为 Python 程序文件并运行，输出结果是包含 5 个介于 [10**10, 10**50) 区间的整数的列表，并且每个整数都是唯一的。

```
from random import sample
print(sample(range(10**10, 10**50), k=5))
```

（20）把下面的代码保存为 Python 程序文件并运行，输出结果是包含 5 个介于 [10**10, 10**50] 区间的整数的列表，并且 5 个整数有可能存在重复。

```
from random import randint
print([randint(10**10, 10**50) for _ in range(5)])
```

（21）表达式 int(999**99/9) == 999**99//9 的值为 True。

（22）表达式 int(999**99/9) == 999**99//9 的值为 False。

（23）对于任意实数 x 和 y，表达式 int(x/y)==x//y 的值一定为 True。

（24）Python 中的实数运算与数学上的实数运算结果完全相同，例如 0.6-0.5 == 0.4-0.3。

（25）实数运算存在误差是 Python 语言的大 bug，其他语言没有这个问题。

（26）在算术表达式中若所有操作数都是整数，则除法运算使用 "/" 和 "//" 是一样的。

（27）对于任意整数变量 x，表达式 x**0.5 用来计算 x 的平方根。

（28）已知 x = map(str, range(10, 20))，表达式 x[-1] 的值为 '19'。

（29）表达式 set(map(str, range(10,20)))[-1] 的值为 '19'。

（30）表达式 sum(['a','b']) 的值为 'ab'。

（31）表达式 sum(['a', 'b', 'c'], '') 的值为 'abc'。

（32）表达式 sum([{3},{4}], set()) 的值为 {3,4}。

（33）表达式 range(3) == range(3) 的值为 True。

（34）表达式 range(5) is range(5) 的值为 False。

（35）Python 采用的是基于值的自动内存管理方式。

（36）在任何时刻相同的值在内存中都只保留一份。

（37）表达式 not 3 与 ~3 的值相同。

（38）执行语句 x = 3+5, 7 后，变量 x 的值为 (8, 7)。

（39）语句 x = y := 666 和 x = y = 666 的作用相同，都是创建两个变量并赋值为 666。

（40）执行语句 a, b = 3, a+5 后，变量 b 的值为 8。

（41）执行语句 (a:=3), (b:=a+5) 后，变量 b 的值为 8。

（42）先后执行语句 x = [3] 和 y = (x[0]:=666) 后，y 和 x[0] 的值都为 666。

（43）先后执行语句 x = [3] 和 y = x[0] = 666 后，y 和 x[0] 的值都为 666。

（44）把下面的代码保存为 Python 程序文件并运行，输出结果有可能为 2。

```
from random import randint
print(randint(1, 2))
```

（45）把下面的代码保存为 Python 程序文件并运行，输出结果有可能为 2。

```
from random import randrange
print(randrange(1, 2))
```

（46）把下面的代码保存为 Python 程序文件并运行，输出结果一定为 100。

```
from random import getrandbits
print(getrandbits(100).bit_length())
```

（47）把下面的代码保存为 Python 程序文件并在 IDLE 运行，每隔 0.5 秒输出一个数字。

```
from time import sleep
for _ in range(10):
    print(_, end=' ')
    sleep(0.5)
```

（48）把上一个题目中的代码保存为 Python 程序文件并在命令提示符环境中执行，每隔 0.5 秒输出一个数字。

（49）把上一个题目中的代码保存为 Python 程序文件并把输出语句改为 print(_, end=' ', flush=True)，然后在命令提示符环境中执行，每隔 0.5 秒输出一个数字。

（50）执行语句 x+y = 3 后，表达式 x+y 的值为 3。

（51）执行语句 print(x+1, (x:=3)) 的输出结果为 "4 3"。

（52）把下面的代码保存为 Python 程序文件并运行，输出结果为 (3, 4, 12)。

```
x = (a:=3), (b:=4), a*b
print(x)
```

（53）把下面的代码保存为 Python 程序文件并在 IDLE 中运行，输出结果为 3412。

```
print((a:=3), (b:=4), a*b, sep='\r')
```

（54）把下面的代码保存为 Python 程序文件并在命令提示符 cmd 或 PowerShell 中运行，输出结果为 04。

```
print((a:=33), (b:=44), a//b, sep='\r')
```

（55）实数运算有误差，所有实数运算的结果都不严格等于实际结果。

（56）把下面的代码保存为 Python 程序文件并运行，输出结果为 False。

```
x = (a:=3,id(a)), (a:=4,id(a)), a*a
print(x[0][1] == x[1][1])
```

（57）在同一个交互模式下多次运行下面的代码，输出结果是一样的。

```
for i in map(int, '123'): print(id(i))
```

（58）把上一个题目中的代码保存为 Python 程序文件然后多次运行，输出结果是一样的。

（59）在交互模式下先后执行语句 x = 30000 和 y = 30000，表达式 x is y 的值为 True。

（60）运算符 is 可以用于测试两个对象的引用是否相同，只要测试的对象已存在，即使类型不同也不会抛出异常。

（61）运算符 "=="用于测试两个对象的值是否相同，只要测试的对象已存在，即使类型不同也不会抛出异常。

（62）把下面的代码保存为 Python 程序文件并运行，最后一条语句会报错，因为第三条语句 del x 已经把对应的值删除，y 没有值可以引用了，试图输出引用的值时代码出错。

```
x = 3; y = x; del x; print(y)
```

（63）表达式 3+4j * 3-4j 的值为 3+8j。

（64）表达式 `int(' \t123 \n\r')` 的值为 **123**。

（65）表达式 `int('z1', 36)` 的值为 35*36 + 1，即 **1261**。

（66）表达式 `int('0xa1', 0)` 的值为 10*16 + 1，即 **161**。

（67）表达式 `int('0123')` 的值为 **123**。

（68）表达式 `int('0o71', 0)` 的值为 7*8 + 1，即 **57**。

（69）对于任意实数 x，表达式 `int(x)` == `x//1` 的值为 True。

（70）对于大于 0 的任意实数 x，表达式 `int(x)` 的值与 `x//1` 的值相等，但后者要快很多。

（71）表达式 `eval('0123')` 的值为 123。

（72）表达式 `eval('3,5')[0]` 的值为 3。

（73）执行语句 `eval('x,y=3,5')` 后，表达式 `x+y` 的值为 8。

（74）表达式 `'abc' * 3` 的值为 `'aaabbbccc'`。

（75）表达式 `len(zip([1,2,3], 'abcdefg'))` 的值为 3。

（76）表达式 `len(tuple(zip([1,2,3], 'abcdefg')))` 的值为 7。

（77）语句 `dir('math')` 可以查看内置模块 math 的成员清单，不需要导入 math。

（78）导入内置模块 math 后，语句 `dir(math)` 可以查看模块 math 的成员清单。

（79）调用内置函数 `dir()` 使用任意字符串作为参数，可查看字符串对象的成员清单。

（80）语句 `help('**')` 可以查看运算符 "**" 的使用帮助，其他运算符也可以使用类似的方式查看使用帮助。

（81）语句 `help('for')` 可以查看关键字 for 的使用帮助，其他关键字也可以使用类似的方式查看使用帮助。

（82）语句 `help(sum())` 可以查看内置函数 sum() 的帮助信息。

（83）语句 `help(sum)` 可以查看内置函数 sum() 的帮助信息。

（84）语句 `help('sum')` 可以查看内置函数 sum() 的帮助信息。

（85）语句 `help('math')` 可以查看内置模块 math 的使用帮助，不需要导入 math。

（86）语句 `help('numpy')` 可以查看扩展库 numpy 的使用帮助，不需要导入 numpy，但需要正确安装。

（87）语句 `help('')` 或 `help(str)` 可以查看内置类型 str 的使用帮助。

（88）表达式 `list(enumerate('Python', start=1))` 的值为 `[(1, 'y'), (2, 't'), (3, 'h'), (4, 'o'), (5, 'n')]`。

（89）已知 `x = [1, 2, 3]` 和 `y = list(x)`，表达式 `x is y` 的值为 True。

（90）假设已使用语句 `from itertools import zip_longest` 导入对象，表达式 `len(tuple(zip_longest('abc', '123456')))` 的值为 6。

（91）Python 中的整数可以任意大，在 IDLE、VS Code、Spyder 之类的开发环境中执行代码 `print(99999999**99999)` 可以正常输出结果。

（92）表达式 `999999999999**99 + 1.0` 可以正常计算，不会有误差。

（93）表达式 `999999999999**99 // 3` 可以正常计算，不会有误差。

（94）表达式 999999999999**99 * 1j 可以正常计算，不会有误差。

（95）已知 x = 3+4j，表达式 isinstance(x.real, int) 的值为 True。

（96）表达式 3+4j.real 的值为 3.0。

（97）表达式 3+4j.imag == 7 的值为 True。

（98）表达式 3+4j > 1+2j 的值为 True。

（99）map 对象属于迭代器，其中的元素只能使用一次。把下面的代码保存为 Python 程序文件并运行，最后一条语句会出错，因为 map 对象中的元素已经全部使用完了。

```
m = map(int, '1234'); print(list(m)); print(m)
```

（100）map 对象属于迭代器，其中的元素只能使用一次。把下面的代码保存为 Python 程序文件并运行，第二次输出为空列表，因为在此之前已经使用语句 print(m) 访问过 m 一次了。

```
m = map(int, '1234'); print(m); print(list(m))
```

（101）下面程序的功能是判断输入的自然数是否为素数，是则输出 True，否则输出 False。

```
n = int(input('输入一个自然数: '))
print(all(map(lambda p: n%p, range(2,int(n**0.5)+1))))
```

（102）内置函数 map() 把可调用对象映射到可迭代对象时，可迭代对象的数量必须与可调用对象的形参数量相同。

（103）Python 不允许使用关键字作为变量名，允许使用内置函数名作为变量名，但这会改变函数名的含义，不建议这样做。

（104）Python 程序中可以使用 if 作为变量名。

（105）Python 程序中可以使用 if_ 作为变量名。

（106）Python 程序中可以使用 from 作为变量名。

（107）Python 程序中可以使用 to 作为变量名。

（108）Python 程序中可以使用 goto 作为变量名。

（109）Python 程序中可以使用 local 作为变量名。

（110）Python 程序中可以使用 public 作为变量名。

（111）Python 程序中可以使用 id 作为变量名，但是不建议这样做。

（112）Python 程序中不能使用 max_ 作为变量名，因为 max 是内置函数的名字。

（113）Python 变量名区分大小写，所以 student 和 Student 不是同一个变量。

（114）Python 程序中可以使用 Sum 作为变量名，并且不会有什么副作用。

（115）Python 程序中可以使用 666xyz 作为变量名。

（116）Python 程序中可以使用汉字作为变量名。

（117）Python 程序中变量名可以包含中文标点符号，不能包含英文标点符号。

（118）运算符"+"可以用来连接字符串并生成新字符串。

（119）对于任意整数 x、y、z，表达式 range(x,y).count(z) in (0,1) 的值一定为 True。

（120）表达式 3<5 or a<b 的值为 True。

（121）表达式 3>5 or a<b 的值为 False。

（122）表达式 not not 2 == not not True 的值为 True。

（123）对于任意两个集合 A 和 B，表达式 A-B 和 B-A 的值是一样的。

（124）0o12f 是合法的八进制数字。

（125）十六进制数 0xad 和 0xAD 是一样的，英文字母不区分大小写。

（126）4j 和 4*j 都是合法的复数，值也是相等的。

（127）表达式 3 + 4j.imag 的值为 7。

（128）已知 x = '[1,2,3,4]'，表达式 list(x) 的值为 [1, 2, 3, 4]。

（129）map 对象是可哈希对象，每次计算表达式 hash(map(str, range(5))) 的值都是一样的结果。

（130）元组是可哈希对象，每次计算表达式 hash((1,2,3)) 的值都是一样的。

（131）内置函数是可哈希对象，每次计算表达式 hash(sum) 的值都是一样的。

（132）整数是可哈希对象，较小的整数其哈希值就是整数本身，所以表达式 hash(30000) 的值为 30000，每次运行都会得到同样的结果。

（133）虽然字符串是可哈希对象，但是每次计算表达式 hash('Python') 的值可能会不一样。

（134）执行语句 x, y, z = 'ABCD' 后，变量 z 的值为 'CD'。

（135）执行语句 x, y, *z = 'ABCD' 后，变量 z 的值为 'CD'。

（136）map 对象属于迭代器对象，迭代器对象中的每个元素只能使用一次，所以如果连续执行两次 list(map(str, range(5)))，第二次会得到空列表。

（137）在交互模式中下面代码的运行结果为 3。

```
max = 5; __builtins__.max([1,2,3])
```

（138）如果编写程序时不小心使用内置函数名做了变量名，这个程序就废了，只能删除全部代码后重写，没有别的办法。

（139）把下面的代码保存为 Python 程序文件并运行，两侧输出的结果大概率不相同。

```
x = [2, 1, 3]; print(id(x)); x = sorted(x); print(id(x))
```

（140）把下面的代码保存为 Python 程序文件并运行，输出结果为 5。

```
from random import choice
def func(): return choice('0123456789')
print(list(iter(func, '5'))[-1])
```

（141）把下面的代码保存为 Python 程序文件并运行，输出结果一定为 1。

```
from random import randint
a, b = sorted((randint(1,100), randint(1,100)))
print(range(a,b).count(randint(a,b)))
```

（142）把下面的代码保存为 Python 程序文件并运行，两次输出结果都为 True。

```
m = map(int, '454'); print(4 in m); print(4 in m)
```

（143）把下面的代码保存为 Python 程序文件并运行，两次输出结果都为 True。

```
m = map(int, '454'); print(5 in m); print(5 in m)
```

（144）把下面的代码保存为 Python 程序文件并运行，两次输出结果都为 False。

```
m = map(int, '454'); print(6 in m); print(5 in m)
```

（145）使用标准库 random 的函数 shuffle() 打乱列表中元素顺序时，每次处理后的结果都可能不相同，除非提前设置了固定的种子数。

（146）语句 x = input(3) 的作用是自动输入 3 并赋值给变量 x。

（147）如果需要进行无回显输入，可以使用标准库 getpass 的函数 getpass()，但这样的程序需要在命令提示符 cmd 或者 PowerShell 环境中运行，在 IDLE 中运行程序仍然会显示输入的内容。

（148）表达式 pow(3,2) == 3**2 的值为 True。

（149）表达式 pow(3,2,5) == 3**2%5 的值为 True。

（150）表达式 tuple(map(chr, map(ord,'Python 小屋'))) 的值为 ('P', 'y', 't', 'h', 'o', 'n', '小', '屋')。

（151）表达式 format(123, '8d') 的值为 '   123'。

（152）表达式 format(123, '<8d') 的值为 '123   '。

（153）表达式 format(123, '=<8d') 的值为 '123====='。

（154）表达式 format(123, '=>8d') 的值为 '=====123'。

（155）已知 x = [3]，执行语句 x += [6] 后，x 的内存地址不变。

（156）已知 x = 'Python'，执行语句 x += '小屋' 后，x 的内存地址不变。

（157）表达式 len(map(str, range(5))) 的值为 5。

（158）float 类型的实数大部分无法精确表示，算术运算会有误差，不建议直接比较两个实数是否相等，例如表达式 0.4-0.3 == 0.1 的值为 False。

（159）表达式 abs(0.4-0.3-0.1) < 1e-6 的值为 True。

（160）假设已导入内置模块 math，表达式 math.isclose(3, 4, abs_tol=2) 的值为 True。

（161）假设已导入内置模块 math，表达式 math.isclose(3, 4, rel_tol=0.1) 的值为 True。

（162）假设已导入内置模块 math，表达式 math.log2(8) 的值为 3.0。

（163）假设已导入内置模块 math，表达式 int(math.log10(1000)+1) 的值为 4。

2.3　单　选　题

（1）把下面的代码保存为 Python 程序并运行，输出结果为（　　　）。

```
a = b = c = 123; print(a, b, c)
```

    A.0 0 123   B.1 1 123

    C.123 123 123   D. 出错，无法执行

（2）关于 Python 的整数和实数类型，下面选项中描述错误的是（   ）。

    A. 整数大小没有限制，实数大小有限制

    B. 实数的算术运算结果大部分有误差

    C. 整数是实数的子集，所以表达式 isinstance(3, float) 的值为 True

    D. 整数之间的加、减、乘运算没有误差，能整除的情况下整除运算也没有误差

（3）关于 Python 的复数类型，以下选项中描述错误的是（   ）。

    A.Python 中复数的运算规则与数学中的复数是一致的

    B. 对于复数 z，可以使用 z.imag 获取虚部

    C. 复数的虚数部分通过字母 i 或 j 作为后缀表示

    D. 对于复数 z，可以使用 z.real 获取实部

（4）表达式 [1, 2, 3] * 2 的值为（   ）。

    A.[1, 2, 3, 1, 2, 3]   B.[2, 4, 6]

    C.[1, 1, 2, 2, 3, 3]   D. 出错，无法执行

（5）表达式 68 % -7 的值为（   ）。

    A.-2   B.5   C.2   D.-5

（6）表达式 -68 // 7 的值为（   ）。

    A.-10   B.10   C.9   D.-9

（7）表达式 {2,4} - {2,4,5} 的值为（   ）。

    A.{}   B.set()   C.{5}   D. 出错，无法执行

（8）表达式 not 5 的值为（   ）。

    A.-5   B.5   C.False   D.True

（9）表达式 not not 5 的值为（   ）。

    A.-5   B.5   C.False   D.True

（10）表达式 3 in range(1, 20, 4) 的值为（   ）。

    A.True   B.False   C.1   D.0

（11）表达式 bin(int('11', 16)) 的值为（   ）。

    A.11   B.17   C.'0b10001'   D.10001

（12）表达式 [1, 2] + [3, 4] 的值为（   ）。

    A.3   B.7

    C.[1, 2, 3, 4]   D.[4, 6]

（13）假设操作数全部存在，则下面运算符中一定不会抛出异常的是（   ）。

    A.in   B.+   C.>=   D.is

（14）下面运算符中可以用于不同内置类型对象（整数、实数、复数不做区分）之间运算的是（   ）。

    A.+   B.-   C.*   D./

（15）执行语句 d, _ = divmod(36, 12) 后，变量 d 的值为（   ）。

    A.36   B.12   C.3   D. 出错，无法执行

（16）下面不是合法变量名的有（　　　）。

　　　A.age　　　　　　　B.name　　　　　　C.3_name　　　　　D.height

（17）表达式 3-3 or (5-2 and 2) 的值为（　　　）。

　　　A.0　　　　　　　　B.3　　　　　　　　C.2　　　　　　　　D.True

（18）把下面的代码保存为 Python 程序文件并运行，输出结果为（　　　）。

```
func = lambda num: num*2 if num%2==0 else num**3
print(sum(map(func, range(3))))
```

　　　A.3　　　　　　　　B.5　　　　　　　　C.2　　　　　　　　D.7

（19）把下面的代码保存为 Python 程序文件并运行，输出结果为（　　　）。

```
data = [1, 1, 1, 2, 2, 1, 3, 1]; print(max(set(data), key=data.count))
```

　　　A.1　　　　　　　　B.2　　　　　　　　C.3　　　　　　　　D.4

（20）表达式 max(['abc','Abcd','ab'], key=str.lower) 的值为（　　　）。

　　　A.'abc'　　　　　　B.'Abcd'　　　　　　C.'ab'　　　　　　D.出错，无法执行

（21）表达式 max(['abc','Abcd','ab'], key=len) 的值为（　　　）。

　　　A.'abc'　　　　　　B.'Abcd'　　　　　　C.'ab'　　　　　　D.出错，无法执行

（22）表达式 max(-111, 22, 3, key=abs) 的值为（　　　）。

　　　A.111　　　　　　　B.22　　　　　　　　C.3　　　　　　　　D.-111

（23）下面内置函数中用来计算列表中元素个数的是（　　　）。

　　　A.max()　　　　　　B.sum()　　　　　　C.int()　　　　　　D.len()

（24）已知 x = 3 + 4j，表达式 type(x) 的值为（　　　）。

　　　A.<class 'int'>　　　　　　　　B.<class 'float'>

　　　C.<class 'complex'>　　　　　　D.出错，无法执行

（25）已知 x = 3 + 4j，表达式 type(x.real) 的值为（　　　）。

　　　A.<class 'int'>　　　　　　　　B.<class 'float'>

　　　C.<class 'complex'>　　　　　　D.出错，无法执行

（26）表达式 max([1,2,3], [2,1,3,0], [3,2,1]) 的值为（　　　）。

　　　A.3　　　　　　B.[3]　　　　　　C.[3, 2, 1]　　　D.[2, 1, 3, 0]

（27）表达式 max([1,2,3], [2,1,3,0], [3,2,1], key=len) 的值为（　　　）。

　　　A.[3, 2, 1]　　　　　　　　B.[2, 1, 3, 0]

　　　C.3　　　　　　　　　　　　D.[3]

（28）表达式 max([1,2,3], [2,1,3,0], [3,2,1], key=lambda it:it[1]) 的值为（　　　）。

　　　A.[3, 2, 1]　　　　　　　　B.[2, 1, 3, 0]

　　　C.3　　　　　　　　　　　　D.[1, 2, 3]

（29）表达式 max([1,2,3], [2,1,3,0], [3,2,1], key=sum) 的值为（　　　）。

　　　A.[3, 2, 1]　　　　　　　　B.[2, 1, 3, 0]

C.[1, 2, 3]   D.[1, 2, 3, 2, 1, 3, 0, 3, 2, 1]

（30）表达式 max([1,2,3], [2,1,3,0], [3,2,1], key=max) 的值为（   ）。

A.[3, 2, 1]   B.[2, 1, 3, 0]

C.[1, 2, 3]   D.[1, 2, 3, 2, 1, 3, 0, 3, 2, 1]

（31）表达式 min([1,2,3], [2,1,3,0], [3,2,1], key=min) 的值为（   ）。

A.[3, 2, 1]   B.[2, 1, 3, 0]

C.[1, 2, 3]   D.[1, 2, 3, 2, 1, 3, 0, 3, 2, 1]

（32）已知 x = ['aaaa', 'bc', 'd', 'b', 'ba']，表达式 sorted(x, key=len) 的值为（   ）。

A.['d', 'b', 'bc', 'ba', 'aaaa']

B.['b', 'd', 'ba', 'bc', 'aaaa']

C.['b', 'bc', 'ba', 'd', 'aaaa']

D.['aaaa', 'b', 'ba', 'bc', 'd']

（33）已知变量 x 的值以及选项与本节第（32）题相同，表达式 sorted(sorted(x), key=len) 的值为（   ）。

（34）已知变量 x 的值以及选项与本节第（32）题相同，表达式 sorted(x, key=lambda s: (len(s),s)) 的值为（   ）。

（35）假设已导入模块 random，则关于表达式 len(random.choices(range(100), k=20)) 的描述正确的是（   ）。

A. 一定等于 20   B. 一定小于 20

C. 一定小于或等于 20   D. 有可能小于 20、等于 20 或者大于 20

（36）假设已导入模块 random，且选项与本节第（35）题相同，则关于表达式 len(set(random.choices(range(100), k=20))) 的描述正确的是（   ）。

（37）假设已导入模块 random，且选项与本节第（35）题相同，则关于表达式 len(set(random.sample(range(100), k=20))) 的描述正确的是（   ）。

（38）假设已导入模块 random，则关于表达式 len(set(random.sample(range(10), k=20))) 的描述正确的是（   ）。

A. 一定等于 20   B. 一定小于 20

C. 一定小于或等于 20   D. 出错，无法执行

（39）把下面的代码保存为 Python 程序文件并运行，输出结果为（   ）。

```
年龄 = 37; print( 年龄 *2)
```

A.74   B.'年龄年龄'   C.39   D. 出错，无法执行

（40）把下面的代码保存为 Python 程序文件并运行，输出结果为（   ）。

```
from fractions import Fraction
x = Fraction(3, 5); print(x + 3)
```

A.Fraction(18, 5)   B.18/5

C.3.6   D. 出错，无法执行

（41）把下面的代码保存为 Python 程序文件并运行，输出结果为（　　　）。

```
from fractions import Fraction
x = Fraction(3, 5); print(x + 3.5)
```

    A.4.1　　　　　　　　　　　　　B.41/10

    C.Fraction(41, 10)　　　　　　　D. 出错，无法执行

（42）把下面的代码保存为 Python 程序文件并运行，输出结果为（　　　）。

```
from fractions import Fraction
x = Fraction(3, 5); print(repr(x + 3))
```

    A.Fraction(18, 5)　　　　　　　　B.18/5

    C.3.6　　　　　　　　　　　　　D. 出错，无法执行

（43）把下面的代码保存为 Python 程序文件并运行，输出结果为（　　　）。

```
from operator import itemgetter
data = [[1, 1, 1], [3, 2, 1], [3, 1, 5]]
print(sum(map(itemgetter(-1), data)))
```

    A.3　　　　　　B.6　　　　　　C.9　　　　　　D.7

（44）把下面的代码保存为 Python 程序文件并运行，输出结果为（　　　）。

```
from operator import sub
print(sub(3, 5))
```

    A.3　　　　　　B.5　　　　　　C.-2　　　　　　D.15

（45）把下面的代码保存为 Python 程序文件并运行，输出结果为（　　　）。

```
from operator import mul
print(mul(3, 5))
```

    A.3　　　　　　B.5　　　　　　C.-2　　　　　　D.15

（46）把下面的代码保存为 Python 程序文件并运行，输出结果为（　　　）。

```
from operator import add
print(sum(map(add, [1,2,3], [1,2,3,4])))
```

    A.12　　　　　　B.16　　　　　　C.10　　　　　　D.6

（47）把下面的代码保存为 Python 程序文件并运行，输出结果为（　　　）。

```
from operator import neg
print(sum(map(neg, [1,2,-3,4])))
```

    A.10　　　　　　B.4　　　　　　C.-4　　　　　　D.6

（48）把下面的代码保存为 Python 程序文件并运行，输出结果为（　　　）。

```
from operator import getitem
list(map(getitem, [[1,2,3], [4,5,6]], [0,1]))
```

    A.[1, 5]　　　　B.[1, 2]　　　　C.[4, 2]　　　D.[4, 5]

（49）把下面的代码保存为 Python 程序文件并运行，输出结果为（　　　）。

```
from math import gcd
print(sum(map(gcd, [1,2,3], [1,2,3,4], [6,3,5,9,7])))
```

A.3　　　　　　　B.5　　　　　　　C.4　　　　　　　D.6

2.4 多 选 题

（1）关于 Python 中变量类型的描述正确的有（　　　）。

　　A.Python 中变量类型是静态的，定义后不能再改变

　　B.Python 中变量类型是动态的，随时可以发生变化

　　C.Python 属于弱类型编程语言，变量类型并不严格区分

　　D.Python 属于强类型编程语言，任何变量在任何时刻都属于确定的类型

（2）下面属于 Python 内置对象类型的有（　　　）。

　　A.str　　　　　　B.list　　　　　　C.dict　　　　　　D.set

（3）下面关于 Python 语言中变量类型的描述正确的有（　　　）。

　　A. 静态类型　　　　B. 动态类型　　　　C. 弱类型　　　　D. 强类型

（4）下面属于可哈希对象的有（　　　）。

　　A.345　　　　　　B.'0b10001'　　C.[1, 2, 3]　　D.{3}

（5）下面属于可哈希对象的有（　　　）。

　　A.3.14　　　　　　　　　　　　B.(1, 2, 3)

　　C.{'a':97, 'b':98}　　　　　D.'Python 小屋'

（6）下面属于容器对象的有（　　　）。

　　A.3.14　　　　　　　　　　　　B.(1, 2, 3)

　　C.{1, 2, 3}　　　　　　　　　D.map(int, '123')

（7）下面属于可迭代对象的有（　　　）。

　　A.3.14　　　　　　　　　　　　B.(1, 2, 3)

　　C.{1, 2, 3}　　　　　　　　　D.map(int, '123')

（8）下面可以作为内置函数 len() 的参数的有（　　　）。

　　A.3.14　　　　　　　　　　　　B.(1, 2, 3)

　　C.{'a':97, 'b':98}　　　　　D.'Python 小屋'

（9）下面可以作为内置函数 reversed() 的参数的有（　　　）。

　　A. 列表　　　　　　B. 元组　　　　　　C.map 对象　　　　D.zip 对象

（10）下面可以作为内置函数 sum() 的参数的有（　　　）。

　　A. 列表　　　　　　B. 元组　　　　　　C.map 对象　　　　D.zip 对象

（11）下面运算符中作用于内置类型的对象时前后两个操作数的类型名称（整型、实型、复数型认为不是一种类型）可以不一样的有（　　　）。

　　　A.in　　　　　　B.+　　　　　　C.==　　　　　　D.is

（12）下面运算符中作用于内置类型的对象时前后两个操作数的类型名称（整型、实型、复数型认为是一种类型）可以不一样的有（　　　）。

　　　A.in　　　　　　B.+　　　　　　C.==　　　　　　D.is

（13）下面属于合法变量名的有（　　　）。

  A.def   B.while   C.age   D.name

（14）下面可以出现在变量名中的有（　　　）。

  A. 英文字母   B. 汉字

  C. 阿拉伯数字   D. 下画线

（15）下面不能出现在变量名中的有（　　　）。

  A. 逗号   B. 句号   C. 空格   D. 下画线

（16）下面属于合法数字的有（　　　）。

  A.1_234_567   B.1e8

  C.9.8   D..3

（17）下面表达式的值为 True 的有（　　　）。

  A.5>3   B.3 and 5   C.5==3   D.3 not in [1,2,5]

（18）本节第（17）题中表达式作为条件表达式时表示条件成立的有（　　　）。

（19）一年 365 天，第 1 天的能力值记为基数 1.0。好好学习时能力值相比前一天提高千分之五。以下选项中，能获得持续努力 1 年后的能力值的是（　　　）。

  A.1.005**365   B.1.005*365

  C.pow((1.0+0.005), 365)   D.pow(1.0+0.005, 365)

（20）假设已导入模块 random，关于表达式 random.randint(3, 5) 的值描述正确的有（　　　）。

  A. 有可能等于 3   B. 有可能等于 5

  C. 不可能等于 5   D. 有可能等于 2

（21）假设已导入模块 random，关于表达式 random.randrange(3, 5) 的值描述正确的有（　　　）。

  A. 有可能等于 3   B. 有可能等于 4

  C. 不可能等于 5   D. 有可能等于 2

（22）把下面的代码保存为 Python 程序文件并运行，关于输出结果的描述正确的有（　　　）。

```
from random import seed, randrange
print(randrange(1,100))
```

  A. 一定是 [1,100] 区间上的整数

  B. 每次运行结果都是一样的

  C. 每次运行结果可能不一样，但都是 [1,100）区间上的整数

  D. 一定是 [1,100) 区间上的整数

（23）把下面的代码保存为 Python 程序文件并运行，关于输出结果的描述正确的有（　　　）。

```
from random import seed, randint
```

```
seed(33891); print(randint(1,100))
```

A. 一定是 [1,100] 区间上的整数

B. 每次运行结果都是一样的

C. 每次运行结果不一样，但都是 [1,100] 区间上的整数

D. 一定是 100

第 3 章

列表、元组、字典、集合

3.1 填 空 题

客观题
第3章答案.pdf

（1）Python 内置类型列表的类型名为_____。

（2）表达式 list([1,2,3]) 的值为_____。

（3）表达式 list(zip([1,2], [3,4])) 的值为_____。

（4）表达式 list(map(list, zip(*[[1,2,3], [4,5,6]]))) 的值为_____。

（5）表达式 list(str([3, 4])) == [3, 4] 的值为_____。

（6）表达式 len(list(str([3,4]))) 的值为_____。

（7）表达式 len(str([3,   4])) 的值为_____。

（8）已知 x = [1, 2]，表达式 list(enumerate(x, start=5)) 的值为_____。

（9）表达式 list(i**2 for i in [1,2,3]) 的值为_____。

（10）表达式 list(i**2 for i in (j+2 for j in range(3))) 的值为_____。

（11）先后执行语句 x = (3333, 6666, 9999) 和 y = list(x)，表达式 x[0] is y[0] 的值为_____。

（12）表达式 len([1, [2], (3,4), {5,6,7}]) 的值为_____。

（13）表达式 len([*(1,2,3), *(4,5), *(6,7)]) 的值为_____。

（14）表达式 [1, 2, 3][-2] 的值为_____。

（15）对于长度大于 1 的列表，如果使用负数作索引，则列表中倒数第 1 个元素的下标为_____。

（16）表达式 list(range(10)[-4:]) 的值为_____。

（17）表达式 list(range(6))[::-2] 的执行结果为_____。

（18）表达式 [1, 2, 3][-5:] 的值为_____。

（19）表达式 [1, 2, 3][:5] 的值为_____。

（20）已知 x = [3, 4, 5, 6, 7, 9, 11, 13, 15, 17]，表达式 x[8:5] 的值是_____。

（21）表达式 [3,5,3,7,9][::-3] 的值为_____。

（22）已知 x = [3, 5, 7]，表达式 x[10:] 的值为_____。

（23）已知 x = [3, 5, 7]，执行语句 x[len(x):] = [1, 2] 后，变量 x 的值为 _____。

（24）已知 x = [1, 2, 3]，执行语句 x[len(x)-1:] = [4, 5, 6] 后，变量 x 的值为 _____。

（25）已知 x = [3, 5, 7]，执行语句 x[0:0] = [8] 后，变量 x 的值为 _____。

（26）使用切片操作在长度大于 5 的列表对象 x 下标 3 的元素后面插入一个元素 3 的代码为 _____。

（27）已知 x 为非空列表，执行语句 y = x[:] 后，id(x[0]) == id(y[0]) 的值为 _____。

（28）已知 x 是一个列表对象，执行语句 y = x[:] 后表达式 x == y 的值为 _____。

（29）已知 x = [1, 2]，则连续执行命令 y = x 和 y.append(3) 后，变量 x 的值为 _____。

（30）已知 x = [1, 2]，则连续执行命令 y = x[:] 和 y.append(3) 后，变量 x 的值为 _____。

（31）已知 x = [1, 2]，执行语句 x = x.append(3) 后，变量 x 的值为 _____。

（32）已知 x = list(range(10))，执行语句 del x[::2] 后，变量 x 的值为 _____。

（33）已知 x = list(range(10))，执行语句 del x[-2:] 后，变量 x 的值为 _____。

（34）已知 x = list(range(20))，执行语句 x[:18] = [] 后变量 x 的值为 _____。

（35）已知列表 x 中元素数量小于 5，表达式 x == x[:5]+x[5:] 的值为 _____。

（36）已知 x = [1,2,3,4,5]，执行语句 x[::2] = range(3) 后，变量 x 的值为 _____。

（37）已知 x = [1,2,3,4,5]，执行语句 x[::2] = map(lambda y:y!=5, range(3)) 后，变量 x 的值为_____。

（38）已知 x = [1,2,3,4,5]，执行语句 x[1::2] = sorted(x[1::2], reverse=True) 后，变量 x 的值为_____。

（39）执行语句 x = x[5:] = [3] 后，变量 x 的值为_____。

（40）执行语句 x = x[-2:] = [6,6,6] 后，变量 x 的值为_____。

（41）执行语句 x = x[-1:] = [3,5] 后，变量 x 的值为_____。

（42）已知 x = [1, 2]，执行语句 x[0:0] = [3, 3] 后，变量 x 的值为 _____。

（43）表达式 [1, 2] + [3] 的值为_____。

（44）已知 x = [3]，执行语句 x += [6] 后，变量 x 的值为_____。

（45）表达式 [1, 2, 3] * 3 的值为_____。

（46）已知 x = [[1]] * 3，执行语句 x[0][0] = 5 后，变量 x 的值为_____。

（47）已知 x = [[1]] * 3，执行语句 x[0] = 5 后，变量 x 的值为_____。

（48）已知 x = [[]] * 3，执行语句 x[0].append(1) 后，变量 x 的值为_____。

（49）已知 x = [[] for i in range(3)]，执行语句 x[0].append(1) 后，变量 x 的值为_____。

（50）已知 x = [[1],[2],[3]]，表达式 3*(*x,)[0] 的值为_____。

（51）已知 x = [[1],[2],[3]]，表达式 3*(x[0]) 的值为_____。

（52）表达式 [1, 2, 3] == [1, 3, 2] 的值为_____。

（53）表达式 [1, 2, 3] > [1, 3, 2] 的值为_____。

（54）表达式 [1, 2, 3] < [1, 3, 2] 的值为_____。

（55）表达式 3 in [1, 2, 3, 4] 的值为_____。

（56）列表对象的_____方法删除首次出现的指定元素，后面的元素自动前移，如果列表中不存在要删除的元素则抛出异常。

（57）列表对象的_____方法删除并返回指定位置上的元素，不指定位置时删除并返回最后一个位置上的元素，参数指定的位置不存在时抛出异常。

（58）列表对象的 sort() 方法的参数_____用来指定排序规则，可以为任意单参数可调用对象。

（59）列表对象方法 sort() 的参数_____值为 True 时表示降序排列，默认值 False 表示升序排列。

（60）列表对象的 sort() 方法的返回值为_____。

（61）列表对象的_____方法对当前列表中的元素进行翻转，没有返回值。

（62）对于任意列表 x，都有表达式 isinstance(x.count(0), int) 的值为_____。

（63）已知 strings = ['abcdef', 'bb', 'ccc', 'abab']，表达式 [s for s in strings if len(s)-len(set(s))>=2] 的值为_____。

（64）已知 x = [1, 3, 2]，执行语句 y = x.sort() 后，变量 x 的值为_____。

（65）已知 x = [1, 2]，执行语句 x.append([3]) 后，变量 x 的值为_____。

（66）已知 x = []，执行语句 x.extend('Python') 后，表达式 len(x) 的值为_____。

（67）已知 x = range(1,4) 和 y = range(4,10)，表达式 sum([i*j for i,j in zip(x,y)]) 的值为_____。

（68）已知 x = [[1, 2, 3], [4, 5, 6]]，表达式 sum([i*j for i,j in zip(*x) if i%2==1]) 的值为_____。

（69）已知 x = [[1, 2, 3], [4, 5, 6]]，表达式 sum([i*j for i,j in zip(*x) if i*j%2]) 的值为_____。

（70）已知 x = [1, 2, 3]，表达式 sum(x)/len(x) 的值为_____。

（71）把下面的代码保存为 Python 程序文件并运行，输出结果为_____。

```
a = [1, 22222, 3]; b = [1, 22222, 4]; print(id(a[1])==id(b[1]))
```

（72）已知 x = [72, 48, 30, 94, 44, 11, 17, 2, 69]，表达式 sorted(x)[len(x)//2] 的值为_____。

（73）已知 x 为非空列表，表达式 x.sort() == sorted(x) 的值为_____。

（74）已知 x = [1, 3, 2]，执行语句 y = list(reversed(x)) 后，变量 x 的值为_____。

（75）已知 x 是非空列表，表达式 x[::-1] == list(reversed(x)) 的值为_____。

（76）已知 x = [1, 3, 2]，执行语句 a, b, c = map(str, sorted(x)) 后，变量 c 的值为_____。

（77）假设已导入标准库 random，表达式 sorted(random.sample(range(5), 5)) 的值为_____。

（78）表达式 sorted([1, 2, 3], reverse=True) == list(reversed([1, 2, 3])) 的值为_____。

（79）表达式 sorted([111, 2, 33], key=lambda x: len(str(x)), reverse=True) 的值为_____。

（80）表达式 sorted([111, 2, 33], key=lambda x: -len(str(x))) 的值为_____。

（81）表达式 sorted(range(5), key=lambda i: i%3) 的值为_____。

（82）已知 x = [[1,3,3], [2,3,1]]，表达式 sorted(x, key=lambda item: item[0]+item[2]) 的值为_____。

（83）已知 x = [[1,3,3], [2,3,1]]，表达式 sorted(x, key=lambda item: (item[1], -item[2])) 的值为_____。

（84）表达式 callable([].index) 的值为_____。

（85）表达式 callable([1, 2, 3].index(3)) 的值为_____。

（86）已知 x = [3, 7, 5]，执行语句 x.sort(reverse=True) 后，变量 x 的值为_____。

（87）表达式 sorted([89, 1, 237, 13, 100], key=lambda x: len(str(x))) 的值为_____。

（88）已知 x = [1, 2, 3, 2, 3]，执行语句 x.pop(0) 后，变量 x 的值为_____。

（89）已知 x = [8, 3, 3, 4, 7]，表达式 x.pop() 的值为_____。

（90）已知 x = [1, 2, 3, 2, 3]，执行语句 x.remove(2) 后，变量 x 的值为_____。

（91）已知 x = [1, 2, 3, 2, 3]，执行语句 x = x.remove(2) 后，变量 x 的值为_____。

（92）已知 x = [1, 2, 3, 4]，执行语句 del x[1] 后，变量 x 的值为_____。

（93）已知 x = [1, 2, 3]，执行语句 x.insert(-10, 4) 后，变量 x 的值为_____。

（94）已知 x = [1, 2, 3]，执行语句 x.insert(10, 4) 后，变量 x 的值为_____。

（95）已知 x = [1, 2, 3]，执行语句 x.insert(-1, 4) 后，变量 x 的值为 _____。

（96）表达式 [1, 2, 3, [1, 2, 3, 4], [5], [6, 7, 8]].count(2) 的值为 _____。

（97）对于任意列表 x，都有表达式 sum([x.count(it) for it in x]) >= len(x) 的值为_____。

（98）表达式 [1, 2, 3, 1, 2].index(2) 的值为_____。

（99）已知 x = [1, 2, 3, 4]，表达式 x.index(4) == -1 的值为 _____。

（100）已知 x = [8, 3, 5, 7]，执行语句 x.insert(1, 4) 后，表达式 x.index(3) 的值为_____。

（101）已知 x = [8, 3, 3, 4, 7]，执行语句 x.remove(3) 后，表达式 x.index(4) 的值为_____。

（102）已知 x = [1, 3, 2]，执行语句 x.reverse() 后，变量 x 的值为 _____。

（103）已知 x = [1, 3, 2]，执行语句 x.reverse() 后，表达式 x == [3, 2, 1] 的值为_____。

（104）已知 x = [1, 2, 3, 4]，表达式 x[3] == list(reversed(x))[-3] 的值为_____。

（105）假设已经执行语句 from random import shuffle 导入对象，且有 x = [1, 2, 3]，执行语句 x = shuffle(x) 后，变量 x 的值为_____。

（106）表达式 tuple(range(3)) 的值为_____。

（107）表达式 len((1, 2, *(3, 4), *{'a':97, 'b':98})) 的值为 _____。

（108）已知 a = 3 和 b = 5，执行语句 a, b = b, a+b 后，变量 b 的值为 _____。

（109）执行语句 x, y, *z = 'ABC' 后，变量 z 的值为_____。

（110）语句 x, y, z = [1, 2, 3] 执行后，变量 x 的值为_____。

（111）已知 x, y = map(int, '12')，表达式 x + y 的值为_____。

（112）已知 x, y = map(str, range(1,3))，表达式 x + y 的值为 _____。

（113）已知 x = [1, 2, 3, 4, 5]，执行语句 x[x.index(min(x))], x[x.index(max(x))] = x[x.index(max(x))], x[x.index(min(x))] 后，变量 x 的值为 _____。

（114）把下面代码保存为 Python 程序文件然后运行，结果为_____。

```
x = [3333, 4444, 5555]; y = [3333, 6666, 5555]; print(x[0] is y[0])
```

（115）把下面的代码保存为 Python 程序文件并运行，输出结果为_____。

```
x = []; x.extend('abcd'); print(len(x))
```

（116）把下面的代码保存为 Python 程序文件并运行，输出结果为_____。

```
x = []; x.extend(['abcd']); print(len(x))
```

（117）把下面的代码保存为 Python 程序文件并运行，输出结果为_____。

```
x = []; x.extend({1,2,3,2,1}); print(len(x))
```

（118）表达式 [5 for _ in range(3)] 的值为_____。

（119）表达式 `[i for i in range(10) if i>8]` 的值为_____。

（120）表达式 `[index for index, value in enumerate([3,5,3,7]) if value ==3]` 的值为_____。

（121）表达式 `[x for x in [1,2,3,4,5] if x%2]` 的值为_____。

（122）已知 `data = [3, 2, 4, -3, -5]`，表达式 `sum([x for x in data if -x>3])` 的值为_____。

（123）表达式 `[v for i, v in enumerate([1, 3, 2]) if i==3]` 的值为_____。

（124）已知 `x = [3,5,3,7]`，表达式 `[x.index(i) for i in x if i==3]` 的值为_____。

（125）已知 `vec = [[1,2], [3,4]]`，表达式 `[col for row in vec for col in row]` 的值为_____。

（126）已知 `vec = [[1,2], [3,4]]`，表达式 `[[row[i] for row in vec] for i in range(len(vec[0]))]` 的值为_____。

（127）已知 `x = [8, 3, 5, 3, 8, 5, 3]`，表达式 `[x.count(num) for num in x]` 的值为_____。

（128）已知 `x = [8, 3, 5, 3, 8, 5, 3]`，表达式 `[x.count(num) for num in sorted(set(x))]` 的值为_____。

（129）已知 `x = [8, 3, 5, 3, 8, 5, 3]`，表达式 `sum([x.count(num) for num in range(max(x)+1)])` 的值为_____。

（130）已知 `x = [8, 3, 5, 3, 8, 5, 3]`，表达式 `sum([x.count(num) for num in range(max(x))])` 的值为_____。

（131）已知 `x = [666, 2, 666]`，表达式 `x[0] is x[2]` 的值为_____。

（132）已知 `x = 'abcd'` 和 `y = 'abcde'`，表达式 `[i==j for i,j in zip(x,y)]` 的值为_____。

（133）已知 `x = 'abcd'` 和 `y = 'abcde'`，表达式 `all([i==j for i,j in zip(x,y)])` 的值为_____。

（134）已知 `x = 'abcd'` 和 `y = 'abcde'`，表达式 `all([i==j for i in x for j in y])` 的值为_____。

（135）在交互模式下先后执行语句 `x = [33333]`、`x.append(33333)` 和 `print(x[0] is x[1])`，输出结果为_____。

（136）把下面的代码保存为 Python 程序文件并运行，输出结果为_____。

```
x = [33333]; x.append(33333); print(x[0] is x[1])
```

（137）已知 `x = ([1], [2])`，执行语句 `x[0].append(3)` 后，变量 x 的值为_____。

（138）把下面的代码保存为 Python 程序文件并运行，输出结果为_____。

```
data = [1, 2, 1, 2, 1, 2, 1]
for num in data:
    if num == 1: data.remove(num)
print(data)
```

（139）把本节第（138）题代码第一行替换如下并重新运行，输出结果为＿＿＿＿＿＿。

```
data = [1, 1, 1, 2, 1, 2, 1, 1]
```

（140）把本节第（138）题代码第二行替换如下并重新运行，输出结果为＿＿＿＿＿＿。

```
for num in data[:]:
```

（141）把下面的代码保存为 Python 程序文件并运行，输出结果为＿＿＿＿＿＿＿。

```
data = [1, 1, 1, 2, 1, 2, 1, 1]
for i in range(len(data))[::-1]:
    if data[i] == 1: del data[i]
print(data)
```

（142）已知 x = [1, 2, 3, 2, 3, 1]，表达式 max(range(len(x)), key=lambda i: x[i]==3) 的值为＿＿＿＿＿＿。

（143）已知 x = [1, 2, 3, 2, 3, 1]，表达式 max(range(len(x)), key=lambda i: (x[i]==3,i)) 的值为＿＿＿＿＿＿。

（144）已知 x = [5, 4, 3, 2, 1]，并且已执行语句 from operator import gt 导入对象，表达式 all(map(gt, x[:-1], x[1:])) 的值为＿＿＿＿＿＿。

（145）执行语句 x = 3==3, 5 后，变量 x 的值为＿＿＿＿＿＿。

（146）已知 x = (3,)，表达式 x * 3 的值为＿＿＿＿＿＿。

（147）表达式 (1) + (2) 的值为＿＿＿＿＿＿。

（148）表达式 (2) == (2,) 的值为＿＿＿＿＿＿。

（149）把下面的代码保存为 Python 程序文件并运行，输出结果为＿＿＿＿＿＿。

```
x, = [3]; print(x*3)
```

（150）假设已导入模块 sys，表达式 sys.getsizeof((1,2,3)) < sys.getsizeof([1,2,3]) 的值为＿＿＿＿＿＿。

（151）已知 x = (i**2 for i in range(4))，表达式 (next(x), next(x)) 的值为＿＿＿＿＿＿。

（152）表达式 dict(zip([1, 2], [3, 4])) 的值为＿＿＿＿＿＿。

（153）表达式 dict(name='dong', age=40) 的值为＿＿＿＿＿＿。

（154）先后执行语句 x = (3333, 6666, 9999)、y = (1234, 2345, 3456)、z = dict(zip(x,y))，表达式 z[3333] is y[0] 的值为＿＿＿＿＿＿。

（155）字典对象的＿＿＿＿＿＿方法可以获取指定"键"对应的"值"，并且可以在指定"键"不存在时返回指定的默认值，如果不指定默认值则返回 None。

（156）字典对象的＿＿＿＿＿＿方法返回字典中所有的"键：值"对，每个元素对应于一个元组。

（157）已知 x = {'a': 97, 'b': 98, 'c': 99}，表达式 x.get('a', 100) 的值为＿＿＿＿＿＿。

（158）表达式 {1:'a', 2:'b', 3:'c'}.get(4, 'd') 的值为＿＿＿＿＿＿。

（159）已知 x = {1:2}，执行语句 x[2] = 3 后，变量 x 的值为＿＿＿＿＿＿。

（160）表达式 len({1:1, 1:2, 1:3, 1:4}) 的值为_____。

（161）表达式 {'a':97, 'b':98} == {'b':98, 'a':97} 的值为_____。

（162）表达式 {'a':97, 'b':98} == {'b':98, 'a':99} 的值为_____。

（163）已知 x = {1:1, 2:2}，执行语句 x[2] = 4 后，表达式 len(x) 的值为_____。

（164）已知 x = {1:2, 2:3, 3:4}，表达式 sum(x.values()) 的值为_____。

（165）表达式 {1:2, 2:3, 3:4, 4:1, 1:4}[1] 的值为_____。

（166）已知 x = {i:str(i+3) for i in range(3)}，表达式 sum(x) 的值为_____。

（167）已知 x = {i:str(i+3) for i in range(3)}，表达式 sum(item[0] for item in x.items()) 的值为_____。

（168）已知 x = {i:i+3 for i in range(3)}，表达式 sum(item[1] for item in x.items()) 的值为_____。

（169）已知 x = dict.fromkeys('abcd')，表达式 x['a'] 的值为_____。

（170）已知 x = dict.fromkeys('abcd', 3)，执行语句 x['a'] = x['a'] + 1 后，表达式 x['b'] 的值为_____。

（171）已知 x = dict.fromkeys('abcd', [3])，执行语句 x['a'].append(4) 后，表达式 x['b'] 的值为_____。

（172）假设已执行语句 from collections import defaultdict 导入对象，表达式 defaultdict(int)['x'] 的值为_____。

（173）假设已执行语句 from collections import defaultdict 导入对象，表达式 defaultdict(list)['x'] 的值为_____。

（174）假设已执行语句 from collections import defaultdict 导入对象，表达式 defaultdict(lambda:'Python 小屋')['x'] 的值为_____。

（175）表达式 80 in {'host': '127.0.0.1', 'port': 80, 'protocol': 'TCP'} 的值为_____。

（176）表达式 {'a':3, 'b':9, 'c':78}.pop('a') 的值为_____。

（177）表达式 {'a':3, 'b':9, 'c':78}.popitem() 的值为_____。

（178）表达式 sorted({'a':3, 'b':9, 'c':78}.values()) 的值为_____。

（179）已知 x = {1:1, 2:2}，执行语句 x.update({2:3, 3:3}) 后，表达式 sorted(x.items()) 的值为_____。

（180）表达式 set([1, 2, 2, 3]) == {3, 1, 2} 的值为_____。

（181）表达式 len({1,2,3}|{2,3,4}) 的值为_____。

（182）表达式 len({1,2,3}&{2,3,4}) 的值为_____。

（183）已知 x = [1, 2, 3]，表达式 not (set(x*100)-set(x)) 的值为_____。

（184）表达式 {*range(4), 4, *(5, 6, 7)} 的值为_____。

（185）表达式 tuple({1, 2, 3}) == tuple({1, 3, 2}) 的值为_____。

（186）表达式 tuple({999**99, 9, 9999999}) == tuple({9, 999**99, 9999999})

的值为＿＿＿＿＿＿＿＿。

（187）已知 x，y，z = 999**99，9，9999999，表达式 tuple({x,y,z}) == tuple({x,z,y}) 的值为＿＿＿＿＿＿＿＿。

（188）已知 x，y，z = 3，3，3，表达式 {x, y, z} 的值为＿＿＿＿＿＿＿＿。

（189）已知 x = {1, 2, 3}，执行语句 x.add(3) 后，变量 x 的值为＿＿＿＿＿＿＿＿。

（190）已知 x = {1, 2}，执行语句 x.add(3) 后，变量 x 的值为＿＿＿＿＿＿＿＿。

（191）已知 x = {1, 2}，执行语句 x.remove(2) 后，变量 x 的值为＿＿＿＿＿＿＿＿。

（192）表达式 type({}) == type({3}) 的值为＿＿＿＿＿＿＿＿。

（193）表达式 type(set()) == type({3}) 的值为＿＿＿＿＿＿＿＿。

（194）表达式 max([{1}, {2}, {3}]) 的值为＿＿＿＿＿＿＿＿。

（195）表达式 max([{1}, {2}, {3}], key=sum) 的值为＿＿＿＿＿＿＿＿。

（196）表达式 min([{1}, {2}, {3}]) 的值为＿＿＿＿＿＿＿＿。

（197）表达式 max([{1}, {2}, {3}], key=max) 的值为＿＿＿＿＿＿＿＿。

（198）表达式 min([{1,5}, {2}, {3}], key=min) 的值为＿＿＿＿＿＿＿＿。

（199）表达式 min([1,3,5], [2,4,6], [2,4,8], [1,3], [3,5], [6], [8], key=set) 的值为＿＿＿＿＿＿＿＿。

（200）表达式 {1,2,3,4,5}.difference({1}, (2,), map(int,'34')) 的值为＿＿＿＿＿＿＿＿。

（201）表达式 {1,2,3,4,5}.intersection([1,2,3], {2,3,4}, (4,5,6)) 的值为＿＿＿＿＿＿＿＿。

（202）表达式 {1,2,3}.issubset(map(int,'1234')) 的值为＿＿＿＿＿＿＿＿。

（203）表达式 {3}.isdisjoint({4}) 的值为＿＿＿＿＿＿＿＿。

（204）表达式 {3}.union({4}) 的值为＿＿＿＿＿＿＿＿。

（205）表达式 {3}.update({4}) 的值为＿＿＿＿＿＿＿＿。

（206）假设已导入模块 heapq，表达式 heapq.nlargest(2, range(9), key=lambda num: num%3) 的值为＿＿＿＿＿＿＿＿。

（207）假设已导入模块 heapq，表达式 heapq.nsmallest(2, [1,6,3,2,5,4], key=lambda num: num%3) 的值为＿＿＿＿＿＿＿＿。

3.2 判 断 题

（1）已知 x = [223, 124, 123, 224]，表达式 sorted(x, key=lambda num: num//10%10) 的值为 [223, 124, 123, 224]。

（2）列表、元组、字符串中的元素是有序的，可以按位置直接访问，也可以说哪个元素在前哪个元素在后。

（3）所有可迭代对象都可以使用 for 循环遍历其中的元素或值。

（4）表达式 list(str([1,2,3])) == [1,2,3] 的值为 True。

（5）表达式 eval('[1, 2, 3]') 的值是 [1, 2, 3]。

（6）已知 x = [1, 2, 3]，表达式 x[0] 的值为 1。

（7）已知 x = [1, 2, 3, 4]，表达式 x[-4] 的值为 1。

（8）已知 x = [8, 3, 3, 4, 7]，执行语句 x.reverse() 后，变量 x 的值为 [8, 7, 4, 3, 3]。

（9）已知 x = [8, 3, 3, 4, 7]，执行语句 x.insert(-2, 6) 后，变量 x 的值为 [8, 3, 3, 6, 4, 7]。

（10）已知 x = [8, 3, 3, 4, 7]，执行语句 x.insert(-8, 6) 后，变量 x 的值为 [6, 8, 3, 3, 4, 7]。

（11）已知 x = [8, 3, 3, 4, 7]，执行语句 x.insert(8, 6) 后，变量 x 的值为 [8, 3, 3, 4, 7, 6]。

（12）表达式 min([], default=666) 的值为 666。

（13）表达式 [1, 2, 3].index(4) 的值为 -1。

（14）列表方法 pop() 用来删除列表中指定位置上的元素，该方法返回值为 None。

（15）列表方法 remove() 删除指定值的第一次出现，返回值为 None。

（16）对于大量列表的连接，extend() 方法比运算符"+"具有更高的效率。

（17）已知 x = [[1],[2],[3]]，表达式 3*[*x][0] 的值为 [1, 1, 1]。

（18）已知 x = [[1],[2],[3]]，表达式 3*[*x,][0] 的值为 [1, 1, 1]。

（19）已知 data = [1, 2, 3]，表达式 [data.pop(i) for i in range(len(data))] 的值为 [1, 2, 3]。

（20）已知 data = [1, 2, 3]，表达式 [data.pop(0) for i in range(len(data))] 的值为 [1, 2, 3]。

（21）已知 data = [1, 2, 3]，表达式 [data.pop(-1) for i in range(len(data))] 的值为 [3, 2, 1]。

（22）已知 x = range(20)，表达式 x[:5] 的值为 [0, 1, 2, 3, 4]。

（23）已知 x = range(5)，表达式 x[6:] 的值为 range(5, 5)。

（24）已知 x = range(5)，表达式 x[:-10] 的值为 range(0, 0)。

（25）已知 x = range(50)，表达式 x[::3] 的值为 range(0, 50, 3)。

（26）已知 x = [1,2,3,4,5]，执行语句 x[::2] = range(2) 后，变量 x 的值为 [0, 2, 1, 4, 5]。

（27）标准库 random 中的 sample(seq, k) 函数从列表、元组、字符串中选择的元素一定具有不同的值。

（28）标准库 random 中的 choices(seq, k) 函数可以用来从列表、元组、字符串中选择 k 个元素，其中一定有重复的元素。

（29）假设已导入标准库 random，表达式 random.sample('01', 10) 的值是一个包含 10 个元素的列表，并且里面的 '0' 和 '1' 是随机出现的。

（30）假设已导入标准库 random，表达式 random.choices('01', 10) 的值是一个

包含 10 个元素的列表，并且里面的 '0' 和 '1' 是随机出现的。

（31）假设已经执行语句 `from random import randint` 导入对象，表达式 `randint(3, 5)` 永远不可能为 5。

（32）假设已经执行语句 `from random import randrange` 导入对象，表达式 `randrange(3, 5)` 的值永远不可能为 5。

（33）假设已经执行语句 `from random import shuffle` 导入对象，并且已知 `x = [1, 2, 3]`，执行语句 `shuffle(x)` 后变量 x 的值一定为 [1, 3, 2]。

（34）在 Python 3.8 以及更新的版本中，假设已经执行语句 `from math import prod` 导入对象，表达式 `prod([1, 2, 3, 4])` 的值为 24。

（35）在 Python 3.8 以及更新的版本中，假设已经执行语句 `from math import dist` 导入对象，表达式 `dist((2,3), (5,7))` 的值为 5.0。

（36）在 Python 3.8 以及更新的版本中，假设已经执行语句 `from math import perm` 导入对象，表达式 `math.perm(3, 3)` 的值为 6。

（37）在 Python 3.8 以及更新的版本中，假设已经执行语句 `from math import comb` 导入对象，表达式 `math.comb(3, 3)` 的值为 1。

（38）已知 `x = [3, 1, 2]`，表达式 `getattr(x, 'sort')()` 的值为 [1, 2, 3]。

（39）表达式 `getattr([1,3,2], 'pop')(1)` 的值为 3。

（40）表达式 `hasattr([], 'index')` 的值为 True。

（41）表达式 `hasattr({}, 'index')` 的值为 False。

（42）已知 x 是一个列表，且表达式 `id(x)` 的值为 2568563756416，执行语句 `x.insert(1, 4)` 后，表达式 `id(x)` 的值仍为 2568563756416。

（43）已知 x 是一个列表，且表达式 `id(x)` 的值为 2568563756416，执行语句 `x += [6]` 后，表达式 `id(x)` 的值仍为 2568563756416。

（44）同一个列表中元素必须属于相同的类型，不能同时包含不同类型的对象作为列表元素。

（45）已知 `x = [1, 2, 3]`，执行语句 `x[:1] = map(str, range(3, 5))` 后，变量 x 的值为 ['3', '4', 2, 3]。

（46）已知 `x = [1, 2, 1, 2, 1]`，执行语句 `x.remove(1)` 后，变量 x 的值为 [2, 2]。

（47）使用列表可以模拟栈，如果以列表头部为栈底，列表尾部为栈顶，列表方法 `append()` 可以实现入栈操作，不带参数的 `pop()` 方法可以实现出栈操作。

（48）使用列表可以模拟队列，以列表头部为队列头部且以列表尾部为队列尾部的话，列表方法 `append()` 可以实现入队操作，以 0 为参数的 `pop()` 方法可以实现出队操作。

（49）列表对象的 `append()` 方法属于原地操作，不改变当前列表的引用，用于在列表尾部追加一个元素。

（50）对于列表而言，在尾部追加元素比在中间位置插入元素速度更快一些，尤其是对于包含大量元素的列表。

（51）假设有非空列表 x，`x.append(3)`、`x = x + [3]` 与 `x.insert(0,3)` 这 3 条

语句在执行时间上基本没有太大区别。

（52）使用 Python 列表的方法 insert() 为列表插入元素时会改变列表中插入位置后面元素的索引。

（53）使用 Python 列表的方法 remove() 删除开头或中间位置的元素后，被删除元素后面的元素下标会减小。

（54）假设 x 为非空列表对象，先后执行表达式 x.pop() 和 x.pop(-1)，两次得到的值一定是一样的。

（55）假设 data 是包含若干元素的列表，语句 data.discard(3) 的作用是删除第一个 3，如果列表中没有元素 3 就忽略，不会出错。

（56）已知 x = [1, 2, 3]，执行语句 x[0] = 3 后，变量 x 的地址不变。

（57）已知列表 x 中包含超过 5 个以上的元素，语句 x = x[5:]+x[:5] 可以实现将列表 x 中的元素循环左移 5 位。

（58）已知 x = list(range(20))，语句 del x[::2] 可以正常执行。

（59）已知 x = list(range(20))，语句 x[::2] = [] 可以正常执行。

（60）已知 x = [1, 3, 5, 7, 9, 11]，执行语句 x[:3] = reversed(x[:3]) 后，x 的值为 [5, 3, 1, 7, 9, 11]。

（61）已知 x 是个列表对象，执行语句 y = x 后，调用列表 y 的任何方法修改列表时都会同样作用到 x 上。

（62）已知 x 是个列表对象，执行语句 y = x[:] 后，调用列表 y 的任何方法修改列表时都会同样作用到 x 上。

（63）只能通过切片访问列表中的元素，不能使用切片增加、修改和删除列表中的元素。

（64）只能通过切片访问元组和字符串中的元素，不能使用切片进行增加、删除、修改等操作。

（65）已知 x 和 y 是两个等长的整数列表，表达式 sum((i*j for i, j in zip(x, y))) 可用于计算这两个列表所表示的向量的内积。

（66）已知 x 和 y 是两个等长的整数列表，表达式 [i+j for i,j in zip(x,y)] 可用于计算这两个列表所表示的向量的和。

（67）表达式 int('1'*64, 2) 与 sum(2**i for i in range(64)) 的计算结果一样，但前者更快一些。

（68）表达式 2**64-1 与 sum(2**i for i in range(64)) 的计算结果一样，但前者更快一些。

（69）表达式 2**64-1 与 int('1'*64, 2) 的计算结果一样，但前者更快一些。

（70）已知 x = [1, 2, 3, 4]，表达式 x.find(5) 的值应为 -1。

（71）列表方法 sort() 只能按元素从小到大排列，不支持别的排序方式。

（72）列表的切片和 copy() 方法得到的都是原列表的浅复制。

（73）假设已使用语句 from copy import deepcopy 导入对象，已知 data 是一个包含子列表的列表对象，执行语句 data_new = deepcopy(data) 后，data 和 data_new

之间互不影响，完全独立，对其中一个做任何修改都不会影响另外一个。

（74）已知 x = [1, 2, 3, 2, 3, 1]，表达式 [x.index(num) for num in x if num==3] 的值为 [2, 2]。

（75）先后执行语句 x = [[1], [2]]、a, b = x、a = [1, 3]、b.append(4)，变量 x 的值为 [[1, 3], [2, 4]]。

（76）执行语句 x, (y, z) = 1, 2, 3 后，变量 y 的值为 2。

（77）把下面的代码保存为 Python 程序文件并运行，两侧输出的结果一定相同。

```
x = [2, 1, 3]; print(id(x)); x.sort(); print(id(x))
```

（78）把下面的代码保存为 Python 程序文件并运行，输出结果为 [[1, 666], [2], [3]]。

```
rows = [[1], [2], [3]]; row0, row1, row2 = rows; row0.append(666); print(rows)
```

（79）把下面的代码保存为 Python 程序文件并运行，输出结果为 [[1, 666], [1], [1]]。

```
rows = [[1]] * 3; row0, row1, row2 = rows; row0.append(666); print(rows)
```

（80）把下面的代码保存为 Python 程序文件并运行，输出结果为 [[666, 1, 2], [0, 1, 2], [0, 1, 2]]。

```
x = [[i for i in range(3)] for j in range(3)]; x[0][0] = 666; print(x)
```

（81）把下面的代码保存为 Python 程序文件并运行，输出结果为 [[666, 1, 2], [666, 1, 2], [666, 1, 2]]。

```
x = [[i for i in range(3)]] * 3; x[0][0] = 666; print(x)
```

（82）把下面的代码保存为 Python 程序文件并运行，输出结果为 [[1], [2, 6], [3]]。

```
x = [[1], [2], [3]]; y = x[1]; y.append(6); print(x)
```

（83）把下面的代码保存为 Python 程序文件并运行，输出结果为 [2, 6]。

```
x = [[1], [2], [3]]; y = x[1]; x[1].append(6); print(y)
```

（84）把下面的代码保存为 Python 程序文件并运行，输出结果为 [1, 2, [4], 3, 5]。

```
x = [1, 2, [3, 4], 3, 5]; x.remove(3); print(x)
```

（85）把下面的代码保存为 Python 程序文件并连续运行多次，输出结果相同。

```
from random import shuffle
x = list('abcdefg'); shuffle(x); print(list(set(x)))
```

（86）把下面的代码保存为 Python 程序文件并连续运行多次，输出结果可能会不相同，因为每次调用 shuffle() 函数随机打乱顺序的结果都不一样。

```
from random import shuffle
x = list('abcdefg'); shuffle(x); print(list(set(x)))
```

（87）把下面的代码保存为 Python 程序文件并连续运行多次，输出结果相同。

```
from random import shuffle
x = [1, 2, 3, 4, 5, 6, 7, 8, 9]; shuffle(x); print(list(set(x)))
```

（88）把下面的代码保存为 Python 程序文件并运行时会出错，因为列表中所有元素的值都相等，无法选择 5 个不相同的元素。

```
from random import sample
x = [1] * 10; print(sample(x, 5))
```

（89）把下面的代码保存为 Python 程序文件并运行时会出错，因为列表中只有 2 个元素，无法选择 5 个。

```
from random import choices
print(choices([0,1], k=5))
```

（90）把下面的代码保存为 Python 程序文件并运行，输出结果为 [2, 2, 2]。

```
x = [2, 1, 2, 1, 1, 1, 2, 1]
for i in x:
    if i == 1: x.remove(i)
print(x)
```

（91）把下面的代码保存为 Python 程序文件并运行，输出结果为 [2, 2, 2]。

```
x = [2, 1, 2, 1, 1, 1, 2, 1]
for i in range(len(x)):
    if x[i] == 1: del x[i]
print(x)
```

（92）把下面的代码保存为 Python 程序文件并运行，输出结果为 [2, 2, 2]。

```
x = [2, 1, 2, 1, 1, 1, 2, 1]
for i in range(len(x))[::-1]:
    if x[i] == 1: del x[i]
print(x)
```

（93）把下面的代码保存为 Python 程序文件并运行，输出结果为 False。

```
x = [1, 2, 3]; y = list(x); print(x is y)
```

（94）把下面的代码保存为 Python 程序文件并运行，输出结果为 True。

```
x = [1, 2, 3]; y = list(x); print(x == y)
```

（95）把下面的代码保存为 Python 程序文件并连续运行多次，输出结果是相同的。

```
from random import shuffle, seed
seed(20230502); data = list(range(20)); shuffle(data); print(data)
```

（96）对于自然数 n，如果表达式 `0 not in [n%d for d in range(2, n)]` 的值为 True 则说明 n 是素数。

（97）对于自然数 n，如果表达式 `all([n%d for d in range(2, n)])` 的值为 True 则说明 n 是素数。

（98）表达式 `[(r:=i%5) for i in range(10) if r==0]` 的值为 [0, 0]。

（99）表达式 `[r for i in range(10) if (r:=i%5)==0]` 的值为 [0, 0]。

（100）创建只包含一个元素的元组时，必须在元素后面加一个逗号，例如 (3,)。

（101）已知 x = (1, 2, 3)，表达式 x[0] 的值为 1。

（102）已知 x = (1, 2, 3)，表达式 x[-1] 的值为 3。

（103）先后执行语句 x = (1, 2, 3) 和 x[2] = 4，变量 x 的值为 (1, 2, 4)。

（104）已知 x = ([1], [2])，执行语句 x[0].append(3) 后，变量 x 的值为 ([1, 3], [2])。

（105）已知 x = ([1], [2])，执行语句 x[0] += [3] 后，变量 x 的值为 ([1, 3], [2])。

（106）表达式 (3)*5 和 (3,)*5 的结果是一样的。

（107）把下面的代码保存为 Python 程序文件并连续多次运行，结果总是一样的。

```
x = (1, 22222, 3); print(id(x), hash(x))
```

（108）列表、元组和字符串都支持双向索引，有效索引范围为 [-L, L]，其中 L 表示列表、元组或字符串的长度。

（109）列表、元组、字符串支持双向索引，-1 表示非空列表、元组或字符串中最后一个元素的下标。

（110）访问列表和元组中的元素时下标必须是整数。

（111）生成器表达式的结果是一个生成器对象，其中的元素可以反复使用。

（112）已知 x = (1, 2, 3, 4, 5, 6)，表达式 (num for num in x if num>3) 的值为 (4, 5, 6)。

（113）已知 x = (i**2 for i in range(5))，表达式 x[1] 的值为 1。

（114）对于生成器对象 x = (3 for i in range(5))，连续两次计算表达式 list(x) 的值是一样的。

（115）生成器对象中的每个值只能使用一次，如果连续执行多次 list((3 for _ in range(5)))，只有第一次得到非空列表，第二次以及后面的执行都是得到空列表。

（116）试图计算表达式 hash((i for i in range(5))) 时会抛出异常并提示不可哈希。

（117）表达式 len((i**2 for i in range(3))) 的值为 3。

（118）表达式 sum(i**2 for i in range(3)) 的值为 5。

（119）表达式 sorted(i for i in range(5), key=lambda i:i**3%5) 的值为 [0, 1, 3, 2, 4]。

（120）已知 x = (1, 2, 3)，执行语句 x.append(4) 后，变量 x 的值为 (1, 2, 3, 4)。

（121）元组定义后元素的数量和引用不能发生变化。

（122）元组一旦定义，元素的数量和每个元素的引用都不能变了，不能增加和删除元素，也不能修改已有元素的引用，所以说元组是不可变的。

（123）列表中的元素是有序的，创建列表以后不管使用什么方式往列表中添加新元素，先放进去的一定在前面，后放进去的一定在后面。

（124）元组中的元素是有序的，创建元组后不管使用什么方式往元组中添加新元素，先放进去的一定在前面，后放进去的一定在后面。

（125）创建包含任意多个自然数的集合，得到的集合从字面上看所有整数一定是升序排列的。

（126）已知 x = {1, 2}，执行语句 x.remove(3) 会出错抛出异常。

（127）执行语句 x = {1, 2, 3, 4:5, 5:6} 后变量 x 的类型为字典。

（128）表达式 dict(['01', (2,3), [4,5]]) 的值为 {'0':'1', 2:3, 4:5}。

（129）表达式 dict(['012']) 的值为 {'0': '12'}。

（130）表达式 dict(map(str, range(10, 20))) 的值为 {'1': '9'}。

（131）表达式 {'red', 'green', 'blue'}[1] 的值为 'green'。

（132）已知 x = {0:1, 1:2, 2:3}，表达式 x[0] 的值为 1。

（133）列表、元组、字符串属于有序序列，支持使用表示序号和位置的整数直接访问指定位置的元素，也支持使用切片访问其中的部分元素，字典和集合中不支持这样做。

（134）集合中的元素是无序的，创建集合以后不管使用什么方式往集合中添加新元素，先放进去的不一定在前面，后放进去的也不一定在后面。

（135）表达式 {i:v for i, v in enumerate({1,3,2})} 的值为 {0: 1, 1: 2, 2: 3}。

（136）表达式 dict(enumerate({1,3,2})) 的值为 {0: 1, 1: 2, 2: 3}。

（137）表达式 set(['a','b','c','a','b']) 的值一定是 {'a', 'b', 'c'}。

（138）字典对象的 keys() 方法的返回值可以和集合进行并集、差集、交集运算。

（139）表达式 {0: 1, 1: 2, 2: 3}.items()[0] 的值为 (0, 1)。

（140）同一个集合中的元素都是唯一的，不会存在重复的元素。

（141）集合支持双向索引，-1 表示最后一个元素的下标。

（142）元组是不可变的，可以作为字典元素的"键"，但不能作为字典元素的"值"。

（143）Python 支持使用字典的"键"作为下标来访问字典中的值。

（144）包含列表的元组不可以作为字典的"键"。

（145）字符串 '[1,2,3]' 不能作为字典的"键"或集合的元素，因为其中包含的列表是个可哈希对象。

（146）Python 字典中元素的"键"可以是任意合法字符串。

（147）表达式 hash(({1},)) 会抛出异常，无法计算包含集合的元组的哈希值。

（148）Python 字典中元素的"值"可以是任意类型的对象。

（149）Python 字典中元素的"值"可以是自定义函数。

（150）Python 字典中的"键"可以是整数、实数或复数。

（151）字典中元素的"键"是唯一的不会重复，所以试图使用语句 x = {'a':97, 'a':98, 'b':98} 创建字典时会出错抛出异常。

（152）已知 x = {'a':97, 'a':98, 'b':98}，表达式 x['a'] 的值为 98。

（153）已知 x 是一个字典对象，当执行类似于 x[1] = 3 这样的语句时，要求字典 x 中必须有一个元素的"键"为 1。

（154）表达式 {65:97, 66:98, 67:99}.get(66, 88) 的值为 98。

（155）变量 x 和变量 y 是同一个内置类型的两个对象并且支持加法运算，语句 `x = x + y` 和 `x += y` 的功能一定是完全等价的。

（156）假设 x 为 enumerate 对象，表达式 `dict(x)` 会出错引发异常。

（157）字典的"键"必须是不可变的，并且是唯一的。

（158）Python 中虽然变量类型不能随意改变，但变量的值是可以随时发生变化的。

（159）对于运算符 in 而言，集合的测试速度比列表快很多。

（160）生成器推导式比列表推导式占用更少的内存空间，处理大数据时推荐使用。

（161）集合中元素不允许重复，是指元素的值不允许重复，不是指元素的引用不允许重复。

（162）表达式 `{3, 3.0}` 的值为 {3}。

（163）表达式 `{3.0, 3}` 的值为 {3.0}。

（164）表达式 `len({0.6-0.5, 0.4-0.3, 0.3-0.2, 1.1-1.0, 1.0-0.9, 1.13-0.03}) > 2` 的值为 True。

（165）表达式 `{1:i for i in range(4)}` 的值为 {1:0, 1:1, 1:2, 1:3}。

（166）表达式 `len({i:1 for i in range(4)})` 的值为 4。

（167）表达式 `len({1, (2,3), {4,5}})` 的值无法计算，会报错，因为集合中不能包含集合。

（168）在很多情况下，字典进行运算时实际上是对"键"进行运算，例如，表达式 `{'a':97, 'b':98} < {'a':97, 'b':98, 'c':99}` 的值为 True，表示第一个字典的"键"是第二个字典的"键"的子集。

（169）表达式 `{'a':97}.keys() == {'a'}` 的值为 True。

（170）表达式 `{1, 2} * 2` 的值为 {1, 2, 1, 2}。

（171）表达式 `{1,2,3}.issubset([1,2,3,4,5,6])` 的值为 True。

（172）表达式 `{1,2,3} < (1,2,3,4,5,6)` 的值为 True。

（173）表达式 `{1, 2, 3} | {3, 4, 5}` 的值为 {1, 2, 3, 4, 5}。

（174）表达式 `{1, 2, 3} - {3, 4, 5}` 的值为 {1, 2}。

（175）表达式 `{1, 2, 3} & {3, 4, 5}` 的值为 {3}。

（176）表达式 `{1, 2, 3} ^ {3, 4, 5}` 的值为 {1, 2, 4, 5}。

（177）表达式 `{1,2,3}.symmetric_difference({3,4,5})` 的值为 {1,2,4,5}。

（178）已知 A 和 B 是两个集合，并且表达式 A<B 的值为 False，表达式 A>=B 的值一定为 True。

（179）已知集合 A 是集合 B 的子集，表达式 A<B 的值一定为 True。

（180）表达式 `{1, 3, 2} > {1, 2, 3}` 的值为 True。

（181）表达式 `{1, 2, 3} < {3, 4, 5}` 的值为 True。

（182）表达式 `{1, 2, 3} < {1, 3, 2}` 的值为 True。

（183）表达式 `{1, 2, 3} <= {1, 3, 2}` 的值为 True。

（184）对于任意两个集合 A 和 B，如果 A<=B 的值为 True，表达式 `min(A) >= min(B)` 的值一定也为 True。

（185）对于两个任意集合 A 和 B，如果 A<B 的值为 True，表达式 min(A) > min(B) 的值一定也为 True。

（186）对于任意两个集合 A 和 B，如果 A<=B 的值为 True，表达式 max(A) <= max(B) 的值一定也为 True。

（187）已知 x = {1, 2, 3, 4}，执行语句 del x[0] 后，x 的值为 {2, 3, 4}。

（188）已知 x = {3, 5, 7}，执行语句 x.remove(8) 会出错并抛出异常。

（189）已知 x = {3, 5, 7}，执行语句 x.remove(3,5) 可以同时从集合中删除 3 和 5。

（190）已知 x = {3, 5, 7}，执行语句 x.discard(8) 会出错并抛出异常。

（191）已知 x = {3, 5, 7}，执行语句 x.discard(3, 5) 可以同时从集合中删除 3 和 5。

（192）已知 x = {1, 2, 3}，执行语句 x.update([2,3,4]) 后，变量 x 的值为 {1, 2, 3, 4}。

（193）已知 x 为非空字典，执行语句 x.pop(-1) 一定会出错抛出异常。

（194）已知 x 为非空集合，执行语句 x.pop(-1) 一定会出错抛出异常。

（195）访问字典中的元素时下标不能是整数。

（196）已知 d = {'a': 97, 'b': 98, 'c': 99}，表达式 dict(sorted(d.items(), reverse=True)) 的值为 {'c': 99, 'b': 98, 'a': 97}。

（197）删除列表中重复元素最简单的方法是将其转换为集合后再重新转换为列表，但这样的操作可能会改变元素的相对顺序。

（198）可以使用 del 语句删除集合中的部分元素。

（199）可以使用 del 语句删除字典中的部分元素。

（200）表达式 {'a':97, 'b':98}.setdefault('c') 的值为 None。

（201）表达式 {'a':97, 'b':98}.setdefault('c', 99) 的值为 99。

（202）先后执行语句 x = {'a':97, 'b':98} 和 x.setdefault('c')，变量 x 的值为 {'a': 97, 'b': 98, 'c': None}。

（203）内置函数 len() 返回指定序列的元素个数，适用于列表、元组、字符串、字典、集合以及 range、zip 等可迭代对象。

（204）在 Python 中，变量不直接存储值，而是存储值的引用，也就是值在内存中的地址。列表、元组、字典、集合中的元素实际上也是引用。

（205）执行过语句 x = 3 后，再给变量 x 赋值时必须是整数，不能是列表、元组、字典、集合、字符串或其他类型的值。

（206）使用字典方法 update() 进行更新时，会自动忽略已有的"键"，不会对这些元素的"值"进行更新。

（207）集合不支持下标，无法直接访问某个位置上的元素，但集合支持切片，可以访问集合中的一部分元素。

（208）一对空的花括号 {} 既可以表示空字典也可以表示空集合。

（209）假设已导入标准库 collections，表达式 collections.Counter('abcdaba').

most_common(1) 的值为 [('a', 3)]。

（210）假设 data 是包含任意内容的列表，表达式 len(set(data)) == len(data) 的值一定为 True。

（211）假设 data 是包含任意内容的列表，表达式 len(set(data)) < len(data) 的值一定为 True。

（212）假设已导入 operator 模块中的对象 itemgetter，表达式 itemgetter(0)([1,2,3]) 的值为 1。

（213）假设已导入 operator 模块中的对象 itemgetter，表达式 itemgetter('a')({'a':97,'b':98}) 的值为 97。

（214）已知 x = dict.fromkeys('abcd')，表达式 x['abcd'] 的值为 None。

（215）已知 x = dict.fromkeys(['abcd'])，表达式 x['abcd'] 的值为 None。

（216）已知 x = dict.fromkeys([1,2,3], [])，执行语句 x[1].append(3) 后，表达式 x[3] 的值为 [3]。

（217）把下面的代码保存为 Python 程序文件并运行，两次输出结果一定是相同的。

```
from random import shuffle
data = [30, 32, 36, 38, 40, 62]
print(set(data)); shuffle(data); print(set(data))
```

（218）把下面的代码保存为 Python 程序文件并运行，输出结果为 {'a': [3], 'b': [3], 'c': [3]}。

```
data = dict(zip('abc', [[]]*3)); data['a'].append(3); print(data)
```

（219）把下面的代码保存为 Python 程序文件并运行，输出结果为 {'a': [3], 'b': [], 'c': []}。

```
data = {'a':[], 'b':[], 'c':[]}; data['a'].append(3); print(data)
```

（220）把下面的代码保存为 Python 程序文件并运行，输出结果为 [3, 3]。

```
data = [4, 1, 1, 3, 3, 3, 2, 2, 2]
print(sorted(data, key=data.count, reverse=True)[:2])
```

（221）把下面的代码保存为 Python 程序文件并运行，输出结果为 [2, 3]。

```
data = [4, 1, 1, 3, 3, 3, 2, 2, 2]
print(sorted(set(data), key=data.count, reverse=True)[:2])
```

（222）把下面的代码保存为 Python 程序文件并运行，输出结果为 [3, 2]。

```
data = [4, 1, 1, 3, 3, 3, 2, 2, 2]
print(sorted(sorted(set(data), key=data.index), key=data.count, reverse=True)[:2])
```

（223）把下面的代码保存为 Python 程序文件并运行，输出结果为 [3, 2]。

```
from operator import itemgetter
from collections import Counter
data = [4, 1, 1, 3, 3, 3, 2, 2, 2]; freq = Counter(data).most_common(2)
print(list(map(itemgetter(0), freq)))
```

（224）把下面的代码保存为 Python 程序文件并运行，输出结果为 deque([2, 3, 1])。

```
import collections
q = collections.deque([1, 2, 3])
q.append(4); q.appendleft(0); q.popleft(); q.pop(); q.rotate(2); print(q)
```

（225）把下面的代码保存为 Python 程序文件并运行，输出结果为 8。

```
import collections
Vector3 = collections.namedtuple('Vector3', ['x', 'y', 'z'])
v = Vector3(3, 4, 5); print(v.x+v.z)
```

（226）把下面的代码保存为 Python 程序文件并运行，输出结果为 True。

```
from queue import Queue
q = Queue(3); q.put(3); q.put(5); q.put(7); print(q.full())
```

（227）把下面的代码保存为 Python 程序文件并运行，会进入阻塞状态。

```
from queue import Queue
q = Queue(3); q.put(3); q.put(5); q.put(7); q.put(8)
```

（228）把下面的代码保存为 Python 程序文件并运行，会进入阻塞状态。

```
from queue import Queue
q = Queue(3); q.get()
```

（229）把下面的代码保存为 Python 程序文件并运行，会阻塞 3 秒然后返回 0。

```
from queue import Queue
q = Queue(3); q.get(timeout=3)
```

（230）把下面的代码保存为 Python 程序文件并运行，输出结果为 [5, 6, 7]。

```
from queue import deque
q = deque(maxlen=3); q.append(3); q.extend([4,5,6,7]); print(list(q))
```

（231）把下面的代码保存为 Python 程序文件并运行，输出结果为 2。

```
from enum import Enum
color = enum.Enum('color', ['red', 'green', 'blue']); print(color.green.value)
```

（232）把下面的代码保存为 Python 程序文件并运行，输出结果为 3。

```
from enum import Enum
color = enum.Enum('colors', {'red':1, 'green':3, 'blue':5})
print(color.green.value)
```

（233）把下面的代码保存为 Python 程序文件并运行，输出结果为 [0, 1, 4, 9, 16]。

```
x = (i*i for i in range(5)); y = map(lambda i: i-3, x); print(list(x))
```

（234）把下面的代码保存为 Python 程序文件并运行，输出结果为 []。

```
x = (i*i for i in range(5)); y = list(map(lambda i: i-3, x)); print(list(x))
```

（235）把下面的代码保存为 Python 程序文件并运行，3 次输出结果一样。

```
from itertools import cycle
r = []
```

```
for i, it in enumerate(cycle([1,2,3])):
    if i >= 10: break
    r.append(it)
print(r)
r, it = [], cycle([1,2,3])
for _ in range(10): r.append(next(it))
print(r); print([it for i, it in enumerate(cycle([1,2,3])) if i<10])
```

3.3 单 选 题

（1）已知 x = [1, 2, 1, 2]，执行语句 x.remove(1) 后，变量 x 的值为（   ）。

A.[2, 1, 2]　　　　B.[1, 2, 2]　　　C.[1, 1, 2]　　D.[2, 1, 1]

（2）已知 x = [1, 2, 1, 2]，执行语句 x.remove(1) 后，表达式 x.index(1) 的值为（   ）。

A.1　　　　　　　B.0　　　　　　　C.-1　　　　　　　D. 抛出异常，无法计算

（3）已知 x = [1, 2, 1, 2]，执行语句 x.pop(1) 后，变量 x 的值为（   ）。

A.[2, 1, 2]　　　　B.[1, 2, 2]　　　C.[1, 1, 2]　　D.[2, 1, 1]

（4）表达式 [1, 2, 3, 4, 5, 6, 7].pop() 的值为（   ）。

A.1　　　　　　　B.4　　　　　　　C.7　　　　　　D.5

（5）表达式 [1, 2, 3, 4, 5, 6, 7].pop(0) 的值为（   ）。

A.1　　　　　　　B.4　　　　　　　C.7　　　　　　D.5

（6）已知 x = [1, 2, 1, 2]，执行语句 del x[1] 后，变量 x 的值为（   ）。

A.[2, 1, 2]　　　　B.[1, 2, 2]　　　C.[1, 1, 2]　　D.[2, 1, 1]

（7）已知 x = [1, 2, 3]，执行语句 x.append([4]) 后，变量 x 的值为（   ）。

A.[1, 2, 3, [4]]　　　　　　　B.[4]

C.[1, 2, 3, 4]　　　　　　　　D.4

（8）已知 x = [1, 2, 3]，执行语句 x.extend(4) 后，变量 x 的值为（   ）。

A.[1, 2, 3, 4]　　B.[4]　　　　　C.[1, 2, 3]　　D. 出错，无法执行

（9）已知 x = [1, 2, 3]，执行语句 x.extend([4]) 后，变量 x 的值为（   ）。

A.[1, 2, 3, 4]　　B.[4]　　　　　C.[1, 2, 3]　　D. 出错，无法执行

（10）已知 x = [1, 2, 3]，执行语句 x.insert(1, 4) 后，变量 x 的值为（   ）。

A.[1, 2, 3, 4]　　　　　　　　B.[1, 4, 2, 3]

C.[4, 1, 2, 3]　　　　　　　　D.[1, 2, 4, 3]

（11）表达式 [1, 2, 3, 4, 3, 6, 7].index(3) 的值为（   ）。

A.1　　　　　　　B.4　　　　　　　C.2　　　　　　D.5

（12）表达式 [1, 2, 3, 4, 3, 6, 7].count(3) 的值为（   ）。

A.1　　　　　　　B.4　　　　　　　C.2　　　　　　D.5

（13）表达式 sum([i*i for i in range(3)]) 的值为（   ）。

A.3　　　　　　　B.5　　　　　　　C.2　　　　　　D.14

（14）表达式 `[i*3 for i in [1, 2, 3]]` 的值为（　　　）。

    A.6   B.18

    C.[3, 6, 9]   D.[1, 2, 3, 1, 2, 3, 1, 2, 3]

（15）内置函数 sorted() 的返回值为（　　　）。

    A. 元组   B. 字典   C. 集合   D. 列表

（16）执行语句 `x = [1, 2, 3]` 后，变量 x 的类型为（　　　）。

    A. 列表   B. 元组   C. 字典   D. 集合

（17）依次执行语句 `x = [1, 2, 3]` 和 `x = (1, 2, 3)` 后，变量 x 的类型为（　　　）。

    A. 列表   B. 元组   C. 字典   D. 集合

（18）列表对象方法 copy() 的返回值为（　　　）。

    A. 元组   B. 字典   C. 集合   D. 列表

（19）执行语句 `x = 1, 2, 3` 后，变量 x 的类型为（　　　）。

    A. 列表   B. 元组   C. 字典   D. 集合

（20）执行语句 `x = {3}` 后，变量 x 的类型为（　　　）。

    A. 列表   B. 元组   C. 字典   D. 集合

（21）执行语句 `x = {1:3}` 后，变量 x 的类型为（　　　）。

    A. 列表   B. 元组   C. 字典   D. 集合

（22）执行语句 `x = {}` 后，变量 x 的类型为（　　　）。

    A. 列表   B. 元组   C. 字典   D. 集合

（23）已知 `x = [1, 2, 3, 4, 2, 2, 1, 1]`，表达式 `max(x, key=x.count)` 的值为（　　　）。

    A.1   B.2   C.3   D.4

（24）已知 `x = [1, 2, 3, 4, 3, 2, 1, 1]`，表达式 `max(x, key=x.index)` 的值为（　　　）。

    A.1   B.2   C.3   D.4

（25）已知 `x = [1, 2, 3, 4, 3, 2, 1, 1]`，表达式 `max(set(x), key=x.index)` 的值为（　　　）。

    A.1   B.2   C.3   D.4

（26）把下面的代码保存为 Python 程序文件并运行，输出结果为（　　　）。

```python
data = [1, 2, 3, 4, 5, 6, 7]
for _ in range(3): data.append(data.pop(0))
print(data)
```

    A.[4, 5, 6, 7, 1, 2, 3]   B.[3, 4, 5, 6, 7, 1, 2]

    C.[5, 6, 7, 1, 2, 3, 4]   D.[1, 2, 3, 4, 5, 6, 7]

（27）把下面的代码保存为 Python 程序文件并运行，输出结果为（　　　）。

```python
x = [1, 2, 3]; x.insert(-5, 4); print(x.index(3))
```

    A.0   B.1   C.2   D.3

（28）把下面的代码保存为 Python 程序文件并运行，输出结果为（   ）。

```
data = [[1], [2]]; x, y = data; x.append(2); y[0] = 5; print(data)
```

  A.[[1, 2], [5]]   B.[[1, 2], [2]]

  C.[[1], [5]]   D.[[1], [2]]

（29）把下面的代码保存为 Python 程序文件并运行，输出结果为（   ）。

```
x = [[1], [2], [3]]; y = x[:]; y[0].append(3); y[1] = [4]; print(x)
```

  A.[[1, 3], [2], [3]]   B.[[1, 3], [4], [3]]

  C.[[1], [2, 3], [3]]   D.[[4], [1, 3], [3]]

（30）把下面的代码保存为 Python 程序文件并运行，输出结果为（   ）。

```
x = [1, 2, 3, 4, 5]; x[1::2] = [666, 666, 666]; print(x)
```

  A.[666, 2, 666, 4, 666]   B.[1, 666, 3, 666, 5]

  C.[1, 666, 3, 4, 5]   D. 出错，无法执行

（31）把下面的代码保存为 Python 程序文件并运行，输出结果为（   ）。

```
x = [1, 2, 3, 4, 5]; x[:3] = [666, 666]; print(x)
```

  A.[666, 2, 666, 4, 666]   B.[1, 666, 3, 666, 5]

  C.[666, 666, 4, 5]   D. 出错，无法执行

（32）把下面的代码保存为 Python 程序文件并运行，输出结果为（   ）。

```
x = [1, 2, 3, 4, 5]; x[2::-1] = [666, 888, 999]; print(x)
```

  A.[999, 888, 666, 4, 5]   B.[666, 888, 999, 4, 5]

  C.[1, 2, 999, 888, 666]   D. 出错，无法执行

（33）关于 Python 列表支持的操作，以下选项中描述错误的是（   ）。

  A. 如果 x 不是列表 s 的元素，表达式 x not in s 的值为 True

  B. 已知 s = [1 ,3.14, 'Python 小屋', True]，表达式 s[4] 的值为 True

  C. 已知 s = [1, 'Python 小屋', 3.14, True]，表达式 s[-1] 的值为 True

  D. 如果 x 是列表 s 的元素，表达式 x in s 的值为 True

（34）对于列表对象的方法，以下选项中描述错误的是（   ）。

  A.clear() 用于删除当前列表中的所有元素

  B.count(x) 用于返回对象 x 在当前列表中出现的次数

  C.reverse() 用于把当前列表的所有元素原地逆序

  D.extend(L) 把列表 L 作为一个元素追加到当前列表的尾部

（35）把下面的代码保存为 Python 程序文件并运行，输出结果为（   ）。

```
print(len([[1, 2, 3], [[4, 5], 6], [7, 8]]))
```

  A.3   B.4   C.8   D.1

（36）把下面的代码保存为 Python 程序文件并运行，输出结果为（   ）。

```
print([[1, 2, 3], [[4, 5], 6], [7, 8]].count(3))
```

A.3　　　　　　B.4　　　　　　C.8　　　　　　D.0

（37）表达式 list(map(str, range(5,8,-1))) 的值为（　　　）。

A.[]　　　　　　B.[5, 6, 7]　　C.[8, 7, 6]　　　D.[5, 6, 7, 8]

（38）表达式 [89, 92, 97, 69, 81, 19][-40] 的值为（　　　）。

A.69　　　　　　B.81　　　　　　C.97　　　　　　D. 出错，无法执行

（39）表达式 [1, 3, 9, 30][-3:100] 的值为（　　　）。

A.[30]　　　　　B.[1, 3, 9]　　C.[3, 9, 30]　　D. 出错，无法执行

（40）表达式 {'a':97, 'b':98, 'c':99}.keys() & {'a', 'b', 98, 99} 的值为（　　　）。

A.{'a', 'b'}　　B.{98, 99}　　　C.{}　　　　　　D. 出错，无法执行

（41）把下面的代码保存为 Python 程序文件并运行，输出结果为（　　　）。

```
x = {1:3, 2:5, 3:7, 4:1, 5:6}; print(max(x, key=lambda k:x[k]))
```

A.1　　　　　　B.2　　　　　　C.3　　　　　　D.4

（42）表达式 hash({'a': 97}) 的值为（　　　）。

A.'a'　　　　　　B.97　　　　　　C.('a', 97)　　D. 出错，无法执行

（43）把下面的代码保存为 Python 程序文件并运行，输出结果为（　　　）。

```
data = dict.fromkeys([1, 2, 3], []); data[2].append(666); print(data[3])
```

A.[666]　　　　B.666　　　　　C.[]　　　　　　D. 出错，无法执行

（44）把下面的代码保存为 Python 程序文件并运行，输出结果为（　　　）。

```
data = dict.fromkeys([1, 2, 3], []); data[2] = 666; print(data[3])
```

A.[666]　　　　B.666　　　　　C.[]　　　　　　D. 出错，无法执行

（45）下面能用来查看一个对象占用的内存空间大小的是（　　　）。

A. 内置函数 len()

B. 内置函数 sizeof()

C. 内置模块 sys 的函数 getsizeof()

D. 内置函数 size()

（46）表达式 set().union([1,2,3], (4,5), {6,7}) 的值为（　　　）。

A.{1, 2, 3, 4, 5, 6, 7}　　　　　B.{1, 2, 3, 4, 5}

C.{4, 5, 6, 7}　　　　　　　　　D.{4, 5}

（47）把下面的代码保存为 Python 程序文件并运行，输出结果为（　　　）。

```
data = {3:5, 4:3, 9:3, 6:3, 8:99}
print(max(data.keys(), key=lambda k: (data[k]==3, k)))
```

A.3　　　　　　B.4　　　　　　C.9　　　　　　D.99

（48）下面的列表方法中一定有返回值且为整数的是（　　　）。

A.sort()　　　　B.index()　　　C.count()　　　D.append()

3.4　多　选　题

（1）假设列表中不包含空值 None，下面的列表方法中如果有返回值则返回值一定不是空值 None 的有（　　　）。

　　　A.sort()　　　　　B.pop()　　　　　C.index()　　　　　D.reverse()

（2）下面的列表方法中返回值一定为空值的有（　　　）。

　　　A.sort()　　　　　B.reverse()　　　C.count()　　　　D.append()

（3）下面的列表方法中如果有返回值则一定为整数的有（　　　）。

　　　A.sort()　　　　　B.index()　　　　C.count()　　　　D.append()

（4）下面的列表方法中不影响列表内存首地址的有（　　　）。

　　　A.sort()　　　　　B.pop()　　　　　C.index()　　　　　D.reverse()

（5）下面的列表方法中不影响列表中元素引用和数量的有（　　　）。

　　　A.sort()　　　　　B.count()　　　　C.index()　　　　D.pop()

（6）下面的列表方法中一定不影响列表中已有元素的下标的有（　　　）。

　　　A.sort()　　　　　B.append()　　　C.extend()　　　　D.pop()

（7）下面属于合法列表对象的有（　　　）。

　　　A.['微信公众号：Python 小屋', 2.0, 5, 3+4j, [10, 20], (5,)]
　　　B.[['Python 程序设计（第 4 版）', 2024, 7],]
　　　C.[{8}, {'a':97}, (1,), ['Python 程序设计基础（第 3 版）', 2023,1]]
　　　D.[range, map, filter, zip, lambda x: x**6]

（8）内存足够大的情况下下面的列表方法中仍有可能会出错的有（　　　）。

　　　A.insert()　　　　B.copy()　　　　C.remove()　　　　D.index()

（9）下面可以支持下标运算的有（　　　）。

　　　A. 列表　　　　　B. 元组　　　　C. 字典　　　　D. 字符串

（10）下面只能使用表示位置或序号的整数做下标访问其中元素的有（　　　）。

　　　A. 列表　　　　　B. 元组　　　　C. 字典　　　　D. 字符串

第 4 章

选择结构与循环结构

4.1 填空题

客观题
第4章答案.pdf

（1）用来实现循环结构的两个关键字分别为 for 和_____。

（2）在循环结构中，_____语句的作用是提前结束本层循环。

（3）在循环结构中，_____语句的作用是提前进入下一次循环。

（4）Python 关键字中用来表示空语句的是_____。

（5）Python 3.10 新增用于实现多分支选择结构的软关键字为 match 和_____。

（6）把下面的代码保存为 Python 程序文件并运行，输出结果为_____。

```
for i in range(3): print(i, end=',')
```

（7）把下面的代码保存为 Python 程序文件并运行，输出结果为_____。

```
data = [3]
if data: print(1)
else: print(0)
```

（8）把下面的代码保存为 Python 程序文件并运行，输出结果为_____。

```
for n in range(10, 1, 1):
    for i in range(2, n):
        if n%i == 0: break
    else:
        print(n)
        break
```

（9）把下面的代码保存为 Python 程序文件并运行，输出结果为_____。

```
score = 97
if score > 100: print('error')
elif score >= 90: print('A')
elif score >= 80: print('B')
elif score >= 70: print('C')
elif score >= 60: print('D')
elif score >= 0: print('F')
else: print('error')
```

（10）把下面的代码保存为 Python 程序文件并运行，输出结果为_____。

```
score = 97
if score < 0: print('error')
elif score >= 0: print('F')
elif score >= 60: print('D')
elif score >= 70: print('C')
elif score >= 80: print('B')
elif score >= 90: print('A')
elif score > 100: print('error')
```

（11）把下面的代码保存为 Python 程序文件并运行，输出结果为_____。

```
score, degree = 100, 'DCBAAF'
index = (score - 60) // 10
if index >= 0: result = degree[index]
else: result = degree[-1]
print(result)
```

（12）把下面的代码保存为 Python 程序文件并运行，输出结果为_____。

```
score, degree = 89, 'DCBAAFFFFFF'
index = (score - 60) // 10; print(degree[index])
```

（13）把下面的代码保存为 Python 程序文件并运行，输出结果为_____。

```
from itertools import count
for num in count(3, 6):
    if num > 30:
        print(num)
        break
```

（14）把下面的代码保存为 Python 程序文件并运行，输出结果为_____。

```
n, result = 4, 0
for i in range(1, n+1):
    t = 1
    for j in range(1, i+1): t = t * j
    result = result + t
print(result)
```

（15）把下面的代码保存为 Python 程序文件并运行，输出结果为_____。

```
n, result, t = 4, 0, 1
for i in range(1, n+1):
    result = result + t
    t = t * i
print(result)
```

（16）把下面的代码保存为 Python 程序文件并运行，输出结果为_____。

```
n, result, t = 4, 0, 1
for i in range(2, n+1):
    t = t * i
    result = result + t
print(result)
```

（17）把下面的代码保存为 Python 程序文件并运行，输出结果为＿＿＿＿＿＿。

```python
sets = [{1}, {2}, {3}, {4}]
max_ = sets[0]
for s in sets[1:]:
    if s > max_: max_ = s
print(max_)
```

（18）把下面的代码保存为 Python 程序文件并运行，输出结果为＿＿＿＿＿＿。

```python
from itertools import combinations
data, result = [1, 2, 3, 4, 5], []
for i, v1 in enumerate(data):
    for j, v2 in enumerate(data[i+1:]):
        for v3 in data[i+j+2:]: result1.append((v1,v2,v3))
result2 = list(combinations(data, 3))
print(result1==result2)
```

（19）把下面的代码保存为 Python 程序文件并运行，输出结果为＿＿＿＿＿＿。

```python
from itertools import combinations
data, result = [1, 2, 3, 4, 5], []
for i, v1 in enumerate(data):
    for j, v2 in enumerate(data[i+1:], start=i+1):
        for v3 in data[j+1:]: result1.append((v1,v2,v3))
result2 = list(combinations(data, 3))
print(result1==result2)
```

（20）把下面的代码保存为 Python 程序文件并运行，输出结果为＿＿＿＿＿＿。

```python
from itertools import combinations
data, result = [1, 2, 3, 4, 5], []
for i, v1 in enumerate(data):
    for v2 in data[i+1:]: result1.append((v1,v2))
result2 = list(combinations(data, 2))
print(result1==result2)
```

（21）把下面的代码保存为 Python 程序文件并运行，输出结果为＿＿＿＿＿＿。

```python
from itertools import product
data, result1 = [1, 2, 3, 4, 5], []
for v1 in data:
    for v2 in data: result1.append((v1,v2))
result2 = list(product(data, data))
print(result1==result2)
```

（22）把下面的代码保存为 Python 程序文件并运行，输出结果为＿＿＿＿＿＿。

```python
from itertools import permutations
data, result1 = [1, 2, 3, 4, 5], []
for i in data:
    for j in data:
        if j == i: continue
        for k in data:
            if k==i or k==j: continue
```

```
        result1.append((i,j,k))
result2 = list(permutations(data, 3))
print(result1==result2)
```

（23）把下面的代码保存为 Python 程序文件并运行，输出结果为_____。

```
x = [1, 1]
for i in range(5): x.append(x[-1]+x[-2])
print(x[-1])
```

（24）把下面的代码保存为 Python 程序文件并运行，输出结果为_____。

```
a, b = 1, 1
for _ in range(3): a, b = b, a+b
print(b)
```

（25）把下面的代码保存为 Python 程序文件并运行，输出结果为_____。

```
a, b = 1, 1
for _ in range(3): a, b = b, a+b
print(a)
```

（26）把下面的代码保存为 Python 程序文件并运行，输出结果为_____。

```
for index, (f, s) in enumerate(zip((1,2,3), [4,5])): print(f, end=',')
```

（27）把下面的代码保存为 Python 程序文件并运行，输出结果为_____。

```
for index, (f, s) in enumerate(zip((1,2,3), [4,5])): print(s, end=',')
```

（28）执行语句 from _____import date, timedelta 后，语句 print(date(2023, 3, 25) + timedelta(days=5)) 的输出结果为 2023-03-30。

（29）执行语句 from itertools import_____as func 后，表达式 list(func('123', 'abcdef')) 的值为 [('1', 'a'), ('2', 'b'), ('3', 'c'), (None, 'd'), (None, 'e'), (None, 'f')]。

（30）执行语句 from itertools import _____ as func 后，表达式 list(func('12', 'abcd')) 的值为 [('1', 'a'), ('1', 'b'), ('1', 'c'), ('1', 'd'), ('2', 'a'), ('2', 'b'), ('2', 'c'), ('2', 'd')]。

（31）执行语句 from itertools import _____ as func 后，表达式 list(func([1,2,3,4,5], lambda x, y: x+y)) 的值为 [1, 3, 6, 10, 15]。

（32）假设已使用语句 from functools import reduce 导入函数，且有 seq = [1, 2, 3, 4]，表达式 reduce(lambda i, j: i+[i[-1]*j], seq[1:], [seq[0]]) 的值为_____。

（33）把下面的代码保存为 Python 程序文件并运行，输出结果为_____。

```
from operator import mul
from itertools import accumulate
print(sum(accumulate([1,2,3,4], mul)))
```

（34）把下面的代码保存为 Python 程序文件并运行，输出结果为_____。

```
from operator import add
```

```
from itertools import accumulate
print(sum(accumulate([1,2,3,4], add)))
```

（35）填空使得下面程序的输出结果为"7,16,25,34,43,52,61,70,79,88,97,106,"。

```
from itertools import count
for num in count(7, _____ ):
    print(num, end=',')
    if num > 100: break
```

（36）把下面的代码保存为 Python 程序文件并运行，输出结果为_____。

```
from itertools import compress
print(sum(compress(range(10), (1,0)*5)))
```

（37）把下面的代码保存为 Python 程序文件并运行，输出结果为_____。

```
from itertools import compress
print(''.join(compress('abcdefghij', (1,0)*5)))
```

（38）把下面的代码保存为 Python 程序文件并运行，输出结果为_____。

```
from itertools import groupby
print(len(tuple(groupby(sorted(range(100), key=lambda i:i%3), lambda i:i%3))))
```

（39）把下面的代码保存为 Python 程序文件并运行，输出结果为_____。

```
from itertools import groupby
print(len(tuple(groupby([1,2,5,3,4,1,2], lambda i:i%3))))
```

（40）把下面的代码保存为 Python 程序文件并运行，输出结果为_____。

```
for i in range(10): pass
print(i)
```

（41）把下面的代码保存为 Python 程序文件并运行，输出结果为_____。

```
i = 0
while i < 10: i = i + 1
print(i)
```

（42）把下面的代码保存为 Python 程序文件并运行，输出结果为_____。

```
def fib(n):
    if n <= 0: return 0
    if n in (1,2): return 1
    a, b = 1, 1
    for _ in range(n-3):
        a, b = b, a
        b = a + b
    return a + b
print(fib(6))
```

（43）把下面的代码保存为 Python 程序文件并运行，输出结果为_____。

```
x = [4, 3, 0, 2, 8, 2, 5, 6, 0, 6]
result, min_ = [0], x[0]
for i, v in enumerate(x[1:], start=1):
    if v == min_: result.append(i)
```

```
    elif v < min_:
        min_ = v
        result.clear()
        result.append(i)
print(result)
```

4.2 判　断　题

（1）作为条件表达式时，`0 or 5` 等价于 True。

（2）作为条件表达式时，`0 and 5` 等价于 True。

（3）continue 语句的作用是跳过本次循环后面的代码，提前进入下一次循环。

（4）break 语句的作用是提前结束该语句所在的循环。

（5）循环结构中必须有 break 或 continue 语句。

（6）break 语句和 continue 语句只能用于循环结构中，不能在循环结构之外使用。

（7）选择结构必须带有 else 子句。

（8）循环结构必须带有 else 子句。

（9）对于带 else 子句的 for 循环和 while 循环，如果因为循环条件不成立而自然结束时会执行 else 中的代码。

（10）对于带 else 子句的 for 循环和 while 循环，如果因为执行了 continue 语句导致提前结束时会执行 else 中的代码。

（11）对于带 else 子句的 for 循环和 while 循环，如果因为执行了 break 语句导致提前结束时不会执行 else 中的代码。

（12）在多层嵌套的循环结构中，最内层的 break 语句一旦得到执行，会直接结束最外层的循环。

（13）不管表达式 exp 的值是什么，只要等价于 True 则表达式 not exp 的值就一定是 False。

（14）表达式 `1<3<5` 等价于 `(1<3)<5`，值为 True。

（15）逻辑运算符 and 和 or 连接多个表达式时具有惰性求值特点，只计算必须计算的表达式。

（16）在没有导入内置模块 math 的情况下，语句 `x = 3 or math.sqrt(9)` 可以正常执行，并且执行后变量 x 的值为 3。

（17）在没有导入内置模块 math 的情况下，语句 `x = 3 and math.sqrt(9)` 可以正常执行，并且执行后变量 x 的值为 3。

（18）假设 year 的值为表示年份的自然数，表达式 `year%400==0 or (year%4==0 and year%100!=0)` 的值为 True 时表示 year 是闰年。

（19）字符串 `'Python小屋'` 作为条件表达式时等价于 True，表示条件成立。

（20）字符串 `'[]'` 作为条件表达式时等价于 True，表示条件成立。

（21）包含一个空格的字符串作为条件表达式时等价于 True，表示条件成立。

（22）包含一个空字符串的列表作为条件表达式时等价于 False，表示条件不成立。

（23）在选择结构中，条件表达式的值只有等于 True 时才表示成立，其他任何值都表示不成立。

（24）表达式 range(8,5) 作为条件表达式时等价于 False，表示条件不成立。

（25）表达式 map(str, range(8,5)) 作为条件表达式时等价于 False，表示条件不成立。

（26）作为条件表达式时，[3] 和 {5} 是等价的，都表示条件成立，所以表达式 [3] == {5} 的值为 True。

（27）作为条件表达式时，空值、空字符串、空列表、空元组、空字典、空集合、空range 对象、空迭代器对象以及任意形式的数字 0 都等价于 False。

（28）在选择结构中，假设 data 是列表，那么 if not data: 和 if len(data)==0: 这两种形式的判断是等价的，并且一般推荐使用第一种。

（29）下面的循环结构中，pass 语句的执行次数为 0。

```
for item in map(str, range(8,5)): pass
```

（30）下面的循环结构中，pass 语句的执行次数为 3。

```
for item in map(str, range(5,8)): pass
```

（31）已知 x 是一个非空字典，那么下面的循环结构是遍历字典 x 中所有的"键"。

```
for k in x: pass
```

（32）已知 x 是一个非空字典，那么下面的循环结构是遍历字典 x 中所有的"键：值"对，也就是遍历所有元素。

```
for k in x.items(): pass
```

（33）已知 x 是一个非空字典，那么下面的两个循环结构中变量 k 的含义相同。

```
for k in x.items(): pass
for k, v in x.items(): pass
```

（34）在循环结构中如果不使用循环变量，可以使用单个下画线"_"做循环变量，表示匿名变量不关心其值。

（35）表达式 exp1 or exp2 等价于 exp1 if exp1 else exp2。

（36）表达式 exp1 and exp2 等价于 exp1 if not exp1 else exp2。

（37）表达式 exp1 or exp2 等价于 exp2 if not exp1 else exp1。

（38）如果仅仅是用于控制循环次数，使用 for i in range(20) 和 for i in range(20, 40) 的作用是等价的。

（39）在编写多层循环时，为了提高运行效率，应尽量减少内循环中不必要的计算。

（40）在条件表达式中不允许使用单个等号"="，会提示语法错误。

（41）在条件表达式中不允许使用赋值运算符"：="，会提示语法错误。

（42）只允许在循环结构中嵌套选择结构，不允许在选择结构中嵌套循环结构。

（43）在 Python 中，关键字 else 只能用于选择结构中，也就是说，else 必须和前面代码中的某个 if 或 elif 对齐。

（44）for 循环中的循环变量在循环结构结束之后就自动删除了，不能再访问了。

（45）Python 3.10 开始新增两个软关键字 match 和 case 用于实现多分支选择结构，除多分支选择结构之外的其他场合仍可以用作变量名。

（46）把下面的代码保存为 Python 程序文件并运行，最后一条输出语句会出错，因为单个下画线做匿名变量时循环结构结束后下画线就失效了。

```
for _ in range(5): pass
print(_)
```

（47）把下面的代码保存为 Python 程序文件并运行，已知第一个输出结果为 4，那么第二个输出结果必然为 1。

```
from datetime import date, timedelta
today = date.today()
print(today.isoweekday()); print((today+timedelta(days=32)).isoweekday())
```

（48）把下面的代码保存为 Python 程序文件并运行，会降序输出 100 以内的最大素数。

```
for n in range(100, 1, -1):
    for i in range(2, n):
        if n%i == 0: break
    else:
        print(n, end=' ')
        break
```

（49）把本节第（48）题代码中最后一行删除并重新运行，会降序输出 100 以内的所有素数。

（50）把下面的代码保存为 Python 程序文件并运行，输出结果为 "4,4,4,"。

```
for i in range(3):
    for j in range(5): pass
    print(j, end=',')
```

（51）删除本节第（50）题代码最后一条语句前面的 4 个空格并重新运行，输出结果为 4。

（52）把下面的代码保存为 Python 程序文件并运行，输出结果为 "4,4,4,"。

```
for i in range(3):
    for j in range(5):
        if j == 4: break
    else: break
    print(j, end=',')
```

（53）把下面的代码保存为 Python 程序文件并运行，输出结果为 "4,4,4,"。

```
for i in range(3):
    for j in range(5):
        if j == 5: break
    else: break
    print(j, end=',')
```

（54）假设共有鸡、兔 30 只，脚 90 只，编写程序计算鸡、兔各有多少只。对于求解这个问题，下面的两段代码功能相同，结果都是对的。

①

```
for ji in range(0, 31):
```

```
    if 2*ji + (30-ji)*4 == 90:
        print(ji, 30-ji)
        break
```

②

```
for ji in range(0, 31):
    if 2*ji + (30-ji)*4 == 90: print(ji, 30-ji)
```

（55）把下面的代码保存为 Python 程序文件并运行，输出结果为 [1, 3, 6, 10]。

```
data = [1, 2, 3, 4]
for index, value in enumerate(data[1:], start=1):
    data[index] = data[index-1] + value
print(data)
```

（56）把下面的代码保存为 Python 程序文件并运行，输出结果为 [1, 3, 6, 10]。

```
data = [1, 2, 3, 4]
for index, value in enumerate(data[:-1]):
    data[index+1] = data[index+1] + value
print(data)
```

（57）下面两段代码的运行结果相同。

```
for num in range(10): print(num, end=',')
print(*range(10), sep=',')
```

（58）下面两段代码的运行结果相同。

```
for num in range(10): print(num)
print(*range(10), sep='\n')
```

（59）假设变量 x 已定义但值的类型可能是任意的，下面两段代码是等价的。

```
if isinstance(x, str) and len(x)>6: pass
if len(x)>6 and isinstance(x, str): pass
```

（60）把下面的代码保存为 Python 程序文件然后执行，输出结果为 [0,9] 区间上的每个整数。

```
i = 0
while i < 10: print(i)
```

（61）把下面的代码保存为 Python 程序文件然后执行，输出结果为 [0,9] 区间上的每个整数。

```
for i in range(10):
    print(i)
    i = i + 1
```

4.3 单 选 题

（1）下面关键字中实现选择结构时必不可少的有（   ）。

    A.if   B.else   C.elif   D.break

（2）把下面的代码保存为 Python 程序文件并运行，输出结果为（   ）。

```
for i in range(3): print(2, end=',')
```

  A.2,2,2,   B.2,2,2   C.2 2 2   D.2 2 2,

（3）把下面的代码保存为 Python 程序文件并运行，输出结果为（ ）。

```
for s in 'HelloWorld':
    if s == 'W': continue
    print(s, end='')
```

  A.Hello   B.World   C.HelloWorld D.Helloorld

（4）把下面的代码保存为 Python 程序文件并运行，输出结果为（ ）。

```
for _, i, *_ in [(1,2,3), (4,5,6,7), 'abcdefg']: print(i, end=',')
```

  A.2,5,b,   B.2,5,b   C.2 5 b D. 出错，无法执行

（5）把下面的代码保存为 Python 程序文件并运行，输出结果为（ ）。

```
for i, *_ in [(1,2,3), (4,5,6,7), 'abcdefg']: print(i, end=',')
```

  A.1,4,a,   B.1,4,a   C.1 2 3 D. 出错，无法执行

（6）把下面的代码保存为 Python 程序文件并运行，输出结果为（ ）。

```
for _, _, *i in [(1,2,3), (4,5,6,7), 'abcdefg']: print(i, end=',')
```

  A.3,6,c,

  B.3,6,7

  C.[3],[6, 7],['c', 'd', 'e', 'f', 'g'],

  D. 出错，无法执行

（7）把下面的代码保存为 Python 程序文件，并使用 Python 3.10 或更高版本的解释器执行程序，输出结果为（ ）。

```
match (3, 5):
    case (x, y) if x<y: print('<')
    case (x, y) if x==y: print('==')
    case (x, y) if x>y: print('>')
```

  A.>   B.<   C.==   D. 出错，无法执行

（8）把下面的代码保存为 Python 程序文件，并使用 Python 3.10 或更高版本的解释器执行程序，输入 [5,6,7] 时输出结果为（ ）。

```
content = eval(input('请输入列表：'))
match content:
    case [1, 2, 3, 4, *_]: print('前4项匹配成功')
    case [1, 2, 3, *_]: print('前3项匹配成功')
    case [1, 2, *_]: print('前2项匹配成功')
    case [1, *_]: print('前1项匹配成功')
    case [*_]: print('匹配失败')
    case _: print('格式不对')
```

  A. 前 3 项匹配成功   B. 前 2 项匹配成功

  C. 前 1 项匹配成功   D. 匹配失败

4.4 多 选 题

（1）在 Python 程序中可以使用的程序控制结构有（　　　）。

    A. 顺序结构   B. 选择结构   C. 循环结构   D. 异常处理结构

（2）下面表达式中作为条件表达式时等价于 True 的有（　　　）。

    A.3+5   B.[]   C.{3}   D.-3

（3）下面表达式中作为条件表达式时等价于 True 的有（　　　）。

    A.3+5   B.{}   C.{3}   D.0

（4）下面表达式中作为条件表达式时等价于 True 的有（　　　）。

    A.0   B.{3:5}   C.{3}   D.'ab'

（5）下面表达式中作为条件表达式时等价于 False 的有（　　　）。

    A.[]   B.{}   C.()   D.''

（6）下面表达式中作为条件表达式时等价于 False 的有（　　　）。

    A.3-3   B.3.14   C.range(0,0)   D.'Python 小屋'

（7）下面关键字可以用来实现选择结构的有（　　　）。

    A.if   B.elif   C.else   D.for

（8）下面关键字可以用来实现循环结构的有（　　　）。

    A.for   B.while   C.if   D.else

（9）下面关键字只能在循环结构中使用的有（　　　）。

    A.break   B.continue   C.except   D.else

（10）可以使用关键字 else 的场合有（　　　）。

    A.···if···else···表达式   B. 选择结构

    C. 异常处理结构   D. 循环结构

第 5 章

字 符 串

5.1 填 空 题

客观题
第5章答案.pdf

（1）Python 内置类型字符串的类型名为_____。

（2）Python 内置类型字节串的类型名为_____。

（3）已知字符串编码格式 UTF8 使用 3 字节表示一个常见汉字、1 字节表示英语字母，表达式 len('Python 小屋') 的值为_____。

（4）已知字符串编码格式 UTF8 使用 3 字节表示一个常见汉字、1 字节表示英语字母，表达式 len('Python 小屋'.encode()) 的值为_____。

（5）已知字符串编码格式 GBK 使用 2 字节表示一个汉字、1 字节表示英语字母，表达式 len('Python 小屋'.encode('gbk')) 的值为_____。

（6）在字符串前加上小写字母_____表示原始字符串，表示不对其中的任何字符进行转义。

（7）在字符串前加上小写字母_____表示对其中花括号里的内容进行替换和格式化。

（8）已知表达式 ord('A') 的值为 65，并且表达式 hex(65) 的值为 '0x41'，表达式 '\x41b' 的值为_____。

（9）表达式 isinstance('Python 小屋', str) 的值为_____。

（10）表达式 isinstance('Python 小屋', object) 的值为_____。

（11）表达式 isinstance(bin(1234), str) 的值为_____。

（12）表达式 [str(i) for i in range(3)] 的值为_____。

（13）表达式 [''.join(str(i) for i in range(3))] 的值为_____。

（14）表达式 'abc' in ('abcdefg') 的值为_____。

（15）表达式 'abc' in ('abcdefg',) 的值为_____。

（16）表达式 'abc' in ('abcdefg', 'abc') 的值为_____。

（17）表达式 'abc' in ['abcdefg'] 的值为_____。

（18）已知 x 为非空字符串且已导入模块 random，表达式 random.choice(x) in x 的值为_____。

（19）已知 x 为非空字符串且已导入模块 random，表达式 `all([x.count(ch) for ch in random.choices(x,k=50)])` 的值为_____。

（20）表达式 `'标炮'in`'八百标兵奔北坡，炮兵并排北边跑，炮兵怕把标兵碰，标兵怕碰炮兵炮.' 的值为_____。

（21）表达式 `all(ch in '八百标兵奔北坡，炮兵并排北边跑，炮兵怕把标兵碰，标兵怕碰炮兵炮.' for ch in '标炮')` 的值为_____。

（22）已知 `x = 'abcdefg'`，表达式 `x[3:] + x[:3]` 的值为_____。

（23）表达式 `len('hello world'[100:])` 的值为_____。

（24）表达式 `ord('A')` 的值为_____。

（25）表达式 `chr(ord('a')^32^32)` 的值为_____。

（26）表达式 `chr(ord('a')^32)` 的值为_____。

（27）表达式 `chr(ord('A')+2)` 的值为_____。

（28）表达式 `ch if (ch:=chr(ord('x')+5))<'z' else chr(ord(ch)-26)` 的值为_____。

（29）表达式 `str([1,2,3]) == '[1,2,3]'` 的值为_____。

（30）表达式 `'Python' > 'python'` 的值为_____。

（31）表达式 `len('Python 小屋'*0)` 的值为_____。

（32）表达式 `len('a\b\c\d')` 的值为_____。

（33）表达式 `'\x41' == 'A'` 的值为_____。

（34）表达式 `len('C:\Windows\notepad.exe')` 的值为_____。

（35）表达式 `len(r'C:\Windows\notepad.exe')` 的值为_____。

（36）表达式 `len('我是 \u8463\u4ed8\u56fd')` 的值为_____。

（37）表达式 `len('\1234')` 的值为_____。

（38）表达式 `len('\128')` 的值为_____。

（39）表达式 `len(br'\101')` 的值为_____。

（40）表达式 `str('a\t\c\d\n') == repr('a\t\c\d\n')` 的值为_____。

（41）已知 `x = 'abcdefg'`，表达式 `x[::3]` 的值为_____。

（42）已知 `x = 'abccba'`，表达式 `x == x[::-1]` 的值为_____。

（43）执行语句 `x, y = eval('3,5')` 后，变量 x 的值为_____。

（44）表达式 `eval('''__import__('math').sqrt(3**2+4**2)''')` 的值为_____。

（45）表达式 `eval('[1, 2, 3]')` 的值为_____。

（46）表达式 `eval('*'.join(map(str, range(1, 6))))` 的值为_____。

（47）假设已导入标准库 ast，表达式 `ast.literal_eval('[1, 2, 3]')` 的值为_____。

（48）表达式 `'%s' % 65` 的值为_____。

（49）表达式 `'%s' % [1,2,3]` 的值为_____。

（50）表达式 `'%d,%c' % (65, 65)` 的值为_____。

（51）表达式 `'{1},{0}'.format(65,97)` 的值为_____。

（52）表达式 `'{0:#d},{0:#x},{0:#o}'.format(65)` 的值为_____。

（53）表达式 `'{:c}'.format(65) == chr(65)` 的值为_____。

（54）表达式 `'{:d}'.format(65) == str(65)` 的值为_____。

（55）表达式 `'{:b}'.format(65) == bin(65)` 的值为_____。

（56）表达式 `'{:#o}'.format(65) == oct(65)` 的值为_____。

（57）已知 `formatter = 'good {0}'.format`，表达式 `list(map(formatter, ['morning']))` 的值为_____。

（58）已知 `formatter = 'good {0}'.format`，表达式 `len(list(map(formatter, 'morning')))` 的值为_____。

（59）表达式 `len('{:+<8d}'.format(666))` 的值为_____。

（60）表达式 `'{:.4}'.format(3.1415926)` 的值为_____。

（61）表达式 `'{:.4f}'.format(3.1415926)` 的值为_____。

（62）表达式 `'{:.4}'.format(100/3)` 的值为_____。

（63）表达式 `'{:.4f}'.format(100/3)` 的值为_____。

（64）表达式 `len('{:6.4}'.format(1000/3))` 的值为_____。

（65）表达式 `len('{:6.4f}'.format(1000/3))` 的值为_____。

（66）表达式 `'{:-^20s}'.format('abcd').lstrip('-').count('-')` 的值为_____。

（67）表达式 `len('{:->5s}'.format('abcdefg'))` 的值为_____。

（68）已知变量 `value` 的值为 3，表达式 `f'{value*3}'` 的值为_____。

（69）已知 `a = 3` 和 `b = 5`，表达式 `f'{a+b=}'` 的值为_____。

（70）已知 `a = 3` 和 `b = 5`，表达式 `f'a+b'` 的值为_____。

（71）已知 `a = 3` 和 `b = 5`，表达式 `len(f'{a+b=:=<8d}')` 的值为_____。

（72）先后执行语句 `x = bytearray(b'Python')` 和 `x[0] = 67`，表达式 `x.decode()` 的值为_____。

（73）执行语句 `x, y, *z = '1234567'` 后，表达式 `len(z)` 的值为_____。

（74）表达式 `min(['11', '2', '3'])` 的值为_____。

（75）表达式 `max(['11', '22', '3'], key=len)` 的值为_____。

（76）表达式 `max(['ABCD', 'ABC', 'a'])` 的值为_____。

（77）表达式 `''.join(list('hello world!'))` 的值为_____。

（78）表达式 `','.join('abcd')` 的值为_____。

（79）表达式 `','.join(['abcd'])` 的值为_____。

（80）表达式 `str.join(',', 'ab')` 的值为_____。

（81）表达式 `':'.join('abcdefg'.split('cd'))` 的值为_____。

（82）已知 `x = 4167`，表达式 `int(''.join(sorted(str(x), reverse=True)))` 的值为_____。

（83）表达式 `len(':::'.join(['a','b','c']))` 的值为_____。

（84）已知 `x = {i:str(i+3) for i in range(3)}`，表达式 `''.join(x.values())` 的值为_____。

（85）已知 `x = 'a'` 和 `y = 'abc'`，表达式 `x[0] is y[0]` 的值为_____。

（86）已知 `x = ['123', 'abc', 'def']`，且已使用 `from operator import itemgetter` 导入标准库对象，表达式 `''.join(map(itemgetter(-1), x))` 的值为_____。

（87）表达式 `'abcdefg'.split('dd')` 的值为_____。

（88）表达式 `':'.join('1,2,3,4,5'.split(','))` 的值为_____。

（89）表达式 `':'.join('1,2,3,4,5'.split(',', maxsplit=1))` 的值为_____。

（90）表达式 `','.join('a    b  ccc\n\n\nddd    '.split())` 的值为_____。

（91）表达式 `len('abc\tdef'.expandtabs(8))` 的值为_____。

（92）表达式 `len('abc\\tdef'.expandtabs(8))` 的值为_____。

（93）表达式 `len('abcdtef'.expandtabs(8))` 的值为_____。

（94）表达式 `len('abc\t\tdef'.expandtabs(8))` 的值为_____。

（95）表达式 `len('abc123\tde\tf'.expandtabs(8))` 的值为_____。

（96）表达式 `'abc10'.isalnum()` 的值为_____。

（97）表达式 `'abc10'.isalpha()` 的值为_____。

（98）表达式 `'3.14'.isdigit()` 的值为_____。

（99）表达式 `'123A'.isupper()` 的值为_____。

（100）表达式 `'123'.isupper()` 的值为_____。

（101）表达式 `'123'.islower()` 的值为_____。

（102）表达式 `'b123'.islower()` 的值为_____。

（103）表达式 `'Python'.isidentifier()` 的值为_____。

（104）表达式 `'\t \n \f \t \r'.isspace()` 的值为_____。

（105）表达式 `'Hello world'.lower().upper()` 的值为_____。

（106）表达式 `'Hello world'.swapcase().swapcase()` 的值为_____。

（107）对于任意字符串 x，表达式 `x.lower() == str.lower(x)` 的值为_____。

（108）表达式 `'apple.peach,banana,pear'.find('p')` 的值为_____。

（109）表达式 `' 人生苦短，我用 Python。'.find('python')` 的值为_____。

（110）已知 `x = 'hello world.'`，表达式 `x.find('x')` 和 `x.rfind('x')` 的值都为_____。

（111）表达式 `'ababcabc'.index('abc')` 的值为_____。

（112）表达式 `'ababcabc'.rindex('abc')` 的值为_____。

（113）已知 `x = {i:str(i+3) for i in range(3)}`，表达式 `''.join([item[1] for item in x.items()])` 的值为_____。

（114）表达式 `r'c:\windows\notepad.exe'.endswith(('.jpg', 'notepad.exe'), 10, 15)` 的值为_____。

（115）表达式 `'Beautiful is better than ugly.'.startswith('Be', 5)` 的值为＿＿＿＿＿＿＿＿。

（116）表达式 `('%8.4s' % '1234567890').endswith('1234')` 的值为 ＿＿＿＿＿＿＿。

（117）表达式 `('%8.4s' % '1234567890').startswith('1234')` 的值为 ＿＿＿＿＿。

（118）表达式 `('%8.4s' % '1234567890').endswith('7890')` 的值为 ＿＿＿＿＿＿＿。

（119）表达式 `('%-8.4s' % '1234567890').startswith('1234')` 的值为 ＿＿＿＿。

（120）表达式 `len('Python 小屋'.ljust(20))` 的值为＿＿＿＿＿＿＿＿。

（121）表达式 `len('Python 小屋'.ljust(3))` 的值为＿＿＿＿＿＿＿＿。

（122）表达式 `'Python 小屋'.center(20, '+').lstrip('+').count('+')` 的值为＿＿＿＿＿＿＿＿。

（123）表达式 `len('Python 小屋'.center(6, '#'))` 的值为＿＿＿＿＿＿＿＿。

（124）假设已经执行语句 `from random import sample` 导入对象，表达式 `len(sample('Python 程序设计（第4版），董付国，清华大学出版社', k=3))` 的值为 ＿＿＿＿＿＿＿＿。

（125）假设已经执行语句 `from random import choices` 导入对象，表达式 `len(choices('Python 小屋', k=20))` 的值为＿＿＿＿＿＿＿＿。

（126）表达式 `'aaasdf'.lstrip('af')` 的值为＿＿＿＿＿＿＿＿。

（127）表达式 `'aaasdf'.rstrip('af')` 的值为＿＿＿＿＿＿＿＿。

（128）表达式 `'aaasdf'.strip('af')` 的值为＿＿＿＿＿＿＿＿。

（129）表达式 `'abcab'.strip('ba')` 的值为＿＿＿＿＿＿＿＿。

（130）表达式 `len('aaaassddf'.strip('afds'))` 的值为＿＿＿＿＿＿＿＿。

（131）表达式 `len('  \n \t Hello world  \t '.strip())` 的值为 ＿＿＿＿＿＿＿。

（132）表达式 `len('abcd\\tef'.replace('\t', ' '*8))` 的值为＿＿＿＿＿＿＿＿。

（133）已知 `x = 'hello world'`，执行语句 `x.replace('hello', 'hi')` 后，变量 x 的值为＿＿＿＿＿＿＿＿。

（134）表达式 `'a'.replace('a', 'bb').replace('b', 'cc')` 的值为 ＿＿＿＿＿＿＿。

（135）表达式 `len('abababab'.replace('aba', 'c'))` 的值为＿＿＿＿＿＿＿＿。

（136）表达式 `len('abababab'.replace('aba', 'c', 1))` 的值为 ＿＿＿＿＿＿＿。

（137）已知 `text = '大花碗里扣个大花活蛤蟆'`，执行语句 `text.replace('大', '小')` 后，表达式 `'大' in text` 的值为＿＿＿＿＿＿＿＿。

（138）表达式 `''.join('asdssfff'.split('sd'))` 的值为＿＿＿＿＿＿＿＿。

（139）表达式 `'a'.join('aaabc'.split('a'))` 的值为＿＿＿＿＿＿＿＿。

（140）表达式 `'a'.join('aaabc'.partition('a'))` 的值为＿＿＿＿＿＿＿＿。

（141）表达式 `'a'.join('aaabc'.partition('aa'))` 的值为＿＿＿＿＿＿＿＿。

（142）表达式 `len('\n\n\n\n'.split())` 的值为＿＿＿＿＿＿＿＿。

（143）表达式 `len('\n\n\n\n'.split(maxsplit=2))` 的值为＿＿＿＿＿＿＿＿。

（144）表达式 `'\n\na b c d e\n\n'.split(maxsplit=2)` 的值为＿＿＿＿＿＿＿＿。

（145）表达式 `'\n\na b c d e\n\n'.rsplit(maxsplit=2)` 的值为＿＿＿＿＿＿＿＿。

（146）表达式 `len('\n\n\n\n'.split('\n'))` 的值为_____。

（147）表达式 `':'.join('a b c d'.split(maxsplit=2))` 的值为_____。

（148）表达式 `':'.join('a b c d'.rsplit(maxsplit=8))` 的值为_____。

（149）已知 `x = 'a    b c         d'`，表达式 `','.join(x.split())` 的值为_____。

（150）表达式 `len('   \n \t Hello world   \t '.split())` 的值为_____。

（151）表达式 `'3'.split('3')` 的值为_____。

（152）表达式 `len('aaa'.split('a'))` 的值为_____。

（153）表达式 `len('alpha.beta...gamma..delta'.split('.'))` 的值为_____。

（154）表达式 `'abcd'.removeprefix('a')` 的值为_____。

（155）表达式 `'abcd'.removeprefix('ba')` 的值为_____。

（156）表达式 `'abcd'.removesuffix('cd')` 的值为_____。

（157）表达式 `'a    \nb    \nc\n'.splitlines()[0][-1].isspace()` 的值为_____。

（158）表达式 `'a    \nb    \nc\n'.splitlines()[-1][-1].isspace()` 的值为_____。

（159）表达式 `'a    \nb    \nc\n'.splitlines(True)[0][-1].isspace()` 的值为_____。

（160）表达式 `len('\n\n\n\n'.splitlines())` 的值为_____。

（161）表达式 `len(''.join('abababab'.split('aba')))` 的值为_____。

（162）已知 `x = 4167`，表达式 `eval(''.join(sorted(str(x))))` 的值为_____。

（163）已知 `x = 4167`，表达式 `sum(map(int, str(x)))` 的值为_____。

（164）已知 `x = '微信公众号:Python小屋,董付国'`，表达式 `x.ljust((len(x)//8+1)*8, '0').count('0')` 的值为_____。

（165）已知 `x = 'aa b ccc dddd'`，表达式 `''.join([v for i,v in enumerate(x[:-1]) if v==x[i+1]])` 的值为_____。

（166）已知 `table = ''.maketrans('abcw', 'xyzc')`，表达式 `'Hello world'.translate(table)` 的值为_____。

（167）已知 `table = ''.maketrans('abcw', 'xyzc', 'lo')`，表达式 `'Hello world'.translate(table)` 的值为_____。

（168）表达式 `'Hello world!'.count('L')` 的值为_____。

（169）表达式 `'abcd'.count('')` 的值为_____。

（170）表达式 `'abcabcabc'.count('abc')` 的值为_____。

（171）已知 `text = '延安精神是中国共产党创造的一种革命精神，主要内容包括：实事求是、理论联系实际的精神，全心全意为人民服务的精神和自力更生、艰苦奋斗的精神。'`，表达式 `text.count('精神')` 的值为_____。

（172）假设已成功导入标准库 string，表达式 `len(string.digits)` 的值为_____。

（173）假设已成功导入标准库 string，表达式 `len(string.ascii_letters)` 的值为_____。

（174）假设已成功导入标准库 string，表达式 len(string.ascii_lowercase) 的值为＿＿＿＿＿＿＿＿。

（175）把下面的代码保存为 Python 程序文件并运行，输出结果为＿＿＿＿＿＿＿＿。

```
s = '''Python
小屋
董付国'''
print(len(s))
```

（176）把下面的代码保存为 Python 程序文件并运行，输出结果为＿＿＿＿＿＿＿＿。

```
s = '''Python\
小屋 \
董付国'''
print(len(s))
```

（177）把下面的代码保存为 Python 程序文件并运行，输出结果为＿＿＿＿＿＿＿＿。

```
s1, s2 = '1234567', '567890'
n = min(len(s1), len(s2))
print(max(range(n+1), key=lambda i: s1[-i:]==s2[:i]))
```

5.2 判 断 题

（1）已知 x = 'abcdefg'，执行语句 x[1] = 'h' 后，变量 x 的值为 'ahcdefg'。

（2）表达式 '%8.3s' % '1234567890' 的值为 '   123'。

（3）表达式 '%-8.3s' % '1234567890' 的值为 '123   '。

（4）表达式 ('%8.3s' % '1234567890').count(' ') 的值为 5。

（5）表达式 len('5%5d5' % 666) 的值为 7。

（6）表达式 '%d' % '555' 的值为 '555'。

（7）表达式 '%.3f%' % (1/3) 的值为 '0.333%'。

（8）表达式 '%.3f%%' % (1/3) 的值为 '0.333%'。

（9）表达式 '%.3f%%' % 1/3 的值为 '0.333%'。

（10）表达式 '{0[1]},{0[0]},{0[2]}'.format((3,4,5)) 的值为 '4,3,5'。

（11）表达式 '{:.4s}'.format('abcdefg') 和 '{:.4}'.format('abcdefg') 的值都是 'abcd'。

（12）已知 a = 3 和 b = 5，表达式 f'{a+b=}' 的值为 '8'。

（13）表达式 int('3+5') 的值为 8。

（14）表达式 eval('3+5') 的值为 8。

（15）表达式 'a'+1 的值为 'b'。

（16）表达式 len('abcd'*3) 的值为 12。

（17）表达式 len('abcd'*1.5) 的值为 6。

（18）表达式 len('\xa') 的值为 1。

（19）表达式 len(r'\xa') 的值为 1。

（20）假设已导入标准库 ast，表达式 `ast.literal_eval('3+5')` 的值为 8。

（21）表达式 `eval('*'.join(map(str, range(1, 6))))` 的值为 120。

（22）表达式 `'abcabcabc'.rindex('abc')` 的值为 -3。

（23）表达式 `'abcdabcabc'.rindex('abcd')` 的值为 0。

（24）表达式 `'人生苦短，我用 Python。'.index('python')` 的值为 -1。

（25）表达式 `'abcd'.find('e')` 的值为 -1。

（26）已知 `hex(ord('懂'))` 的值为 `'0x61c2'`，表达式 `'\x61c2' == '懂'` 的值为 True。

（27）表达式 `bin(666).startswith('0b')` 的值为 True。

（28）在命令提示符或类似的环境执行包含语句 `print('abc\rd')` 的程序，输出结果为 dbc。

（29）在 Python 官方安装包自带的 IDLE 开发环境中执行包含一条语句 `print('abc\rd')` 的程序，输出结果为 dbc。

（30）在命令提示符或类似的环境执行包含一条语句 `print('abc\bd')` 的程序，输出结果为 abd。

（31）在 Python 官方安装包自带的 IDLE 开发环境中执行包含一条语句 `print('abc\bd')` 的程序，输出结果为 abcd。

（32）可以同时在字符串前面加字母 f 表示格式化和字母 r 表示原始字符串，两个字母不区分大小写并且顺序可以交换。

（33）表达式 `hex(int('3A', 16)).upper()` 的值为 `'0X3A'`。

（34）已知 `t = ''.maketrans('abc', 'aaa')`，表达式 `'abcabcabcabc'.translate(t)` 会出错引发异常，因为不能把不同的字符转换为同一个字符。

（35）已知 `t = ''.maketrans('ba', 'ab')`，表达式 `'abcabcabcabc'.translate(t)` 会出错引发异常，因为 a 变为 b 然后 b 变为 a，会形成循环置换。

（36）表达式 `'ba'.translate(''.maketrans('ab','ba'))` 的值为 `'ab'`。

（37）表达式 `ascii([1,2,3])` 的值为 `'[1, 2, 3]'`。

（38）表达式 `bin(11).count('0')` 的值为 2。

（39）表达式 `'m\n\o\p\qn'.count('n')` 的值为 1。

（40）表达式 `r'm\n\o\p\qn'.count('n')` 的值为 2。

（41）表达式 `f'{10**8:_}'.count('_')` 的值为 2。

（42）表达式 `'abababab'.count('aba')` 的值为 3。

（43）已知 x 为任意自然数，表达式 `oct(x).count('8')` 的值一定为 0。

（44）表达式 `len('微信公众号：Python 小屋'.center(5))` 的值为 5。

（45）表达式 `'Python 小屋'.center(20, '#').count('##')` 的值为 12。

（46）表达式 `','.join(list(str(123)))` 的值为 `'1,2,3'`。

（47）表达式 `[*'abc']` 的值为 `['a', 'b', 'c']`。

（48）表达式 `'aaabbbccc'.strip('abc')` 的作用是删除字符串 `'aaabbbccc'` 两侧

的子串 'abc' 并返回删除后的字符串，但原字符串中并不存在子串 'abc'，所以表达式的值仍为原字符串 'aaabbbccc'。

（49）如果 s 为包含中文字符的字符串，试图计算表达式 s.encode().decode('gbk') 的值一定会出错抛出异常。

（50）表达式 b'Python' == 'Python'.encode() 的值为 True。

（51）表达式 b'Python' == 'Python'.encode('gbk') 的值为 True。

（52）表达式 b'123'[0] 的值为 b'1'。

（53）表达式 b'123'[1:] 的值为 b'23'。

（54）表达式 'Python'.encode('utf8') == 'Python'.encode('utf16') 的值为 True。

（55）表达式 b'Python 小屋' == 'Python 小屋'.encode('gbk') 的值为 True。

（56）表达式 'Python 小屋'.encode('gbk') == 'Python 小屋'.encode('cp936') 的值为 True。

（57）表达式 '©'.encode('gbk').decode('gbk') 的值为 '©'。

（58）对于纯英文字符串，不管使用什么编码格式得到的字节串都是一样的。

（59）包含中文字符的字符串使用不同编码格式编码得到的字节串很可能不一样。

（60）UTF8 字符集比 GBK 字符集大，能表示和处理的字符数量也大。

（61）对字符串信息进行编码以后，必须使用同样的或者兼容的编码格式进行解码才能还原本来的信息。

（62）假设 s 为任意字符串，表达式 ''.join(s.split('abc')) == s.replace('abc', '') 的值为 True。

（63）如果需要连接大量字符串成为一个字符串，使用字符串对象的 join() 方法比运算符 "+" 具有更高的效率。

（64）Python 字符串方法 replace() 对字符串进行原地修改，没有返回值。

（65）表达式 len('a,,b'.split(',')) 的值为 3。

（66）表达式 len('a,,b'.split(',,')) 的值为 2。

（67）表达式 len('a,,b'.split('')) 的值为 4。

（68）已知 x 为非空字符串，表达式 ''.join(x.split()) == x 的值一定为 True。

（69）已知 x 为非空字符串，表达式 ','.join(x.split(',')) == x 的值一定为 True。

（70）对于任意字符串，调用方法 split() 和 rsplit() 时如果不带任何参数的话，两个方法的返回值是一样的。

（71）已知 x = 'abcddcefag'，表达式 ''.join(sorted(set(x), key=x.rindex)) 的值为 'bdcefag'。

（72）已知 x = 'abcddcefag'，表达式 ''.join(sorted(set(x), key=x.count)) 的值为 'bgfedca'。

（73）已知 x = 'aabbbbddcccccfa'，表达式 ''.join(sorted(set(x), key=x.count)) 的值为 'fdabc'。

（74）表达式 `str(3, encoding='utf8')` 的值为 `'3'`。

（75）表达式 `str('微信公众号: Python 小屋'.encode(), 'utf8')` 的值为 '微信公众号: Python 小屋 '。

（76）表达式 `bytes('微信公众号: Python 小屋', 'gbk').decode('gbk')` 的值为 '微信公众号: Python 小屋'。

（77）已知 x 和 y 是两个字符串，表达式 `sum((1 for i,j in zip(x,y) if i==j))` 用来计算两个字符串中对应位置字符相等的个数。

（78）已知 x 和 y 是两个字符串，且已导入标准库 operator 中的 eq 函数，表达式 `sum(map(eq, x, y))` 用来计算两个字符串中对应位置字符相等的个数。

（79）已知 x 和 y 是两个字符串，表达式 `sum(map(lambda i, j: i==j, x, y))` 用来计算两个字符串中对应位置字符相等的个数。

（80）扩展库 `jieba` 提供了中文分词的功能。

（81）扩展库 `pypinyin` 提供了中文拼音处理的功能。

（82）扩展库 `chardet` 提供了检测字节串编码格式的功能，但有一定误差，不是百分之百准确。

（83）假设已成功安装扩展库 pypinyin 并已执行语句 `from pypinyin import pinyin` 导入对象，表达式 `sorted('山东烟台', key=pinyin)` 的值为 `['东', '山', '台', '烟']`。

（84）把下面的代码保存为 Python 程序文件中并连续多次运行，得到的结果是一样的。

```
print(hash('微信公众号: Python 小屋'))
```

（85）下面代码的功能为输出字符串 s 中只出现了一次的字符按出现顺序拼接得到的新字符串。

```
s = 'Readability counts.'
print(''.join(ch for ch in s if s.rindex(ch)==s.index(ch)))
```

（86）把下面的代码保存为 Python 程序文件并运行，可以输出长度为 16 的随机字符串。

```
from random import choices
from string import ascii_letters, digits
print(''.join(choices(ascii_letters+digits+'_,.', k=16)))
```

（87）把下面的代码保存为 Python 程序文件并运行，输出结果为 True。

```
import zlib
x = 'Python 小屋'.encode(); print(len(x) < len(zlib.compress(x)))
```

（88）把下面的代码保存为 Python 程序文件并运行，输出结果为 True。

```
import zlib
x = ('Python 小屋'*5).encode(); print(len(x) < len(zlib.compress(x)))
```

（89）把下面的代码保存为 Python 程序文件并运行，输出结果为 world。

```
from io import StringIO
s = StringIO('Hello, world')          # 逗号后面有一个空格
s.seek(4); s.write('w'); s.read(2); print(s.read())
```

（90）把下面的代码保存为 Python 程序文件并运行，输出结果为 "Hellw, world"。

```
from io import StringIO
s = StringIO('Hello, world')          # 逗号后面有一个空格
s.seek(4); s.write('w'); s.read(2); print(s.getvalue())
```

（91）把下面的代码保存为 Python 程序文件并运行，输出结果为 "Hellw, world"。

```
from io import StringIO
s = StringIO('Hello, world')          # 逗号后面有一个空格
s.seek(4); s.write('w'); s.seek(0); print(s.read())
```

（92）把下面的代码保存为 Python 程序文件并运行，输出结果为 "hello world"。

```
from array import array
s = array('u', 'Hello world'); s[0] = 'h'; print(s.tounicode())
```

（93）把下面的代码保存为 Python 程序文件并运行，会抛出异常并提示 "Over flowError: Python int too large to convert to C long"。

```
from array import array
x = array('i'); x.append(99999999999999999999**99)
```

（94）把下面的代码保存为 Python 程序文件并运行，输出结果为 [2, 3, 4, 1, 3]。

```
from array import array
x = array('i', [1,2,3,4,1,3]); x.remove(1); print(x.tolist())
```

5.3　单　选　题

（1）下面表示换行符的转义字符是（　　　）。

    A.'\r'　　　　　　　B.'\n'　　　　　　　C.'\f'　　　　　　　D.'\b'

（2）下面表示大写英文字母的转义字符是（　　　）。

    A.'\U43'　　　　　B.'\103'　　　　　　C.'\h43'　　　　　　D.'\0103'

（3）下面表示小写英文字母的转义字符是（　　　）。

    A.'\x66'　　　　　B.'\103'　　　　　　C.'\h103'　　　　　D.'\u103'

（4）表达式 '123' + '456' 的值为（　　　）。

    A.'123456'　　　　B.'579'　　　　　　C.'123+456'　　　D.'456123'

（5）表达式 'a' + 3 的值为（　　　）。

    A.'d'　　　　　　　B.100　　　　　　　C.'aaa'　　　　　　D. 出错，无法执行

（6）表达式 '%.3f' % 1/3 的值为（　　　）。

    A.'0.333'　　　　B.'　0.333'　　　C.'　0.33'　　　D. 出错，无法执行

（7）表达式 '%.3f' % (1/3) 的值为（　　　）。

    A.'0.333'　　　　　B.'　0.333'　　　C.'　0.33'　　　D. 出错，无法执行

（8）表达式 '%(name)s,%(age)d' % {'age':46, 'name':'dong'} 的值为（　　　）。

    A.'dong,46'　　　B.'46,dong'　　　C.'dongs,46d'　　D. 出错，无法执行

（9）表达式 '{:#<9d}'.format(666) 的值为（　　　）。

　　A.'666######'　　B.'######666'　C.'###666###'　D. 出错，无法执行

（10）表达式 '{},{}'.format(3, 5) 的值为（　　　）。

　　A.'3.5'　　　　　B.'3,5'　　　　　C.'35'　　　　　D.'5,3'

（11）表达式 '{1},{0}'.format(3, 5) 的值为（　　　）。

　　A.'1,0'　　　　　B.'3,5'　　　　　C.'0,1'　　　　　D.'5,3'

（12）表达式 '{0:c},{0:d},{0:#o}'.format(65) 的值为（　　　）。

　　A.'A,65,0o101'　　　　　　　　B.'a,65,0o101'

　　C.'A,65,101'　　　　　　　　　D.'A,101,0o101'

（13）表达式 '{:x},{:#x}'.format(255, 7) 的值为（　　　）。

　　A.'7,ff'　　　　　B.'7,0xff'　　　C.'ff,0x7'　　　D.'0,0'

（14）表达式 '{:3s}'.format('abcdefg') 的值为（　　　）。

　　A.'abc'　　　　　B.'abcdefg'　　C.'.3s'　　　　　D. 出错，无法执行

（15）表达式 '{:.3s}'.format('abcdefg') 的值为（　　　）。

　　A.'abc'　　　　　B.'abcdefg'　　C.'.3s'　　　　　D. 出错，无法执行

（16）表达式 '{:5.3s}'.format('abcdefg') 的值为（　　　）。

　　A.'abc '　　　　B.'abcde'　　　C.' abc'　　　　D. 出错，无法执行

（17）表达式 '{:>5.3s}'.format('abcdefg') 的值为（　　　）。

　　A.'abc '　　　　B.'abcde'　　　C.' abc'　　　　D. 出错，无法执行

（18）表达式 '{:.3}'.format(100/3) 的值为（　　　）。

　　A.'33.333'　　　B.'33.33'　　　C.'33.3'　　　　D.'.333'

（19）表达式 '{:.3f}'.format(100/3) 的值为（　　　）。

　　A.'33.333'　　　B.'33.33'　　　C.'33.3'　　　　D.'.333'

（20）表达式 '{:->5s}'.format('abcdefg')[0] 的值为（　　　）。

　　A.'a'　　　　　　B.'-'　　　　　C.'>'　　　　　D.'g'

（21）表达式 '{:->5.4s}'.format('abcdefg')[0] 的值为（　　　）。

　　A.'a'　　　　　　B.'-'　　　　　C.'>'　　　　　D.'g'

（22）表达式 '{:-<5.4s}'.format('abcdefg')[0] 的值为（　　　）。

　　A.'a'　　　　　　B.'-'　　　　　C.'>'　　　　　D.'g'

（23）表达式 '{:-<.4s}'.format('abcdefg')[-1] 的值为（　　　）。

　　A.'a'　　　　　　B.'-'　　　　　C.'>'　　　　　D.'d'

（24）表达式 '{:->.4s}'.format('abcdefg')[-1] 的值为（　　　）。

　　A.'a'　　　　　　B.'-'　　　　　C.'>'　　　　　D.'d'

（25）表达式 '{:-<4s}'.format('abcdefg')[-1] 的值为（　　　）。

　　A.'a'　　　　　　B.'-'　　　　　C.'>'　　　　　D.'g'

（26）表达式 '{:->4s}'.format('abcdefg')[-1] 的值为（　　　）。

　　A.'a'　　　　　　B.'-'　　　　　C.'>'　　　　　D.'g'

（27）表达式 '{:->20s}'.format('abcdefg')[-1] 的值为（　　　）。

A.'a' B.'-' C.'>' D.'g'

（28）表达式 '{:-<20s}'.format('abcdefg')[-1] 的值为（ ）。

A.'a' B.'-' C.'>' D.'g'

（29）已知 a = 3 和 b = 5，表达式 eval('a+b') 的值为（ ）。

A.'8' B.'3+5' C.8 D.'{3+5}'

（30）已知 a = 3 和 b = 5，表达式 f'{a+b}' 的值为（ ）。

A.'8' B.'3+5' C.8 D.'{3+5}'

（31）已知 a = 3 和 b = 5，表达式 f'a+b' 的值为（ ）。

A.'8' B.'a+b' C.8 D.'3+5'

（32）已知 a = 3 和 b = 5，表达式 f'{a+b:=>8d}' 的值为（ ）。

A.'8' B.'3+5=>8' C.'=======8' D.'3+5=8'

（33）已知 a = 3 和 b = 5，表达式 f'{a+b:=<8d}' 的值为（ ）。

A.'a+b=8======' B.'a+b=8==='

C.'a+b=8' D.'3+5=8==='

（34）表达式 'Beautiful is better than ugly.'.find('beautiful') 的值为
（ ）。

A.0 B.-1 C.1 D. 出错，无法执行

（35）表达式 'Beautiful is better than ugly.'.index('beautiful') 的值为
（ ）。

A.0 B.-1 C.1 D. 出错，无法执行

（36）表达式 'ababababa'.rindex('aba') 的值为（ ）。

A.0 B.2 C.6 D.-2

（37）表达式 'ababababa'.index('aba') 的值为（ ）。

A.0 B.2 C.6 D.-2

（38）表达式 'ababababa'.count('aba') 的值为（ ）。

A.1 B.2 C.3 D.4

（39）表达式 len('a'.split('a')) 的值为（ ）。

A.1 B.2 C.3 D.4

（40）表达式 len('abc'.split('b')) 的值为（ ）。

A.1 B.2 C.3 D.4

（41）表达式 len('a\t\t\tb'.split()) 的值为（ ）。

A.1 B.2 C.3 D.4

（42）表达式 len('a\t\t\tb'.split('\t')) 的值为（ ）。

A.1 B.2 C.3 D.4

（43）表达式 'a \nb \nc\n'.split() 的值为（ ）。

A.['a ', 'b ', 'c']

B.['a', 'b', 'c']

C.['a　　\n', 'b　\n', 'c\n']

D.['a\n', 'b\n', 'c\n']

（44）表达式 `'a\nb\nc'.splitlines(True)` 的值为（　　）。

A.['a', 'b', '', '', 'c']

B.['a', 'b', 'c']

C.['a\n', 'b\n', 'c']

D.['abc']

（45）表达式 `'a　\nb　\nc\n'.splitlines()` 的值为（　　）。

A.['a　', 'b　', 'c']

B.['a', 'b', 'c']

C.['a　\n', 'b　\n', 'c\n']

D.['a\n', 'b\n', 'c\n']

（46）表达式 `len('a'.partition('a'))` 的值为（　　）。

A.1　　　　　　B.2　　　　　　C.3　　　　　　D.4

（47）表达式 `len('abcabcabc'.partition('b'))` 的值为（　　）。

A.1　　　　　　B.2　　　　　　C.3　　　　　　D.4

（48）表达式 `len('abcabcabc'.rpartition('b'))` 的值为（　　）。

A.1　　　　　　B.2　　　　　　C.3　　　　　　D.4

（49）表达式 `len(''.partition('x'))` 的值为（　　）。

A.1　　　　　　B.2　　　　　　C.3　　　　　　D.4

（50）表达式 `len('aaabbbcccddd'.rstrip('abcd'))` 的值为（　　）。

A.0　　　　　　B.9　　　　　　C.6　　　　　　D.3

（51）下列选项中表达式的值为 True 的是（　　）。

A.isinstance(255, int)　　　　　　B.chr(13).isprintable()

C.'Python'.islower()　　　　　　D.chr(10).isnumeric()

（52）表达式 `'1234'.upper()` 的值为（　　）。

A.'1234'　　　B.'一二三四'　　　C.'壹贰叁肆'　　D. 出错，无法执行

（53）表达式 `'Python'.lower()` 的值为（　　）。

A.'PYTHON'　　　B.'python'　　　C.'pYTHON'　　D. 出错，无法执行

（54）表达式 `'Python'.swapcase()` 的值为（　　）。

A.'PYTHON'　　　B.'python'　　　C.'pYTHON'　　D. 出错，无法执行

（55）表达式 `chr(ord('a')+3)` 的值为（　　）。

A.'d'　　　　　B.100　　　　　C.'aaa'　　　　D. 出错，无法执行

（56）表达式 `'123AB'.isupper()` 的值为（　　）。

A.True　　　　　　　　　　B.False

C. 可能为 True 也可能为 False　　D. 出错，无法执行

（57）表达式 `'abc1234,.'.islower()` 的值为（　　）。

A.True　　　　　　　　　　B.False

C. 可能为 True 也可能为 False　　D. 出错，无法执行

（58）表达式 '1234'.islower() 的值为（　　　）。

A.True　　　　　　　　　　B.False

C. 可能为 True 也可能为 False　　D. 出错，无法执行

（59）表达式 '壹贰叁肆伍陆柒捌玖'.isupper() 的值为（　　　）。

A.True　　　　　　　　　　B.False

C. 可能为 True 也可能为 False　　D. 出错，无法执行

（60）表达式 'Readability counts.'.title() 的值为（　　　）。

A.'Readability Counts.'　　　B.'readability Counts.'

C.'readability counts.'　　　D.'Readability counts.'

（61）表达式 '123abc'.title() 的值为（　　　）。

A.'123Abc'　　　B.'123abc'　　　C.'一23Abc'　　　D.'壹23Abc'

（62）表达式 'Readability counts.'.capitalize() 的值为（　　　）。

A.'Readability Counts.'　　　B.'readability Counts.'

C.'readability counts.'　　　D.'Readability counts.'

（63）表达式 '123abc'.capitalize() 的值为（　　　）。

A.'123abc'　　　B.'123Abc'　　　C.'一23abc'　　　D.'壹23abc'

（64）表达式 '123Abc4De'.istitle() 的值为（　　　）。

A.True　　　　　　　　　　B.False

C. 可能为 True 也可能为 False　　D. 出错，无法执行

（65）表达式 '123aBc4De'.istitle() 的值为（　　　）。

A.True　　　　　　　　　　B.False

C. 可能为 True 也可能为 False　　D. 出错，无法执行

（66）表达式 len('abc'.replace('d','bb').replace('b','cc')) 的值为（　　　）。

A.4　　　　　　B.5　　　　　　C.7　　　　　　D.9

（67）表达式 len('abc'.replace('a','bb',1).replace('b','cc',1)) 的值为

（　　　）。

A.4　　　　　　B.5　　　　　　C.7　　　　　　D.9

（68）已知 table = ''.maketrans('abcdefg', 'ABCDEFG', 'opq')，表达式 'dong fuguo'.translate(table) 的值为（　　　）。

A.'DonG FuGuo'　B.'DnG FuGu'　C.'Dong Fuguo'　D.'DnG FuGuo'

（69）已知 table = {97: 65, 98: 66, 99: 67, 100: 68, 101: 69, 102: 70, 103: 71, 111: None, 112: None, 113: None}，表达式 'dong fuguo'.translate(table) 的值为（　　　）。

A.'DonG FuGuo'　B.'DnG FuGu'　C.'Dong Fuguo'　D.'DnG FuGuo'

（70）表达式 ','.join(filter(str.isdigit, ['a12','345','67b','89']))

的值为（　　　）。

　　　　A.'345,89'　　　　　　　　　　　B.'12,345,67,89'

　　　　C.'345,67,89'　　　　　　　　　　D.'12,345,89'

（71）把下面的代码保存为 Python 程序文件并运行，输出结果为（　　　）。

```python
a, b = 3, 5
a, b = bin(a)[2:], bin(b)[2:]; length = max(len(a,), len(b))
a, b = a.rjust(length, '0'), b.rjust(length, '0')
c = ''.join(map(lambda x, y: '0' if x==y=='0' else '1', a, b))
print(int(c, 2))
```

　　　　A.3　　　　　　　　B.5　　　　　　　　C.6　　　　　　　　D.7

第 6 章

正则表达式

为节约篇幅，本章题目均假设已导入正则表达式模块 re，每个题目中不再赘述。

6.1 填 空 题

（1）标准库_____提供了正则表达式有关的函数与功能。

（2）正则表达式元字符_____用来匹配除换行符之外的任意单个字符，在单行模式下也可以匹配换行符。

（3）正则表达式元字符_____用来匹配任意单个阿拉伯数字字符。

（4）正则表达式元字符_____用来匹配除阿拉伯数字之外的任意单个字符。

（5）正则表达式元字符_____用来匹配任意单个阿拉伯数字字符、英文字母、下画线或汉字。

（6）正则表达式元字符_____用来匹配除阿拉伯数字字符、英文字母、下画线或汉字之外的任意单个字符。

（7）正则表达式元字符_____用来匹配单词边界，也就是单词开始或结束。

（8）正则表达式元字符_____用来在方括号中表示范围，在方括号外面表示普通减号字符。

（9）正则表达式元字符_____作为正则表达式中方括号内第一个字符时匹配方括号内字符之外的其他字符。

（10）正则表达式元字符_____作为正则表达式第一个字符时匹配以该字符前面的内容结尾的字符串。

（11）正则表达式元字符_____用来匹配任意单个空白字符，例如空格、换行符、回车符、换页符、制表符。

（12）正则表达式元字符_____用来匹配除空白字符（例如空格、换行符、回车符、换页符、制表符）之外的任意单个字符。

（13）正则表达式元字符_____用来表示二选一，匹配该符号前面或后面的模式。

（14）正则表达式元字符_____用来表示该符号前面的字符或子模式 1 次或

客观题
第 6 章答案 .pdf

多次出现。

（15）正则表达式元字符_____用来表示该符号前面的字符或子模式 0 次或多次出现。

（16）正则表达式元字符_____紧随表示重复的限定符 (*、+、?、{n}、{n,}、{n,m}) 后面时，匹配模式是"非贪心的"，匹配搜索到的、尽可能短的字符串。

（17）正则表达式模块 re 的_____函数用来编译正则表达式对象。

（18）正则表达式模块 re 的_____函数用来在字符串开始处进行指定模式的匹配。

（19）正则表达式模块 re 的_____函数用来在整个字符串中进行指定模式的匹配。

（20）正则表达式模块 re 的_____函数返回所有与指定模式匹配的子串组成的列表，如果正则表达式中有可捕获子模式的话只返回子模式匹配的子串组成的列表。

（21）正则表达式模块 re 的_____函数使用指定的模式对字符串进行替换，返回替换后的新字符串。

（22）正则表达式模块 re 的_____函数使用指定的模式对字符串进行切分，返回切分得到的若干字符串组成的列表。

（23）正则表达式模块 re 的_____标志位表示只匹配 ASCII 字符，不匹配 Unicode 字符。

（24）正则表达式模块 re 的_____标志位表示忽略大小写。

（25）正则表达式模块 re 的_____标志位表示多行模式，此时正则表达式元字符 '^' 可以匹配每行开始，'$' 可以匹配每行结束。

（26）正则表达式模块 re 的_____标志位表示单行模式，圆点可以匹配换行符。

（27）表达式 `re.match('abc', 'abdefg')` 的值为_____。

（28）假设 x 和 y 为任意两个普通的非正则表达式字符串，如果表达式 `re.match(x, y)` 的值不为 None，表达式 `x in y` 的值为_____。

（29）假设 x 和 y 为任意两个普通的非正则表达式字符串，如果表达式 `re.match(x, y)` 的值不为 None，表达式 `y.startswith(x)` 的值为_____。

（30）表达式 `re.match('^[a-zA-Z]+$', 'abcDEFG000')` 的值为_____。

（31）表达式 `re.match('^[a-zA-Z0-9]+$', 'abcDEFG000').span()` 的值为_____。

（32）表达式 `re.match('[a-zA-Z]+', 'abcDEFG000').span()` 的值为_____。

（33）表达式 `re.match(r'(?:[abc]+)(?:\d+)', 'abc1234').groups()` 的值为_____。

（34）表达式 `re.match('ab(?=c)', 'abcabd').span(0)` 的值为_____。

（35）表达式 `re.match('ab(?:c)', 'abcabd').span(0)` 的值为_____。

（36）表达式 `re.match(r'(?:[abc]+)([A-Z]+)(?:\d+)', 'abcXYZ1234').span()` 的值为_____。

（37）表达式 re.match(r'(?:[abc])([A-Z]+)(?:\d)', 'abcXYZ1234') 的值为_____。

（38）表达式 re.match(r'(?:abc)([A-Z]+)(?:\d)', 'abcXYZ1234').span() 的值为_____。

（39）表达式 re.match(r'(?:abc)([A-Z]+)(?:\d)', 'abcXYZ1234').span(1) 的值为_____。

（40）表达式 re.match('^(?=.*[a-z])(?=.*[A-Z])(?=.*\d)(?=.*[,._]).{8,}$', 'aBc1,2345') is not None 的值为_____。

（41）表达式 re.match('^(?=.*[a-z])(?=.*[A-Z])(?=.*\d)(?=.*[,._]).{8,}$', 'abc1,2345') is not None 的值为_____。

（42）表达式 re.match('^(?=.*[a-z])(?=.*[A-Z])(?=.*\d)(?=.*[,._]).{8,}$', 'aBc1,2_') is not None 的值为_____。

（43）表达式 re.search(r'(?:[abc])([A-Z]+)(?:\d)', 'abcXYZ1234').span() 的值为_____。

（44）表达式 re.search('[abc]', 'aabcdefg').span(0) 的值为_____。

（45）表达式 re.search('[abc]+', 'aabcdefg').span(0) 的值为_____。

（46）表达式 re.search('abc', 'aabcdefg').span(0) 的值为_____。

（47）表达式 re.search('abc+', 'aabcccdefg').span(0) 的值为_____。

（48）表达式 re.search('abc*', 'aabcccdefg').span(0) 的值为_____。

（49）表达式 re.search('abc+?', 'aabcccdefg').span(0) 的值为_____。

（50）表达式 re.search('abc*?', 'aabcccdefg').span(0) 的值为_____。

（51）表达式 re.search('abc', 'abdcefg') 的值为_____。

（52）表达式 re.search('^abc', 'aabcdefg') 的值为_____。

（53）表达式 re.search('abc$', 'abcdefg') 的值为_____。

（54）表达式 re.search('^abc$', 'abcdefg') 的值为_____。

（55）假设 x 和 y 为任意两个普通的非正则表达式字符串，如果表达式 re.search(x, y) 的值不为 None，表达式 x in y 的值为_____。

（56）表达式 re.search('[A-Z]+', 'abcDEFG000').span() 的值为_____。

（57）表达式 re.search(r'\w*?(?P<f>\b\w+\b)\s+(?P=f)\w*?', 'Beautiful is is better than ugly.').group(0) 的值为_____。

（58）表达式 re.search(r'(?P<f>\b\w+\b)\s+(?P=f)', 'Beautiful is is better than ugly.').group(0) 的值为_____。

（59）表达式 re.search(r'(?P<f>\b\w+\b)\s+(?P=f)', 'Beautiful is is better than ugly.').group(1) 的值为_____。

（60）表达式 re.search('\d+', 'Python 小屋') 的值为_____。

（61）假设 text = '111a22bb3ccc'，表达式 len(re.split('[abc]+', text)) 的值为_____。

（62）表达式 `len(re.split('.+', 'alpha.beta...gamma..delta'))` 的值为_____。

（63）表达式 `len(re.split('\.+', 'alpha.beta...gamma..delta'))` 的值为_____。

（64）表达式 `''.join(re.split('sd','asdssfff'))` 的值为_____。

（65）表达式 `len(re.split('\.', 'alpha.beta...gamma..delta'))` 的值为_____。

（66）表达式 `len(re.split('\+', 'alpha.beta...gamma..delta'))` 的值为_____。

（67）表达式 `len(re.split(r'.+', 'alpha.beta...gamma..delta', maxsplit=3))` 的值为_____。

（68）表达式 `len(re.split('.', 'alpha.beta...gamma..delta'))` 的值为_____。

（69）表达式 `re.split('\.+', 'alpha.beta...gamma..delta', maxsplit=2)` 的值为_____。

（70）表达式 `len(re.split('[.]+', 'alpha.beta...gamma..delta'))` 的值为_____。

（71）表达式 `re.split('\d+', 'a234b123c')` 的值为_____。

（72）表达式 `re.split('\d(?=[a-z]+)', 'a234b123c')` 的值为_____。

（73）表达式 `re.split('\d(?![a-z]+)', 'a234b123c')` 的值为_____。

（74）表达式 `''.join(re.split('\d+', 'a234b123c'))` 的值为_____。

（75）表达式 `len(re.split('\d+', 'a234b123c'))` 的值为_____。

（76）表达式 `''.join(re.split('\d', 'a234b123c'))` 的值为_____。

（77）表达式 `len(re.split('\d', 'a234b123c'))` 的值为_____。

（78）表达式 `len(re.split('\d{4,}', 'a234b123c'))` 的值为_____。

（79）表达式 `''.join(re.split('[sd]', 'asdssfff'))` 的值为_____。

（80）表达式 `''.join(re.split('sd', 'asdssfff'))` 的值为_____。

（81）表达式 `','.join(re.split('[sd]', 'asdssfff'))` 的值为_____。

（82）表达式 `','.join(re.split('[sd]+', 'asdssfff'))` 的值为_____。

（83）表达式 `re.sub('\d', '', 'abc1234')` 的值为_____。

（84）表达式 `re.sub('\d+', '', 'abc1234')` 的值为_____。

（85）表达式 `re.sub('\d{3}', '', 'abc1234')` 的值为_____。

（86）表达式 `re.sub('\d{2}', '', 'abc1234')` 的值为_____。

（87）表达式 `re.sub('\d{3,}', '', 'abc1234')` 的值为_____。

（88）表达式 `re.sub('\d{,3}', '6', 'abc1234')` 的值为_____。

（89）表达式 `re.sub('\d{,3}?', '6', 'abc1234')` 的值为_____。

（90）表达式 `re.sub('\d{,2}', '', 'abc1234')` 的值为_____。

（91）表达式 `re.sub('\d{2,3}', '', 'abc1234')` 的值为_____。

（92）表达式 re.sub('\d{2,3}?', '', 'abc1234') 的值为＿＿＿＿＿＿。

（93）表达式 re.sub('\D', '', 'abc1234') 的值为＿＿＿＿＿＿。

（94）表达式 re.sub('\D+', '', 'abc1234') 的值为＿＿＿＿＿＿。

（95）表达式 re.sub(r'(\d)\1+', '', '33abcd112') 的值为＿＿＿＿＿＿。

（96）表达式 re.sub(r'(\d)\1+', '', '33abcd111112') 的值为＿＿＿＿＿＿。

（97）表达式 re.sub(r'(\d)\1+?', '', '33abcd111112') 的值为＿＿＿＿＿＿。

（98）表达式 re.sub(r'(\w)(?!.*\1)', '6', '33abcd111112') 的值为＿＿＿＿＿。

（99）表达式 re.sub(r'(\w)(?=.*\1)', '6', '33abcd111112') 的值为＿＿＿＿＿。

（100）表达式 re.sub(r'(\w)(?=.*\1)', '6', '33abcd1111123') 的值为＿＿＿＿＿＿。

（101）表达式 re.sub(r'(\w)(?=.*\1{2,})', '6', '33abcd1111123') 的值为＿＿＿＿＿＿。

（102）表达式 re.sub('\d+', '1', 'a12345bbbb67c890d0e') 的值为＿＿＿＿＿。

（103）表达式 re.sub('(\d)', r'\1', 'a12345bbbb67c890d0e') 的值为＿＿＿＿＿。

（104）假设 text = '111a22bb3ccc'，表达式 len(re.sub('[abc]+', '', text)) 的值为＿＿＿＿＿＿。

（105）假设 text = 'a12,b3cc4d3.14e9.8fgh'，表达式 sum(map(float, re.sub('[^\d\.]', ' ', text).split())) 的结果为＿＿＿＿＿＿。

（106）表达式 re.sub('abc?', '', 'abccc') 的值为＿＿＿＿＿＿。

（107）表达式 re.sub('abc??', '', 'abccc') 的值为＿＿＿＿＿＿。

（108）表达式 re.sub('a|b|c', 'dd', 'abc') 的值为＿＿＿＿＿＿。

（109）表达式 re.sub('a|b|c', lambda g: g.group(0).upper(), 'abc') 的值为＿＿＿＿＿＿。

（110）表达式 re.sub('ab|bc', '', 'abcabc') 的值为＿＿＿＿＿＿。

（111）表达式 re.sub('bc|ab', '', 'abcabc') 的值为＿＿＿＿＿＿。

（112）表达式 re.sub(r'\b(\w)(\w+)(\w)\b', lambda x: x.group(1)+x.group(2).upper()+x.group(3), 'abcd') 的值为＿＿＿＿＿＿。

（113）表达式 len(re.findall('.', 'a.b.c.')) 的值为＿＿＿＿＿＿。

（114）表达式 len(re.findall('.', 'a.b\n.c.')) 的值为＿＿＿＿＿＿。

（115）表达式 len(re.findall('.', 'a.b\n.c.', re.S)) 的值为＿＿＿＿＿＿。

（116）表达式 len(re.findall('[.]', 'a.b.c.')) 的值为＿＿＿＿＿＿。

（117）表达式 len(re.findall('\.', 'a.b.c.')) 的值为＿＿＿＿＿＿。

（118）表达式 len(re.findall(r'\b\w*a\w*\b', 'Sparse is better than dense.')) 的值为＿＿＿＿＿＿。

（119）表达式 re.findall(r'(?:a.*?){2}.*?(a.*)', 'a1a2a3a4a5') 的值为＿＿＿＿＿＿。

（120）表达式 re.findall(r'\b\w*(?:i\w*?){2,}\w*?\b', 'Explicit is better than implicit.') 的值为＿＿＿＿＿＿。

（121）假设 text = 'abcabdabeabf'，表达式 ''.join(re.findall(r'(\w)(?!.*\1)', text[::-1]))[::-1] 的值为＿＿＿＿＿＿。

（122）表达式 re.findall('\b\w+?\b', 'Explicit is better than implicit.') 的值为＿＿＿＿＿＿。

（123）表达式 re.findall('(\d)\1+', '33abcd112') 的值为＿＿＿＿＿＿。

（124）表达式 re.findall('(\d)\\1+', '33abcd112') 的值为＿＿＿＿＿＿。

（125）表达式 re.findall(r'(\d)\1+', '33abcd112') 的值为＿＿＿＿＿＿。

（126）表达式 re.findall(r'(\d)\1*', '33abcd112') 的值为＿＿＿＿＿＿。

（127）表达式 re.findall(r'(\d)\1*?', '33abcd112') 的值为＿＿＿＿＿＿。

（128）表达式 re.findall(r'(\d)\1+?', '33abcd111112') 的值为＿＿＿＿＿＿。

（129）表达式 re.findall(r'(\d)\1+', '33abcd111112') 的值为＿＿＿＿＿＿。

（130）表达式 re.findall('\d+', 'Python 小屋') 的值为＿＿＿＿＿＿。

（131）表达式 len(re.findall('\w', 'Python 小屋，董付国老师维护')) 的值为＿＿＿＿＿＿。

（132）表达式 len(re.findall('[a-z]', 'Python 小屋')) 的值为＿＿＿＿＿＿。

（133）表达式 len(re.findall('[A-Z]', 'Python 小屋')) 的值为＿＿＿＿＿＿。

（134）表达式 len(re.findall('[.]', 'Python 小屋')) 的值为＿＿＿＿＿＿。

（135）表达式 len(re.findall('[a-z]', 'Python 小屋', re.I)) 的值为＿＿＿＿＿＿。

（136）表达式 re.findall(r'^.+$', 'abc1234\n1234\nabc\nPython\n 董付国') 的值为＿＿＿＿＿＿。

（137）表达式 len(re.findall(r'^.+$', 'abc1234\n1234\nabc\nPython\n 董付国', re.S)) 的值为＿＿＿＿＿＿。

（138）表达式 len(re.findall(r'^.+$', 'abc1234\n1234\nabc\nPython\n 董付国', re.M)) 的值为＿＿＿＿＿＿。

（139）表达式 len(re.findall(r'^.+$', 'abc1234\n1234\nabc\nPython\n 董付国', re.M+re.S)) 的值为＿＿＿＿＿＿。

（140）表达式 max(re.findall('\d+', '111a22bb3ccc'), key=len) 的值为＿＿＿＿＿＿。

（141）表达式 max(re.findall('\d+', '111a22bb333ccc'), key=len) 的值为＿＿＿＿＿＿。

（142）表达式 max(re.findall('\d+', '111a22bb3ccc')) 的值为＿＿＿＿＿＿。

（143）表达式 max(re.findall('(\d+?)[a-z]', '111a22bb3ccc')) 的值为＿＿＿＿＿＿。

（144）表达式 max(re.findall('(\d+?)[a-z]', '111a22bb3')) 的值为＿＿＿＿＿＿。

（145）表达式 max(re.findall('(\d+?)[a-z]?', '111a22bb34')) 的值为＿＿＿＿＿＿。

（146）表达式 max(re.findall('(\d+?)[a-z]', '111A22bb3ccc'), key=len) 的值为＿＿＿＿＿＿。

（147）表达式 re.findall('(\d)+[a-z]', '123a23bb3ccc') 的值为＿＿＿＿＿＿。

（148）表达式 len(re.findall('(\w+)[a-z]', '111a22bb3ccc')) 的值为 _____。

（149）表达式 re.findall(r'A(?!.*A.*).+$', 'A123AAAA12BA345') 的值为 _____。

（150）表达式 re.findall(r'(?:A.+)*(A.+)', 'A123AAAA12BA345') 的值为 _____。

（151）表达式 sum(map(float, re.findall('\d+', 'a12,b3cc4d3.14e9.8fgh'))) 的值为_____。

（152）表达式 sum(map(float, re.findall('[.\d]+', 'a12,b3cc4d3.14e9.8fgh'))) 的值为_____。

（153）表达式 re.findall(r'(?:[abc]+)(?:\d+)', 'abc1234') 的值为 _____。

（154）表达式 re.findall(r'([abc]+)(\d+)', 'abc1234') 的值为 _____。

（155）表达式 re.findall(r'(([abc]+)(\d+))', 'abc1234') 的值为 _____。

（156）表达式 re.findall(r'(?:[abc]+)[A-Z]+(?:\d+)', 'abc1234') 的值为_____。

（157）表达式 re.findall(r'(?:[abc]+)[A-Z]+(?:\d+)', 'abcXYZ1234') 的值为_____。

（158）表达式 re.findall(r'(?:[abc]+)([A-Z]+)(?:\d+)', 'abcXYZ1234') 的值为_____。

（159）表达式 re.findall(r'(?:[abc]+)([A-Z])+(?:\d+)', 'abcXYZ1234') 的值为_____。

（160）把下面的代码保存为 Python 程序文件并运行，输出结果为_____。

```
from re import findall
print(len(findall('[A-Z]', 'Explicit is better than implicit.'.title())))
```

（161）把下面的代码保存为 Python 程序文件并运行，输出结果为_____。

```
from re import findall
s = 'Explicit is better than implicit.'
print(len(findall('[A-Z]+|[a-z]+', s.title())))
```

（162）把下面的代码保存为 Python 程序文件并运行，输出结果为_____。

```
from re import findall
print(len(findall('A-Z', 'Explicit is better than implicit.'.title())))
```

（163）把下面的代码保存为 Python 程序文件并运行，输出结果为_____。

```
from re import findall
print(len(findall('[A-Z]', 'Explicit is better than implicit.'.capitalize())))
```

（164）把下面的代码保存为 Python 程序文件并运行，输出结果为_____。

```
from re import findall
print(len(findall('[A-G]', 'Readability counts.'.swapcase())))
```

（165）把下面的代码保存为 Python 程序文件并运行，输出结果为_____。

```
from re import findall
print(len(findall('[^A-G]', 'Readability counts.'.swapcase())))
```

6.2 判 断 题

（1）正则表达式只进行形式上的检查，并不保证内容一定合法有效。

（2）在正则表达式中，不论是否使用原始字符串，'\n' 都表示换行符。

（3）在正则表达式中，不论是否使用原始字符串，'\b' 的含义都一样。

（4）在正则表达式中，不论是否使用原始字符串，'\d' 的含义都一样。

（5）在正则表达式中，不论是否使用原始字符串，'\0' 的含义都一样，都表示转义字符。

（6）在正则表达式中，不论是否使用原始字符串，'\1' 的含义都一样。

（7）在正则表达式中，不论是否使用原始字符串，'\8' 的含义都一样。

（8）在正则表达式中，不论是否使用原始字符串，'\77' 的含义都一样。

（9）在正则表达式中，不论是否使用原始字符串，'\101' 的含义都一样。

（10）在正则表达式中，不论是否使用原始字符串，'\B' 的含义都一样。

（11）正则表达式 '^http' 只能匹配所有以 'http' 开头的字符串。

（12）正则表达式以元字符 '^' 开始且以 '$' 结束表示检查整个字符串是否符合模式的要求。

（13）正则表达式元字符 '\w' 可以匹配单个字母、数字、汉字或下画线。

（14）正则表达式元字符 '\w' 不能匹配英文半角标点符号，但可以匹配中文全角标点符号。

（15）正则表达式 '[^a-z]' 可以匹配单个大写字母。

（16）正则表达式 '[a-z]' 只能匹配小写字母 a、小写字母 z 和减号，不能匹配其他字符。

（17）正则表达式 '[^abc]' 可以匹配除 'a'、'b'、'c' 之外的任意单个字符。

（18）正则表达式 '^[abc]' 可以匹配以字母 'a'、'b'、'c' 开头的字符串。

（19）正则表达式 'python|perl' 或 'p(ython|erl)' 都可以匹配 'python' 或 'perl'。

（20）正则表达式模块 re 的 match() 函数是从字符串的开始匹配特定模式，而 search() 函数是在整个字符串中寻找模式，这两个函数如果匹配成功则返回 Match 对象，匹配失败则返回空值 None。

（21）正则表达式模块 re 的 match() 函数可以在字符串的指定位置开始进行指定模式的匹配。

（22）正则表达式对象的 match() 方法可以在字符串的指定位置开始进行指定模式的匹配。

（23）正则表达式模块 re 的函数 findall(pattern, string, flags=0) 查找字符串 string 中所有能够匹配模式 pattern 的子串，返回包含所有匹配结果字符串的列表。如果参数 pattern 中包含子模式，返回的列表中一定是只包含子模式匹配到的内容。

（24）使用正则表达式对字符串进行分割时，可以指定多个分隔符，字符串对象的 `split()` 方法无法做到这一点。

（25）表达式 `len(re.findall('\77', '\77\77'))` 的值为 2。

（26）表达式 `len(re.findall(r'\\77', r'\77\77'))` 的值为 2。

（27）表达式 `len(re.findall(r'\\77', '\77\77'))` 的值为 0。

（28）表达式 `re.split(r'\.*', 'alpha.beta...gamma..delta')` 的值为 `['', 'a', 'l', 'p', 'h', 'a', '', 'b', 'e', 't', 'a', '', 'g', 'a', 'm', 'm', 'a', '', 'd', 'e', 'l', 't', 'a', '']`。

（29）表达式 `re.split(r'\.+', 'alpha.beta...gamma..delta')` 的值为 `['alpha', 'beta', 'gamma', 'delta']`。

（30）表达式 `re.split('', 'abcd')` 的值为 `['', 'a', 'b', 'c', 'd', '']`。

（31）表达式 `re.split('', 'abcd') == 'abcd'.split('')` 的值为 True。

（32）语句 `print(re.match('a|b|c', 'aabcdefg'))` 输出结果为 None。

（33）假设 x 和 y 为任意两个普通的非正则表达式字符串，如果表达式 `re.match(x, y)` 的值不为 None，表达式 `y.endswith(x)` 的值一定为 False。

（34）假设 x 和 y 为任意两个普通的非正则表达式字符串，如果表达式 `re.match(x, y)` 的值不为 None，表达式 `x in y` 的值一定为 True。

（35）假设 x 和 y 为任意两个字符串，如果表达式 `re.match(x, y)` 的值不为 None，表达式 `x in y` 的值一定为 True。

（36）表达式 `re.match('^0b[01]+$', bin(2025)) is not None` 的值为 True。

（37）表达式 `re.match('ab(?=d)', 'abcabd').span(0)` 的值为 (3, 5)。

（38）语句 `print(re.search('a|b|c', 'abdcefg'))` 的输出结果为 None。

（39）语句 `print(re.search('b|a|c', 'abdcefg').group(0))` 的输出结果为 a。

（40）假设 x 和 y 为任意两个普通的非正则表达式字符串，如果表达式 `re.search(x, y)` 的值不为 None，表达式 `y.startswith(x)` 的值一定为 True。

（41）假设 x 和 y 为任意两个普通的非正则表达式字符串，如果表达式 `re.search(x, y)` 的值不为 None，表达式 `x in y` 的值一定为 True。

（42）假设 x 和 y 为任意两个字符串，如果表达式 `re.search(x, y)` 的值不为 None，表达式 `x in y` 的值一定为 True。

（43）表达式 `re.search('ab(?=c)', 'abcabd').span(0)` 的值为 (0, 2)。

（44）表达式 `re.search('ab(?=d)', 'abcabd').span(0)` 的值为 (3, 5)。

（45）表达式 `re.search(r'(?P<f>\b\w+\b)\s+(?P=f)', 'Beautiful is is better than ugly.').span(1)` 的值为 (10, 12)。

（46）表达式 `re.search(r'(?P<f>\b\w+\b)\s+(?P=f)', 'Beautiful is is better than ugly.').group(2)` 的值为 'is'。

（47）表达式 `re.search(r'(.)\1', '112233').group(1)` 的值为 '1'。

（48）表达式 `re.search(r'(.)\1', '112233').group(0)` 的值为 '11'。

（49）表达式 re.findall(r'((.)\2(?!\2)(.)\3)', 'abcd 明明白白 多多少少 aaaa') 的值为 [('明明白白', '明', '白'), ('多多少少', '多', '少')]。

（50）表达式 re.findall('\d\1', '112233') 的值为 []。

（51）表达式 re.findall('\d\\1', '112233') 的值为 []。

（52）表达式 re.findall('(\d)\1', '112233') 的值为 []。

（53）表达式 re.findall('(\d)\\1', '112233') 的值为 ['1', '2', '3']。

（54）表达式 re.findall(r'(\d)\1', '112233') 的值为 ['1', '2', '3']。

（55）表达式 re.findall('\d{2}', '123456') 的值为 ['12', '34', '56']。

（56）表达式 re.findall('\d{2}?', '123456') 的值为 ['12', '34', '56']。

（57）表达式 re.findall('\d{2}*', '123456') 的值为 ['12', '34', '56']。

（58）表达式 len(re.findall('^$', 'a\n\nb\nc\n\n', re.M)) 的值为 3。

（59）表达式 len(re.findall('^$', 'a\n\nb\nc\n\nd', re.M)) 的值为 2。

（60）表达式 re.findall(r'(\d+)\.(\d+)', '3.14159.8') 的值为 [('3', '1415'), ('9', '8')]。

（61）表达式 re.sub('(\d)\\1', '\\1', '112233') 的值为 '123'。

（62）表达式 re.sub('(\d)\\1', '5', '112233') 的值为 '515253'，因为使用 sub() 函数替换时，如果正则表达式中有子模式就只替换子模式匹配的内容。

（63）表达式 re.sub('^', '000', '123') 的值为 '000123'。

（64）表达式 re.sub('$', '000', '123') 的值为 '123000'。

（65）表达式 re.sub('^|$', '000', '123') 的值为 '000123000'。

（66）表达式 re.sub('(\d{3})', r'\1,', '123456789') 的值为 '123,456,789,'。

（67）把下面的代码保存为 Python 程序文件并运行，输出结果为 abcd。

```
from re import sub, S
s = '''a\nb\nc\nd'''; print(sub('a.*?c\n', 'abc', s, S))
```

（68）把下面的代码保存为 Python 程序文件并运行，输出结果为 abcd。

```
from re import sub, S
s = '''a\nb\nc\nd'''; print(sub('a.*?c\n', 'abc', s, flags=S))
```

（69）把下面的代码保存为 Python 程序文件并运行，输出结果为 None。

```
import re
pattern = re.compile('^'+'\.'.join([r'\d{1,3}' for i in range(4)])+'$')
print(pattern.match('192.168.1.103'))
```

（70）把下面的代码保存为 Python 程序文件并运行，输出结果为 None。

```
from re import compile
pattern = compile('\d+'); print(pattern.match('abc123df45', 3))
```

（71）把下面的代码保存为 Python 程序文件并运行，输出结果为 12。

```
from re import compile
pattern = compile('\d+'); print(pattern.match('abc123df45', 3, 5).group())
```

（72）把下面的代码保存为 Python 程序文件并运行，输出结果为 (3, 5)。

```
from re import compile
pattern = compile('\d+'); print(pattern.match('abc123df45', 3, 5).span())
```

6.3 单 选 题

（1）正则表达式模块 re 中能够使得圆点可以匹配包括换行符在内的任意单个字符的标志位是（　　　）。

   A.M   B.S   C.U   D.I

（2）表达式 len(re.findall('\w', 'Python 小屋', re.A)) 的值为（　　　）。

   A.8   B.6   C.14   D.2

（3）表达式 len(re.findall('\w', 'Python 小屋', re.U)) 的值为（　　　）。

   A.8   B.6   C.14   D.2

（4）表达式 re.findall('\w', 'Python 小屋', re.A) 的值为（　　　）。

   A.['P', 'y', 't', 'h', 'o', 'n']

   B.'Python'

   C.['P', 'y', 't', 'h', 'o', 'n', '小', '屋']

   D. 出错，无法执行

（5）本题选项与本节第（4）题相同，表达式 re.findall('.', 'Python 小屋', re.A) 的值为（　　　）。

（6）表达式 re.findall('\d{3,}', 'a12b345ccc56789') 的值为（　　　）。

   A.['345']   B.['345', '56789']

   C.['56789']   D.[]

（7）表达式 re.findall('\d{3}', 'a12b345ccc567890') 的值为（　　　）。

   A.['345', '567', '890']

   B.['345']

   C.['345', '567', '678', '789', '890']

   D.['345', '567890']

（8）表达式 re.findall('\d{1,3}', 'a12b345ccc56789') 的值为（　　　）。

   A.['12', '345']   B.['12', '345', '567', '89']

   C.['12', '89']   D.['12', '345', '56', '789']

（9）表达式 re.findall('\d{2,3}?', 'a12b345ccc56789') 的值为（　　　）。

   A.['12', '345']   B.['12', '34', '56', '78']

   C.['12', '789']   D.['12', '34', '55', '67', '89']

（10）表达式 re.findall('\d{,3}', 'a12b345ccc56789') 的值为（　　　）。

   A.['12', '345', '567', '89']

   B.['', '12', '', '345', '', '', '', '567', '89', '']

   C.['12', '345']

D.['12', '89']

（11）表达式 `re.findall('abc{,3}?', 'abccc')` 的值为（   ）。

    A.['ab']   B.['abc']   C.['abccc']   D.'ab'

（12）表达式 `re.findall('abc{3}?', 'abccc')` 的值为（   ）。

    A.['ab']   B.['abc']   C.['abccc']   D.'ab'

（13）表达式 `re.findall('abc{3}', 'abccc')` 的值为（   ）。

    A.['ab']   B.['abc']   C.['abccc']   D.'ab'

（14）表达式 `re.findall('abc{1,}?', 'abccc')` 的值为（   ）。

    A.['ab']   B.['abc']   C.['abccc']   D.'ab'

（15）表达式 `re.findall('abc?', 'abccc')` 的值为（   ）。

    A.['ab']   B.['abc']   C.['abccc']   D.'ab'

（16）表达式 `re.findall('abc??', 'abccc')` 的值为（   ）。

    A.['ab']   B.['abc']   C.['abccc']   D.'ab'

（17）表达式 `re.match('abc?', 'abcde').group(0)` 的值为（   ）。

    A.'ab'   B.'abc'   C.'abcde'   D.'abd'

（18）表达式 `re.match('abc?', 'abde').group(0)` 的值为（   ）。

    A.'ab'   B.'abc'   C.'abcde'   D.'abd'

（19）表达式 `re.match('abc??', 'abcde').group(0)` 的值为（   ）。

    A.'ab'   B.'abc'   C.'abcde'   D.'abd'

（20）表达式 `','.join(re.split('\d+', 'a234b123c'))` 的值为（   ）。

    A.'a,b,c'   B.'a,b,c,'   C.'234,123'   D.'2,3,4,1,2,3'

（21）表达式 `','.join(re.split('\d+', 'a234b123c45'))` 的值为（   ）。

    A.'a,b,c'   B.'a,b,c,'   C.'234,123'   D.'2,3,4,1,2,3'

（22）表达式 `','.join(re.findall('\d+', 'a234bb123c45'))` 的值为（   ）。

    A.'234,123,45'   B.'234,123,45,'

    C.'a,bb,c'   D.'23412345'

（23）表达式 `','.join(re.findall('[a-z]+', 'a234bb123c45'))` 的值为（   ）。

    A.'a,bb,c'   B.'a,bb,c,'   C.'a,b,b,c'   D.'a,b,b,c,'

（24）表达式 `','.join(re.findall('[a-z]', 'a234bb123c45'))` 的值为（   ）。

    A.'a,bb,c'   B.'a,bb,c,'   C.'a,b,b,c'   D.'a,b,b,c,'

（25）表达式 `','.join(re.findall('[a-z]{2}', 'a234bb123c45'))` 的值为（   ）。

    A.'a,bb,c'   B.'a,bb,c,'   C.'a,b,b,c'   D.'bb'

（26）表达式 `','.join(re.findall('[a-z]{1,2}', 'a234bb123c45'))` 的值为（   ）。

    A.'a,bb,c'   B.'a,bb,c,'   C.'a,b,b,c'   D.'bb'

（27）表达式 `','.join(re.findall('[a-z]{1,2}?', 'a234bb123c45'))` 的值为（   ）。

    A.'a,bb,c'   B.'a,bb,c,'   C.'a,b,b,c'   D.'bb'

（28）表达式 `re.findall('\d', 'abcd1234')` 的值为（   ）。

A.['1', '2', '3', '4']　　　　　B.['1234']

C.['1, 2, 3, 4']　　　　　D.'1234'

（29）表达式 re.sub('(.\s)\\1', '\\1', 'a a a a a bb') 的值为（　　）。

A.'a a a bb'　　　B.'a bb'　　　C.'bb'　　　D.'a a a'

（30）表达式 re.sub('(.\s)\\1+', '\\1', 'a a a a a bb') 的值为（　　）。

A.'a a a bb'　　　B.'a bb'　　　C.'bb'　　　D.'a a a'

（31）表达式 re.sub('(.\s)\\1+', '\101', 'a a a a a bb') 的值为（　　）。

A.'a a a bb'　　　B.'A bb'　　　C.'Abb'　　　D.'a a a'

（32）表达式 re.findall('\\bb.+\\b', 'Beautiful is better than ugly.') 的值为（　　）。

A.['better than ugly']　　　　　B.['better']

C.'better than ugly'　　　　　D.'better'

（33）本题选项与本节第（32）题相同，表达式 re.findall('\\bb.+?\\b', 'Beautiful is better than ugly.') 的值为（　　）。

（34）表达式 len(re.findall('\\b\w.+?\\b', 'Beautiful is better than ugly.')) 的值为（　　）。

A.30　　　　　B.4　　　　　C.5　　　　　D.1

（35）表达式 len(re.findall('\d+\.\d+\.\d+', 'Python 2.7.18,Python 3.13.2')) 的值为（　　）。

A.2　　　　　B.3　　　　　C.6　　　　　D.1

（36）假设 s = '<html><head>This is head.</head><body>This is body.</body></html>' 和 pattern = r'<html><head>(.+)</head><body>(.+)</body></html>'，表达式 re.findall(pattern, s) 的值为（　　）。

A.[('This is head.', 'This is body.')]

B.['This is head.', 'This is body.']

C.('This is head.', 'This is body.')

D.['This is head.']

（37）假设 text = '<table><tr><td>1</td><td>2</td></tr><tr><td>3</td><td>4</td></tr></table>'，表达式 re.findall('<td>(.+?)</td>', text) 的值为（　　）。

A.['1', '2', '3', '4']　　　　　B.['1', '2']

C.['3', '4']　　　　　D.['1234']

（38）假设 text = '<table><tr><td>1</td><td>2</td></tr><tr><td>3</td><td>4</td></tr></table>'，表达式 re.findall('<td>(.+?)</td><td>(.+?)</td>', text) 的值为（　　）。

A.[('1', '2'), ('3', '4')]　　　　B.[('1', '2')]

C.[('3', '4')]　　　　　D.['1', '2', '3', '4']

（39）表达式 max(re.findall('\d+', 'abcdefg'), key=len, default='no')

的值为（　　）。

  A.'n'   B.'o'   C.0   D.'no'

（40）表达式 max(re.findall('\d+', 'abc1d22e333fg'), key=len, default='no') 的值为（　　）。

  A.'33'   B.'333'   C.3   D.333

（41）表达式 re.findall(r'\b\w*?g\b', 'ShanDong Institute of Business and Technology') 的值为（　　）。

  A.['ShanDong']   B.'ShanDong'

  C.['Technology']   D.'Technology'

（42）本题选项与本节第（41）题相同，表达式 re.findall(r'\b\w+?g\w+?\b', 'ShanDong Institute of Business and Technology') 的值为（　　）。

（43）表达式 re.findall(r'\b\w*?g\w*?\b', 'ShanDong Institute of Business and Technology') 的值为（　　）。

  A.['ShanDong']   B.['ShanDong', 'Technology']

  C.['Technology']   D.['ShanDong Technology']

（44）表达式 re.findall(r'(\bB\w+?\b)', 'ShanDong Institute of Business and Technology') 的值为（　　）。

  A.['Business'] B.'Business' C.['B']   D.'B'

（45）本题选项与本节第（44）题相同，表达式 re.findall(r'\b(B\w+?)\b', 'ShanDong Institute of Business and Technology') 的值为（　　）。

（46）表达式 re.findall(r'\bB(\w+?)\b', 'ShanDong Institute of Business and Technology') 的值为（　　）。

  A.['Business']   B.'usiness'

  C.['B']   D.['usiness']

（47）表达式 re.findall(r'\bb\w+?\b', 'Beautiful is better than ugly.', re.I) 的值为（　　）。

  A.['Beautiful']   B.['better']

  C.['Beautiful', 'better'] D.['Beautiful better']

（48）本题选项与本节第（47）题相同，表达式 re.findall(r'\bB\w+?\b', 'Beautiful is better than ugly.', re.I) 的值为（　　）。

（49）表达式 re.findall(r'\Bt\w+\b', 'Beautiful is better than ugly.') 的值为（　　）。

  A.['tiful', 'tter']   B.['t', 't', 't']

  C.['tiful', 'tter', 'than'] D.['than']

（50）表达式 re.findall(r'b.+?b', 'Beautiful is \nbetter than ugly.', re.I) 的值为（　　）。

  A.[]   B.['eautiful is \n']

C.['eautiful is ']　　　　　　　D. 出错，无法执行

（51）表达式 re.findall(r'b.+?b', 'Beautiful is \nbetter than ugly.', re.I+re.S) 的值为（　　）。

A.[]　　　　　　　　　　　B.['Beautiful is \nb']

C.['eautiful is \n']　　　　　D. 出错，无法执行

（52）表达式 re.findall('abcd|ab', 'abcdefg') 的值为（　　）。

A.['abcd']　　　B.['ab']　　　C.['cd']　　　D.['abcdefg']

（53）表达式 re.findall('ab|abcd', 'abcdefg') 的值为（　　）。

A.['abcd']　　　B.['ab']　　　C.['cd']　　　D.['abcdefg']

（54）表达式 re.findall('ab*', 'abbcd') 的值为（　　）。

A.['a']　　　　B.['ab']　　　C.['abb']　　　D.['abbcd']

（55）表达式 re.findall('ab*?', 'abbcd') 的值为（　　）。

A.['a']　　　　B.['ab']　　　C.['abb']　　　D.['abbcd']

（56）表达式 re.findall('ab*?d', 'abbcd') 的值为（　　）。

A.['ab']　　　　B.[]　　　C.['abb']　　　D.['abbcd']

（57）表达式 re.findall('ab*d', 'abbcd') 的值为（　　）。

A.['ab']　　　　B.[]　　　C.['abb']　　　D.['abbcd']

（58）表达式 re.findall('ab.*?d', 'abbcd') 的值为（　　）。

A.['ab']　　　　B.[]　　　C.['abb']　　　D.['abbcd']

（59）表达式 re.findall('[ab]*?', 'abbcd') 的值为（　　）。

A.['abb']

B.[]

C.['', 'a', '', 'b', '', 'b', '', '', '']

D.['abbcd']

（60）表达式 re.findall('[ab]*', 'abbcd') 的值为（　　）。

A.['abb']

B.['abb', '', '']

C.['', 'a', '', 'b', '', 'b', '', '', '']

D.['abb', '', '', '']

（61）本题选项与本节第（60）题相同，表达式 re.findall('(a|b)*', 'abbcd') 的值为（　　）。

（62）表达式 re.findall('(a|b)*?', 'abbcd') 的值为（　　）。

A.['abb']

B.[]

C.['', 'a', '', 'b', '', 'b', '', '', '']

D.['abbcd']

（63）表达式 len(re.split('\d+', 'one1two2three3four4five5555six6seven

7eight88nine999ten')) 的值为（　　　　）。

    A.9   B.10   C.54   D.15

（64）表达式 len(re.split('\d', 'a1b23c456')) 的值为（　　　　）。

    A.3   B.4   C.6   D.7

（65）表达式 len(re.split('\d', 'a1b23c456d')) 的值为（　　　　）。

    A.3   B.4   C.6   D.7

（66）表达式 len(re.split('\d+', 'a1b23c456')) 的值为（　　　　）。

    A.3   B.4   C.6   D.7

（67）表达式 re.findall('(.)\\1+', 'aabbccccd') 的值为（　　　　）。

    A.['a', 'b', 'c']   B.['a', 'b', 'c', 'd']

    C.['aa', 'bb', 'ccccc']   D.['abc']

（68）表达式 re.findall('(.)\\1*', 'aabbccccd') 的值为（　　　　）。

    A.['a', 'b', 'c']   B.['a', 'b', 'c', 'd']

    C.['aa', 'bb', 'ccccc']   D.['abc']

（69）表达式 len(re.findall('(.)\\1*?', 'aabbccccd')) 的值为（　　　　）。

    A.9   B.4   C.3   D.1

（70）语句 print(re.sub('(?<![0-9])', '0', 'abcd')) 的输出结果为（　　　　）。

    A.0a0b0c0d0   B.0bcd   C.0abcd   D.abcd0

（71）本题选项与本节第（70）题相同，语句 print(re.sub('a(?<![0-9])', '0', 'abcd')) 的输出结果为（　　　　）。

（72）本题选项与本节第（70）题相同，语句 print(re.sub('(?<![0-9])a', '0', 'abcd')) 的输出结果为（　　　　）。

（73）语句 print(re.sub('(?<![0-9])a', '0', 'a3bcd')) 的输出结果为（　　　　）。

    A.0a0b0c0d0   B.03bcd   C.a0bcd   D.a3bcd

（74）语句 print(re.sub('(?<![0-9])a', '0', '2a3bcd')) 的输出结果为（　　　　）。

    A.0a0b0c0d0   B.2a3bcd   C.03bcd   D.0abcd

（75）语句 print(re.sub('a(?<![0-9])', '0', '2a3bcd')) 的输出结果为（　　　　）。

    A.0a0b0c0d0   B.2a3bcd   C.203bcd   D.0abcd

（76）本题选项与本节第（75）题相同，语句 print(re.sub('a(?![0-9])', '0', '2a3bcd')) 的输出结果为（　　　　）。

（77）本题选项与本节第（75）题相同，语句 print(re.sub('a(?=[0-9])', '0', '2a3bcd')) 的输出结果为（　　　　）。

（78）语句 print(re.sub('(?=[0-9])', '0', '1234')) 的输出结果为（　　　　）。

    A.01020304   B.01234   C.1234   D.12340

（79）本题选项与本节第（78）题相同，语句 print(re.sub('(?<![0-9])(?=[0-9])', '0', '1234')) 的输出结果为（　　　　）。

（80）语句 print(re.sub('(?<![0-9])(?=[0-9])', '0', 'abc123')) 的输出结

果为（　　）。

  A.abc0123   B.abc123   C.0abc123   D.abc1230

  （81）语句 print(re.sub('(?<![0-9]).(?=[0-9])', '0', 'abc123')) 的输出结果为（　　）。

  A.abc0123   B.abc123   C.0abc123   D.ab0023

  （82）语句 print(re.sub('(?<![0-9])\d(?=[0-9])', '0', 'abc123')) 的输出结果为（　　）。

  A.abc0123   B.abc023   C.0abc123   D.ab0023

  （83）语句 print(re.sub('(?<![0-9])[a-z](?=[0-9])', '0', 'abc123')) 的输出结果为（　　）。

  A.abc0123   B.abc023   C.0abc123   D.ab0123

  （84）表达式 re.findall('a*?', 'abcd') 的值为（　　）。

  A.['', 'a', '', '', '', '']   B.['a']

  C.['ab']   D.['abcd']

  （85）语句 print(re.findall(r'((\d)[a-zA-Z]+\2)', '1abcd23efg4')) 的输出结果为（　　）。

  A.[]

  B.[('1abcd1', '2')]

  C.[('1abcd1', '2'), ('3efg4', '3')]

  D. 出错，不能运行

  （86）语句 print(re.findall(r'((\d)[a-zA-Z]+\2)', '1abcd13efg4')) 的输出结果为（　　）。

  A.[]

  B.[('1abcd1', '1')]

  C.[('1abcd1', '1'), ('3efg4', '3')]

  D. 出错，不能运行

  （87）本题选项与本节第（86）题相同，语句 print(re.findall(r'((\d)[a-zA-Z]+\2)', '1abcd1efg1')) 的输出结果为（　　）。

  （88）本题选项与本节第（86）题相同，语句 print(re.findall(r'((\d)[a-zA-Z]+\d)', '1abcd13efg4')) 的输出结果为（　　）。

  （89）本题选项与本节第（86）题相同，语句 print(re.findall(r'(?:\d)[a-zA-Z]+\1', '1abcd13efg4')) 的输出结果为（　　）。

  （90）语句 print(re.findall(r'(?:\d)[a-zA-Z]+', '1abcd13efg4')) 的输出结果为（　　）。

  A.[]

  B.['1abcd', '3efg']

  C.[('1abcd1', '1'), ('3efg4', '3')]

D. 出错，不能运行

（91）本题选项与本节第（90）题相同，语句 print(re.findall(r'((?:\d)[a-zA-Z]+)', '1abcd13efg4')) 的输出结果为（   ）。

（92）语句 print(re.findall(r'(((?:\d)[a-zA-Z]+))', '1abcd13efg4')) 的输出结果为（   ）。

A.[]

B.[('1abcd1', '1'), ('3efg4', '3')]

C.['1abcd', '3efg']

D.[('1abcd', '1abcd'), ('3efg', '3efg')]

第 7 章

函数设计与使用

7.1 填 空 题

（1）Python 关键字＿＿＿＿＿＿＿＿＿用于定义具名函数。

（2）Python 关键字＿＿＿＿＿＿＿＿＿常用于定义匿名函数。

（3）在函数内部可以通过关键字＿＿＿＿＿＿＿＿＿定义全局变量，也可以用来声明使用已有的全局变量。

（4）在函数中关键字＿＿＿＿＿＿＿＿＿用来结束函数运行并返回。

（5）包含关键字＿＿＿＿＿＿＿＿＿的函数称为生成器函数，调用这样的函数会创建一个生成器对象。

（6）如果函数中没有 return 语句、有 return 语句但没有执行或者有 return 语句也执行了但不带任何返回值，该函数的返回值为＿＿＿＿＿＿＿＿＿。

（7）内置函数＿＿＿＿＿＿＿＿＿用来获取生成器对象中的下一个值。

（8）内置函数＿＿＿＿＿＿＿＿＿用来查看包含当前作用域内所有全局变量和值的字典。

（9）表达式 list(map(lambda x: x+5, [1, 2, 3, 4, 5])) 的值为 ＿＿＿＿＿＿＿＿＿。

（10）表达式 list(map(lambda x, y: x+5, [1, 2, 3, 4, 5], [1, 2, 3])) 的值为＿＿＿＿＿＿＿＿＿。

（11）表达式 sum(map(str.isdigit, 'ab123Cd4E56')) 的值为＿＿＿＿＿＿＿＿＿。

（12）表达式 ''.join(map(lambda ch: ch if ch.isdigit() else '', 'ab123Cd4E56')) 的值为＿＿＿＿＿＿＿＿＿。

（13）已知 x = 153，表达式 x == sum(map(lambda num:int(num)**3, str(x))) 的值为＿＿＿＿＿＿＿＿＿。

（14）表达式 list(map(lambda x: len(x), ['a', 'bb', 'ccc'])) 的值为 ＿＿＿＿＿＿＿＿＿。

（15）表达式 list(map(len, ['a', 'bb', 'ccc'])) 的值为＿＿＿＿＿＿＿＿＿。

（16）表达式 sorted(['abc', 'acd', 'ade'], key=lambda x:(x[0],x[2])) 的值为＿＿＿＿＿＿＿＿＿。

（17）表达式 sorted(['abc', 'acd', 'ade'], key=lambda x:(x[0],-ord(x

[2]))) 的值为_____。

（18）表达式 list(filter(None, [0,1,2,3,0,0])) 的值为_____。

（19）表达式 list(filter(lambda x:x>2, [0,1,2,3,0,0])) 的值为_____。

（20）表达式 list(filter(lambda x: x%2==0, range(10))) 的值为_____。

（21）表达式 ''.join(filter(str.isdigit, 'ab123Cd4E56')) 的值为_____。

（22）表达式 ''.join(filter(str.islower, 'ab123Cd4E5G')) 的值为_____。

（23）表达式 list(filter(lambda x: len(x)>3, ['a', 'b', 'abcd'])) 的值为_____。

（24）表达式 list(filter(lambda x: x.isupper(), ['a', 'B', 'aB'])) 的值为_____。

（25）假设已从标准库 functools 导入 reduce() 函数，表达式 reduce(lambda x, y: x-y, [1, 2, 3]) 的值为_____。

（26）假设已从标准库 functools 导入 reduce() 函数，表达式 reduce(lambda x, y: max(x,y), [1,2,3,4,4,5]) 的值为_____。

（27）假设已成功执行语句 from functools import reduce 和 from operator import or_，表达式 reduce(or_, [{1},{2},{3}]) 的值为_____。

（28）假设已成功执行语句 from functools import reduce 和 from operator import and_，表达式 reduce(and_, [{1},{2},{3}]) 的值为_____。

（29）已知 f = lambda x: 555，表达式 f(3) 的值为_____。

（30）已知 g = lambda x, y=3, z=5: x*y*z，表达式 g(1) 的值为_____。

（31）g 的定义与本节第（30）题相同，表达式 g(1, 2) 的值为_____。

（32）g 的定义与本节第（30）题相同，表达式 g(1, z=2) 的值为_____。

（33）已知 fs = [lambda:3, lambda:7, lambda:9]，表达式 fs[1]() 的值为_____。

（34）已知 fs = {'a':lambda:3, 'b':lambda:7, 'c':lambda:9}，表达式 fs['a']() 的值为_____。

（35）已知 f = lambda x: x+5，表达式 f(3) 的值为_____。

（36）已知 f = lambda n: len(bin(n)[bin(n).rfind('1')+1:])，表达式 f(6) 的值为_____。

（37）已知 funcs = [lambda : x**2 for x in range(5)]，表达式 funcs[3]() 的值为_____。

（38）已知 funcs = [lambda n=x: n**2 for x in range(5)]，表达式 funcs[3]() 的值为_____。

（39）执行语句 a, *b = 1, 2, 3, 4, 5 后，变量 a 的值为_____。

（40）执行语句 a, *b = 1, 2, 3, 4, 5 后，变量 b 的值为_____。

（41）把下面的代码保存为 Python 程序文件并运行，输出结果为_____。

```
def demo(a, b, c): return a*b + c
print(demo(1, 2, 3))
```

（42）把下面的代码保存为 Python 程序文件并运行，输出结果为＿＿＿＿＿＿＿＿＿。

```python
def demo(a, b, c): return a * (b+c)
print(demo(1, 2, 3))
```

（43）把本节第（42）题代码最后一行修改如下并重新运行，输出结果为＿＿＿＿＿＿＿＿＿。

```python
print(demo(a=3, c=1, b=2))
```

（44）把本节第（42）题代码最后一行修改如下并重新运行，输出结果为＿＿＿＿＿＿＿＿＿。

```python
print(demo(**{'c':3, 'b':1, 'a':2}))
```

（45）把下面的代码保存为 Python 程序文件并运行，输出结果为＿＿＿＿＿＿＿＿＿。

```python
def demo(a, b, c): return a*b*c
print(demo(*[1,2,3]))
```

（46）把下面的代码保存为 Python 程序文件并运行，输出结果为＿＿＿＿＿＿＿＿＿。

```python
def demo(*p): return sum(p)
print(demo(1, 2, 3))
```

（47）把下面的代码保存为 Python 程序文件并运行，输出结果为＿＿＿＿＿＿＿＿＿。

```python
def demo(*p): return len(p)
print(demo(1, 3, 5, 7, 9))
```

（48）把下面的代码保存为 Python 程序文件并运行，输出结果为＿＿＿＿＿＿＿＿＿。

```python
def demo(x, y, op): return eval(str(x)+op+str(y))
print(demo(3, 5, '+'))
```

（49）把下面的代码保存为 Python 程序文件并运行，输出结果为＿＿＿＿＿＿＿＿＿。

```python
def demo(x, y, op): return eval(str(x)+op+str(y))
print(demo(3, 5, '*'))
```

（50）把下面的代码保存为 Python 程序文件并运行，输出结果为＿＿＿＿＿＿＿＿＿。

```python
i = 10
def f(): print(i)
i = 42; f()
```

（51）把下面的代码保存为 Python 程序文件并运行，输出结果为＿＿＿＿＿＿＿＿＿。

```python
i = 10
def f(n=i): print(n)
i = 42; f()
```

（52）把下面的代码保存为 Python 程序文件并运行，输出结果为＿＿＿＿＿＿＿＿＿。

```python
from math import gcd
from functools import partial
print(partial(gcd, 3)(5))
```

（53）把下面的代码保存为 Python 程序文件并运行，输出结果为＿＿＿＿＿＿＿＿＿。

```
from math import gcd
from functools import partial
print(partial(gcd, 3)(15))
```

（54）把下面的代码保存为 Python 程序文件并运行，输出结果为＿＿＿＿＿＿＿。

```
from math import gcd
from functools import partial
print(partial(gcd, 6, 10)(30))
```

（55）把下面的代码保存为 Python 程序文件并运行，输出结果为＿＿＿＿＿＿＿。

```
from operator import mod
from functools import partial
print(partial(mod, 5)(3))
```

（56）把下面的代码保存为 Python 程序文件并运行，输出结果为＿＿＿＿＿＿＿。

```
from functools import partial
print(partial(max, key=str)([111,22,3]))
```

（57）把下面的代码保存为 Python 程序文件并运行，输出结果为＿＿＿＿＿＿＿。

```
from functools import partial
def mod(a, b): return a % b
print(partial(mod,a=5)(b=13))
```

（58）把下面的代码保存为 Python 程序文件并运行，输出结果为＿＿＿＿＿＿＿。

```
b = 5; a: b = 3; print(a + b)
```

（59）把下面的代码保存为 Python 程序文件并运行，输出结果为＿＿＿＿＿＿＿。

```
def func1(a):
    def func2(b):
        def func3(c): return a+b+c
        return func3
    return func2
print(func1(3)(5)(8))
```

（60）把下面的代码保存为 Python 程序文件并运行，输出结果为＿＿＿＿＿＿＿。

```
def outer(x):
    def inner(y): return x*y + 6
    return inner
print(outer(3)(6))
```

（61）把下面的代码保存为 Python 程序文件并运行，输出结果为＿＿＿＿＿＿＿。

```
def outer(x):
    def inner(y): return x*y + 6
    return inner(x)
print(outer(3))
```

（62）把下面的代码保存为 Python 程序文件并运行，输出结果为＿＿＿＿＿＿＿。

```
def func(para): para = 3
n = 5; func(n); print(n)
```

（63）把下面的代码保存为 Python 程序文件并运行，输出结果为＿＿＿＿＿＿＿。

```python
def func(): para = 3
para = 5; func(); print(para)
```

（64）把下面的代码保存为 Python 程序文件并运行，输出结果为＿＿＿＿＿＿＿。

```python
def func():
    global para
    para = 3
para = 5; func(); print(para)
```

（65）把下面的代码保存为 Python 程序文件并运行，输出结果为＿＿＿＿＿＿＿。

```python
def func():
    global para
    para = 3
func(); para = 5; print(para)
```

（66）把下面的代码保存为 Python 程序文件并运行，输出结果为＿＿＿＿＿＿＿。

```python
x = [3]
def modify(): x[0] = 5
modify(); print(x)
```

（67）把下面的代码保存为 Python 程序文件并运行，输出结果为＿＿＿＿＿＿＿。

```python
value = 3
def func(para=value): print(para)
value = 5; func()
```

（68）把下面的代码保存为 Python 程序文件并运行，输出结果为＿＿＿＿＿＿＿。

```python
def func(para=[]):
    para.append(3)
    return para
func(); func(); print(func())
```

（69）把下面的代码保存为 Python 程序文件并运行，输出结果为＿＿＿＿＿＿＿。

```python
def func(a, b): return {b: a}
print(func(3, 5))
```

（70）把下面的代码保存为 Python 程序文件并运行，输出结果为＿＿＿＿＿＿＿。

```python
from operator import eq
s1, s2 = 'Python', 'python'; print(sum(map(eq, s1, s2)))
```

（71）把下面的代码保存为 Python 程序文件并运行，输出结果为＿＿＿＿＿＿＿。

```python
from operator import eq
s1, s2 = 'Python小屋', 'python'; print(sum(map(eq, s1, s2)))
```

（72）把下面的代码保存为 Python 程序文件并运行，输出结果为＿＿＿＿＿＿＿。

```python
from operator import itemgetter
data = [[1,2,3], [3,6,9], [9,5,2], [7,4,8]]
print(sorted(data, key=itemgetter(1))[1])
```

（73）把下面的代码保存为 Python 程序文件并运行，输出结果为＿＿＿＿＿＿＿。

```python
def func(a, n):
    result, each = a, a
    for _ in range(n-1):
        each = each*10 + a
        result = result + each
    return result
print(func(2, 3))
```

（74）把下面的代码保存为 Python 程序文件并运行，输出结果为＿＿＿＿＿＿＿＿。

```python
def func():
    for i in range(10):
        if i > 3: return i
        yield i
r = func()
print(next(r), next(r), *r)
```

（75）把下面的代码保存为 Python 程序文件并运行，输出结果为＿＿＿＿＿＿＿＿。

```python
def func():
    for i in range(10):
        if i > 3: return i
        yield i
r = func()
print(*r)
```

（76）把下面的代码保存为 Python 程序文件并运行，输出结果为＿＿＿＿＿＿＿＿。

```python
def func(): yield from [1, 2, 3]
print(*func(), sep=',')
```

（77）把下面的代码保存为 Python 程序文件并运行，输出结果为＿＿＿＿＿＿＿＿。

```python
def func(): yield from range(1,4)
print(*func(), sep=',')
```

（78）已知函数定义如下，语句 func(1, 2, 3, 4) 的输出结果为＿＿＿＿＿＿＿＿。

```python
def func(a, b, c, *p): print(len(p))
```

（79）已知函数定义如下，语句 func(1, 2, 3) 的输出结果为＿＿＿＿＿＿＿＿。

```python
def func(a, b, c, *p): print(len(p))
```

（80）已知函数定义如下，表达式 func(x=1, y=2, z=3) 的值为＿＿＿＿＿＿＿＿。

```python
def func(**p): return sum(p.values())
```

（81）已知函数定义如下，表达式 func(x=1, y=2, z=3) 的值为＿＿＿＿＿＿＿＿。

```python
def func(**p): return ''.join(sorted(p))
```

（82）把下面的代码保存为 Python 程序文件并运行，输出结果为＿＿＿＿＿＿＿＿。

```python
from functools import reduce
seq = (2,) * 5
print(reduce(lambda i, j: (i[0]+i[1], i[1]*j), seq, (0,1))[0])
```

（83）把下面的代码保存为 Python 程序文件并运行，输出结果为＿＿＿＿＿＿＿＿。

```
from functools import cmp_to_key
numbers = [300, 3, 30, 3000]
cmp = lambda x, y: int(x+y) - int(y+x)
print(int(''.join(sorted(map(str,numbers), key=cmp_to_key(cmp)))))
```

（84）把下面的代码保存为 Python 程序文件并运行，输出结果为_____。

```
data = [10, 21, 24, 41, 44, 46, 60, 79, 85, 87]
result = min(zip(data[:-1], data[1:]), key=lambda it: abs(it[0]-it[1]))
print(result)
```

（85）把下面的代码保存为 Python 程序文件并运行，输出结果为_____。

```
def func(x, y=3, z=4): pass
print(func.__defaults__)
```

（86）把下面的代码保存为 Python 程序文件并运行，输出结果为_____。

```
def func(x, y=3, z=[]):
    x, y = 3, 5
    z.append(8)
print(func.__defaults__)
```

（87）把下面的代码保存为 Python 程序文件并运行，输出结果为_____。

```
def func(x, y=3, z=[]):
    x, y = 3, 5
    z.append(8)
func(6); print(func.__defaults__)
```

（88）把下面的代码保存为 Python 程序文件并运行，输出结果为_____。

```
def func(x, y=3, z=[]):
    x, y = 3, 5
    z.append(8)
func(6); func(8); print(func.__defaults__)
```

（89）把下面的代码保存为 Python 程序文件并运行，输出结果为_____。

```
def func(x, y=3, z=[]):
    x, y = 3, 5
    z.append(8)
func(6, 8, [4]); print(func.__defaults__)
```

（90）把下面的代码保存为 Python 程序文件并运行，输出结果为_____。

```
x = 3
def func():
    x = 5
    print(globals()['x'])
func()
```

（91）把下面的代码保存为 Python 程序文件并运行，输出结果为_____。

```
x = 3
def func():
    x = 5
    print(locals()['x'])
func()
```

7.2 判 断 题

（1）调用函数属于阻塞式的执行方式，必须等函数执行结束并且正常返回后才能继续执行后续的代码，否则就一直阻塞、等待。

（2）函数是代码复用的一种方式。

（3）在 Python 中，使用关键字 define 定义函数。

（4）即使函数中只有一条语句，也必须另起一行并严格缩进。

（5）不能在一个函数的定义内部再定义函数。

（6）定义嵌套函数后，每次调用外层函数都会重新定义内层函数。

（7）定义函数时，即使该函数不需要接收任何参数，也必须保留一对空的圆括号来表示这是一个函数。

（8）定义函数时必须说明返回值以及每个参数的类型。

（9）定义函数时，一般建议先对参数的类型和值进行合法性检查，然后再编写正常的功能代码。

（10）定义函数时，如果有参数被设置为只能通过位置参数的形式进行传递，则必须所有参数都使用位置参数的形式进行传递。

（11）一个函数如果带有默认值参数，必须所有参数都设置默认值。

（12）定义函数时，某个参数名字前面带有一个星号"*"表示可变长度参数，可以接收任意多个普通位置实参并存放于一个元组之中。

（13）定义函数时，某个参数名字前面带有两个星号"**"表示可变长度参数，可以接收任意多个关键参数并将其存放于一个字典之中。

（14）定义函数时，带有默认值的参数必须出现在参数列表的最右端，任何一个带有默认值的参数右边不允许出现没有默认值的普通位置参数。

（15）调用函数时，把实参的引用传递给形参，也就是说，在函数体代码执行之前的瞬间，形参和实参是同一个对象。

（16）已知不同的 3 个函数 A、B、C，在函数 A 中调用了 B，函数 B 中又调用了 C，这种调用方式称作递归调用。

（17）已知函数 B 是在函数 A 的定义中嵌套定义的，在函数 B 中可以直接使用函数 A 中定义的变量的值。

（18）已知函数 B 是在函数 A 的定义中嵌套定义的，在函数 B 中可以直接使用赋值语句修改函数 A 中定义的变量的值。

（19）调用任何函数都可以得到一个确定的值。

（20）使用关键参数调用函数时，也必须记住每个参数的顺序和位置。

（21）调用函数时传递的实参个数必须与函数形参个数相等才行。

（22）调用函数时，在除字典之外的其他实参可迭代对象前面加一个星号"*"表示把其中的元素解包为普通位置参数。

（23）调用函数时，在实参字典对象前面加一个星号"*"表示把其中所有元素的"键"解包为普通位置参数。

（24）调用函数时，在实参字典对象前面加两个星号"**"表示把其中的元素解包为关键参数的形式进行传递。

（25）执行语句 a, *b, *c = 1, 2, 3, 4, 5 后，变量 c 的值为空列表。

（26）执行语句 a, b, *c, **d = 1, 2, 3, 4, 5, 6:7, 7:8 后，表达式 len(c) 的值为 3。

（27）函数中只要有 return 语句，返回值一定不是 None。

（28）在函数内部没有任何声明的情况下直接为某个变量赋值，这个变量一定是函数内部的局部变量。

（29）在函数访问变量时，会优先使用同名的全局变量，不存在同名全局变量时才会尝试使用局部变量。

（30）如果定义函数时为参数设置了默认值，调用函数时必须使用关键参数，不能使用位置参数了。

（31）调用带有默认值参数的函数时，不能为默认值参数传递任何值，必须使用函数定义时设置的默认值。

（32）在函数中定义的变量默认为全局变量，除非使用关键 local 声明为局部变量。

（33）在没有嵌套函数定义的情况下，函数中定义的变量默认为局部变量，除非使用关键字 global 进行声明。

（34）在嵌套函数定义中，内层函数可以使用关键字 nonlocal 定义新变量并允许外层函数访问。

（35）在嵌套函数定义中，内层函数可以直接访问外层函数中定义的变量，但不能修改值，除非提前使用 nonlocal 声明。

（36）在函数中定义了与全局变量同名的局部变量之后就无法再访问全局变量的值了。

（37）不同作用域中的同名变量之间互相不影响，在不同的作用域内可以定义同名的变量。

（38）函数内部定义的局部变量当函数调用结束后被自动删除。

（39）函数调用结束后，没有任何办法访问函数中定义的局部变量。

（40）函数调用结束后，没有任何办法访问函数中定义的全局变量。

（41）在函数内部，既可以使用 global 来声明使用外部已定义的全局变量，也可以使用关键字 global 直接定义全局变量。

（42）试图使用变量的值时会按照局部变量、闭包变量、全局变量、内置命名空间的顺序搜索该变量并使用第一个找到的值，如果在这 4 种作用域都没有搜索到变量，则抛出异常并提示变量没定义。

（43）如果函数 B 是在函数 A 里面定义的嵌套函数，在函数 B 中只能使用函数 A 或函数 B 中的形参和局部变量，无法使用全局变量。

（44）程序中任何函数都可以直接读取全局变量的值，但要修改全局变量的值必须先用关键字 global 声明。

（45）程序中全局变量定义之前定义的函数中无法访问全局变量的值。

（46）在函数内部直接为形参赋值不会影响外部实参的值。

（47）在函数内部没有任何办法可以影响实参的值。

（48）已知内置函数 sum() 的完整语法为 sum(iterable, /, start=0)，表达式 sum.__defaults__ 的值为 (0,)。

（49）语句 print(*[1,2,3]) 不能正确执行。

（50）包含 yield 语句的函数称作生成器函数，可以用来创建生成器对象。

（51）包含 yield 语句的函数称作生成器函数，这样的函数中就不能再包含 return 语句了。

（52）定义函数时，如果函数中没有 return 和 yield 语句，则默认返回空值 None。

（53）如果在函数中有语句 return 3，该函数一定会返回整数 3。

（54）自定义函数中必须包含 return 语句。

（55）函数中的 return 语句一定能够得到执行。

（56）调用函数时只要执行到 return 语句一定会返回并立即结束函数运行。

（57）在函数中 yield 语句的作用和 return 完全一样。

（58）关键字 yield 和 return 都只能在函数或方法定义中使用，在函数或方法外面不能使用。

（59）pass 语句仅起到占位符的作用，不会做任何操作。

（60）pass 语句只能用在函数中，在函数外面不能使用。

（61）lambda 表达式属于可调用对象。

（62）lambda 表达式在功能上等价于函数，但是不能给 lambda 表达式起名字，只能用来定义匿名函数。

（63）lambda 表达式中可以使用任意复杂的表达式，但必须只编写一个表达式。

（64）在 lambda 表达式中，不允许包含选择结构和循环结构，也不能在 lambda 表达式中调用其他函数。

（65）只有 lambda 表达式可以作为内置函数 max()、min()、sorted() 和列表方法 sort() 的 key 参数，使用关键字 def 定义的函数不能这样使用。

（66）已知 g = lambda : lambda : 5，表达式 g()() 的值为 5。

（67）已知 g = lambda x: lambda y: x**y，表达式 g(3)(2) 的值为 9。

（68）修饰器本质上也是一个函数，只不过这个函数接收其他函数作为参数并对其进行一定改造后返回一个新函数。

（69）使用修饰器函数修饰其他函数的定义时，修饰器函数会被调用一次。

（70）Python 程序中函数递归调用在默认情况下有深度限制，可以使用内置模块 sys 的函数 setrecursionlimit() 修改默认的限制，但也不能无限大。

（71）函数的默认值参数的引用是在定义函数时确定的，之后不会再变化，调用函数并且不给该参数传递实参时将一直使用初始的引用。

（72）函数的默认值参数的值是在定义函数时确定的，之后不会再变化，调用函数并且不给该参数传递实参时将一直使用初始的值。

（73）生成器函数的调用结果是一个具体的值。

（74）语句 print(x:=x+1, x:=2) 的执行结果为"3 2"。

（75）语句 print(i:=3, i:=4, i:=5) 的执行结果为"3 4 5"。

（76）语句 print(x:=3, x:=x+1) 的执行结果为"3 4"。

（77）已知 arr = [[1,2,3,4], [5,6,7,8]]，表达式 list(map(list, zip(*arr))) 的值与表达式 list(map(lambda *p: list(p), *arr)) 相同。

（78）下面两行代码定义的函数 func() 功能相同。

```
def func(): return 5
func = lambda : 5
```

（79）把下面的代码保存为 Python 程序文件并运行，一定是先输出 3 再输出 5，不会有其他情况。

```
print(3); print(5)
```

（80）把下面的代码保存为 Python 程序文件并运行，会抛出异常，因为函数定义时星号表示后面的参数必须使用关键参数的形式进行传递，星号前面的参数不能使用关键参数。

```
def func(a, b, *, c=3, d=5): return a+b+c+d
print(func(a=1, b=2, c=5, d=8))
```

（81）已知有函数定义如下，表达式 demo(a=1, *(2, 3)) 的值为 5。

```
def demo(a, b, c): return a * (b+c)
```

（82）已知有函数定义如下，表达式 demo(c=1, *(2, 3)) 的值为 8。

```
def demo(a, b, c): return a * (b+c)
```

（83）已知有函数定义如下，表达式 demo(c=1, *(2, 3)) 的值为 8。

```
def demo(a, b=5, c): return a * (b+c)
```

（84）把下面的代码保存为 Python 程序文件并运行，输出结果为 5。

```
def demo(a, b=5, *c): return (a+b) * sum(c)
print(demo(c=1, *(2, 3)))
```

（85）下面的代码无法执行，因为函数定义语法错误，默认值参数后面不能有单星号的可变长度参数。

```
def demo(a, b=5, *c): return (a+b) * sum(c)
print(demo(1,2,3,4))
```

（86）已知函数定义如下，表达式 demo(**{'c':3}, 1, 2) 的值为 8。

```
def demo(a, b, c): return a * (b+c)
```

（87）已知函数定义如下，表达式 demo(**{'c':3}, *(1, 2)) 的值为 8。

```
def demo(a, b, c): return a * (b+c)
```

（88）已知函数定义如下，表达式 callable(demo) 的值为 True。

```
def demo(*p): pass
```

（89）已知函数定义如下，调用时使用 func(1,2,3) 和 func(1,2,3,4,5) 都是合法的，只是结果不同。

```
def func(*p): return sum(p)
```

（90）把下面的代码保存为 Python 程序文件并运行，两次输出结果是不同的，因为函数中定义的局部变量在函数运行结束后会自动释放。

```
def func():
    x = [1, 2, 3]
    print(id(x))
    return x
y = func(); print(id(y))
```

（91）把下面的代码保存为 Python 程序文件并运行，两次输出结果是相同的。

```
from itertools import product
x, y = [1, 2, 3], map(str,range(1,5))
print(list(product(x, y)))
x, y = [1, 2, 3], map(str,range(1,5))
result = []
for i in x:
    for j in y: result.append((i,j))
print(result)
```

（92）把下面的代码保存为 Python 程序文件并运行，两次输出结果是相同的。

```
from itertools import product
x, y = [1, 2, 3], map(str,range(1,5))
print(list(product(x, y)))
x, result = [1, 2, 3], []
for i in x:
    y = map(str,range(1,5))
    for j in y: result.append((i,j))
print(result)
```

（93）把下面的代码保存为 Python 程序文件并运行，输出结果为 3。

```
from functools import partial
def mod(a, b, /): return a % b
print(partial(mod,b=5)(13))
```

（94）把下面的代码保存为 Python 程序文件并运行，输出结果为 True。

```
from operator import contains
from functools import partial
print(all(map(partial(contains, [1,2,3,4]), [1,2,3])))
```

（95）把下面的代码保存为 Python 程序文件并运行，输出结果为 aaaaa。

```
b = 5; a: b = 'a'; print(a*b)
```

（96）把下面的代码保存为 Python 程序文件并运行，输出结果为 3。

```
def func(): x = 3
print(func.x)
```

（97）把下面的代码保存为 Python 程序文件并运行，输出结果为 3。

```
def func(): func.x = 3
print(getattr(func, 'x'))
```

（98）把下面的代码保存为 Python 程序文件并运行，输出结果为 3。

```
def func(): func.x = 3
func(); print(getattr(func, 'x'))
```

（99）把下面的代码保存为 Python 程序文件并运行，输出结果为 3。

```
def a(func): print(3)
@a
def b(): print(5)
```

（100）把下面的代码保存为 Python 程序文件并运行，输出结果有两个：一个是 3，另一个是 5。

```
def a(func): print(3)
@a
def b(): print(5)
b()
```

（101）把下面的代码保存为 Python 程序文件并运行，输出结果有两个：一个是 3，另一个是 5。

```
def a(func):
    print(3)
    return func
@a
def b(): print(5)
b()
```

（102）把下面的代码保存为 Python 程序文件并运行，输出结果为 {'a': <class 'int'>, 'b': <class 'int'>, 'return': <class 'int'>}。

```
def func(a:int, b:int) -> int: pass
print(func.__annotations__)
```

（103）下面的代码无法运行，因为函数 func1() 是在 func2() 之前定义的，在 func1() 函数中不能调用 func2() 函数。

```
def func1():
    print(1)
    func2()
def func2(): print(2)
func1()
```

（104）下面的函数和 lambda 表达式的功能是等价的。

```
def func(a, b): a+b
func = lambda a, b: a+b
```

（105）把下面的代码保存为 Python 程序文件并运行，输出结果为 8。

```
def func(a:int, b:int): return a + b
print(func(3, 5))
```

（106）把下面的代码保存为 Python 程序文件并运行，输出结果为 35。

```
def func(a:int, b:int): return a + b
print(func('3', '5'))
```

（107）下面两行代码的输出结果相同。

```
print(*filter(None, [-3, 0, 3]))
print(*list(filter(None, [-3, 0, 3])))
```

（108）把下面的代码保存为 Python 程序文件并运行，输出结果为 3。

```
def func():
    yield 3; yield 4; yield 5
print(func())
```

（109）把下面的代码保存为 Python 程序文件并运行，输出结果为 "3,4,5"。

```
def func():
    yield 3; yield 4; yield 5
print(*func(), sep=',')
```

（110）把下面的代码保存为 Python 程序文件并运行，输出结果为 "5 4 3 2 1 0"。

```
def func(n):
    yield n
    if n == 0: return
    yield from func(n-1)
print(*func(5))
```

（111）把下面的代码保存为 Python 程序文件并运行，输出结果为 "5 4 3 2 1 0"。

```
def func(n):
    yield n
    if n == 0: return
    func(n-1)
print(*func(5))
```

（112）把下面的代码保存为 Python 程序文件并运行，输出结果为 (6, 15, 64)。

```
def main(a, b, c, *p, /, *, x, y): return (a*b*c, sum(p), x**y)
print(main(1,2,3,4,5,6,x=8,y=2))
```

（113）把下面的代码保存为 Python 程序文件并运行，输出结果为 (6, 15, 64)。

```
def main(a, b, c, /, *p, x, y): return (a*b*c, sum(p), x**y)
print(main(1,2,3,4,5,6,x=8,y=2))
```

（114）把下面的代码保存为 Python 程序文件并运行，输出结果为 (6, 15, 64)。

```
def main(a, b, c, *p, *, x, y): return (a*b*c, sum(p), x**y)
print(main(1,2,3,4,5,6,x=8,y=2))
```

（115）把下面的代码保存为 Python 程序文件并运行，输出结果为 (6, 15, 64)。

```
def main(a, b, c, *p, x, y): return (a*b*c, sum(p), x**y)
print(main(1,2,3,4,5,6,x=8,y=2))
```

（116）把下面的代码保存为 Python 程序文件并运行，输出结果为 16。

```
def func(x, y, z): return x+y+z
```

```
print(func({'x':3, 'y':5, 'z':8}))
```

（117）把本节第（116）题代码最后一行修改如下并重新运行，输出结果为 16。

```
print(func(*{'x':3, 'y':5, 'z':8}))
```

（118）把本节第（116）题代码最后一行修改如下并重新运行，输出结果为 16。

```
print(func(**{'x':3, 'y':5, 'z':8}))
```

（119）把本节第（116）题代码最后一行修改如下并重新运行，输出结果为 xyz。

```
print(func(*{'x', 'y', 'z'}))
```

（120）把下面的代码保存为 Python 程序文件并使用 3.8 或更高版本解释器运行，输出结果为 8。

```
def demo(a, /, *, b): return a+b
print(demo(3, 5)
```

（121）把本节第（120）题代码最后一行修改如下并重新运行，输出结果为 8。

```
print(demo(a=3, b=5))
```

（122）把本节第（120）题代码最后一行修改如下并重新运行，输出结果为 8。

```
print(demo(3, b=5))
```

（123）把下面的代码保存为 Python 程序文件并运行。

```
def func(data):
    data = data[:]
    max_ = max(data)
    data[3], data[data.index(max_)] = data[data.index(max_)], data[3]
    return data
for data in ([0, 1, 2, 3, 4, 5], [1, 5, 2, 3, 4, 0]):
    print('='*10); print(data); print(func(data))
```

运行结果为

```
==========
[0, 1, 2, 3, 4, 5]
[0, 1, 2, 3, 4, 5]
==========
[1, 5, 2, 3, 4, 0]
[1, 3, 2, 5, 4, 0]
```

（124）把下面的代码保存为 Python 程序文件并运行，输出结果为 [6] [6] [6]。

```
x = [2]
def func1():
    x[0] = 3
    return x
def func2():
    x[0] = 6
    return x
print(x, func1(), func2())
```

（125）把下面的代码保存为 Python 程序文件并运行，输出结果为 "2 3 6"。

```
x = 2
def func1():
    global x
    x = 3
    return x
def func2():
    global x
    X = 6
    return x
print(x, func1(), func2())
```

（126）把下面的代码保存为 Python 程序文件并运行，输出结果为 3。

```
def func():
    global x
    x = 3
print(x)
```

（127）把下面的代码保存为 Python 程序文件并运行，输出结果为 5。

```
x = 3
def a():
    global x
    def b():
        nonlocal x
        x = 5
    b()
a(); print(x)
```

（128）把下面的代码保存为 Python 程序文件并运行，输出结果为 5。

```
def func(x):
    global x
    x = 5
func(3); print(x)
```

（129）把下面的代码保存为 Python 程序文件并运行，输出结果为 3。

```
def outer():
    def inner():
        global x
        x = 3
    inner(); print(x)
outer()
```

（130）把下面的代码保存为 Python 程序文件并运行，输出结果有两个：一个是 3，另一个是 5。

```
def func():
    print(x)
    global x
    x = 5
    print(x)
x = 3; func()
```

（131）把下面的代码保存为 Python 程序文件并运行，输出结果有两个：一个是 3，另一个是 5。

```
def func():
    print(x); x = 5; print(x)
x = 3; func()
```

（132）把下面的代码保存为 Python 程序文件并运行，输出结果有三个：分别为 3、8、5。

```
def outer():
    x = 5
    def inner():
        x = 8
        print(x)
    inner(); print(x)
x = 3; print(x); outer()
```

7.3 单 选 题

（1）下面的关键字（   ）可以用来定义函数。

  A.def   B.define   C.function D.class

（2）关于函数，以下选项中描述错误的是（   ）。

  A. 函数用来完成特定的功能，调用函数时一般不需要了解函数内部的实现原理

  B. 使用函数的主要目的是降低编程难度和进行代码复用

  C.Python 使用关键字 define 定义函数

  D. 函数是一段具有特定功能的、可复用的代码

（3）关于全局变量和局部变量，以下选项中描述错误的是（   ）。

  A. 局部变量指在函数内部使用的变量，当函数运行结束后，变量依然存在，下次调用函数可以继续使用

  B. 在函数内部使用关键字 global 声明并赋值后，变量作为全局变量使用

  C. 一个变量无论是否与全局变量重名，如果在函数内部创建和使用并且没有使用关键字 global 进行声明，函数运行结束后变量都会被释放

  D. 全局变量主要指在函数之外定义的变量，定义之后一直到程序结束都有效，如果在函数外部没有定义全局变量但在函数内部使用关键字 global 声明全局变量的话需要调用函数才会创建全局变量

（4）关于全局变量，以下选项中描述错误的是（   ）。

  A. 在函数中可以访问全局变量的值，但不能修改，除非使用关键字 global 声明

  B. 在函数外定义全局变量时不需要使用关键字 global 声明

  C. 在函数中使用关键字 global 声明尚未创建的全局变量时会自动将其初始化为空值 None

  D. 在函数中使用关键字 global 声明的全局变量，函数运行结束后仍存在

（5）关于 lambda 表达式，以下选项中描述错误的是（   ）。

A. 可以使用 lambda 表达式指定列表方法 sort() 的排序原则

B. 执行语句 f = lambda x, y: x+y 后，f 的类型为 <class 'lambda'>

C. lambda 表达式中表达式的值相当于函数返回值

D. lambda 表达式一般用于定义简单的、能够在一行内表示的函数

（6）关于函数的参数，以下选项中描述错误的是（　　）。

A. 定义函数时，圆括号内用于定义形式参数，即使该函数不需要接收任何参数，也必须保留圆括号

B. 定义函数时需要显式声明参数类型，解释器根据相应的参数类型，将实参的引用传递给形参

C. 如果传递给函数的实参是可变序列，并且在函数内部调用原地操作方法增加、删除元素或通过下标修改元素值时，实参也得到相应的修改

D. Python 可变长度参数主要有两种形式：在参数名前加 1 个星号 "*" 或 2 个星号 "**"

（7）关于函数的参数，以下选项中描述错误的是（　　）。

A. 满足一定条件时，在函数中可以影响实参的值

B. 调用函数时把实参的引用传递给形参

C. 在函数中可以把形参看作局部变量

D. 在函数中没有办法修改实参的值

（8）把下面的代码保存为 Python 程序文件并运行，输出结果为（　　）。

```python
def func(n):
    first3 = {1:1, 2:2, 3:4}
    if n in first3.keys(): return first3[n]
    else: return func(n-1) + func(n-2) + func(n-3)
print(func(6))
```

A.13　　　　　　　　B.7　　　　　　　　C.24　　　　　　　　D.5

（9）把下面代码保存为 Python 程序文件并运行，输出结果为（　　）。

```python
def before(func):
    def wrapper(*args, **kwargs): return func(*args, **kwargs) % 5
    return wrapper
@before
def func(n): return n**2
print(func(3))
```

A.4　　　　　　　　B.9　　　　　　　　C.5　　　　　　　　D.3

（10）把下面的代码保存为 Python 程序文件并运行，输出结果为（　　）。

```python
def before(func):
    def wrapper(*args, **kwargs): return func(*args, **kwargs) % 6
    return wrapper
def after(func):
    def wrapper(*args, **kwargs): return func(*args, **kwargs) * 3
    return wrapper
@before
```

```
@after
def func(n): return n**2
print(func(4))
```

      A.12   B.0   C.16   D.48

（11）把下面的代码保存为 Python 程序文件并运行，输出结果为（　　　）。

```
def before(func):
    def wrapper(*args, **kwargs): return func(*args, **kwargs) % 6
    return wrapper
def after(func):
    def wrapper(*args, **kwargs): return func(*args, **kwargs) * 3
    return wrapper
def func(n): return n**2
print(after(before(func))(4))
```

      A.12   B.0   C.16   D.48

（12）把下面的代码保存为 Python 程序文件并运行，输出结果为（　　　）。

```
from functools import reduce
print(reduce(lambda x, y: x*y, [1, 2, 3, 'a']))
```

      A.2   B.6   C.aaaaaa   D. 出错，无法执行

（13）把下面的代码保存为 Python 程序文件并运行，输出结果为（　　　）。

```
from functools import reduce
print(reduce(lambda x, y: x*y, [1, 2, 'a', 3]))
```

      A.2   B.6   C.aaaaaa   D. 出错，无法执行

（14）把下面的代码保存为 Python 程序文件并运行，输出结果为（　　　）。

```
from functools import reduce
print(reduce(lambda x, y: x*y, [1, 2, 3, 'a', 'b']))
```

      A.2   B.6   C.aaaaaa   D. 出错，无法执行

（15）把下面的代码保存为 Python 程序文件并运行，输出结果为（　　　）。

```
nums = [1, 2, 3, 4, 10, 11, 12]
print(max(nums, key=lambda num: (-len(str(num)), num)))
```

      A.1   B.4   C.10   D.12

（16）把下面的代码保存为 Python 程序文件并运行，输出结果为（　　　）。

```
nums = [1, 2, 3, 4, 10, 11, 12]
print(max(nums, key=lambda num: (len(str(num)), -num)))
```

      A.1   B.4   C.10   D.12

（17）把下面的代码保存为 Python 程序文件并运行，输出结果为（　　　）。

```
x: int = [3]
print(x)
```

      A.3   B.[3]   C.{3}   D. 出错，无法执行

（18）把下面的代码保存为 Python 程序文件并运行，输出结果为（　　　）。

```
def func(x: int): return x
print(func('Python 小屋 '))
```

      A.0   B.Python 小屋

      C.'Python 小屋 '   D. 出错，无法执行

（19）把下面的代码保存为 Python 程序文件并运行，输出结果为（   ）。

```
def main(s1, s2):
    return len(tuple(filter(lambda i: s1[i]==s2[i], range(len(s2)))))
print(main('python', 'Python'))
```

      A.'error1'   B.'error2'   C.5   D.0

（20）把下面的代码保存为 Python 程序文件并运行，输出结果为（   ）。

```
def func(para):
    global para
    para = 3
para = 5; func(para); print(para)
```

      A.3   B.5   C.15   D. 出错，无法执行

（21）把下面的代码保存为 Python 程序文件并运行，输出结果为（   ）。

```
def func(): global x
func(); print(x)
```

      A.0   B.[]   C.{}   D. 出错，无法执行

（22）把下面的代码保存为 Python 程序文件并运行，输出结果为（   ）。

```
def func(a, b, c, *p): print(p)
func(1, 2, 3, 4, 5)
```

      A.4   B.5   C.(4, 5)   D. 出错，无法执行

（23）把下面的代码保存为 Python 程序文件并运行，输出结果为（   ）。

```
def func(n):
    a, b, c = 1, 2, 4
    for i in range(n-3): c, b, a = a+b+c, c, b
    return c
print(func(5))
```

      A.13   B.7   C.4   D.5

7.4 多 选 题

（1）下面关键字可以用来定义函数的有（   ）。

      A.break   B.class   C.def   D.lambda

（2）在 Python 中，函数参数支持的类型有（   ）。

      A. 位置参数   B. 默认值参数   C. 关键参数   D. 可变长度参数

（3）下面关键字只能用在函数或方法定义内部的代码中的有（   ）。

      A.break   B.return   C.yield   D.def

（4）已知函数定义如下，下面调用语句中合法的有（　　　　）。

```
def func(x, /, *, y=3, z=4): pass
```

　　A.func(3)　　　　　　　　　　B.func(x=3)
　　C.func(3, z=5)　　　　　　　　D.func(y=5, z=8)

（5）已知函数定义如下，下面调用语句中合法的有（　　　　）。

```
def func(x, y, z=None): pass
```

　　A.func(3, 4)　　　　　　　　　B.func(3, 4, 5)
　　C.func(*'abc')　　　　　　　　D.func(**{'x':3, 'y':4, 'z':5})

（6）已知函数定义如下，下面调用语句中合法的有（　　　　）。

```
def func(x, y, z=None): pass
```

　　A.func(*map(str, range(3)))
　　B.func(*map(str, range(2)))
　　C.func(*{'x':97, 'y':98, 'z':99})
　　D.func(**{'x':97, 'y':98, 'z':99})

（7）下面可以使用 lambda 表达式的场合有（　　　　）。
　　A.max() 函数的 key 参数　　　　B.min() 函数的 key 参数
　　C.sorted() 函数的 key 参数　　　D.map() 函数的第一个参数

（8）关于函数的描述错误的有（　　　　）。
　　A. 只能使用关键字 def 定义函数，没有其他方式了
　　B. 函数属于可调用对象
　　C.Python 不支持嵌套定义函数
　　D.Python 程序必须有 main() 函数作为程序执行的入口

（9）下面关于函数参数的描述正确的有（　　　　）。
　　A. 如果定义函数时使用了位置参数就必须所有参数都为位置参数
　　B. 在 Python 3.8 以及更新的版本中可以在定义函数时约束全部参数都必须以位置参数的形式进行传递
　　C. 在 Python 3.8 以及更新的版本中定义函数时普通的位置参数在调用函数时也可以使用关键参数进行传递
　　D. 调用函数时位置参数的顺序和数量都必须和函数定义时一样，否则会出现语法错误或逻辑错误

（10）关于函数参数的描述正确的有（　　　　）。
　　A. 函数的形参在函数内可以作为局部变量直接使用
　　B. 如果在函数内修改了形参变量的引用，对应实参的引用也会被修改
　　C. 调用函数时是把实参的引用传递给形参
　　D. 定义函数时不需要声明形参的类型，Python 会根据实参的值自动推断形参的类型

（11）关于变量作用域的描述正确的有（　　　　）。

A. 在函数中可以直接使用已定义的全局变量的值

B. 在函数中使用已定义的全局变量的值必须先使用关键字 global 进行声明

C. 如果在函数中有局部变量与外部的全局变量同名，会优先使用全局变量

D. 在函数内试图修改已定义的全局变量的引用时必须先使用关键字 global 进行声明

第 8 章

面向对象程序设计

8.1 填 空 题

客观题
第8章答案 .pdf

（1）_____、_____、_____是面向对象程序设计的三要素。

（2）Python 使用_____关键字来定义类。

（3）在 Python 中自定义时如果不指定基类，则默认以_____为基类。

（4）表达式 `issubclass(list, object)` 的值为_____。

（5）Python 自定义类中使用关键字_____定义成员方法、类方法、静态方法。

（6）标准库_____提供了抽象类和抽象方法相关的功能。

（7）一般建议使用_____作为对象成员方法的第一个参数名字，表示当前对象。

（8）一般建议使用_____作为类方法的第一个参数名字，表示当前类。

（9）在类的定义中，如果在某个成员方法的定义之前加上修饰器_____，则表示这是一个属性。

（10）在类的定义中，如果在某个成员方法的定义之前加上修饰器_____，则表示这是一个类方法。

（11）在类的定义中，如果在某个成员方法的定义之前加上修饰器_____，则表示这是一个静态方法。

（12）在 Python 中定义类时，如果需要让该类对象支持加法运算符"+"并且作为运算符左侧的操作数，应实现特殊方法_____。

（13）在 Python 中定义类时，如果需要让该类对象支持加法运算符"+"并且作为运算符右侧的操作数，应实现特殊方法_____。

（14）在 Python 中定义类时，如果需要让该类对象支持正号运算符"+"，应实现特殊方法_____。

（15）在 Python 中定义类时，如果需要让该类对象支持负号或相反数运算符"-"，应实现特殊方法_____。

（16）在 Python 中定义类时，如果需要让该类对象支持减法运算符"-"并且作为运算符左侧的操作数，应实现特殊方法_____。

（17）在 Python 中定义类时，如果需要让该类对象支持减法运算符"-"并且作为运算符右侧的操作数，应实现特殊方法_____。

（18）在 Python 中定义类时，如果需要让该类对象支持乘法运算符"*"并且作为运算符左侧的操作数，应实现特殊方法_____。

（19）在 Python 中定义类时，如果需要让该类对象支持乘法运算符"*"并且作为运算符右侧的操作数，应实现特殊方法_____。

（20）在 Python 中定义类时，如果需要让该类对象支持运算符"/"并且作为运算符左侧的操作数，应实现特殊方法_____。

（21）在 Python 中定义类时，如果需要让该类对象支持运算符"/"并且作为运算符右侧的操作数，应实现特殊方法_____。

（22）在 Python 中定义类时，如果需要让该类对象支持运算符"~"并且作为运算符右侧的操作数，应实现特殊方法_____。

（23）在 Python 中定义类时，如果需要让该类对象支持复合赋值分隔符"+="，应实现特殊方法_____。

（24）在 Python 中定义类时，如果需要让该类对象支持复合赋值分隔符"*="，应实现特殊方法_____。

（25）在 Python 中定义类时，如果需要让该类对象支持复合赋值分隔符"-="，应实现特殊方法_____。

（26）在 Python 中定义类时，如果需要让该类对象支持内置函数 hash()，应实现特殊方法_____。

（27）在 Python 中定义类时，如果需要让该类对象支持内置函数 bool()，应实现特殊方法_____。

（28）在 Python 中定义类时，如果需要让该类对象支持内置函数 int()，应实现特殊方法_____。

（29）在 Python 中定义类时，如果需要让该类对象支持内置函数 float()，应实现特殊方法_____。

（30）在 Python 中定义类时，如果需要让该类对象支持内置函数 complex()，应实现特殊方法_____。

（31）在 Python 中定义类时，如果需要让该类对象支持内置函数 round()，应实现特殊方法_____。

（32）在 Python 中定义类时，如果需要让该类对象支持内置函数 str()，应实现特殊方法_____。

（33）在 Python 中定义类时，如果需要让该类对象支持内置函数 repr()，应实现特殊方法_____。

（34）在 Python 中定义类时，如果需要设置在该类作为基类创建子类时的行为，可以实现特殊方法_____。

（35）在 Python 中定义类时，如果需要让该类对象为可调用对象，应实现特殊方法_____。

（36）在 Python 中定义类时，如果需要让该类对象支持关键字 with 并设置进入 with 块时的行为，应实现特殊方法_____。

（37）在 Python 中定义类时，如果需要让该类对象支持关键字 with 并设置离开 with 块时的行为，应实现特殊方法_____。

（38）在 Python 中定义类时，不论类的名字是什么，构造方法都是_____。

（39）在 Python 中定义类时，不论类的名字是什么，析构方法都是_____。

（40）在 Python 中定义类时，如果需要让该类对象支持使用下标访问元素的值，应实现特殊方法_____。

（41）在 Python 中定义类时，如果需要让该类对象支持使用下标进行元素赋值，应实现特殊方法_____。

（42）表达式 [3, 5, 7, 8, 1, 2].__getitem__(3) 的值为_____。

（43）已知 x = [3, 9, 7, 1]，表达式 max(range(len(x)), key=x.__getitem__) 的值为_____。

（44）如果在定义一个类时实现了特殊方法 __contains__()，该类的对象会自动支持_____关键字。

（45）如果在定义一个类时实现了特殊方法 __mul__()，该类的对象会自动支持运算符_____。

（46）如果在定义一个类时实现了特殊方法 __eq__()，该类的对象会自动支持运算符_____。

（47）如果在定义一个类时实现了特殊方法 __gt__()，该类的对象会自动支持运算符_____。

（48）如果在定义一个类时实现了特殊方法 __lt__()，该类的对象会自动支持运算符_____。

（49）如果在定义一个类时实现了特殊方法 __len__()，该类的对象会自动支持内置函数_____。

（50）如果在定义一个类时实现了特殊方法 __next__()，该类的对象会自动支持内置函数_____。

（51）Python 内置类型和自定义类都有一个特殊方法_____，用来返回和查看对象占用内存空间的大小，这个值比 sys.getsizeof() 的返回值略小，没有计算额外的垃圾回收器开销。

（52）把下面的代码保存为 Python 程序文件并运行，输出结果为_____。

```python
class A: pass
class B(A): pass
print(issubclass(B, object))
```

（53）把下面的代码保存为 Python 程序文件并运行，输出结果为_____。

```python
class Demo:
```

```
    def __init__(self, value): self.__value = value
    def __add__(self, other):
        if isinstance(other, (int,float,complex)): return self.__value - other
t = Demo(5); print(t + 3)
```

（54）把下面的代码保存为 Python 程序文件并运行，输出结果为＿＿＿＿＿＿＿。

```
class T(str):
    def __init__(self, s=''): self.__s = s
    def __sub__(self, other): return ord(self.__s) - ord(other.__s)
print(T('b')-T('a'))
```

（55）把下面的代码保存为 Python 程序文件并运行，输出结果为＿＿＿＿＿＿＿。

```
class MyStr(str):
    def __mul__(self, f):
        d = int(f)
        f = f - d
        return ''.join([self for _ in range(d)]) + self[:int(len(self)*f)]
s = MyStr('Python'); print(len(s*3.7))
```

（56）把下面的代码保存为 Python 程序文件并运行，输出结果为＿＿＿＿＿＿＿。

```
class Test:
    def __len__(self): return 0
t = Test()
if t: print(1)
else: print(0)
```

（57）把下面的代码保存为 Python 程序文件并运行，输出结果为＿＿＿＿＿＿＿。

```
class Test:
    def __len__(self): return 0
    def __bool__(self): return True
t = Test()
if t: print(1)
else: print(0)
```

（58）把下面的代码保存为 Python 程序文件并运行，输出结果为＿＿＿＿＿＿＿。

```
class Demo:
    def __init__(self, x): self.x = x
    def __call__(self, a, b): return self.x*a + b
t = Demo(3); print(t(2, 5))
```

（59）把下面的代码保存为 Python 程序文件并运行，输出结果为＿＿＿＿＿＿＿。

```
class Test: pass
t = Test(); Test.value = 777; t.value = 888; print(Test.value)
```

（60）把下面的代码保存为 Python 程序文件并运行，输出结果为＿＿＿＿＿＿＿。

```
class Test: pass
t = Test(); Test.value = 777; print(t.value)
```

（61）把下面的代码保存为 Python 程序文件并运行，输出结果为＿＿＿＿＿＿＿。

```
class Base: value = 3
t1 = Base(); t1.value = 5; t2 = Base(); print(t2.value)
```

（62）把下面的代码保存为 Python 程序文件并运行，输出结果为＿＿＿＿＿＿＿。

```
class Base: value = 3
t1 = Base(); t1.value = 6; Base.value = 5; t2 = Base(); print(t2.value)
```

（63）把下面的代码保存为 Python 程序文件并运行，输出结果为＿＿＿＿＿＿＿。

```
class Base: value = 3
t1 = Base(); t1.__class__.value = 6; t2 = Base(); print(t2.value)
```

（64）把下面的代码保存为 Python 程序文件并运行，输出结果为＿＿＿＿＿＿＿。

```
class T: value = 3
t = T(); t.value = 5; print(t.__class__.value)
```

（65）把下面的代码保存为 Python 程序文件并运行，输出结果为＿＿＿＿＿＿＿。

```
class A:
    def func(self): print('1')
class B(A): pass
t = B(); t.func()
```

（66）把下面的代码保存为 Python 程序文件并运行，输出结果为＿＿＿＿＿＿＿。

```
class A:
    def func(self): print('1')
class B:
    def func(self): print('2')
class C(B, A): pass
t = C(); t.func()
```

（67）把下面的代码保存为 Python 程序文件并运行，输出结果为＿＿＿＿＿＿＿。

```
class A:
    def func(self): print('1')
class B:
    def func(self):
        if self: super().func()
        else: print('2')
class C(B, A): pass
t = C(); t.func()
```

8.2 判　断　题

（1）类是实现代码复用和设计复用的重要技术。

（2）在同一个软件的设计与开发中，类、函数、变量的命名都应该遵循统一的风格和规范。

（3）Python 中一切内容都可以称为对象。

（4）定义类时必须指定基类。

（5）表达式 `issubclass([], object)` 的值为 True。

（6）表达式 `issubclass(int, object)` 的值为 True。

（7）定义类时，构造方法的名字必须与类的名字相同。

（8）任何类以及该类的类方法、静态方法和该类对象的成员方法都属于可调用对象。

（9）类属于可调用对象，因为使用类创建对象时会自动调用构造方法。

（10）以两个下画线开头和结束的特殊成员名字以及与运算符或函数的对应关系是 Python 语言预定义的，自定义类中只能进行重写和覆盖，不能自由增加新的特殊成员和运算符的对应关系。

（11）以两个下画线开头和结束的特殊方法一般不建议直接调用，而是使用特定运算符或函数时自动调用这些特殊方法。

（12）定义类时一般把数据成员定义为私有的，成员方法定义为公有的，不能把成员方法定义为私有的，否则会提示语法错误。

（13）Python 中定义类的私有成员时需要明确使用关键字 private 进行说明。

（14）Python 中定义类的公有成员时需要明确使用关键字 public 进行说明。

（15）在派生类中，会自动继承基类中定义的以两个下画线开头和结束的特殊方法，然后可以根据需要进行覆盖和重写。

（16）如果在设计一个类时实现了特殊方法 __abs__()，该类的对象会自动支持内置函数 abs()。

（17）如果在设计一个类时实现了特殊方法 __getitem__()，该类的对象会自动支持通过下标获取值。

（18）如果在设计一个类时实现了特殊方法 __setitem__()，该类的对象会自动支持通过下标进行赋值。

（19）如果在自定义类中实现了特殊方法 __call__()，这个类的所有对象都是可调用对象，可以像调用函数一样使用该类的对象。

（20）Python 中自定义类没有严格意义上的私有成员，无法进行严格的访问控制。

（21）在实例成员方法中不可以访问属于类的数据成员。

（22）在类方法和静态方法中不可以访问属于实例的数据成员。

（23）在程序中不能通过类名调用属于对象的成员方法。

（24）类方法和静态方法是属于类的，不能直接访问属于对象的成员。

（25）对于 Python 类中的私有成员，可以通过"对象名 ._ 类名 __ 私有成员名"的方式来访问，但不建议这样做。

（26）在基类中使用双下画线开始且不以双下画线结束的成员属于私有成员，无法被派生类继承，在派生类中不能直接访问。

（27）在 Python 中定义类时，如果某个成员名称前有 2 个下画线则表示是私有成员。

（28）栈和队列都具有先入后出的特点。

（29）如果在派生类中没有定义构造方法，会自动继承基类的构造方法，使用派生类创建对象时自动调用基类的构造方法。

（30）如果在派生类中定义了构造方法，使用派生类定义对象时不会自动调用基类的构造方法。

（31）如果在派生类中定义了构造方法，就没有办法再调用基类的构造方法了。

（32）定义类时所有实例方法的第一个参数用来表示对象本身，在类的外部通过对象名来调用实例方法时不需要为该参数传值。

（33）定义类时所有实例方法的第一个形参名称必须为 self，否则会提出语法错误。

（34）静态方法可以不接收任何参数。

（35）在类中定义且使用修饰器函数 classmethod 修饰的方法，不管第一个参数的名字是什么，都表示当前类。

（36）定义类时，在一个成员方法前面使用 @classmethod 进行修饰，则该方法属于类方法。

（37）定义类时，在一个成员方法前面使用 @staticmethod 进行修饰，则该方法属于静态方法。

（38）在 Python 自定义类中，只能定义只读的属性，不能定义可读、可写、可删除的属性。

（39）在 Python 中可以为自定义类的对象动态增加新成员。

（40）在 Python 中可以为自定义类动态增加新成员。

（41）属性可以像数据成员一样进行访问，但赋值时具有成员方法的特点，可以对新值进行检查和约束。

（42）调用方法和调用函数时，都必须为所有形参显式传递实参。

（43）如果定义类时没有编写析构函数，Python 将提供一个默认的析构函数进行必要的资源清理工作。

（44）使用关键字 del 删除对象时一定会自动调用其析构方法 __del__()。

（45）在派生类中可以通过"基类名 . 方法名 ()"的方式来调用基类中的方法。

（46）Python 支持多继承，如果父类中有相同的方法名，而在子类中调用时没有指定父类名，则按从左向右按顺序进行搜索并使用第一个符合条件的方法。

（47）表达式 str.upper('abcd') == 'abcd'.upper() 的结果为 True。

（48）表达式 str.count('abcda', 'a') 的值为 2。

（49）表达式 str.startswith('abcd', 'a') 的值为 True。

（50）表达式 format(1234, 'd')，'{:d}'.format(1234) 和 1234.__format__('d') 的值都是 '1234'。

（51）已知 x = (i**2 for i in range(10))，表达式 x.__next__() 和 next(x) 的功能是等价的。

（52）通过任意对象的属性 __class__.__base__ 可以查看其所属类的基类，如果是多继承则返回第一个基类。

（53）通过任意对象的属性 __class__.__bases__ 可以查看其所属类的所有基类。

（54）通过任意类的特殊方法 __subclasses__() 可以查看以该类为基类的所有派生类。

（55）创建派生类时会自动调用基类的特殊方法 __init_subclass__()。

（56）定义类时，如果需要让该类对象支持运算符 is 并且作为运算符左侧的操作数，

应该实现特殊方法 `__is__()`。

（57）已知 x = 3，表达式 x.`__divmod__`(5) == divmod(x, 5) 的值为 True。

（58）表达式 3.`__divmod__`(5) == divmod(3, 5) 的值为 True。

（59）一个对象作为参数传递给函数 int() 时，如果对象所属类没有实现特殊方法 `__int__`()，会尝试调用特殊方法 `__index__`()，如果该方法也没有实现就抛出异常。

（60）已知 x = 3 + 4j，执行语句 x.1mag = 5 后，变量 x 的值为 3+5j。

（61）定义类时如果实现了特殊方法 `__contains__`()，该类对象即可支持关键字 in。

（62）定义类时实现了特殊方法 `__eq__`()，该类对象即可支持运算符"=="。

（63）定义类时实现了特殊方法 `__pow__`()，该类对象即可支持运算符"**"并作为左侧操作数。

（64）定义类时，不论类的名字是什么，构造方法总是 `__init__`()。

（65）定义类时，不论类的名字是什么，析构方法总是 `__del__`()。

（66）定义类时实现了特殊方法 `__len__`()，该类对象会自动支持内置函数 len()。

（67）如果自定义类实现了特殊方法 `__len__`() 但没有定义 `__bool__`()，并且该类的某个对象的 `__len__`() 方法返回值为 0，这个对象作为条件表达式时等价于 False，表示条件不成立。

（68）如果自定义类实现了特殊方法 `__bool__`()，并且该类的某个对象的 `__bool__`() 方法返回值为 True，这个对象作为条件表达式时表示条件成立。

（69）如果自定义类实现了特殊方法 `__hash__`()，该类的对象为可哈希对象，可以使用内置函数 hash() 计算哈希值。

（70）把下面的代码保存为 Python 程序文件并运行，输出结果为 3。

```
class Test:
    def _init_(self, value): self.value = value
t = Test(3); print(t.value)
```

（71）把下面的代码保存为 Python 程序文件并运行，输出结果为 3。

```
class Test:
    def __init__(self, v): value = v
    def show(self): print(value)
t = Test(3); t.show()
```

（72）对象的特殊成员 `__dict__` 是存储对象可写成员的字典，把下面的代码保存为 Python 程序文件并运行，输出结果为 {'x': 3, 'y': 5}。

```
class T:
    def __init__(self): self.x, self.y = 3, 5
t = T(); print(t.__dict__)
```

（73）对象的特殊成员 `__dict__` 是存储对象可写成员的字典，把下面的代码保存为 Python 程序文件并运行，输出结果为 {'_T__x': 3, '_T__y': 5}。

```
class T:
    def __init__(self): self.__x, self.__y = 3, 5
t = T(); print(t.__dict__)
```

（74）对象的特殊成员 __dict__ 是存储对象可写成员的字典，把下面的代码保存为 Python 程序文件并运行，输出结果为 {'_x': 3, '_y': 5}。

```
class T:
    def __init__(self): self._x, self._y = 3, 5
t = T(); print(t.__dict__)
```

（75）把下面的代码保存为 Python 程序文件并运行，输出结果为 777。

```
class Test: pass
t = Test(); t.value = 777; print(Test.value)
```

（76）把下面的代码保存为 Python 程序文件并运行，输出结果为 True。

```
class A:
    def __init__(self, value): self.value = value
    def __lt__(self, n): return self.value < n
a = A(5); print(a>3)
```

（77）把下面的代码保存为 Python 程序文件并运行，输出结果为 True。

```
class A:
    def __init__(self, value): self.value = value
    def __lt__(self, n): return self.value < n
    def __eq__(self, n): return self.value == n
a = A(5); print(a<=8)
```

（78）把下面的代码保存为 Python 程序文件并运行，输出结果为 True。

```
class Demo:
    def __init__(self, value): self.value = value
    def __lt__(self, value): return self.value < value
d = Demo(5); print(8>d)
```

（79）把下面的代码保存为 Python 程序文件并运行，输出结果为 True。

```
class Demo:
    def __init__(self, value): self.value = value
    def __le__(self, value): return self.value <= value
d = Demo(5); print(d<8)
```

（80）把下面的代码保存为 Python 程序并运行，输出结果为 False。

```
from functools import total_ordering
@total_ordering
class T:
    def __init__(self, value): self.value = value
    def __lt__(self, value): return self.value < value
    def __eq__(self, value): return self.value == value
t = T(3); print(t>5)
```

（81）把下面的代码保存为 Python 程序文件并运行。

```
class A(object):
```

```
    def __init__(self):
        self.__private()
        self.public()
    def __private(self): print('__private() method in A')
    def public(self): print('public() method in A')
class B(A):
    def __private(self): print('__private() method in B')
    def public(self): print('public() method in B')
B()
```

运行结果为

```
__private() method in A
public() method in B
```

（82）把下面的代码保存为 Python 程序文件并运行。

```
class A(object):
    def __init__(self):
        self.__private()
        self.public()
    def __private(self): print('__private() method in A')
    def public(self): print('public() method in A')
class C(A):
    def __init__(self):
        self.__private()
        self.public()
    def __private(self): print('__private() method in C')
    def public(self): print('public() method in C')
C()
```

运行结果为

```
__private() method in C
public() method in C
```

（83）下面的代码无法正常运行，因为创建对象时会自动调用构造方法 __init__()，而构造方法会自动调用方法 method1()，method1() 又自动调用了 method2()，这样的调用顺序与几个方法的定义顺序完全相反。

```
class Demo:
    def __init__(self): self.method1()
    def method1(self): self.method2()
    def method2(self): print('test')
d = Demo()
```

（84）把下面的代码保存为 Python 程序文件并运行，输出结果为 **12345**。

```
class T:
    def __init__(self): self.value = [1, 2, 3, 4, 5]
    def __getitem__(self, index): return self.value[index]
obj = T()
for value in obj: print(value, end='')
```

（85）把下面的代码保存为 Python 程序文件并运行，输出结果为 **[1, 2, 3, 4, 5]**。

```
class T:
    def __init__(self): self.value = [1, 2, 3, 4, 5]
    def __getitem__(self, index): return self.value[index]
obj = T(); print(list(obj))
```

（86）把下面的代码保存为 Python 程序文件并运行，输出结果为 [1, 2, 3, 4, 5]。

```
class T:
    def __init__(self): self.value = [1, 2, 3, 4, 5]
obj = T(); print(list(obj))
```

（87）在类的成员方法中定义的全局变量只能在类或对象内部使用，下面的代码试图在主程序中访问时会报错并提示变量 x 不存在。

```
class T:
    def __init__(self, value):
        global x
        x = value
T(3); print(x)
```

（88）把下面的代码保存为 Python 程序文件并运行，会报错并提示变量 x 不存在。

```
class T:
    def __init__(self, value):
        global x
        x = value
print(x)
```

（89）把下面的代码保存为 Python 程序文件并运行，会报错并提示变量 x 不存在。

```
class T:
    def __init__(self, value): pass
    global x
    x = 3
print(x)
```

（90）把下面的代码保存为 Python 程序文件并运行，输出结果为 5。

```
class Demo:
    def __init__(self, value): self.__value = value
t = Demo(5); print(t.value)
```

（91）把下面的代码保存为 Python 程序文件并运行，输出结果为 5。

```
class Demo:
    def __init__(self, value): self.__value = value
t = Demo(5); print(t.__value)
```

（92）把下面的代码保存为 Python 程序文件并运行，输出结果为 5。

```
class Demo:
    def __init__(self, value): self.__value = value
t = Demo(5); print(t._Demo__value)
```

（93）把下面的代码保存为 Python 程序文件并运行，输出结果为 True。

```
class Test: pass
```

```
def set_value(self, v): self.value = v
t = Test(); t.set_value = set_value;
print(str(t.set_value).startswith('<function'))
```

（94）把下面的代码保存为 Python 程序文件并运行，输出结果为 True。

```
from types import MethodType
class Test: pass
def set_value(self, v): self.value = v
t = Test(); t.set_value = MethodType(set_value, t)
print(str(t.set_value).startswith('<bound method'))
```

（95）把下面的代码保存为 Python 程序文件并运行，输出结果为 3。

```
class Demo:
    def __init__(self, value): self.__value = value
def set_value(self, value): self.__value = value
t = Demo(5); t.set_value = set_value; t.set_value(3); print(t.value)
```

（96）把下面的代码保存为 Python 程序文件并运行，输出结果为 3。

```
from types import MethodType
class Demo:
    def __init__(self, value): self.__value = value
def set_value(self, value): self.__value = value
t = Demo(5); t.set_value = MethodType(set_value, Demo); t.set_value(3)
print(t.value)
```

（97）把下面的代码保存为 Python 程序文件并运行，输出结果为 3。

```
from types import MethodType
class Demo:
    def __init__(self, value): self.__value = value
def set_value(self, value): self.__value = value
t = Demo(5); t.set_value = MethodType(set_value, Demo); t.set_value(3)
print(t.__value)
```

（98）把下面的代码保存为 Python 程序文件并运行，输出结果为 3。

```
from types import MethodType
class Demo:
    def __init__(self, value): self.__value = value
def set_value(self, value): self.__value = value
t = Demo(5); t.set_value = MethodType(set_value, t); t.set_value(3)
print(t.__value)
```

（99）把下面的代码保存为 Python 程序文件并运行，输出结果为 3。

```
from types import MethodType
class Demo:
    def __init__(self, value): self.__value = value
def set_value(self, value): self.__value = value
t = Demo(5); t.set_value = MethodType(set_value, t); t.set_value(3)
print(t._Demo__value)
```

（100）把下面的代码保存为 Python 程序文件并运行，输出结果为 3。

```
from types import MethodType
class Demo:
    def __init__(self, value): self.__value = value
def get_value(self): return self.__value
t = Demo(5); t.get_value = MethodType(get_value, t); print(t.get_value())
```

（101）把下面的代码保存为 Python 程序文件并运行，输出结果为 8。

```
class Demo:
    def __init__(self, value): self.__value = value
    def __add__(self, value): return self.__value + value
t = Demo(3); print(5+t)
```

（102）把下面的代码保存为 Python 程序文件并运行，输出结果为 8。

```
class Demo:
    def __init__(self, value): self.__value = value
    def __add__(self, value): return self.__value + value
    def __iadd__(self, other): return Demo(self.__value+other.__value)
t = Demo(3); t += 5; print(t)
```

（103）把下面的代码保存为 Python 程序文件并运行，输出结果为 8。

```
class Demo:
    def __init__(self, value): self.__value = value
    def __add__(self, value): return self.__value + value
t = Demo(3); t += 5; print(t)
```

（104）把下面的代码保存为 Python 程序文件并运行，输出结果为 8。

```
class Demo:
    def __init__(self, value): self.__value = value
    def __add__(self, other): return Demo(self.__value+other.__value)
print(Demo(3)+Demo(5))
```

（105）把下面的代码保存为 Python 程序文件并运行，输出结果为 8。

```
class Demo:
    def __init__(self, value): self.__value = value
    def __add__(self, other): return Demo(self.__value+other.__value)
    def __str__(self): return str(self.__value)
print(Demo(3)+Demo(5))
```

（106）把下面的代码保存为 Python 程序文件并运行，输出结果为 22。

```
class MyStr(str):
    def __mul__(self, f):
        d = int(f); f = f - d
        return self*d +  self[:int(len(self)*f)]
s = MyStr('Python'); print(len(s*3.7))
```

（107）把下面的代码保存为 Python 程序文件并运行，输出结果为 3。

```
class Demo:
    def init(self, value): self.__value = value
    def show(self): print(self.__value)
t = Demo(3); t.show()
```

（108）把下面的代码保存为 Python 程序文件并运行，输出结果为 3。

```python
class Demo:
    def _init_(self, value): self.__value = value
    def show(self): print(self.__value)
t = Demo(3); t.show()
```

（109）把下面的代码保存为 Python 程序文件并运行，输出结果为 8。

```python
class T:
    def __init__(self, s): self.s = s
    def __len__(self): return len(self)
    def __bool__(self): return bool(len(self))
    def __repr__(self): return repr(self.s)
    __str__ = __repr__
t = T('Python 小屋'); print(len(t))
```

（110）把下面的代码保存为 Python 程序文件并运行，输出结果为 8。

```python
class T:
    def __init__(self, s): self.s = s
    def __len__(self): return len(self.s)
    def __bool__(self): return bool(len(self))
    def __repr__(self): return repr(self.s)
    __str__ = __repr__
t = T('Python 小屋'); print(len(t))
```

（111）把下面的代码保存为 Python 程序文件并运行，输出结果为 True。

```python
class T:
    def __init__(self, s): self.s = s
    def __len__(self): return len(self.s)
    def __bool__(self): return bool(len(self))
    def __repr__(self): return repr(self.s)
    __str__ = __repr__
t = T('Python 小屋'); print(bool(t))
```

（112）把下面的代码保存为 Python 程序文件并运行，输出结果为 5。

```python
class Base:
    def __str__(self): return str(self.__value)
class Child(Base):
    def __init__(self, value): self.__value = value
o = Child(5); print(o)
```

（113）把下面的代码保存为 Python 程序文件并运行，输出结果为 5。

```python
class Base:
    def __str__(self): return str(self.value)
class Child(Base):
    def __init__(self, value): self.value = value
o = Child(5); print(o)
```

（114）把下面的代码保存为 Python 程序文件并运行，输出结果为 20。

```python
class Rectangle:
```

```
    def __init__(self, h, w): self.h, self.w = h, w
    @property
    def area(self): return self.h * self.w
r = Rectangle(3, 5); r.area = 20; print(r.area)
```

（115）把下面的代码保存为 Python 程序文件并运行，输出结果为 5。

```
import abc
class AbstractBase(abc.ABC):
    def __init__(self, v): self.value = v
    def modify(self, v): self.value = v
    @abc.abstractmethod
    def show(self): print(self.value)
class Child(AbstractBase): pass
c = Child(3); c.modify(5); c.show()
```

（116）把下面的代码保存为 Python 程序文件并运行，输出结果为 "对象 Python 被释放"。

```
class Language:
    def __init__(self, name): self.name = name
    def __del__(self): print(f'对象 {self.name} 被释放')
python = Language('Python'); del python
```

（117）把下面的代码保存为 Python 程序文件并使用 IDLE 打开运行，输出结果为 "对象 Python 被释放"。

```
class Language:
    def __init__(self, name): self.name = name
    def __del__(self): print(f'对象 {self.name} 被释放')
python = Language('Python'); python2 = python; del python
```

（118）把下面的代码保存为 Python 程序文件并使用 IDLE 打开运行，输出结果为 "对象 Python 被释放"。

```
class Language:
    def __init__(self, name): self.name = name
    def __del__(self): print(f'对象 {self.name} 被释放')
def func():
    python = Language('Python'); python2 = python
func()
```

（119）把下面的代码保存为 Python 程序文件并使用 IDLE 打开运行，输出结果为 "对象 Python 被释放"。

```
class Language:
    def __init__(self, name): self.name = name
    def __del__(self): print(f'对象 {self.name} 被释放')
def func():
    global python
    python = Language('Python'); python2 = python
func()
```

（120）把下面的代码保存为 Python 程序文件并运行，输出结果为 255。

```
class Constants:
    def __setattr__(self, name, value):
        assert name not in self.__dict__, 'You can not modify '+name
        assert name.isupper(), 'Constant should be uppercase.'
        assert value not in self.__dict__.values(), 'Value already exists.'
        self.__dict__[name] = value
c = Constants(); c.R = 200; c.R = 255; print(c.R)
```

（121）把下面的代码保存为 Python 程序文件并运行，输出结果为 255。

```
class Constants:
    def __setattr__(self, name, value):
        assert name not in self.__dict__, 'You can not modify '+name
        assert name.isupper(), 'Constant should be uppercase.'
        assert value not in self.__dict__.values(), 'Value already exists.'
        self.__dict__[name] = value
c = Constants; c.R = 200; c.R = 255; print(c.R)
```

8.3 单 选 题

（1）下面关键字中用来定义类的是（　　）。

　　A.cls　　　　　　B.class　　　　　C.CLASS　　　　D.def

（2）下面关键字中用来定义类中方法的是（　　）。

　　A.method　　　　B.class　　　　　C.CLASS　　　　D.def

（3）把下面的代码保存为 Python 程序文件并运行，输出结果为（　　）。

```
x = {1:3, 2:5, 3:7, 4:1, 5:6}; print(min(x, key=x.__getitem__))
```

　　A.1　　　　　　　B.2　　　　　　　C.3　　　　　　　D.4

（4）把下面的代码保存为 Python 程序文件并运行，输出结果为（　　）。

```
class T:
    def __init__(self): print(0, end=',')
    print(1, 2, 3, sep=',', end=',')
    def f(): print(4, end=',')
    f()
T()
```

　　A.0,　　　　　　　　　　　　　　　　B.1,2,3,4,0,

　　C.0,1,2,3,4,　　　　　　　　　　　　D.1,2,3,

（5）把下面的代码保存为 Python 程序文件并运行，输出结果为（　　）。

```
class Test: value = [1, 2, 3]
t1 = Test(); t2 = Test(); t1.value.append(4); print(t2.value[-1])
```

　　A.1　　　　　　　B.2　　　　　　　C.3　　　　　　　D.4

（6）把下面的代码保存为 Python 程序文件并运行，输出结果为（　　）。

```
from types import MethodType
class Test:
    def func(self): print('a')
```

```
def new_func(self): print('b')
t1 = Test(); Test.func = MethodType(new_func, Test); t1.func()
```

    A.a   B.b   C.ab   D. 出错，无法执行

（7）把下面的代码保存为 Python 程序文件并运行，输出结果为（　　）。

```
from types import MethodType
class Test:
    def func(self): print('a')
def new_func1(self): print('b')
def new_func2(self): print('c')
t1 = Test(); t1.func = MethodType(new_func1, t1)
Test.func = MethodType(new_func2, Test); t1.func()
```

    A.a   B.b   C.ab   D. 出错，无法执行

（8）把下面的代码保存为 Python 程序文件并运行，输出结果为（　　）。

```
class Rectangle:
    def __init__(self, h, w): self._h, self._w = h, w
    @property
    def area(self): return self._h * self._w
r = Rectangle(3, 5); print(r.area)
```

    A.3   B.5   C.15   D. 出错，无法执行

（9）把下面的代码保存为 Python 程序文件并运行，输出结果为（　　）。

```
class Rectangle:
    def __init__(self, h, w): self._h, self._w = h, w
    @property
    def height(self): return self._h
    @height.setter
    def height(self, h): self._h = h
    @property
    def area(self): return self._h * self._w
r = Rectangle(3, 5); r.height = 20; print(r.area)
```

    A.3   B.15   C.100   D. 出错，无法执行

（10）把下面的代码保存为 Python 程序文件并运行，输出结果为（　　）。

```
class Rectangle:
    def __init__(self, h, w): self._h, self._w = h, w
    @property
    def height(self): return self._h
    @height.setter
    def height(self, h): self._h = h
    @height.deleter
    def height(self): del self._h
    @property
    def area(self): return self._h * self._w
r = Rectangle(3, 5); del r.height; r.height = 20; print(r.area)
```

    A.3   B.15   C.100   D. 出错，无法执行

（11）把下面的代码保存为 Python 程序文件并运行，输出结果为（　　　）。

```
class Base:
    def func(self): print(0, end='')
class A(Base):
    def func(self):
        print(1, end=''); super().func()
class B(Base):
    def func(self):
        print(2, end=''); super().func()
class C(A):
    def func(self):
        print(3, end=''); super().func()
class D(B, C):
    def func(self):
        print(4, end=''); super().func()
d = D(); d.func()
```

    A.42310   B.01234   C.43210   D.42130

（12）把下面的代码保存为 Python 程序文件并运行，输出结果为（　　　）。

```
class Base:
    def func(self): print(0, end='')
class A(Base):
    def func(self):
        print(1, end=''); super().func()
class B(Base):
    def func(self): print(2, end='')
class C(A):
    def func(self):
        print(3, end=''); super().func()
class D(B, C):
    def func(self):
        print(4, end=''); super().func()
d = D(); d.func()
```

    A.42   B.43   C.41   D.4210

第 9 章

文件操作

9.1 填空题

客观题
第 9 章答案 .pdf

（1）按数据组织和解释形式，可以把文件分为文本文件和_____两大类。

（2）内置函数_____用来打开或创建文件并返回文件对象。

（3）内置函数 open() 的参数_____用来指定文件打开模式。

（4）内置函数 open() 的参数_____用来指定打开文本文件时所使用的编码格式。

（5）使用内置函数 open() 打开文件并对文件进行写入操作之后，文件对象的_____方法用来在不关闭文件对象的情况下将缓冲区内容写入文件。

（6）使用内置函数 open() 打开文件并对文件进行写操作之后，可以使用文件对象的_____方法关闭并保存文件。

（7）使用上下文管理关键字_____可以自动管理文件对象，不论何种原因结束该关键字中的语句块，都能保证文件被正确关闭并且已写入的内容确实保存到硬盘上。

（8）已知当前文件夹中有纯英文文本文件 readme.txt，请填空，把 readme.txt 文件中的所有内容复制到 dst.txt 中。

```
with open('readme.txt') as src, open('dst.txt', _____) as dst:
    dst.write(src.read())
```

（9）标准库_____提供了计算 MD5 报文摘要的函数 md5()。

（10）假设已导入模块 hashlib，表达式 len(hashlib.md5('Python 小屋'.encode()).hexdigest()) 的值为_____。

（11）标准库_____提供操作 CSV 格式文件的有关功能。

（12）标准库_____提供操作 JSON 格式文件的有关功能。

（13）使用标准库 hashlib 的函数 md5() 计算字节串 MD5 值得到哈希对象后，可以使用_____方法返回 32 位十六进制 MD5 值。

（14）标准库 os 的函数_____用来列出指定文件夹中的文件和子文件夹并返回列表。

（15）标准库 os 的函数_____用来创建文件夹，如果要创建的文件夹已存在，会报错抛出异常。

（16）标准库 os 的函数_____用来删除指定文件夹。

（17）标准库 os 的函数_____用来删除指定的文件，如果文件具有只读属性或当前用户不具有删除权限则无法删除并引发异常。

（18）标准库 os 的函数_____用来启动相应的外部程序并打开参数路径指定的文件，如果参数为网址 URL 则打开默认的浏览器程序。

（19）标准库 os 的函数_____用来获取可执行文件搜索路径。

（20）标准库 os.path 的函数_____用来判断指定文件是否存在。

（21）标准库 os.path 的函数_____用来判断指定路径是否为文件。

（22）标准库 os.path 的函数_____用来判断指定路径是否为文件夹。

（23）标准库 os.path 的函数_____用来获取参数指定的文件的大小，单位为字节。

（24）标准库 os.path 的函数_____用来获取参数指定的文件的最后修改时间。

（25）标准库 os.path 的函数_____用来把多个路径连接成为一个完整的路径，并插入适当的路径分隔符（在 Windows 操作系统中为反斜线）。

（26）标准库 os.path 的函数_____用来获取参数指定的路径中最后一个组成部分（通常为文件名）。

（27）标准库 os.path 的函数_____用来获取参数指定的路径中最后一个路径分隔符前面的部分（通常为文件夹名）。

（28）标准库 os.path 的函数_____用来获取多个字符串的最长公共前缀。

（29）标准库 os.path 的函数_____用来获取多个路径字符串的最长公共路径。

（30）假设已执行语句 `from os.path import splitext` 导入对象，表达式 `splitext(r'C:\Python313\python.exe')[1]` 的值为_____。

（31）假设已执行语句 `from os.path import split` 导入对象，表达式 `split(r'C:\Python313\python.exe')[1]` 的值为_____。

（32）已知 `p = r'C:\Windows\notepad.exe'`，且已导入标准库 os.path，表达式 `os.path.basename(p)` 的值为_____。

（33）标准库 shutil 的函数_____用来创建 tar 或 zip 格式的压缩文件。

（34）标准库 shutil 的函数_____用来解压缩 tar 或 zip 格式的压缩文件。

（35）标准库 shutil 的函数_____用来高效复制文件内容并创建新文件。

（36）标准库 shutil 的函数_____用来复制目录树。

（37）标准库 shutil 的函数_____用来查看磁盘使用情况。

（38）标准库 shutil 的函数_____用来移动文件或文件夹。

（39）标准库 shutil 的函数_____用来删除目录树。

（40）标准库 zlib 的函数＿＿＿＿＿＿＿＿用来计算字节串的循环冗余校验码。

（41）标准库 binascii 的函数＿＿＿＿＿＿＿＿用来计算字节串的循环冗余校验码。

（42）标准库＿＿＿＿＿＿＿＿提供了创建以及处理 zip 格式压缩文件的功能。

（43）在 Word 文档中，如果前一段文字设置段后距离为 1 行，后面紧邻的一段文字设置段前距离为 1.5 行，这两段之间的实际距离是＿＿＿＿＿＿＿＿行。

（44）使用 Python 读写 docx 格式的 Word 文档，需要安装＿＿＿＿＿＿＿＿扩展库，这是使用较多的一个扩展库，除此之外还有 docx2python 也是不错的扩展库。

（45）使用扩展库 python-docx 打开 docx 格式的 Word 文档，然后使用属性＿＿＿＿＿＿＿＿可以获取所有段落。

（46）使用扩展库 python-docx 打开 docx 格式的 Word 文档，然后使用属性＿＿＿＿＿＿＿＿可以获取所有表格。

（47）使用扩展库 python-docx 打开 docx 格式的 Word 文档，然后使用属性＿＿＿＿＿＿＿＿可以获取所有节。

（48）使用扩展库 python-docx 打开 docx 格式的 Word 文档，然后使用方法＿＿＿＿＿＿＿＿可以增加一个段落。

（49）使用扩展库 python-docx 打开 docx 格式的 Word 文档，然后使用方法＿＿＿＿＿＿＿＿可以增加一个表格。

（50）使用扩展库 python-docx 打开 docx 格式的 Word 文档，然后使用方法＿＿＿＿＿＿＿＿可以增加一个节。

（51）使用扩展库 python-docx 打开 docx 格式的 Word 文档，然后使用方法＿＿＿＿＿＿＿＿可以增加一张图片。

（52）使用扩展库 python-docx 打开 docx 格式的 Word 文档，然后使用方法＿＿＿＿＿＿＿＿可以增加一个分页符。

（53）在 docx 格式的文件中，每个段落中一段连续的具有相同格式的文本称作一个＿＿＿＿＿＿＿＿。

（54）使用扩展库 python-docx 操作 docx 格式的 Word 文档时，可以使用段落对象的＿＿＿＿＿＿＿＿方法创建一个 run，然后设置该 run 的字体属性。

（55）使用扩展库 python-docx 操作 docx 格式的 Word 文档时，段落中 run 对象的属性＿＿＿＿＿＿＿＿为 True 时表示加粗。

（56）扩展库＿＿＿＿＿＿＿＿支持 Excel 2007 或更高版本文件的读写操作，是目前使用较多的扩展库，除此之外还有 xlwings 也是不错的扩展库。

（57）使用扩展库 openpyxl 打开 xlsx 格式文件时，把参数＿＿＿＿＿＿＿＿设置为 True 可以读取单元格中公式计算结果。

（58）使用扩展库 openpyxl 的类 Workbook 创建 xlsx 格式文件时，把参数＿＿＿＿＿＿＿＿设置为 True 可以设置为只写模式，这样会稍微提高数据写入速度。

（59）使用扩展库 openpyxl 操作 xlsx 格式的工作簿时，工作表对象的方法＿＿＿＿＿＿＿＿用来在指定位置插入一列。

（60）把下面的代码保存为 Python 程序文件并运行，输出结果为_____。

```
from os import mkdir
from os.path import isfile, exists
if not exists('child'): mkdir('child')
print(isfile('child'))
```

（61）把下面的代码保存为 Python 程序文件并运行，输出结果为_____。

```
from os.path import dirname
from sys import exec_prefix, executable
print(dirname(executable)==exec_prefix)
```

9.2 判 断 题

（1）CSV 格式的文件属于文本文件。

（2）扩展名为 py 和 pyw 的 Python 程序文件属于文本文件。

（3）扩展名为 whl、pyd、pyc 的文件属于二进制文件。

（4）Python 的主程序文件 python.exe 属于二进制文件。

（5）把文件分为文本文件和二进制文件主要是为了人类方便，实际上任何类型的数据在计算机内部全部以二进制补码形式存储。

（6）文本文件可以使用二进制模式打开和读写，二进制文件也可以使用文本模式打开和读写。

（7）使用内置函数 open() 打开文件时，只要文件路径正确就总是可以正确打开的。

（8）内置函数 open() 只能打开文本文件，不能打开二进制文件。

（9）内置函数 open() 只能打开当前文件夹中的文件，不能打开其他位置的文件。

（10）使用内置函数 open() 打开文件时，一般建议使用原始字符串指定文件路径以避免反斜线作为路径分隔符时与后面的字符构成转义字符。

（11）使用内置函数 open() 以二进制模块打开文件时，也可以使用参数 encoding 指定编码格式。

（12）使用内置函数 open() 打开文本文件时，参数 encoding 不重要，直接使用默认值就可以。

（13）使用内置函数 open() 打开文本文件时，参数 encoding 的默认值为 'CP936'。

（14）Python 源程序文件的编码格式默认为 'UTF8'。

（15）创建文本文件时最好是全都使用 GBK 编码，这样创建的文件体积更小。

（16）内置函数 open() 的参数 mode 值为 'r+w' 时表示以可读可写模式打开文件。

（17）内置函数 open() 可以使用 'w' 或 'wb' 模式打开具有只读属性的文件，但在使用 write() 方法写入内容时会抛出异常。

（18）使用内置函数 open() 且以 'w' 模式打开的文件，文件指针默认指向文件尾。

（19）使用内置函数 open() 且以 'r+' 模式打开的文件，文件指针默认指向文件头。

（20）使用内置函数 open() 且以 'a' 模式打开的文件，文件指针默认指向文件尾。

（21）内置函数 open() 以 'r' 模式打开的文本文件对象是可遍历的，可以使用 for 循环遍历文件中每行文本。

（22）内置函数 open() 使用 'w' 模式打开的文本文件，既可以往文件中写入字符串，也可以从文件中读取字符串。

（23）内置函数 open() 使用 'r' 模式打开的文本文件，只能读取其中的字符串，不能写入字符串。

（24）使用内置函数 open() 的 'r' 模式打开包含多行内容的文本文件并返回文件对象 fp，表达式 fp.readline()[-1] 的值一定为 '\n'。

（25）使用内置函数 open() 的 'r' 模式打开包含多行内容的文本文件并返回文件对象 fp，表达式 fp.readlines()[0][-1] 的值为 '\n'。

（26）使用内置函数 open() 的 'r' 模式打开包含多行内容的文本文件并返回文件对象 fp，表达式 fp.readlines()[-1][-1] 的值为 '\n'。

（27）文件操作完成并调用 close() 方法关闭文件之后，无法再进行读写操作，但文件对象的变量名还是存在的，没有被删除。

（28）对于文本文件，使用内置函数 open() 以读文本模式成功打开后返回的文件对象可以使用 for 循环直接迭代。

（29）Jupyter Notebook 创建的 ipynb 文件可以使用标准库 json 打开和处理。

（30）假设已导入标准库函数 os.listdir() 和 os.path.exists()，且有 fns = listdir(r'C:\Windows')，其中 C:\Windows 为安装操作系统的非空文件夹，表达式 exists(fns[0]) 的值一定为 True。

（31）标准库 os 的函数 remove() 可以删除带有只读属性的文件。

（32）标准库 os 的函数 remove() 可以删除带有隐藏属性的文件。

（33）内置函数 open() 不能打开具有隐藏属性的文件。

（34）标准库 os 的函数 listdir() 返回的列表中包含具有隐藏属性的文件或文件夹。

（35）标准库 os 的函数 listdir() 返回的列表中包含具有只读属性的文件或文件夹。

（36）已知当前文件夹中的文件 readme.txt 具有只读属性，假设标准库 os 已正确导入，可以通过语句 os.chmod('readme.txt', 0o777) 来删除该文件的只读属性。

（37）已知当前文件夹中的文件 readme.txt 具有隐藏属性，假设标准库 os 已正确导入，可以通过语句 os.chmod('readme.txt', 0o777) 来删除该文件的隐藏属性。

（38）使用关键字 with 管理文件对象时，with 块可以看作一个局部作用域，with 块中定义的变量在 with 块结束之后就不能访问了。

（39）使用关键字 with 管理文件对象时，with 块结束时会同时删除引用文件对象的变量名。

（40）假设当前文件夹中包含非空文件 test.dat，先后执行语句 fp = open('test.dat', 'rb')、print(fp.read(5))、fp.seek(0)、print(fp.read(5))，连续两次输出的内容是一样的。

（41）读写文件时，只要程序中写了调用文件对象的 close() 方法的代码，就一定可以保证文件被正确关闭。

（42）文件对象的 `tell()` 方法用来返回文件指针的当前位置，单位是字节，即使是使用 `'r'` 或 `'w'` 模块打开的文本文件也是一样的。

（43）文件对象的 `seek()` 方法定位的单位是字节，即使是使用 `'r'` 或 `'w'` 模块打开的文本文件也是一样的。

（44）假设已导入标准库 `struct`，表达式 `struct.pack('i', x)` 可以把任意整数 x 序列化为字节串。

（45）假设已导入标准库 `struct`，表达式 `len(struct.pack('iff?', 666, 3.14, 9.8, True))` 的值为 13。

（46）假设已导入标准库 `struct`，表达式 `len(struct.unpack('iff?', struct.pack('iff?', 666, 3.14, 9.8, True)))` 的值为 4。

（47）假设已导入标准库 `struct`，表达式 `len(struct.unpack('i', struct.pack('i', 999)))` 的值为 1。

（48）假设已导入标准库 `pickle`，使用语句 `pickle.dumps(x)` 可以把任意整数 x 序列化为字节串。

（49）使用标准库 `pickle` 进行序列化得到的二进制文件使用标准库 `struct` 也可以正确地进行反序列化。

（50）对文件进行读写操作之后必须使用 `flush()` 方法把缓冲区的内容写入硬盘或者调用 `close()` 方法关闭文件以确保所有内容都被保存。

（51）标准库 os 的函数 `startfile()` 可以启动任何已关联应用程序的文件，并自动调用关联的应用程序。

（52）假设 os 模块已导入，列表推导式 `[filename for filename in os.listdir('C:\\Windows') if filename.endswith('.exe')]` 的作用是列出 C:\Windows 文件夹中所有扩展名为 exe 的文件。

（53）docx 格式的文档把扩展名改为 zip 之后，在资源管理器中就无法打开了，提示文件损坏。

（54）使用扩展库 openpyxl 的类 `Workbook` 创建新工作簿时，默认情况下是完全空白的，里面没有工作表，必须自己使用工作簿对象的 `create_sheet()` 方法创建工作表才能写入数据。

（55）格式为 docx、xlsx、pptx 的 Office 文档本质上都是压缩包，可以把扩展名改为 zip 之后解压缩查看和分析其包含的所有文件。

（56）标准库 os.path 的函数 `getatime()` 用来返回指定文件的最后访问日期，返回结果中包含年、月、日、时、分、秒。

（57）对于给定的路径，如果标准库函数 `os.path.isfile()` 的测试结果为 True，`os.path.exists()` 的测试结果一定也为 True。

（58）标准库 os 的 `rename()` 函数可以实现文件移动操作，但不能跨越磁盘分区。

（59）标准库 os 的 `listdir()` 函数只能列出指定文件夹中第一层级的文件和文件夹

列表，不能列出其子文件夹中的文件。

（60）假设已成功导入 os 和 sys 标准库，表达式 `os.path.dirname(sys.executable)` 的值为 Python 安装目录。

（61）对于任意两个文件，只要内容相同，其 MD5 值一定也相同。

（62）下面函数可以用来实现文件复制的功能。

```python
def func(of, nf):
    with open(of, 'rb') as old_fp, open(nf, 'wb') as new_fp:
        new_fp.write(old_fp.read())
```

（63）下面的函数可以用来实现文本文件从 GBK 编码格式转换为 UTF8 编码格式并生成新文件。

```python
def func(old_file, new_file):
    with open(old_file, 'r', encoding='gbk') as old_fp:
        with open(new_file, 'w', encoding='utf8') as new_fp:
            new_fp.write(old_fp.read())
```

（64）下面的函数可以用来计算任意文件的十六进制 MD5 值。

```python
from hashlib import md5
def func(fn):
    with open(fn, 'rb') as fp: content = fp.read()
    return md5(content).hexdigest()
```

（65）把下面的代码保存为 Python 程序文件并运行，输出结果为"微信公众号——Python 小区"。

```python
fp = open('test.txt', 'w', encoding='utf8')
fp.write('微信公众号——Python 小屋')
fp.seek(-3, 2); fp.write('区'); fp.seek(0); print(fp.read()); fp.close()
```

（66）把下面的代码保存为 Python 程序文件并运行，输出结果为"微信公众号——Python 小屋区"。

```python
fp = open('test.txt', 'w', encoding='utf8')
fp.write('微信公众号——Python 小屋')
fp.seek(0, 2); fp.write('区'); fp.seek(0); print(fp.read()); fp.close()
```

（67）把下面的代码保存为 Python 程序文件并运行，输出结果为"微信公众号——Python 小区"。

```python
fp = open('test.txt', 'wb+', encoding='utf8')
fp.write('微信公众号——Python 小屋'.encode('utf8'))
fp.seek(-3, 2); fp.write('区'.encode('utf8'))
fp.seek(0); print(fp.read().decode('utf8')); fp.close()
```

（68）把下面的代码保存为 Python 程序文件并运行，输出结果为"微信公众号——Python 小区"。

```python
fp = open('test.txt', 'wb+')
fp.write('微信公众号——Python 小屋'.encode('utf8'))
fp.seek(-3, 2); fp.write('区'.encode('utf8'))
fp.seek(0); print(fp.read().decode('utf8')); fp.close()
```

（69）把下面的代码保存为 Python 程序文件并运行，生成文件中有一行内容。

```
with open('123456.txt', 'w') as fp: fp.write('微信公众号——Python小屋'.encode())
```

（70）把下面的代码保存为 Python 程序文件并运行，生成文件中有一行内容。

```
with open('123456.txt', 'wb') as fp: fp.write('微信公众号——Python 小屋')
```

（71）把下面的代码保存为 Python 程序文件并运行。

```
with open('text.txt', 'w', encoding='utf8') as fp: fp.writelines(['a', 'b', 'c'])
```

生成的文件 text.txt 中内容如下：

```
a
b
c
```

（72）把下面的代码保存为 Python 程序文件并运行，输出结果一定为 True。

```
from sys import executable
from os.path import exists
print(exists(executable))
```

（73）下面的代码可以用来检查一个文件或文件夹是否具有隐藏属性。

```
import os
import stat
def check(fn):
    attribute = os.stat(fn)
    return bool(attribute.st_file_attributes & stat.FILE_ATTRIBUTE_HIDDEN)
```

（74）下面的代码可以用来检查一个文件是否具有只读属性。

```
import os
import stat
def check(fn):
    attribute = os.stat(fn)
    return bool(attribute.st_file_attributes & stat.FILE_ATTRIBUTE_READONLY)
```

（75）下面的代码可以用来检查一个路径是否为文件夹。

```
import os
import stat
def check(fn):
    attribute = os.stat(fn)
    return bool(attribute.st_file_attributes & stat.FILE_ATTRIBUTE_DIRECTORY)
```

（76）把下面的代码保存为 Python 程序文件并运行，输出结果为 Sheet。

```
from openpyxl import Workbook
wb = Workbook(); print(wb.worksheets[0].title)
```

（77）把下面的代码保存为 Python 程序文件并运行，输出结果为 Sheet。

```
from openpyxl import Workbook
wb = Workbook(write_only=True); print(wb.worksheets[0].title)
```

（78）把下面的代码保存为 Python 程序文件并运行，生成的 Excel 文件"Python 小屋.xlsx"中第一行第一列有一个字符串 'Python 小屋'。

```
from openpyxl import Workbook
wb = Workbook(write_only=True)
ws = wb.create_sheet('abc'); ws['A1'] = 'Python 小屋'
wb.save('Python 小屋.xlsx')
```

（79）把下面的代码保存为 Python 程序文件并运行，生成的 Excel 文件 "Python 小屋.xlsx" 中第一行第一列有一个字符串 'Python 小屋'。

```
from openpyxl import Workbook
wb = Workbook(write_only=True)
ws = wb.create_sheet('abc'); ws.append(['Python 小屋'])
wb.save('Python 小屋.xlsx')
```

（80）把下面的代码保存为 Python 程序文件并运行，生成的 Excel 文件 "Python 小屋.xlsx" 中有两行数据。

```
from openpyxl import Workbook
wb = Workbook(write_only=True); ws = wb.create_sheet('abc')
ws.append(['Python 小屋']); wb.save('Python 小屋.xlsx'); ws.append([1, 2, 3])
wb.save('Python 小屋.xlsx')
```

（81）把下面的代码保存为 Python 程序文件并运行，输出结果为 7。

```
from openpyxl import Workbook, load_workbook
wb = Workbook(); ws = wb.worksheets[0]
ws['A1'] = 3; ws['A2'] = 4; ws['A3'] = '=sum(A1:A2)'
wb.save('test.xlsx')
ws = load_workbook('test.xlsx', data_only=True).worksheets[0]
print(ws['A3'].value)
```

（82）下面函数的功能为统计 pptx 格式的演示文稿中幻灯片数量。

```
from pptx import Presentation
def func(fn):
    obj = Presentation(fn)
    return len(obj.slides)
```

（83）假设当前工作目录为 C:\python312，下面代码的运行结果是若干个 True。

```
from os import listdir
from os.path import exists
for fn in listdir(r'D:\\'):
    print(exists(fn))
```

（84）把下面的代码保存为 Python 程序文件并运行，运行一次和连续运行多次的结果是一样的。

```
from os import mkdir
mkdir('test')
```

（85）下面的代码可以用来计算并输出给定字符串的 CRC32 值。

```
from zlib import crc32
print(crc32('Python 小屋'))
```

（86）把下面的代码保存为 Python 程序文件并运行，输出结果为 True。

```
from zlib import compress
x = b'abcdef'; print(len(compress(x)) < len(x))
```

（87）把下面的代码保存为 Python 程序文件并运行，输出结果为 True。

```
from zlib import compress
x = b'a' * 20; print(len(compress(x)) < len(x))
```

（88）把下面的代码保存为 Python 程序文件并运行，5 次输出结果一定都是 32。

```
from hashlib import md5
def func(s): return len(md5(s.encode()).hexdigest())
print(func('Python 小屋，董付国')); print(func('Python 程序设计（第 4 版），董付国'))
print(func('Python 程序设计基础（第 3 版），董付国'))
print(func('Python 网络程序设计（微课版），董付国'))
print(func('Python 数据分析与数据可视化（微课版），董付国'))
```

（89）把下面的代码保存为 Python 程序文件并运行，6 次输出结果一定都是 32。

```
from hashlib import md5
def func(s): return len(md5(s.encode()).hexdigest())
print(func('Python 数据分析、挖掘与可视化（慕课版），董付国'))
print(func('Python 程序设计与数据采集，董付国'))
print(func('Python 程序设计基础与应用，董付国'))
print(func('Python 程序设计实例教程，董付国'))
print(func('Python 程序设计实用教程，董付国'))
print(func('Python 程序设计入门与实践，董付国'))
```

（90）把下面的代码保存为 Python 程序文件并在 IDLE 中运行，代码会抛出异常，但是 text.txt 文件中会写入一部分内容。

```
fp = open('text.txt', 'w', encoding='utf8')
for i in range(10): fp.write(str(i//(i-3)))
fp.close()
```

（91）把下面的代码保存为 Python 程序文件并运行，代码会抛出异常，但是 text.txt 文件中会写入一部分内容。

```
with open('text.txt', 'w', encoding='utf8') as fp:
    for i in range(10): fp.write(str(i//(i-3)))
```

（92）把下面的代码保存为 Python 程序文件并运行，会自动打开记事本程序。

```
from pickle import dumps, loads
class Person(object):
    def __init__(self, username, sex):
        self.username = username
        self.sex = sex
    def __reduce__(self):    # 反序列化创建对象结束时自动调用
        return (__import__('os').startfile, ('notepad.exe',))
zhangsan = Person('zhangsan', 'Male'); user_dumped = dumps(zhangsan)
loads(user_dumped)
```

（93）把下面的代码保存为 Python 程序文件并运行，输出结果为 35。

```
from pickle import dumps, loads
class Student:
```

```
        def __init__(self, username, sex, age):
            self.username = username
            self.sex = sex
            self.age = age
        def __str__(self): return str(self.__dict__)
        __repr__ = __str__
        def __getstate__(self):
            state = self.__dict__
            if self.sex == 'Female': del state['age']
            return state
        def __setstate__(self, state):
            self.username = state['username']
            self.sex = state['sex']
            if self.sex == 'Female': self.age = 18
            else: self.age = state['age']
    def main(stu):
        stu_dumped = dumps(stu)
        return loads(stu_dumped).age
    print(main(Student('zhangsan', 'Female', 35)))
```

（94）把下面的代码保存为 Python 程序文件并运行，输出结果为"微信公众号——Python 小屋"。

```
import os, pickle
fp = os.open('test.data', os.O_RDWR|os.O_CREAT)
bs = pickle.dumps('微信公众号——Python 小屋'); os.write(fp, bs); os.close(fp)
fp = os.open('test.data', os.O_RDONLY);
print(pickle.loads(os.read(fp, len(bs))))
```

9.3 单 选 题

（1）作为内置函数 open() 的 mode 参数时文件指针默认位于文件尾的是（　　）。

    A.'a'　　　　　　　B.'r'　　　　　　　C.'w'　　　　　　　D.'x'

（2）已知文件 sample.txt 的内容如下（为节约篇幅使用"\n"表示换行）：

```
Python\nJava\nC\nC++\nC#\nPHP\nGO
```

把下面的代码保存为 Python 程序文件并运行，输出结果为（　　）。

```
with open('sample.txt', encoding='utf8') as fp: print(len(fp.read(8)))
```

    A.6　　　　　　　　B.7　　　　　　　　C.8　　　　　　　　D.-1

（3）已知文件 sample.txt 的内容和本节第（2）题一样，把下面的代码保存为 Python 程序文件并运行，输出结果为（　　）。

```
with open('sample.txt', encoding='utf8') as fp: print(len(fp.readline(8)))
```

    A.6　　　　　　　　B.7　　　　　　　　C.8　　　　　　　　D.-1

（4）已知文件 sample.txt 的内容和本节第（2）题一样，把下面的代码保存为 Python 程序文件并运行，输出结果为（　　）。

```
with open('sample.txt', encoding='utf8') as fp: print(len(fp.readline(3)))
```

  A.6   B.7   C.8   D.3

（5）已知文件 sample.txt 的内容和本节第（2）题一样，把下面的代码保存为 Python 程序文件并运行，输出结果为（　　　　）。

```
with open('sample.txt', encoding='utf8') as fp: print(len(fp.read(3)))
```

  A.6   B.7   C.8   D.3

（6）os.path 模块的下列函数中，用来判断指定路径是否存在的是（　　　　）。

  A.exists()   B.exist()   C.getsize()   D.isfile()

（7）os.path 模块的下列函数中，用来判断指定路径是否为文件的是（　　　　）。

  A.exists()   B.exist()   C.getsize()   D.isfile()

（8）os.path 模块的下列函数中，用来获取文件大小的是（　　　　）。

  A.exists()   B.exist()   C.getsize()   D.isfile()

（9）os.path 模块的下列函数中，用来判断指定路径是否为文件夹的是（　　　　）。

  A.exists()   B.exist()   C.isdir()   D.isfile()

（10）os 模块的下列函数中，用来给文件重命名的是（　　　　）。

  A.rename()   B.remove()   C.system()   D.listdir()

（11）os 模块的下列函数中，用来启动外部程序的是（　　　　）。

  A.rename()   B.remove()   C.system()   D.listdir()

（12）下面扩展库中能够识别和处理 pptx 格式演示文稿的是（　　　　）。

  A.python-docx   B.docx2python

  C.openpyxl   D.python-pptx

（13）把下面的代码保存为 Python 程序文件并运行，输出结果为（　　　　）。

```
from os.path import commonprefix
paths = [r'C:\Windows\System\Speech', r'C:\Windows\System32\0101',
        r'C:\Windows\Setup']
print(commonprefix(paths))
```

  A.C:\Windows\S   B.C:\Windows\System

  C.C:\Windows\System32   D.C:\Windows

（14）把下面的代码保存为 Python 程序文件并运行，输出结果为（　　　　）。

```
from os.path import commonpath
paths = [r'C:\Windows\System\Speech', r'C:\Windows\System32\0101',
        r'C:\Windows\Setup']
print(commonpath(paths))
```

  A.C:\Windows\S   B.C:\Windows\System

  C.C:\Windows\System32   D.C:\Windows

（15）把下面的代码保存为 Python 程序文件并运行，文件 temp.txt 中有（　　　　）内容。

```
with open('temp.txt', 'w') as fp: fp.writelines(['a', 'b', 'c', 'd'])
```

  A.1   B.2   C.4   D. 出错，无法执行

（16）把下面的代码保存为 Python 程序文件并运行，文件 temp.txt 中有（　　　　）内容。

```
with open('temp.txt', 'w') as fp: fp.writelines(['a', 'b\n', 'c', 'd'])
```

    A.1　　　　　　　　　B.2　　　　　　　　　C.4　　　　　　　　　D. 出错，无法执行

（17）把下面的代码保存为 Python 程序文件并运行，生成的文件 test.txt 中内容为（　　　　）。

```
with open('test.txt', 'w', encoding='utf8') as fp:
    for i in range(10):
        fp.write(str(i))
        if i == 3: 1 / 0
```

    A.0123　　　　　　　　　　　　　　B.012
    C.0123456789　　　　　　　　　　D. 空文件

（18）把下面的代码保存为 Python 程序文件并在 IDLE 中运行，生成的文件 test.txt 中内容为（　　　　）。

```
fp = open('test.txt', 'w', encoding='utf8')
for i in range(10):
    fp.write(str(i))
    if i == 3: 1 / 0
fp.close()
```

    A.0123　　　　　　　　　　　　　　B.012
    C.0123456789　　　　　　　　　　D. 空文件

9.4　多　选　题

（1）下面文件扩展名属于文本文件的有（　　　　）。

    A.py　　　　　　　　B.pyw　　　　　　　　C.pyc　　　　　　　　D.pyd

（2）下面文件扩展名属于二进制文件的有（　　　　）。

    A.exe　　　　　　　　B.docx　　　　　　　　C.xlsx　　　　　　　　D.html

（3）下面导入标准库、扩展库对象的语句正确的有（　　　　）。

    A.from os.path import split　　　　B.from os import remove
    C.import os.path　　　　　　　　　　D.import os.path as path

（4）os 模块的下列函数中，可以用来启动外部程序的有（　　　　）。

    A.rename()　　　　　　　　　　　　B.startfile()
    C.system()　　　　　　　　　　　　D.listdir()

（5）下面场合中适合使用关键字 with 的有（　　　　）。

    A. 选择结构　　　　　　　　　　　　B. 管理文件对象
    C. 管理数据库连接对象　　　　　　　D. 管理网络连接对象

（6）下面扩展库中能够识别和处理 docx 格式文档的有（　　　　）。

    A.python-docx　　　　　　　　　　B.docx2python

    C.openpyxl   D.python-pptx

（7）下面扩展库中能够识别和处理 xlsx 格式文件的有（ ）。

    A.openpyxl   B.xlwings   C.python-docx   D.xlrd

（8）下面扩展库中能够识别和处理 PDF 文件的有（ ）。

    A.pymupdf   B.pyPDF2   C.pdfplumber   D.openpyxl

第 10 章

异常处理结构

10.1 填 空 题

客观题
第 10 章答案 .pdf

（1）Python 内置异常类的基类是＿＿＿＿＿＿＿。

（2）上下文管理语句的关键字是＿＿＿＿＿＿＿。

（3）除了代码出错时会抛出异常，还可以使用关键字＿＿＿＿＿＿＿主动抛出异常。

（4）用来要求指定条件必须成立的断言语句关键字为＿＿＿＿＿＿＿。

（5）在异常处理结构中，关键字＿＿＿＿＿＿＿定义的子句用于尝试执行可能会出错的代码。

（6）表达式 issubclass(TypeError, object) 的值为＿＿＿＿＿＿＿。

（7）表达式 issubclass(IndexError, object) 的值为＿＿＿＿＿＿＿。

（8）表达式 issubclass(SyntaxError, BaseException) 的值为＿＿＿＿＿＿＿。

（9）表达式 issubclass(SyntaxError, Exception) 的值为＿＿＿＿＿＿＿。

（10）表达式 issubclass(KeyboardInterrupt, Exception) 的值为＿＿＿＿＿＿＿。

（11）表达式 issubclass(KeyboardInterrupt, BaseException) 的值为＿＿＿＿＿＿＿。

（12）表达式 issubclass(FileNotFoundError, OSError) 的值为＿＿＿＿＿＿＿。

（13）标准库＿＿＿＿＿＿＿提供了单元测试相关的功能。

（14）把下面的代码保存为 Python 程序文件并运行，输出结果为＿＿＿＿＿＿＿。

```python
def func():
    for i in range(10):
        if i > 3: return i
        yield i
r = func()
for _ in range(10):
    try: next(r)
    except StopIteration as e:
        print(e.value)
        break
```

10.2 判 断 题

（1）普通单线程程序执行过程中一旦引发异常并得不到有效处理，程序将会崩溃并停止运行。

（2）一段代码最多抛出一种异常，不可能抛出多种不同的异常。

（3）对于带有 else 的异常处理结构，如果 try 中的代码抛出了异常，else 中的代码将不会执行。

（4）语句 assert 3==3 不会引发异常。

（5）表达式 3/0 会引发异常。

（6）Python 程序必须以 4 个空格为缩进单位，否则会引发异常并提示缩进错误。

（7）内置函数 breakpoint() 可以用来设置断点，并进入 pdf 调试器环境。

（8）表达式 sum([[1], [2], [3]]) 不会引发异常。

（9）表达式 sum([1,2,3], start=4) 不会引发异常，结果为 10。

（10）表达式 [1,2,3,4][4] 会引发异常。

（11）表达式 [1,2,3,4][4:] 会引发异常。

（12）表达式 [1,2,3,4][-4] 会引发异常。

（13）表达式 sorted([]) 会引发异常，无法对空列表进行排序。

（14）表达式 sum([]) 会引发异常，无法对空列表求和。

（15）表达式 sorted(3, 2, 1) 不会引发异常，返回列表 [1, 2, 3]。

（16）表达式 sorted(map(str, range(5))) 会引发异常，因为内置函数 sorted() 的参数不能是 map 对象。

（17）表达式 sum(map(int, '1234')) 会引发异常，因为内置函数 sum() 的参数不能是 map 对象。

（18）表达式 reversed(reversed([1, 2, 3, 4])) 会引发异常。

（19）表达式 int(' 1234') 会引发异常，因为内置函数 int() 不能忽略字符串中的前导空白字符。

（20）表达式 eval(' [1,2,3]   ') 不会引发异常，内置函数 eval() 可以忽略字符串两端的空白字符。

（21）表达式 eval(' 01234') 会引发异常。

（22）表达式 eval(' 0x1234') 不会引发异常。

（23）表达式 int(' 01234') 不会引发异常。

（24）表达式 int(01234) 不会引发异常。

（25）表达式 int(0x1234) 不会引发异常。

（26）表达式 0123+2 的值为 125。

（27）表达式 0o123+2 的值为 125，不会引发异常。

（28）使用表达式 3.imag 试图获取虚部时会引发异常，因为整数没有虚部。

（29）表达式 `1 + 3.14` 会引发异常，因为两个操作数的类型不同。

（30）表达式 `(1, 2) + (3)` 不会引发异常。

（31）表达式 `max(1, 2, 3)` 会引发异常，因为参数必须放在可迭代对象中。

（32）语句 `x := 3` 不会引发异常，并且创建变量 x 并赋值为 3。

（33）表达式 `1234 // 3.14` 会引发异常，因为整除运算符不能用于实数。

（34）表达式 `10**5000**0.5` 会引发异常，因为结果超过了实数表示能力的限制。

（35）表达式 `(10**5000)**0.5` 会引发异常，因为结果超过了实数表示能力的限制。

（36）表达式 `[1, 2, 3, 4].rindex(4)` 不会引发异常，返回 3。

（37）语句 `[1, 2, 3, 4].remove(5)` 会引发异常。

（38）语句 `[1, 2, 3, 4].remove(4)` 会引发异常。

（39）表达式 `[1, 2, 3, 4].pop(4)` 会引发异常。

（40）表达式 `[1, 2, 3, 4].index(5)` 会引发异常。

（41）语句 `x = [1, 2, 3, 4].sort()` 会引发异常，因为列表方法 `sort()` 没有返回值。

（42）已知 `x = {'a':97, 'b':98}`，执行语句 `x['c'] = 99` 会引发异常。

（43）已知 `x = {'a':97, 'b':98}`，执行语句 `print(x['c'])` 会引发异常。

（44）已知 `x = (1, 2, 3)`，试图执行语句 `x[2] = 666` 会引发异常。

（45）试图计算表达式 `1/0` 时会抛出 `ZeroDivisionError` 类型的异常。

（46）试图计算表达式 `'2' + 1` 时会抛出 `TypeError` 类型的异常。

（47）试图计算表达式 `int('3.14')` 时会抛出 `ValueError` 类型的异常。

（48）使用异常处理结构时，"except Exception:" 子句可以捕捉键盘中断异常 `KeyboardInterrupt`。

（49）使用异常处理结构时，空的 "except:" 子句可以捕捉键盘中断异常 `KeyboardInterrupt`。

（50）如果当前作用域中不存在变量 x，执行语句 `print(x)` 时一定会抛出 `NameError` 类型的异常并提示变量名 x 还没有定义。

（51）在函数中如果没有使用关键字 `global` 声明就直接给全局变量赋值会引发异常。

（52）在 16GB 内存的计算机上 64 位 Python 环境中试图执行语句 `x = [0] * 9999` `99999999999999999999999999999999999999999` 时会抛出 `OverflowError` 类型的异常并提示数值超出有效下标范围。

（53）在 32GB 内存的计算机上 64 位 Python 环境中试图执行语句 `x = [0] * 999999999999999999` 会抛出 `MemoryError` 类型的异常提示内存不足。

（54）内置模块 `sys` 中的成员 `maxsize` 表示寻址范围的最大值，64 位系统中为 `2**63-1` 也就是 `9223372036854775807`，超过这个值就无法寻址了，所以创建列表时元素数量也不能超过这个值。

（55）使用内置函数 `open()` 打开文件时，如果指定的文件路径错误，代码会抛出 `FileNotFoundError` 类型的异常。

（56）在 16GB 内存的计算机上 64 位 Python 环境中试图执行语句 `x = [0] *`

1844674407370955161 时会抛出 MemoryError 类型的异常表示内存不足。

（57）试图计算表达式 `'Python_xiaowu'.encode().decode('gbk')` 时会抛出 UnicodeDecodeError 异常并提示无法解码。

（58）读文本文件时，编码格式不正确有可能会抛出 UnicodeDecodeError 异常。

（59）语句 `[].pop()` 会抛出 IndexError 类型的异常。

（60）语句 `[].extend('Python')` 会引发异常。

（61）语句 `print({}['a'])` 会抛出 KeyError 类型的异常。

（62）一般不建议在 try 中放太多代码，应该只放入可能会引发异常的代码。

（63）捕捉到异常后，直接使用 pass 语句忽略异常，继续执行程序即可，不需要进行特殊处理。

（64）列表和元组支持很多相同的操作，二者非常类似，所以表达式 `[1] + (2, 3)` 可以正常计算，不会引发异常。

（65）一旦代码抛出异常并且没有得到正确的处理，整个程序会崩溃，并且不会继续执行后面的代码。

（66）在异常处理结构中，每个 except 子句只能捕捉和处理一种类型的异常，无法同时捕捉和处理多种不同类型的异常。

（67）一般不建议直接使用不指定异常类型的 except 子句，因为这样会捕捉绝大多数类型的异常，难以发现真正的问题。

（68）使用异常处理结构时，每个 try 子句只能带一个 except 子句，不能有多个 except 子句。

（69）Python 中的异常处理结构必须带有 finally 子句。

（70）Python 中的异常处理结构可以不带 else 子句。

（71）异常处理结构中的 finally 块中代码仍然有可能出错从而再次引发异常。

（72）异常处理结构也不是万能的，用来处理异常的代码也有引发异常的可能。

（73）使用字典方法 get() 获取指定"键"对应的"值"时，如果"键"不存在会返回空值或指定的默认值，不会引发异常，大胆使用即可，不用担心对后面的代码有什么影响。

（74）字符串方法 find() 和 rfind() 查找另一个字符串在当前字符串中首次或最后一次出现的位置，不存在时返回 -1 而不是引发异常，大胆使用即可，不用担心对后面的代码产生什么影响。

（75）在异常处理结构中，不论是否发生异常，finally 子句中的代码总会执行。

（76）由于异常处理结构 try…except…finally…中 finally 里的语句块总是被执行的，所以把关闭文件的代码放到 finally 块里肯定是万无一失，一定能保证文件被正确关闭并且不会引发任何异常。

（77）assert 断言语句执行时，如果要求的条件是成立的，直接执行后面的代码，好像什么也没发生一样。

（78）assert 语句一般用于开发程序时对特定必须满足的条件进行验证，仅当特殊成员 __debug__ 为 True 时有效。当 Python 脚本以 -O 选项编译为字节码文件时，assert 语句将被移除以提高运行速度。

（79）白盒测试主要通过阅读程序源代码来判断是否符合功能要求，黑盒测试不关心模块的内部实现方式，只关心其功能是否正确，通过精心设计一些测试用例检验模块的输入和输出是否正确来判断其是否符合预定的功能要求。

（80）把下面的代码保存为 Python 程序并运行，会引发异常 KeyError。

```
from collections import defaultdict
x = defaultdict(list); print(x['a'])
```

（81）调用下面的函数时，不论传递什么参数，返回值总是 -1。

```
def func(x, y):
    try: return x/y
    finally: return -1
```

（82）下面的代码虽然没有使用异常处理结构，但是也能完美避免输入不是整数时抛出异常，并且不影响正常输入整数时代码的功能。

```
num = input('请输入一个整数：')
if num.isdigit(): print(int(num))
else: print('输入的不是整数。')
```

（83）把下面的代码保存为 Python 程序文件并运行，输出结果为"7 None None"。

```
def func():
    for i in range(10):
        if i > 6: return i
        yield i
r = func()
for _ in range(10):
    try: next(r)
    except StopIteration as e:
        print(e.value, end=' ')
```

（84）把下面的代码保存为 Python 程序文件并运行，输出结果为 12。

```
from contextlib import closing
class Car:
    def start(self): print(1, end='')
    def close(self): print(2, end='')
with closing(Car()) as car: car.start()
```

（85）把下面的代码保存为 Python 程序文件并运行，3 秒后抛出异常 TimeoutError。

```
from queue import Queue
q = Queue(maxsize=3); q.put(3); q.put(4); q.put(5); q.put(6, timeout=3)
```

10.3　单　选　题

（1）表达式 {'a':97, 'b':98}['c'] 会抛出（　　）异常。

A.ZeroDivisionError　　　　　　B.KeyError

C.SyntaxError　　　　　　　　　D.IndexError

（2）表达式 3/0 会抛出（　　）异常。

A.ZeroDivisionError B.TypeError

C.SyntaxError D.NameError

（3）本题选项与本节第（2）题相同，表达式 sum(1, 2, 3) 会抛出（　　）异常。

（4）本题选项与本节第（2）题相同，表达式 sorted([1,2,3], str) 会抛出（　　）异常。

（5）本题选项与本节第（2）题相同，表达式 (3+4j) % (5+6j) 会抛出（　　）异常。

（6）本题选项与本节第（2）题相同，语句 data = {[1], [2]} 会抛出（　　）异常。

（7）本题选项与本节第（2）题相同，语句 data = {'a':97, 'b':98, 99, 100} 会抛出（　　）异常。

（8）本题选项与本节第（2）题相同，使用语句 print(age) 试图访问一个不存在的变量 age 时会抛出（　　）异常。

（9）执行语句 number = int(input(' 请输入一个正整数：'))，输入 3.14 时会抛出（　　）异常。

A.TypeError B.SyntaxError

C.ValueError D.AttributeError

（10）本题选项与本节第（9）题相同，已知 data 是一个非空列表对象，表达式 data.rindex(3) 会抛出（　　）异常。

（11）本题选项与本节第（9）题相同，表达式 'A' + 32 会抛出（　　）异常。

（12）本题选项与本节第（9）题相同，假设已使用语句 from random import sample 导入对象，表达式 sample('01', 5) 会抛出（　　）异常。

（13）本题选项与本节第（9）题相同，语句 print(3(4+5)) 会抛出（　　）异常。

（14）本题选项与本节第（9）题相同，语句 print('Hello world) 会抛出（　　）异常。

（15）本题选项与本节第（9）题相同，语句 x = 3 + 5\ - 2 会抛出（　　）异常。

（16）语句 x = list(range(10**10)) 会抛出下面（　　）异常。

A.OverflowError B.MemoryError

C.TypeError D.ValueError

（17）本题选项与本节第（16）题相同，语句 x = list(range(10**8)) 会抛出（　　）异常。

（18）函数递归调用超出深度限制时，会抛出（　　）异常。

A.TypeError B.SyntaxError

C.RecursionError D.AttributeError

（19）执行一个只包含一条语句 break 的程序，会抛出（　　）异常。

A.TypeError B.SyntaxError

C.ValueError D.AttributeError

（20）本题选项与本节第（19）题相同，执行一个只包含一条语句 return 的程序，会抛出（　　）异常。

（21）本题选项与本节第（19）题相同，语句 a, b = range(3) 会抛出（　　）异常。

（22）本题选项与本节第（19）题相同，试图往以二进制写模式打开的文件中写入字符串会抛出（　　　）异常。

（23）本题选项与本节第（19）题相同，试图往以文本写模式打开的文件中写入字节串会抛出（　　　）异常。

（24）表达式 '微信公众号：Python 小屋'.encode('utf8').decode('gbk') 可能抛出（　　　）异常。

    A.UnicodeDecodeError   B.TypeError

    C.ValueError   D.SyntaxError

（25）表达式 '©'.encode('gbk') 会抛出（　　　）异常。

    A.UnicodeDecodeError   B.TypeError

    C.ValueError   D.UnicodeEncodeError

（26）表达式 next([1,2,3]) 会抛出（　　　）异常。

    A.TypeError   B.ValueError

    C.SyntaxError   D. 不会抛出异常，返回 1

（27）本题选项与本节第（26）题相同，表达式 next(iter([1,2,3])) 会抛出（　　　）异常。

（28）本题选项与本节第（26）题相同，表达式 next((i+1 for i in range(5))) 会抛出（　　　）异常。

（29）假设已使用语句 from os import mkdir 导入对象，连续执行两次语句 mkdir('abcd') 会抛出（　　　）异常。

    A.FileExistsError   B.DirectoryExistsError

    C.SyntaxError   D.FileNotFoundError

（30）把下面的代码保存为 Python 程序文件并运行，输入 3 时输出结果为（　　　）。

```
r = input('请输入半径:'); ar = 3.1415 * r * r; print('{:.0f}'.format(ar))
```

    A.28   B.28.27   C.29   D. 引发 TypeError 异常

（31）使用关键字 import 导入不存在的模块时，会抛出（　　　）异常。

    A.ModuleNotFoundError   B.ImportError

    C.OSError   D.AttributeError

（32）把下面的代码保存为 Python 安装目录下的程序文件并运行，可能抛出（　　　）异常。

```
from os import listdir
listdir('python.exe')
```

    A.FileNotFoundError   B.NotADirectoryError

    C.ImportError   D.ModuleNotFoundError

（33）本题选项与本节第（32）题相同，把下面的代码保存为 Python 安装目录下的程序文件并运行，可能抛出（　　　）异常。

```
from os import chdir
chdir('python.exe')
```

（34）本题选项与本节第（32）题相同，把下面的代码保存为 Python 安装目录下的程序文件并运行，可能抛出（　　　）异常。

```
from os import chdir
chdir('python')
```

10.4 多 选 题

（1）下面关键字可以用在异常处理结构中的有（　　　）。

    A.except   B.try   C.else   D.finally

（2）把下面的代码保存为 Python 程序文件并运行，可能抛出的异常有（　　　）。

```
x = int(input()); y = int(input()); print(x/y)
```

    A.ValueError   B.ZeroDivisionError

    C.KeyError   D.IndexError

（3）把下面的代码保存为 Python 程序文件并运行，可能抛出的异常有（　　　）。

```
from os import listdir
listdir('xyz')
```

    A.FileNotFoundError   B.NotADirectoryError

    C.ImportError   D.ModuleNotFoundError

（4）调用下面的函数时，可能抛出的异常有（　　　）。

```
def func(x, y): return x / y
func('a', 3)
```

    A.TypeError   B.ZeroDivisionError

    C.KeyError   D.IndexError

（5）调用下面的函数时，可能抛出的异常有（　　　）。

```
def func(x, y): return x[y]
```

    A.TypeError   B.IndexError

    C.KeyError   D.ZeroDivisionError

（6）调用下面的函数时，可能抛出的异常有（　　　）。

```
def func(x, y): return x.pop(y)
```

    A.KeyError   B.IndexError

    C.AttributeError   D.TypeError

（7）调用下面的函数时，可能抛出的异常有（　　　）。

```
def func(x, y): return list(range(x, y))
```

    A.TypeError   B.OverflowError

    C.MemoryError   D.IndexError

（8）调用下面的函数时，可能抛出的异常有（　　　）。

```
def func(x, y): return x ** y
```

  A.TypeError   B.OverflowError

  C.IndexError   D.KeyError

（9）调用下面的函数时，可能抛出的异常有（　　　）。

```
def func(x, y): return x * y
```

  A.OverflowError   B.TypeError

  C.ZeroDivisionError   D.AssertionError

（10）把下面的代码保存为 Python 程序文件并运行，可能抛出的异常有（　　　）。

```
with open('1234.txt') as fp: content = fp.read()
```

  A.UnicodeDecodeError B.ValueError

  C.FileNotFoundError D.PermissionError

第 **11** 章

算 法 设 计

11.1 填 空 题

（1）标准库 timeit 的函数＿＿＿＿＿＿用来测试代码运行时间。

（2）标准库 timeit 中 timeit() 函数的＿＿＿＿＿＿参数用来指定代码的执行次数。

（3）标准库 timeit 中 timeit() 函数的＿＿＿＿＿＿参数指定的代码只会执行一次。

（4）标准库 timeit 中 timeit() 函数的＿＿＿＿＿＿参数指定的代码为待测代码，其执行次数由另一个参数 number 确定。

（5）标准库 profile 的函数＿＿＿＿＿＿用来跟踪和统计代码的执行时间，但不能使用全局变量和局部变量。

（6）扩展库 memory_profiler 的函数＿＿＿＿＿＿用来测试程序运行过程的内存占用情况。

（7）假设一个算法由两个独立的子算法组成，两个子算法的时间复杂度均为 $O(n)$，该算法的时间复杂度为＿＿＿＿＿＿。

（8）假设已导入内置模块 math 的函数 comb() 和标准库 itertools 的函数 combinations_with_replacement()，表达式 len(tuple(combinations_with_replacement('1234567', 3))) == comb(9,3) 的值为＿＿＿＿＿＿。

（9）冒泡排序算法每次交换元素可以消除＿＿＿＿＿＿个逆序。

（10）有 5 张卡片，上面分别写着数字 1、2、3、4、5，随机抽取一张，取到偶数卡片的概率是＿＿＿＿＿＿。

（11）有 5 张卡片，上面分别写着数字 1、2、3、4、5，随机抽取一张发现是偶数，没有把卡片放回去，又随机抽取一张，第二次取到偶数卡片的概率是＿＿＿＿＿＿。

（12）某校英语四级通过率为 0.9，通过四级才能报考六级且通过率为 0.7，全部学生的英语六级通过率为＿＿＿＿＿＿。

（13）把下面的代码保存为 Python 程序文件并运行，输出结果为＿＿＿＿＿＿。

```
from itertools import permutations
count = 0
```

```
    for a, b in permutations('12345', 2):
        if a == b: count = count + 1
print(count)
```

（14）把下面的代码保存为 Python 程序文件并运行，输出结果为_____。

```
from itertools import combinations
count = 0
for a, b in combinations('12345', 2):
    if a == b: count = count + 1
print(count)
```

（15）把下面的代码保存为 Python 程序文件并运行，输出结果为_____。

```
from itertools import combinations_with_replacement
count = 0
for a, b in combinations_with_replacement('12345', 2):
    if a == b: count = count + 1
print(count)
```

（16）把下面的代码保存为 Python 程序文件并运行，输出结果为_____。

```
def func(data):
    data = data[:]; n = len(data)
    for i in range(1, n):
        for j in range(n-i):
            if int(f'{data[j]}{data[j+1]}') > int(f'{data[j+1]}{data[j]}'):
                data[j], data[j+1] = data[j+1], data[j]
    return data
print(func([3, 30, 300, 3000]))
```

（17）把下面的代码保存为 Python 程序文件并运行，输出结果为_____。

```
def func(data):
    data = data[:]; n = len(data)
    for i in range(1, n):
        for j in range(n-i):
            if str(data[j]).count('0') > str(data[j+1]).count('0'):
                data[j], data[j+1] = data[j+1], data[j]
    return data
print(func([3, 30, 300, 3000]))
```

（18）把下面的代码保存为 Python 程序文件并运行，输出结果为_____。

```
def func(data, item):
    index, count = data.index(item), 0
    for num in data[index+1:]:
        if num < item: count = count + 1
    return count
print(func([1, 1, 8, 3, 8, 9, 6, 4, 3, 7], 8))
```

（19）把下面的代码保存为 Python 程序文件并运行，输出结果为_____。

```
def func(data, item):
    count = 0
    for num in data:
```

```
        if num == item: count = 0
        elif num < item: count = count + 1
    return count
print(func([1, 1, 8, 3, 8, 9, 6, 4, 3, 7], 8))
```

（20）把下面的代码保存为 Python 程序文件并运行，输出结果为_____。

```
def func(a, n):
    # num 的值为竖式中个位数相加的结果，n 个 a 相加
    num, result, c = a * n, [], 0
    while num > 0:
        c, mod = divmod(num+c, 10)
        result.append(mod)
        # 每向前一位，a 的个数少一个
        num = num - a
    result.reverse()
    return int(''.join(map(str,result)))
print(func(5, 3))
```

（21）把下面的代码保存为 Python 程序文件并运行，输出结果为_____。

```
def func(a, n):
    result, c = [a], 0
    for _ in range(n-1):
        # 加法竖式，列表中每个元素为竖式中每位相加结果
        result.append(result[-1]+a)
    for i in range(n-1, -1, -1):
        # 处理进位
        c, result[i] = divmod(result[i]+c, 10)
    if c > 0:
        result.insert(0, c)
    # 拼接为自然数
    return int(''.join(map(str,result)))
print(func(5, 3))
```

11.2 判 断 题

（1）消除重复计算，充分利用已经计算得到的中间结果，是优化算法的重要思路之一。

（2）如果算法正确并且有足够时间等待，枚举算法总能得到正确答案。

（3）时间复杂度为 $O(n^2)$ 的算法一定比时间复杂度为 $O(n)$ 的算法慢。

（4）时间复杂度为 $O(5n)$ 的算法一定比时间复杂度为 $O(3n)$ 的算法慢。

（5）某个算法分为两个阶段，第一个阶段的子算法时间复杂度为 $O(n^2)$，第二个阶段的子算法时间复杂度为 $O(n)$，那么整个算法的时间复杂度为 $O(n^2)$。

（6）某个算法分为两个阶段，第一个阶段的子算法时间复杂度为 $O(n)$，第二个阶段的子算法时间复杂度为 $O(n\log n)$，那么整个算法的时间复杂度为 $O(n\log n)$。

（7）某个算法用到嵌套的两层循环结构，每层循环的次数都是 n，且最内层只有基本操作，那么该算法时间复杂度为 $O(n^2)$。

（8）形式上只有一层循环结构的程序对应的算法时间复杂度一定是 $O(n)$。

（9）形式上只有两层循环结构的程序对应的算法时间复杂度一定不低于 $O(n^2)$。

（10）关键字 in 作用于列表和元组时是线性时间复杂度，列表和元组长度增加时，测试需要的时间也大致按比例增加。

（11）使用 for 循环遍历集合元素的速度比遍历等长元组略慢。

（12）关键字 in 作用于字符串时是线性时间复杂度，字符串长度增加时，测试需要的时间也大致按比例增加。

（13）关键字 in 作用于集合时是线性时间复杂度，集合长度增加时，测试需要的时间也大致按比例增加。

（14）所有问题都能找到多项式时间的算法进行求解。

（15）100 个运动员比赛乒乓球，使用淘汰赛的规则，每场比赛淘汰一个运动员。最终比赛结果的第 2 名肯定是真正实力的第 2 名。

（16）只要算法正确和时间允许，枚举算法一定能够得到最优解。

（17）枚举算法不适合求解大规模的问题，需要的时间太长而不可行。

（18）百钱买百鸡问题最多有一个解，不可能有多个解。

（19）鸡兔同笼问题最多有一个解，不可能有多个解。

（20）求解同一个问题的不同枚举算法之间效率不会相差太多，优化空间很小。

（21）所有问题都能找到解析算法快速求解。

（22）能使用解析公式直接求解的问题一定可以得到精确解。

（23）平方数的因数有奇数个，非平方数的因数有偶数个。

（24）递推算法最重要的两个要素是恰当的初始值和正确的递推公式。

（25）充分利用相邻项之间的关系是递推算法中减少计算量的重要思路。

（26）通过重新设计算法把实数运算转换为整数运算，是提高计算精度的重要思路。

（27）通过重新设计算法把实数运算转换为整数运算，是提高计算速度的重要思路。

（28）递归算法分为"递"和"归"两个阶段，"递"是指不断地调用函数自己，"归"是指函数执行结束不断地返回。

（29）编写程序时回溯法只能通过递归来实现，不能使用非递归实现。

（30）如果没有有效、恰当的剪枝算法，回溯法就变成了穷举法，无法得到很高的效率。

（31）增加缓冲区记录中间计算结果，使用空间换时间，可以大幅度提高递归算法的速度。

（32）递归算法和递推算法是互斥和对立的，既能使用递归算法又能使用递推算法解决同一个问题是不可能的。

（33）递归算法中往往存在大量的重复计算，这在一定程度上影响了算法效率。

（34）遍历任意多叉树时，深度优先遍历和广度优先遍历访问的节点顺序是一样的。

（35）广度优先遍历算法的空间复杂度一定比深度优先遍历大非常多。

（36）所有的排序算法都只能根据数据的大小进行升序或降序排列，不能自定义排序规则。

（37）在冒泡排序算法中，每次只能交换两个相邻的元素，交换元素的总次数非常多，这是影响效率的主要原因。

（38）在各种排序算法中，每次交换元素能够消除的逆序越多，交换元素的总次数越少。

（39）最好情况下，原始数据已按预期顺序排列，这时冒泡排序算法的时间复杂度为$O(n)$，只需要一次扫描即可结束。

（40）最坏情况下，原始数据排列顺序恰好与预期顺序相反，此时选择排序算法和冒泡排序算法的时间复杂度都是$O(n^2)$，但选择排序算法略快一些。虽然二者需要相同的遍历和比较次数，但选择排序算法需要的元素交换次数更少一些。

（41）最好情况下，原始数据已按预期顺序排列，冒泡排序算法比选择排序算法更快，因为可以优化并减少遍历和比较次数。

（42）在冒泡算法中，某次扫描时如果没有数据需要交换，表示数据已排序，可以立即结束算法。

（43）选择排序和插入排序算法每次交换可以消除多个逆序。

（44）冒泡排序为稳定排序算法。

（45）选择排序不是稳定排序算法。

（46）在堆排序算法中，堆的特征是父节点的值大于左子节点的值而小于右子节点的值。

（47）归并排序算法和快速排序算法都使用了分治法。

（48）基数排序算法属于非比较型排序算法，冒泡排序、选择排序、插入排序、归并排序、快速排序这几个算法都属于比较型排序算法。

（49）假设列表已排序并且包含 3 个 5，使用二分法查找元素 5 时，找到的是第一个 5。

（50）假设列表 x 长度足够大，访问元素 x[10] 比访问元素 x[10000] 略快。

（51）线性查找算法不需要先排序，可以直接查找。

（52）二分法查找对于没排序的列表一样可以总是得到正确结果。

（53）查找已排序的列表中任意元素时，二分法查找都一定比线性查找速度快。

（54）使用线性查找算法时，已排序的列表比未排序的列表速度更快。

（55）使用线性查找算法时，序列越长平均需要的时间也按比例增加。

（56）循环结构是影响 Python 程序执行速度的重要因素，使用函数式编程改写循环结构以后一定会提高执行速度。

（57）使用分治法时，只能每次把原始问题分解为两部分，不能分解为三个或更多个子问题。

（58）使用分治法时，如果每次都能使得分解得到的多个子问题规模大小差不多，可以得到更高的效率。

（59）对于任意自然数 x 和 y，语句 `a, b = divmod(x, y)` 的执行速度比 `a, b = x//y, x%y` 慢。

（60）当自然数 a、q 较大时，表达式 `pow(a, q, p)` 的计算速度比 `(a**q) % p` 快。

（61）当自然数 a、q 较大时，表达式 `pow(a, q)` 的计算速度比 `a**q` 快。

（62）表达式 `all(range(-5,500))` 的计算时间比 `all(range(-500,5))` 短很多。

（63）Python 列表在尾部追加元素的速度比在中间位置插入元素的速度快。

（64）Python 列表在尾部删除元素的速度比在中间位置删除元素的速度快。

（65）对于长度大于 **10000** 的列表，删除第 **10** 个元素比删除第 **9000** 个元素要快一些。

（66）列表的下标访问比字典的下标访问略快一点。

（67）表达式 `3 in list(range(100))` 的计算速度比 `3 in list(range(1000000))` 快很多。

（68）表达式 `99999999999999999999 in list(range(100))` 的计算速度比 `99999999999999999999 in list(range(1000000))` 快很多。

（69）对于任意大自然数 x，表达式 `x//2` 的计算速度比 `x>>1` 要慢很多。

（70）对于任意大自然数 x，表达式 `x%2` 的计算速度比 `x&1` 要慢很多。

（71）对于任意两个自然数 x>y，表达式 `x//y*y` 的值与表达式 `x - x%y` 的值相等，但后者更快一些。

（72）设 x 为任意自然数，表达式 `x<<1` 的计算速度比 `x*2` 略快，但不明显。

（73）设 x 为任意自然数，表达式 `x*10` 的值与 `(x<<1)+(x<<3)` 相等，但前者略快。

（74）空间中任意两个不重合的两个点可以唯一确定一条直线。

（75）对于空间中任意一组点，可以确定一条回归直线经过所有点。

（76）表达式 `'a'<='y'<='z'` 的计算速度比 `'y' in 'abcdefghijklmnopqrstuvwxyz'` 要快很多。

（77）表达式 `'y' in 'abcdefghijklmnopqrstuvwxyz'` 的计算速度要比 `'y' in set('abcdefghijklmnopqrstuvwxyz')` 慢一些。

（78）表达式 `'y' in 'abcdefghijklmnopqrstuvwxyz'` 的计算速度要比 `'y' in {'c', 'i', 'u', 'x', 't', 'f', 'w', 'j', 'h', 'k', 'a', 'd', 's', 'v', 'y', 'l', 'q', 'g', 'r', 'p', 'n', 'z', 'b', 'm', 'e', 'o'}` 慢一些。

（79）假设已执行导入语句 `from timeit import timeit`，表达式 `timeit('a, b = b, a', setup='a, b = 3, 5')` 的值比 `timeit('a, b = 5, 3', setup='a, b = 3, 5')` 的值略小。

（80）假设已执行导入语句 `from timeit import timeit`，表达式 `timeit('a, b = 5+3, 3+3', setup='a, b = 3, 5')` 的值比 `timeit('a, b = b+3, a+3', setup='a, b = 3, 5')` 的值略小。

（81）假设 x 为自然数，表达式 `x+x+x+x+x+x` 与 `x*6` 的值相同，但前者略快。

（82）假设 x 为自然数，表达式 `x+x` 与 `x*2` 的值相同，但前者略快。

（83）表达式 `int('1'*100,2)` 与 `2**100-1` 的值相等，但后者计算速度更快。

（84）假设已执行语句 `from itertools import combinations, combinations_with_replacement` 导入对象，表达式 `len(tuple(combinations('12345', 3)))` 的值一定小于表达式 `len(tuple(combinations_with_replacement('12345', 3)))` 的值。

（85）对于任意整数 x，表达式 x*x 的计算速度比 x**2 略快。

（86）对于任意整数 x，表达式 x*x*x*x*x*x*x*x*x*x*x*x*x*x*x*x*x*x*x 的计算速度比 x**19 慢。

（87）表达式 3 in {1,2,3} 的计算速度略快于表达式 3 in [1,2,3]。

（88）使用运算符 in 测试一个对象是否为列表的元素时，列表越长需要的时间越多。

（89）在函数中访问局部变量的速度比全局变量略快。

（90）已知函数 A 和 B 的定义是平行的、同级别的，C 是 A 中定义的嵌套函数且与函数 B 的功能相同，函数 A 调用 C 函数的速度比 B 函数略快。

（91）如果需要频繁在中间位置插入或删除元素，标准库 collections 中的双端队列对象 deque 比列表效率高。

（92）已知 x = list(range(100000000))，计算表达式 x[10] 比 x[1000000] 所需要的时间要少很多，即使用下标访问列表前面的元素比后面的元素更快一些。

（93）已知 x = dict(zip(range(100000000), range(100000000)))，计算表达式 x[10] 比 x[1000000] 所需要的时间要少很多。

（94）语句 a, b, c, d, e, f = 1, 2, 3, 4, 5, 6 的执行速度比 a=1; b=2; c=3; d=4; e=5; f=6 略快。

（95）使用贪心算法一定能够得到全局最优解。

（96）贪心算法把复杂问题求解过程划分为若干阶段，每个阶段只做出当时来看的最好选择，一旦做出选择后不再修改。

（97）在贪心算法中，不同的贪心策略有可能会得到不同的结果。

（98）对于任意一串数据，使用贪心算法得到的哈夫曼编码是唯一的。

（99）哈夫曼编码具有异字头的特点，任何一个字符的编码都不是其他编码的前缀，如果有长度为 1 的编码，它必然是其他编码的前缀。所以，在哈夫曼编码中，最短编码长度为 2，不可能有 1 位的编码。

（100）a、b、c、d、e 为任意表达式，作为条件表达式时，all((a,b,c,d,e)) 与 a and b and c and d and e 功能相同，但后者略快。

（101）已知 x 为任意整数，表达式 x in (3,5,7,9,10) 与 x==3 or x==5 or x==7 or x==9 or x==10 的功能相同，但前者略快。

（102）表达式 5==5 or 5==2 的计算速度比 5 in (5,2) 略慢。

（103）已知 it = [1,2,3,4]，表达式 len(set(it))==1 与 it[0]==it[1]==it[2]==it[3] 的功能相同，但后者略快。

（104）语句 print(int('1'*64,2)) 和 print(0b1111111111111111111111111111111111111111111111111111111111111111) 的输出结果相同，但后者快很多。

（105）已知 ss 为包含若干字符串的列表，表达式 len(max(ss,key=len)) 与 max(map(len,ss)) 的功能相同，但后者略快。

（106）设 a、b、c 是 3 个自然数，表达式 min(a,b,c) 与表达式 (c if c<a else a) if a<b else (c if c<b else b) 功能相同，但前者更快。

（107）表达式 `1+2+3` 的计算速度比 `sum([1,2,3])` 快一些。

（108）代码 `x, y = 10**5, 10**6` 的执行速度比 `x = 10**5; y = x*10` 略快。

（109）代码 `x, y = 10**500, 10**501` 的执行速度比 `x = 10**500; y = x*10` 略快。

（110）表达式 `(-1)**999999` 与 `(-1)**(999999%2)` 功能相同，但后者快很多。

（111）表达式 `(-1)**3` 与 `(-1)**(3%2)` 的功能相同，但后者快很多。

（112）表达式 `5 in range(6)` 与 `5 in (0,1,2,3,4,5)` 功能相同，但后者快很多。

（113）表达式 `5 in (0,1,2,3,4,5)` 的计算速度比 `0 in (0,1,2,3,4,5)` 略慢。

（114）已知 `x = [[i] for i in range(10)]` 且已导入模块 itertools 中的 `chain()` 函数，表达式 `sum(x, [])` 和 `list(chain(*x))` 功能相同，但后者略慢。

（115）已知 `x = [[i] for i in range(1000)]` 且已导入模块 itertools 中的 `chain()` 函数，表达式 `sum(x, [])` 和 `list(chain(*x))` 功能相同，但后者略慢。

（116）对于列表 x，代码 `x.sort()` 执行速度比 `sorted(x)` 略快一些，列表越长越明显。

（117）已知 x 为列表，表达式 `[0 for _ in range(len(x))]`、`[0 for _ in x]` 和 `[0]*len(x)` 的功能一样，但计算速度越来越快。

（118）已知 x 为列表，表达式 `not not x` 与 `bool(x)` 的功能相同，前者略快一点点，但不是特别明显。

（119）用于控制循环次数时，`for _ in range(1000)` 和 `for _ in range(8000,9000)` 的作用相同，但前者略快。

（120）设已执行语句 `from timeit import timeit` 导入函数，表达式 `timeit('1000 in x', 'x=set(range(1500))')` 的值略大于 `timeit('x[1000]', 'x=[True]*1500')`。

（121）表达式 `3*100+4*10+5` 的功能与 `int(''.join(map(str,(3,4,5))))` 相同，但前者快很多。

（122）表达式 `99*99` 与 `99.0*99.0` 的计算速度几乎相同。

（123）表达式 `99999999999999999999999999999*999999999999` 比 `9999999999999999999999999999.0*999999999999.0` 略慢一些，但后者结果有误差，结果不对。

（124）整数运算比浮点数运算略快，所以当 x 为整数时表达式 `x**2` 计算速度比 `x**0.5` 略快。

（125）表达式 `dict(x=5, y=8, z=13)` 与 `{'x':5, 'y':8, 'z':13}` 的结果相同，但后者略快一点点。

（126）表达式 `int('1'*100,2)` 与 `eval('0b'+'1'*100)` 的结果相同，但前者更快一些。

（127）已知 `hypot()` 是内置模块 math 的函数，表达式 `hypot(3,4)` 的值与 `(3**2+4**2)**0.5` 相同，但前者计算速度慢一些。

（128）对于包含若干自然数的可迭代对象 x，表达式 `list(i**2 for i in x)` 与

`[i**2 for i in x]` 的值相同，但后者略快。

（129）相同功能的列表推导式比循环结构快。

（130）小明参加一个有奖竞猜游戏，面前有 3 个门，其中 1 个后面是小汽车，另外 2 个后面是山羊。小明选择了第一个门，主持人打开了第二个门给大家看门后是山羊，然后问小明要不要改选第三个门。此时，小明改选第三个门能猜中小汽车的概率更大。

（131）在中国象棋棋盘上，以左下角为原点 (0,0) 建立坐标系，棋子"马"从位置 (0,0) 到达位置 (1,0) 只需要 1 步即可到达。

（132）在中国象棋棋盘上，以左下角为原点 (0,0) 建立坐标系，棋子"马"从位置 (0,0) 到达位置 (2,1) 只需要 1 步即可到达。

（133）在无向图的邻接表 arr 中，如果 arr[i][j] 的值为 0，表示顶点 i 与顶点 j 之间没有边。

（134）在有向图的邻接表 arr 中，如果 arr[i][j] 的值为 0，表示顶点 i 与顶点 j 之间没有边。

（135）在无向图的邻接表 arr 中，如果 arr[i][j] 的值为 0，从顶点 i 一定无法到达顶点 j。

（136）任意图中每个顶点的度都一定大于 1。

（137）任意多叉树中每个顶点只有一个父节点，这一点对图不成立。

（138）对于任意二叉树，前序遍历、中序遍历、后序遍历访问顶点的顺序一样。

（139）求解图中最短路径问题时，广度优先遍历算法不需要搜索完全部路径即可得到结果，深度优先遍历算法需要搜索完全部路径。

（140）给定任意有向无环图，其拓扑排序结果是唯一的。

（141）对任意图中的顶点进行着色，使得相邻的顶点颜色不同，最多需要 4 种颜色即可实现。

（142）任意自然数可以分解为最多 4 个平方数之和。

（143）对于任意自然数，如果其各位数字能够组成的最大数与最小数之差仍为该自然数，则称为黑洞数。根据这个定义可知，6174 是黑洞数。

（144）求解最小生成树问题的主流算法有克鲁斯卡尔（Kruskal）算法和普利姆（Prim）算法，它们都属于贪心算法的应用。

（145）在完美匹配中，边的数量为顶点数量的一半。

（146）在最大流问题求解结果中，起点和终点之外的其他任意顶点，流入和流出的量一定是相等的。

（147）如果定义两个集合的相似度为它们交集大小与并集大小的比值，比值越大表示相似度越高，{1,2,3}、{3,4,5,6}、{3} 这 3 个集合中，第一个和第三个是相似度最高的两个集合。

（148）把下面的代码保存为 Python 程序文件并运行，第一个输出远大于第二个。

```
from timeit import timeit
print(timeit('999 in x', 'x=tuple(range(999))'))
print(timeit('999 in x', 'x=(i for i in range(999))'))
```

（149）把下面的代码保存为 Python 程序文件并运行，第一个输出比第二个小一些。

```
from timeit import timeit
print(timeit('999999 in x', 'x=tuple(range(999999))', number=1))
print(timeit('999999 in x', 'x=(i for i in range(999999))', number=1))
```

（150）把下面的代码保存为 Python 程序文件并运行，第一个输出比第二个略大。

```
from time import time
m, n = 10000000, 10
start = time()
for i in range(m):
    for j in range(n): 2+2
print(time()-start)
start = time()
for i in range(n):
    for j in range(m): 2+2
print(time()-start)
```

（151）把下面的代码保存为 Python 程序文件并运行，第一个输出比第二个略大。

```
from time import time
m, n = 100000000, 10
start = time()
i = 0
while i < m:
    j = 0
    while j < n:
        2+2
        j = j + 1
    i = i + 1
print(time()-start)
start = time()
i = 0
while i < n:
    j = 0
    while j < m:
        2+2
        j = j + 1
    i = i + 1
print(time()-start)
```

（152）把下面的代码保存为 Python 程序文件并运行，第一个输出一定比第二个小。

```
from time import time
N = 9999999
start = time()
for i in range(N): pass
print(time()-start)
start = time()
i = 0
while i < N: i = i + 1
print(time()-start)
```

（153）把下面的代码保存为 Python 程序文件并运行，第一个输出一定比第二个大。

```
from time import time
data = list(range(100000))
start = time()
for _ in range(100000): del data[0]
print(time()-start)
data = list(range(100000))
start = time()
for _ in range(100000): del data[-1]
print(time()-start)
```

（154）把下面的代码保存为 Python 程序文件并运行，第一个输出一定比第二个大。

```
from time import time
from random import choices
data = [choices(range(100),k=100) for _ in range(5000)]
start = time(); result = sum(data, []); print(time()-start)
start = time()
result = []
for row in data: result.extend(row)
print(time()-start)
```

（155）把下面的代码保存为 Python 程序文件并运行，第一个输出一定比第二个大。

```
from time import time
data = ['abcdefghijklmn'*50 for _ in range(5000)]
start = time(); r1 = ''.join(data); print(time()-start)
start = time()
r2 = ''
for s in data: r2 = r2 + s
print(time()-start)
```

（156）把下面的代码保存为 Python 程序文件并运行，第一个输出略大于第二个。

```
from time import time
m, n = 100, 999999
start = time()
for _ in range(m):
    x = []
    for i in range(n): x.append(i)
print(time()-start)
start = time()
for _ in range(m):
    x = [None] * n
    for i in range(n): x[i] = i
print(time()-start)
```

（157）把下面的代码保存为 Python 程序文件并运行，第一个输出略小于第二个。

```
from time import time
m, n = 10000, 9999
start = time()
for _ in range(m):
```

```
        x = []
        for i in range(n): x.append(i)
    print(time()-start)
    start = time()
    for _ in range(m):
        x = [None] * n
        for i in range(n): x[i] = i
    print(time()-start)
```

（158）把下面的代码保存为 Python 程序文件并运行，第一个输出大多数情况下略小于第二个。

```
    from time import time
    data = list(range(500000000))
    start = time(); r1 = list(map(str, data)); print(time()-start)
    start = time(); r2 = [str(num) for num in data]; print(time()-start)
```

（159）把下面的代码保存为 Python 程序文件并运行，第一个输出大多数情况下略大于第二个。

```
    from time import time
    import math
    from math import sin
    data = list(range(5000000))
    start = time(); r1 = [math.sin(i) for i in data]; print(time()-start)
    start = time(); r2 = [sin(i) for i in data]; print(time()-start)
```

（160）把下面的代码保存为 Python 程序文件并运行，第一个输出大多数情况下略大于第二个。

```
    from time import time
    n = 5000000
    start = time()
    r = 0
    def func1():
        global r
        for i in range(n): r = i
    func1(); print(time()-start)
    start = time()
    def func2():
        for i in range(n): r = i
    func2(); print(time()-start)
```

（161）把下面的代码保存为 Python 程序文件并运行，第一个输出大多数情况下略大于第二个。

```
    from time import time
    n = 50000000
    start = time()
    def func1():
        def nested(i): return str(i)
        for i in range(n): nested(i)
```

```
func1(); print(time()-start)
start = time()
def helper(i): return str(i)
def func2():
    for i in range(n): helper(i)
func2(); print(time()-start)
```

（162）把下面的代码保存为 Python 程序文件并运行，第一个输出大多数情况下略大于第二个。

```
from time import time
n = 10000000
start = time()
def func1():
    def nested(i): return str(i)
    return nested(5)
for _ in range(n): func1()
print(time()-start)
start = time()
def helper(i): return str(i)
def func2(): return helper(5)
for _ in range(n): func2()
print(time()-start)
```

（163）把下面的代码保存为 Python 程序文件并运行，第一个输出略大于第二个。

```
from timeit import timeit
print(timeit('9999 in x', setup='x=tuple(range(3000))'))
print(timeit('9999 in x', setup='x=list(range(3000))'))
```

（164）把下面的代码保存为 Python 程序文件并运行，第一个输出远大于第二个。

```
from timeit import timeit
print(timeit('3000 in x', setup='x=list(range(50000))'))
print(timeit('3000 in x', setup='x=set(range(50000))'))
```

（165）把下面的代码保存为 Python 程序文件并运行，第一个输出远大于第二个。

```
from timeit import timeit
print(timeit('3000 in x', setup='x=list(range(50000))'))
print(timeit('3000 in x', setup='x=list(range(5000))'))
```

（166）把下面的代码保存为 Python 程序文件并运行，第一个输出远大于第二个。

```
from timeit import timeit
print(timeit('30000 in x', setup='x=list(range(5000))'))
print(timeit('30000 in x', setup='x=list(range(50))'))
```

（167）把下面的代码保存为 Python 程序文件并运行，第一个输出远大于第二个。

```
from timeit import timeit
print(timeit('30 in list(range(5000))'))
print(timeit('30 in list(range(50))'))
```

（168）把下面的代码保存为 Python 程序文件并运行，第一个输出略大于第二个。

```
from timeit import timeit
print(timeit('del x[0]', setup='x=list(range(5000))'))
print(timeit('del x[0]', setup='x=list(range(50))'))
```

（169）把下面的代码保存为 Python 程序文件并运行，第一个输出远大于第二个。

```
from timeit import timeit
print(timeit('30000 in x', setup='x=set(range(5000))'))
print(timeit('30000 in x', setup='x=set(range(50))'))
```

（170）把下面的代码保存为 Python 程序文件并运行，第一个输出远大于第二个。

```
from timeit import timeit
print(timeit('3+3 and 5**50')); print(timeit('3-3 and 5**50'))
```

（171）把下面的代码保存为 Python 程序文件并运行，第一个输出远小于第二个。

```
from timeit import timeit
print(timeit('3+3 or 5**50')); print(timeit('3-3 or 5**50'))
```

（172）把下面的代码保存为 Python 程序文件并运行，第一个输出比第二个大一些。

```
from timeit import timeit
print(timeit('x=min(a,b)', setup='a,b=999999999,10'))
print(timeit('x=a if a<b else b', setup='a,b=999999999,10'))
```

（173）把下面的代码保存为 Python 程序文件并运行，第一段代码执行速度略慢于第二段代码。

```
for i in range(1, 10):
    for j in range(10): i*10 + j
for i in range(1, 10):
    i = i * 10
    for j in range(10): i + j
```

（174）把下面的代码保存为 Python 程序文件并运行，第一个输出一定比第二个大。

```
from time import time
start = time()
for _ in range(999999999): pass
print(time()-start)
start = time()
for _ in range(99999): 3**3**3
print(time()-start)
```

（175）把下面的代码保存为 Python 程序文件并运行，输出结果越来越大。

```
from timeit import timeit
data = list(range(9999))
def func1(data):
    data = data[:]; data.insert(0, 0)
    return data
def func2(data):
    data = data[:]; data.reverse(); data.append(0); data.reverse()
    return data
def func3(data):
```

```
    data = data[:]
    data.append(None)
    for i in range(len(data)-1, 1, -1): data[i] = data[i-1]
    data[0] = 0
    return data
print(timeit('func1(data)', setup='from __main__ import func1,data'))
print(timeit('func2(data)', setup='from __main__ import func2,data'))
print(timeit('func3(data)', setup='from __main__ import func3,data'))
```

（176）把下面的代码保存为 Python 程序文件并运行，输出结果越来越小。

```
from timeit import timeit
data = list(range(99))
def func1(data):
    data = data[:]
    for i in range(100): data.insert(0, i)
    return data
def func2(data):
    data = data[:]
    data.extend([None]*100)
    for i in range(len(data)-1, 99, -1): data[i] = data[i-100]
    data[:100] = range(99,-1,-1)
    return data
def func3(data):
    data = data[:]
    data.reverse(); data.extend(range(100)); data.reverse()
    return data
print(timeit('func1(data)', setup='from __main__ import func1,data'))
print(timeit('func2(data)', setup='from __main__ import func2,data'))
print(timeit('func3(data)', setup='from __main__ import func3,data'))
```

（177）把下面的代码保存为 Python 程序文件并运行，几个被测代码的功能相同，前两个输出相差不大，第三个输出小一些，第四个更小，第五个又略小。

```
from timeit import timeit
x = '1234567890' * 10
def func(i): return (i,)
print(timeit('list(map(lambda i:(i,), x))', globals={'x':x}))
print(timeit('list(map(func, x))', globals={'x':x, 'func':func}))
print(timeit('list((i,) for i in x)', globals={'x':x}))
print(timeit('[(i,) for i in x]', globals={'x':x}))
print(timeit('list(zip(x))', globals={'x':x}))
```

（178）把下面的代码保存为 Python 程序文件并运行，输出结果为 [1, 2, 3, 4, 5, 6, 7, 8, 9, 0]。

```
def func(n):
    if n < 10: return [n]
    return func(n//10) + [n%10]
print(func(1234567890))
```

（179）把下面的代码保存为 Python 程序文件并运行，输出结果为 [0, 9, 8, 7, 6, 5, 4, 3, 2, 1]。

```
def func(n):
    if n < 10: return [n]
    return [n%10] + func(n//10)
print(func(1234567890))
```

（180）下面两个函数的功能均为查找 item 在 data 中首次出现的下标，但 search1() 比 search2() 略快。

```
def search1(data, item):
    for i in range(len(data)):
        if data[i] == item: return i
def search2(data, item):
    for i, v in enumerate(data):
        if v == item: return i
```

（181）把下面的代码保存为 Python 程序文件并运行，第一个输出比第二个小很多。

```
from time import time
n, m = 100000, 1000
data1 = list(range(n))
start = time()
for _ in range(m): data1.append(data1.pop(0))
print(time()-start)
data2 = list(range(n))
start = time()
for _ in range(m):
    key = data2[0]
    for i in range(1,n): data2[i-1] = data2[i]
    data2[n-1] = key
print(time()-start)
```

（182）把下面的代码保存为 Python 程序文件并运行，第一个输出比第二个小一些。

```
from time import time
num, N = 12345678901234567890123456789012345678890, 99999
start = time()
for _ in range(N): s = sum(map(int, str(num)))
print(time()-start)
start = time()
for _ in range(N):
    s, n = 0, num
    while n > 0:
        n, r = n//10, n%10
        s = s + r
print(time()-start)
```

（183）下面的两个函数功能相同，但第一个比第二个略快。

```
def func1(n): return n%2==0 and n%3==0 and n%5==0 and n%7==0
def func2(n):
    for i in (2,3,5,7):
        if n%i != 0: return False
    return True
```

（184）下面的两个函数功能相同，但平均而言第一个比第二个略慢。

```
def func1(n): return n%2==0 and n%3==0 and n%5==0 and n%7==0
def func2(n): return n%7==0 and n%5==0 and n%3==0 and n%2==0
```

（185）下面的两个函数功能相同，但第一个比第二个略快。

```
def func1(n):
    for i in (7,5,3,2):
        if n%i != 0: return False
    return True
def func2(n):
    for i in (2,3,5,7):
        if n%i != 0: return False
    return True
```

（186）下面的两个函数功能相同，但第一个比第二个略快。

```
def func1(data): data.insert(0, 0)
def func2(data):
    data.reverse(); data.append(0); data.reverse()
```

（187）下面 3 种拼接子列表的代码功能相同，前面两种方法速度相差不大，第三种方法要慢很多。

```
from itertools import chain
data = [[0]*100 for _ in range(10000)]
t1 = []
for item in data: t1.extend(item)
t2 = list(chain(*data))
t3 = sum(data, [])
```

（188）下面两段代码的功能相同，但第一段代码效率更高。

```
N, M, v = 1000, 1000, 888
for _ in range(N):
    for i in range(M):
        if i == v: 1+1
for _ in range(N):
    for i in range(M):
        if i != v: continue
        1+1
```

（189）对于下面的递归函数，删除修饰器 lru_cache() 后运行速度会大幅度降低。

```
from functools import lru_cache
@lru_cache(maxsize=64)
def f(n):
    if n == 1 or n==2: return 1
    return f(n-2) + f(n-1)
```

（190）对于下面的递归函数，删除修饰器 lru_cache() 后运行速度会大幅度降低。

```
from functools import lru_cache
@lru_cache(maxsize=64)
def f(n):
```

```
        if n == 1: return 1
        return n * f(n-1)
```

（191）把下面的代码保存为 Python 程序文件并运行，输出两个元组，两个元组中第一个元素相等，但第二个元组中第二个元素的值比第一个元组中第二个元素的值小很多。

```
from time import time
from functools import lru_cache
def cni(n, i):
    if i==0 or n==i: return 1
    return cni(n-1,i) + cni(n-1,i-1)
cni_lrucache = lru_cache(cni)
start = time(); print(cni_lrucache(51, 7), time()-start)
start = time(); print(cni_lrucache(51, 7), time()-start)
```

（192）把下面的代码保存为 Python 程序文件并运行，第一个输出比第二个小很多。

```
from time import time
from functools import lru_cache
def cni1(n, i):
    if i==0 or n==i: return 1
    return cni1(n-1,i) + cni1(n-1,i-1)
cni1 = lru_cache(cni1)
start = time(); cni1(50, 7); print(time()-start)
def cni2(n, i):
    if i==0 or n==i: return 1
    return cni2(n-1,i) + cni2(n-1,i-1)
cni_cache = lru_cache(cni2)
start = time(); cni_cache(50, 7); print(time()-start)
```

（193）把下面的代码保存为 Python 程序文件并运行，第二个输出略小于第一个，但相差不大。

```
from time import time
from functools import lru_cache
from sys import setrecursionlimit
setrecursionlimit(999999)
@lru_cache
def func(n, i):
    return func(n-1,i)+func(n-1,i-1) if n!=i and i!=0 else 1
start = time(); func(1510, 81); print(time()-start)
start = time(); func(1410, 75); print(time()-start)
```

（194）把下面的代码保存为 Python 程序文件并运行，第二个输出略大于第一个，但相差不大。

```
from time import time
from functools import lru_cache
from sys import setrecursionlimit
setrecursionlimit(999999)
@lru_cache
def func(n, i):
```

```
        return func(n-1,i)+func(n-1,i-1) if n!=i and i!=0 else 1
start = time(); func(1510, 81); print(time()-start)
start = time(); func(1610, 95); print(time()-start)
```

（195）把下面的代码保存为 Python 程序文件并运行，第二个输出远小于第一个。

```
from time import time
from functools import cache
from sys import setrecursionlimit
setrecursionlimit(999999)
@cache
def func(n, i):
    return func(n-1,i)+func(n-1,i-1) if n!=i and i!=0 else 1
start = time(); func(1510, 81); print(time()-start)
start = time(); func(1410, 75); print(time()-start)
```

（196）把下面的代码保存为 Python 程序文件并运行，第二个输出远小于第一个。

```
from time import time
from functools import cache
from sys import setrecursionlimit
setrecursionlimit(999999)
@cache
def func(n, i):
    return func(n-1,i)+func(n-1,i-1) if n!=i and i!=0 else 1
start = time(); func(1510, 81); print(time()-start)
start = time(); func(1610, 95); print(time()-start)
```

（197）把下面的代码保存为 Python 程序文件并运行，第二个输出远小于第一个。

```
from time import time
from functools import lru_cache
from sys import setrecursionlimit
setrecursionlimit(999999)
@lru_cache(maxsize=None)
def func(n, i):
    return func(n-1,i)+func(n-1,i-1) if n!=i and i!=0 else 1
start = time(); func(1510, 81); print(time()-start)
start = time(); func(1610, 95); print(time()-start)
```

（198）把下面的代码保存为 Python 程序文件并运行，第二个输出略大于第一个。

```
from time import time
from functools import lru_cache
from sys import setrecursionlimit
setrecursionlimit(999999)
@lru_cache(maxsize=None)
def func(n, i):
    return func(n-1,i)+func(n-1,i-1) if n!=i and i!=0 else 1
start = time(); func(1510, 81); print(time()-start)
func.cache_clear()
start = time(); func(1610, 95); print(time()-start)
```

（199）把下面的代码保存为 Python 程序文件并运行，输出结果越来越大，第二个大

约是第一个的 **10** 倍，第三个大约是第二个的 **10** 倍。

```
from timeit import timeit
n = 100
print(timeit('[it for i, it in enumerate(range(100)) if i<10]', number=n))
print(timeit('[it for i, it in enumerate(range(1000)) if i<10]', number=n))
print(timeit('[it for i, it in enumerate(range(10000)) if i<10]', number=n))
```

（200）把下面的代码保存为 Python 程序文件并运行，输出结果越来越大，第二个大约是第一个的 **10** 倍，第三个大约是第二个的 **10** 倍。

```
from timeit import timeit
def func(n):
    r = []
    for i, it in enumerate(range(n)):
        if i >= 10: break
        r.append(it)
    return r
n = 100000
print(timeit('func(100)', 'from __main__ import func', number=n))
print(timeit('func(1000)', 'from __main__ import func', number=n))
print(timeit('func(10000)', 'from __main__ import func', number=n))
```

（201）把下面的代码保存为 Python 程序文件并运行，第一个输出比第二个大一些。

```
from timeit import timeit
print(timeit('x.append(x.pop(0))', 'x=list(range(1000))'))
print(timeit('x.append(x.popleft())',
             'from collections import deque; x=deque(range(1000))'))
```

（202）下面两个函数的功能相同，n 较小时 func2() 更快一些，n 较大时 func1() 更快一些。

```
def func1(num): return list(map(int, str(num)))
def func2(num):
    digits = []
    while num > 0:
        digits.append(num%10)
        num = num // 10
    digits.reverse()
    return digits
```

（203）把下面的代码保存为 Python 程序文件并运行，大多数情况下输出结果为 False，只在极少情况下才可能为 True。

```
from random import choices
def select_sort(data):
    data, length = data[:], len(data)
    for i in range(length):
        pos = i
        for j in range(i+1, length):
            if len(str(data[j])) < len(str(data[pos])): pos = j
        if pos != i:
```

```
            data[i], data[pos] = data[pos], data[i]
    return data
data = choices(range(100), k=20)
print(select_sort(data)==sorted(data, key=lambda it:len(str(it))))
```

（204）把下面的代码保存为 Python 程序文件并运行，第一个输出结果为 True，后面 4 个结果越来越小，并且第二个结果远大于后面的 3 个。

```
from itertools import accumulate
from timeit import timeit
from functools import reduce
def func1(seq):
    result = []
    for index, num in enumerate(seq):
        t = 1
        for i in range(index+1): t = t * seq[i]
        result.append(t)
    return result
def func2(seq): return reduce(lambda i, j: i+[i[-1]*j], seq[1:], [seq[0]])
def func3(seq): return list(accumulate(seq, lambda x, y: x*y))
def func4(seq):
    result = [seq[0]]
    for num in seq[1:]: result.append(result[-1]*num)
    return result
seq = list(range(1,30))
print(func1(seq)==func2(seq)==func3(seq)==func4(seq))
print(timeit('func1(seq)', 'from __main__ import func1, seq'))
print(timeit('func2(seq)', 'from __main__ import func2, seq'))
print(timeit('func3(seq)', 'from __main__ import func3, seq'))
print(timeit('func4(seq)', 'from __main__ import func4, seq'))
```

11.3 单 选 题

（1）下面排序算法中不需要进行元素大小比较就可以实现的有（　　　）。

    A．冒泡排序　　　　B．基数排序　　　　C．快速排序　　　　D．归并排序

（2）下面代码用来计算 1~100 所有自然数之和，其中使用的算法是（　　　）。

```
r, n = 0, 100
for i in range(1, n+1): r = r + i
print(r)
```

    A．递推算法　　　　B．递归算法　　　　C．动态规划算法　　D．分治法

（3）下面代码用来计算列表中所有数字之和，其中使用的算法是（　　　）。

```
def func(seq):
    if not seq: return 0
    return seq[0] + func(seq[1:])
print(func([1,2,3,4,5]))
```

    A．递推算法　　　　　　　　　　　　B．递归算法

C. 动态规划算法   D. 分治法

（4）下面代码用来返回特定元素在列表中所有出现的下标，其中使用的算法是（   ）。

```python
def index(values, item):
    result = []
    for i, value in enumerate(values):
        if value == item: result.append(i)
    return result
print(index([1,2,3,3,5,3,8,3], 3))
```

A. 迭代算法   B. 枚举算法

C. 动态规划算法   D. 分治法

（5）下面代码来计算最接近大自然数平方根的自然数，其中使用的算法是（   ）。

```python
def sqrt(n):
    start, end = 1, n
    while start < end:
        mid = (start+end) // 2
        t = mid * mid
        if t == n: return mid
        elif t > n: end = mid - 1
        elif t < n: start = mid + 1
    return min((start-1,start,start+1), key=lambda num: abs(num**2-n))
print(sqrt(10**8+10005))
```

A. 迭代算法   B. 枚举算法

C. 动态规划算法   D. 分治法

（6）下面代码用来计算最接近大自然数平方根的自然数，其中使用的算法是（   ）。

```python
def sqrt(n):
    root = n // 2
    while not root**2 <= n <= (root+1)**2: root = (root + n//root) // 2
    return min((root,root+1), key=lambda num:abs(num**2-n))
print(sqrt(10**2000))
```

A. 迭代算法   B. 枚举算法

C. 动态规划算法   D. 分治法

（7）下面代码用来计算列表中全部电阻并联后得到的电阻值，其中使用的算法是（   ）。

```python
lst = [50, 30, 20]; r = sum(map(lambda x:1/x, lst)); print(round(1/r, 3))
```

A. 枚举算法   B. 迭代算法   C. 解析算法   D. 回溯法

（8）下面代码用来计算给定金额的表示方式，在这个过程中尽量使用面值大的钞票，其中使用的算法是（   ）。

```python
def func(value):
    face_values = (10000, 5000, 2000, 1000, 500, 100, 50, 10, 5, 2, 1)
    r = []
    # 从最大面额开始
    for num in face_values:
```

```
        if value >= num:
            # t 张面值 num, 还剩余 value 金额
            t, value = divmod(value, num)
            r.append((num,t))
    return r
print(func(32345))
```

    A. 枚举算法   B. 动态规划算法

    C. 贪心算法   D. 迭代算法

11.4 多 选 题

（1）下面属于算法优化思路的有（   ）。

    A. 减小搜索空间   B. 提前放弃不可能的解

    C. 充分利用相邻项的关系   D. 空间换时间

（2）下面属于 Python 程序优化思路的有（   ）。

    A. 使用 from…import…代替 import…

    B. 调整逻辑运算符 and 连接的表达式顺序，充分利用惰性求值特点

    C. 尽量减少使用全局变量

    D. 把算术乘法运算 x*2 改写为 x+x

（3）下面说法正确的有（   ）。

    A. 逻辑运算符 and、or 连接的多个表达式应该精心设计先后顺序

    B. 连接大量字符串时使用字符串方法 join() 比运算符"+"要快很多

    C. 使用内置函数 sum() 连接多个列表时效率不如循环结构 +extend() 方法快

    D. 自然数比较大时使用内置函数 pow() 计算幂模比使用运算符"**"和"%"快但自然数较小时后者反而更快

（4）设 x 为整数，下面说法正确的有（   ）。

    A. 表达式 x>>1 比 x//2 略快，x&1 比 x%2 略快

    B. 表达式 x*10 改写为 (x<<1)+(x<<3) 后效率反而会降低

    C. 表达式 x+x 比 x*2 略快，但 x+x+x 比 x*3 略慢

    D. 表达式 x*x 比 x**2 略快，但 x*x*x*x 略慢于 x**4

（5）下面排序算法中属于稳定排序算法的有（   ）。

    A. 冒泡排序   B. 选择排序   C. 快速排序   D. 归并排序

（6）下面排序算法中使用了分治策略的有（   ）。

    A. 冒泡排序   B. 选择排序   C. 快速排序   D. 归并排序

（7）下面排序算法中不需要使用嵌套循环结构就可以实现的有（   ）。

    A. 冒泡排序   B. 侏儒排序   C. 快速排序   D. 归并排序

（8）下面算法中用到了分治策略的有（   ）。

    A. 二分法查   B. 快速排序   C. 归并排序   D. 递推算法

（9）下面排序算法中在编码实现时往往采用递归函数的有（　　　）。

    A. 冒泡排序　　　　B. 选择排序　　　　C. 快速排序　　　　D. 归并排序

（10）下面代码用来从若干随机数中选择最大的一个，其中使用了（　　　）。

```python
from random import choices
data = choices(range(10000), k=50)
max_ = data[0]
for num in data[1:]:
    if num > max_: max_ = num
print(max_)
```

    A. 枚举法　　　　B. 选择法　　　　C. 递推法　　　　D. 递归法

（11）下面代码用来从给定的若干数字中寻找最大值，其中使用了（　　　）。

```python
def max_value(values):
    n = len(values)
    if n == 1: return values[0]
    mid = n // 2
    left_max, right_max = max_value(values[:mid]), max_value(values[mid:])
    if left_max > right_max: return left_max
    return right_max
print(max_value([8,2,3,4,5,6,7,6,5]))
```

    A. 递推算法　　　　　　　　　B. 递归算法

    C. 动态规划算法　　　　　　　D. 分治法

第 12 章

网 络 爬 虫

12.1 填 空 题

（1）在网页源代码中，<a> 标签的_____属性用来指定超链接的跳转地址。

（2）在网页源代码中，<input> 标签的_____属性用来指定组件的类型，例如，该属性的值为 'radio' 时为单选按钮。

（3）在网页源代码中，<meta> 标签的_____属性用来指定当前网页的编码格式。

（4）在网页源代码中，可以使用标签的_____属性为其设置在网页上显示时的内联样式。

（5）在网页源代码中，可以使用标签的_____属性为其应用已定义好的样式。

（6）在网页源代码中，可以使用 <img> 标签的_____属性指定图像地址。

（7）在网页源代码中，<form> 和 </form> 标签用来创建供用户输入内容的表单，使用_____属性指定用户提交数据的方式。

（8）在网页源代码中，<form> 和 </form> 标签用来创建供用户输入内容的表单，使用_____属性指定用户提交数据时执行的代码文件路径。

（9）标准库 urllib.request 中的_____函数可以用来打开一个指定的 URL 或 Request 对象，打开成功后，可以像读取文件内容一样使用 read() 方法读取网页源代码并以字节串形式返回。

（10）标准库 urllib.request 中的_____类可以用来使用自定义头部向服务器发起请求，可以绕过服务器的某些检查。

（11）在使用 urllib.request.Request 类请求访问页面时，可以使用_____参数来自定义头部信息，可用于对抗服务器检查请求对象头部信息并拒绝为爬虫程序提供信息的简单反爬机制。

（12）使用标准库对象 urllib.request.Request 请求网络文件时，如果需要指定请求资源字节范围，可以自定义头部并指定_____字段（首字母大写，其余小写）。

（13）已知 start_url = r'http://www.cae.cn/cae/html/main/col48/column_48_1.

html' 和 rel_url = '2020121201.jpg' 且已导入标准库 urllib.parse 和 os.path，表达式 os.path.basename(urllib.parse.urljoin(start_url, rel_url)) 的值为＿＿＿＿＿。

（14）使用扩展库 requests 的函数 get() 成功访问指定 URL 后返回的 Response 对象，可以通过 Response 对象的＿＿＿＿＿属性来查看字节串形式的网页源代码。

（15）扩展库 scrapy 的子命令＿＿＿＿＿用来创建爬虫项目。

（16）扩展库 scrapy 的子命令＿＿＿＿＿用来运行爬虫项目。

（17）扩展库 scrapy 的子命令＿＿＿＿＿用来运行单个爬虫程序文件。

（18）在 scrapy 爬虫程序中，爬虫类的数据成员＿＿＿＿＿用来指定要爬取的页面 URL，必须为列表，即使只有一个页面 URL。

12.2 判 断 题

（1）在网页源代码中，所有 HTML 标签都是成对出现的，开始标签和结束标签闭合，例如 <form> 和 </form>。

（2）在网页源代码中，<title> 标签中的内容会显示在浏览器标题栏上。

（3）在网页源代码中，<input> 标签只能用来定义文本框，没有其他功能。

（4）在网页源代码中，<h1> 标签定义的标题字号比 <h6> 定义的小。

（5）在网页源代码中，默认情况下 <div> 标签定义的块前后会自动换行。

（6）在网页源代码中，默认情况下 <p> 标签定义的段落前后会自动换行。

（7）在网页源代码中，默认情况下超链接标签 <a> 定义的内容会独占一个段落。

（8）在网页源代码中，使用 <img> 标签显示图像时只能显示本地图像文件，不能把 src 属性设置为其他网站上的图像链接地址。

（9）在网页源代码中，<html> 和 </html> 是一个 HTML 文档的最外层标签，分别用来限定文档的开始和结束，告知浏览器自己是一个 HTML 文档。

（10）在网页源代码中，<p> 标签不能直接出现在 <body> 标签中，一定要出现在 <div> 标签中。

（11）在网页源代码中，有序列表 <ol> 和无序列表 <ul> 中都是使用 <li> 标签创建列表项。

（12）在网页源代码中，有序列表 <ol> 和无序列表 <ul> 的列表项只能按照默认方式纵向排列，没有办法让列表项横向排列。

（13）在网页源代码中，<p> 标签用来定义段落，如果同一个段落内有不同格式的文本，可以使用 <span>、<strike>、<strong>、<i>、<u>、<sub> 类似的标签来修饰和定义。

（14）在网页源代码中，<form> 标签创建表单时 method 属性的值为 'get' 时适合用户提交简单的、少量的、不担心泄露的数据。

（15）在网页设计中，客户端向服务端提交参数时，GET 方式适用于大量数据的提交，如果页面上有设置为不可见的组件并且需要把组件的值提交给服务器，GET 方式也是最合适的。

（16）在网页源代码中，`<form>` 标签创建表单时 method 属性的值为 `'post'` 时适合用户提交复杂的、大量的、需要加密的或隐蔽的数据。

（17）如果一个 URL 地址是 `https://www.baidu.com/s?wd=%E8%91%A3%E4%BB%98%E5%9B%BD`，基本可以断定该页面使用 GET 方式提交参数。

（18）访问一个网页时，提交参数并显示服务器返回的最新页面后，浏览器地址栏的地址不变，基本可以断定该页面使用 POST 方式提交参数。

（19）把下面的代码保存为 Python 程序文件并运行，对于任意网页 URL 总能成功获取网页源代码。

```
from urllib.request import urlopen
with urlopen(url) as fp: content = fp.read().decode()
```

（20）如果服务器发现一个请求不是浏览器发出的（这时头部信息的 User-Agent 字段会带着 Python 的字样或者是空的）或者不是从资源所在的网站内部发起的，可能会拒绝提供资源，爬虫程序运行时会提示 HTTP Error 403 错误、HTTP Error 502 错误或 "Remote end closed connection without response"。

（21）在使用 urllib.request.Request 类请求访问页面时，使用参数 headers 自定义头部只能提供 User-Agent 字段假装自己是浏览器，没有别的用途了。

（22）在使用 urllib.request.Request 类请求访问页面时，可以设置参数 `'Referer'` 指定发出请求的当前位置，用来绕过服务器的防盗链检查机制。

（23）在使用标准库 urllib 编写网络爬虫程序，通过参数 headers 自定义头部模拟浏览器时，例如 `headers = {'User-Agent': 'Chrome/70.0.3538.110 Safari/537.36'}`，其中的 `'User-Agent'` 严格区分大小写，不能写作 `'user-agent'`。

（24）编写网络爬虫程序时，为了避免爬取速度太快被服务器拒绝，可以在程序中适当位置使用标准库函数 time.sleep() 暂停一定时间降低爬取速度。

（25）使用标准库对象 urllib.request.Request 请求网络文件时，如果自定义头部为 `headers={'Range': 'bytes=0-0'}`，可以用于获取网络文件总大小。

（26）使用标准库函数 urllib.request.urlopen() 打开 URL 创建 HTTPResponse 对象后，使用 HTTPResponse 对象的 read() 读取并返回字符串形式的数据。

（27）使用扩展库 requests 的 get() 函数获取指定 URL 时，如果返回的 Response 对象的属性 status_code 值为 200，表示访问成功。

（28）使用扩展库 requests 的 get() 函数成功访问指定的网络文件并返回 Response 对象后，把 Response 对象的 text 属性内容写入本地以 `'wb'` 模式打开的文件对象中，即可实现网络文件的下载。

（29）在编写网络爬虫程序时，如果获取到的网页源代码不标准，例如某些标签不闭合，就没有办法提取想要的信息了，只能放弃这个页面。

（30）使用扩展库 scrapy 编写网络爬虫程序时，根据 response 对象创建的选择器对象的 getall() 返回列表，即使提取结果只有一项。

（31）扩展库 scrapy 的 XPath 选择器语法中，`'/div'` 只能选择根节点 div，无法选择嵌套在内层的 div 节点。

（32）扩展库 scrapy 的 XPath 选择器语法中，'//div' 只能选择根节点 div，无法选择嵌套在内层的 div 节点。

（33）扩展库 scrapy 的 XPath 选择器语法中，'//div/@id' 可以选择所有 div 节点的 id 属性。

（34）扩展库 scrapy 的 XPath 选择器语法中，'//title/text()' 可以选择所有 title 节点的文本。

（35）扩展库 scrapy 的 XPath 选择器语法中，'//div/span[2]' 可以选择 div 节点中的第三个 span 节点，因为下标是从 0 开始的。

（36）扩展库 scrapy 的 XPath 选择器语法中，'//div/a[last()]' 可以选择 div 节点内部的最后一个 a 节点。

（37）扩展库 scrapy 的 CSS 选择器语法中，'ul>li' 只能选择 ul 节点中的第一个 li 节点。

（38）使用扩展库 scrapy 编写网络爬虫时，必须创建爬虫项目，不能只编写一个爬虫程序文件。

12.3　单　选　题

（1）下面 HTML 标签中用来定义表格中单元格的是（　　　）。

    A.\<table\>　　　　　B.\<tr\>　　　　　C.\<td\>　　　　　D.\<cell\>

（2）下面 HTML 标签中用来定义有序列表的是（　　　）。

    A.\<ol\>　　　　　B.\<ul\>　　　　　C.\<li\>　　　　　D.\<item\>

（3）下面 HTML 标签中用来显示图像的是（　　　）。

    A.\<img\>　　　　　B.\<div\>　　　　　C.\<p\>　　　　　D.\<a\>

（4）下面 HTML 标签中用来定义表单的是（　　　）。

    A.\<title\>　　　　　B.\<head\>　　　　　C.\<p\>　　　　　D.\<form\>

（5）下面 HTML 标签中用来定义浏览器标题的是（　　　）。

    A.\<title\>　　　　　B.\<head\>　　　　　C.\<p\>　　　　　D.\<h1\>

（6）HTML 标签的属性中用来定义元素样式的是（　　　）。

    A.style　　　　　B.attribute　　　　　C.id　　　　　D.name

（7）HTML 标签 \<meta\> 的属性中用来定义网页编码格式的是（　　　）。

    A.encoding　　　　　B.charset　　　　　C.language　　　　　D.decoding

（8）HTML 标签 \<img\> 的属性中用来指定图片地址的是（　　　）。

    A.address　　　　　B.src　　　　　C.position　　　　　D.href

（9）使用标准库函数 urllib.request.urlopen(url) 成功打开 url 指定的页面后，返回的对象可以支持使用 read() 方法获取（　　　）的内容。

    A. 字符串　　　　　B. 字节串　　　　　C.csv 格式　　　　　D.json 格式

（10）使用 scrapy 的 XPath 选择器时，用来选择当前节点下面的所有 div 节点的是（　　）。

      A.div　　　　　　　B.//div　　　　　C./div　　　　　　D..div

（11）已知 text = '<p>A</p><p>B</p>'，已导入 scrapy，且有 selector = scrapy.Selector(text=text)，下面表达式的值不为 'B' 的是（　　）。

      A.selector.css('p:last-child::text').get()

      B.selector.css('p:nth-child(1)::text').get()

      C.selector.css('p:nth-child(2)::text').get()

      D.selector.css('p:nth-child(2n)::text').get()

（12）已知 text = '<p>A</p><p>B</p>'，已导入 scrapy，且有 selector = scrapy.Selector(text=text)，下面表达式的值不为 'B' 的是（　　）。

      A.selector.xpath('//p[2]/text()').get()

      B.selector.xpath('//p[last()]/text()').get()

      C.selector.xpath('//p[position()=2]/text()').get()

      D.selector.xpath('//p[position()>0]/text()').get()

（13）使用 scrapy 编写网络爬虫项目时，如果想修改同时处理请求的数量，需要修改爬虫项目中 settings.py 中（　　）变量的值。

      A.BOT_NAME　　　　　　　　　　B.ITEM_PIPELINES

      C.ROBOTSTXT_OBEY　　　　　　　D.CONCURRENT_REQUESTS

（14）扩展库 Pandas 中用来从网页文件或 URL 中读取表格数据的函数是（　　）。

      A.read_html()　　　　　　　　B.read_sql()

      C.read_excel()　　　　　　　　D.read_table()

（15）编写网络爬虫程序时可以自定义头部绕过服务器的某些检查，其中用来绕过防盗链检查的字段是（　　）。

      A.User-Agent　　　B.Referer　　　C.Range　　　　　D.Content-Type

第 13 章

套接字编程

13.1 填空题

（1）标准库_____对 Socket 套接字进行了封装，支持 Socket 接口的访问，大幅简化了网络程序的开发。

（2）网络应用层协议 HTTP 默认使用的端口是_____。

（3）MySQL 数据库管理系统默认使用的端口是_____。

（4）Windows 操作系统中用来实现远程访问和控制计算机的远程桌面协议默认使用的端口是_____。

（5）IPv4 地址是_____位二进制数。

（6）在 Windows 操作系统中用来查看网络接口信息和 IP 地址、MAC 地址、子网掩码、DNS 等配置信息的命令是_____。

（7）在 Windows 操作系统中用来查看网络协议统计信息和当前 TCP/IP 网络连接的命令是_____。

（8）在 Windows 操作系统中用来查看本机与目标主机是否连通的命令是_____。

（9）在 Windows 操作系统中用来显示和修改地址解析协议 (ARP) 使用的"IP 到物理"地址转换表的命令是_____。

（10）在 Windows 操作系统中用来查看已启动 Windows 服务的命令是_____。

（11）标准库 socket 中的_____函数用来获取本地计算机名。

（12）标准库 socket 中的_____函数根据计算机名返回对应的 IP 地址。

（13）标准库 urllib.request 的_____函数返回本机的所有 IP 地址。

（14）标准库 socket 中的_____函数用来创建套接字对象。

（15）使用标准库 socket 中的 socket() 函数创建套接字对象时，如果指定参数 type=socket.SOCK_STREAM 表示使用传输层的_____协议。

（16）使用标准库 socket 中的 socket() 函数创建套接字对象时，如果指定参数 type=socket.SOCK_DGRAM 表示使用传输层的_____协议。

（17）套接字对象的_____方法用来关闭连接。

（18）使用 TCP 进行通信时，一方套接字调用_____方法后变为服务端。

（19）使用 TCP 进行通信时，客户端套接字对象的_____方法用来连接服务端套接字。

（20）使用 TCP 进行通信时，套接字对象的_____方法可以设置套接字连接和收发数据操作的超时时间。

（21）使用 TCP 进行通信时，调用套接字对象的 settimeout() 方法并设置参数为_____时表示设置套接字为阻塞模式。

（22）使用 TCP 进行通信时，服务端监听套接字对象的_____方法用来接收客户端连接。

（23）使用 TCP 进行通信时，套接字对象的_____方法用来把给定的字节串一次性全部发送给对方套接字。

（24）使用 TCP 进行通信时，套接字对象的_____方法用来接收指定数量的数据，但由于断包与粘包特性的存在，即使缓冲区中有足够多的数据，也不一定能恰好接收到预期数量的数据。

（25）使用标准库函数 socket.socket() 创建的套接字对象的_____方法用来绑定本地地址，参数为包含目标主机 IP 地址和端口号的元组。

（26）使用 UDP 的套接字不需要建立连接，可以使用套接字对象的_____方法直接向对方发送数据。

（27）UDP 套接字对象的_____方法用来接收数据并返回对方地址和接收到的数据。

（28）扩展库 scapy 的 sniff() 函数用来嗅探网络流量，该函数的参数_____用来设置过滤规则。

（29）使用 UDP 发送数据时，如果目标主机存活且目标端口是开放的就直接把数据送达，这时发送方不会收到任何反馈，除非对方在应用层发回数据。如果目标主机不存活，发送方会收到一个 type 字段值为 3、code 字段值为_____的 ICMP 数据包表示主机不可达（host unreachable）。

（30）使用 UDP 发送数据时，如果目标主机存活且目标端口是开放的就直接把数据送达，这时发送方不会收到任何反馈，除非对方在应用层发回数据。如果目标主机存活但目标端口没有开放，发送方会收到一个 type 字段值为 3、code 字段值为_____的 ICMP 数据包表示端口不可达（port unreachable）。

（31）假设已导入标准库 struct，且有 size = struct.pack('i', 4)，表达式 struct.unpack('i', size) 的值为_____。

13.2 判 断 题

（1）标准库 socket 的函数 gethostbyname() 可以根据指定的 URL 获取对应的服务器主机 IP 地址。

（2）使用套接字编程的 Python 程序可以直接从 Windows 操作系统直接移植到 Linux 操作系统，不需要任何修改且不影响程序功能。

（3）使用标准库 socket 中的 socket() 函数创建套接字对象时，不传递任何参数时默认表示使用 TCP。

（4）导入标准库 socket 后，可以使用 `socket.getservbyname('http', 'tcp')` 查看应用层协议 HTTP 使用的端口号，也就是 80。

（5）导入标准库 socket 后，可以使用 `socket.getservbyport(25, 'tcp')` 查看哪个应用层协议占用了传输层协议 TCP 的 25 号端口，也就是 SMTP。

（6）在使用标准库函数 socket.socket() 创建套接字时，第一个参数为 socket.AF_INET 时表示使用 IPv4 地址，为 socket.AF_INET6 时表示使用 IPv6 地址。

（7）在使用标准库函数 socket.socket() 创建套接字时，第二个参数为 socket.SOCK_STREAM 时表示使用 TCP，为 socket.SOCK_DGRAM 时表示使用 UDP。

（8）TCP 是可以提供良好服务质量的传输层协议，所以在任何场合都应该优先考虑使用。

（9）使用 TCP 开发网络应用程序时，先启动客户端并发起连接请求也是可以的，服务端晚些时间启动后客户端就自动连接上了。

（10）使用 TCP 和 UDP 通过网络传输数据时，发送端和接收端应遵守同样的规范并按照正确的顺序收发数据。

（11）使用 TCP 进行通信时，必须首先建立连接，然后进行数据传输，最后再关闭连接。

（12）使用 TCP 进行通信时，客户端套接字不能进行绑定操作，只能使用系统分配的端口号。

（13）使用 TCP 进行通信时，如果一方已关闭套接字，另一方接收数据时返回空字节串。

（14）使用 TCP 进行通信时，服务端套接字调用 accept() 方法会进入阻塞模式，直到有客户端连接进入。

（15）使用 TCP 进行通信时，服务端监听套接字对象的 accept() 方法返回客户端的地址和一个新的用于实际数据收发的套接字对象。

（16）使用 TCP 进行通信时，一方调用套接字对象的 listen() 方法后才会成为服务端。

（17）使用 TCP 进行通信时，如果对方发送来的数据长度大于 size，接收方套接字对象的 recv(size) 一定能够接收长度为 size 的字节串。

（18）使用 TCP 进行通信时，套接字对象的 send(buffer) 方法可以把字节串 buffer 一次全部发送出去。

（19）使用 TCP 进行通信时，对数据进行分块传输并控制每次发送数据的间隔，可以实现限速。

（20）使用 TCP 进行通信时，如果长时间没有数据收发会自动关闭连接，没有办法避免这个自动关闭的操作。

（21）使用 TCP 或 UDP 进行通信时，套接字对象发送和接收的数据都必须是字节串。

（22）使用 TCP 或 UDP 进行通信时，需要把字符串转换为字节串，由于汉字使用 GBK 编码仅占用 2 字节，而 UTF8 占用 3 字节，所以为了节省带宽一定要选择 GBK 编码，不论字符串中包含什么字符。

（23）使用 TCP 创建套接字后，为避免客户端连接服务端时服务端不存在造成的长时间等待，可以调用客户端套接字对象的 `settimeout()` 方法并设置参数为较小的实数，连接成功后再次调用该方法并设置参数为 None 以免影响正常的数据收发。

（24）在使用 TCP 进行通信时，一般建议先通知对方接下来要发送的实际数据长度，或者双方约好结束标记。

（25）在使用 TCP 进行通信时，一定要保证接收方恰好收完发送方发送的数据，不多不少，这一点非常重要。

（26）设置 TCP 套接字为长连接模式时只需要在一方设置即可，不需要通信双方都设置。

（27）已知 conn 为已连接的 TCP 套接字，语句 `conn.setsockopt(socket.SOL_SOCKET, socket.SO_KEEPALIVE, True)` 的作用是设置套接字保持长连接。

（28）已知 conn 为已连接的 TCP 套接字，语句 `conn.ioctl(socket.SIO_KEEPALIVE_VALS, (1, 60*1000, 30*1000))` 的作用是开启保活机制并设置 60 秒后开始每隔 30 秒发送一次心跳包探测对方是否存活，默认情况下探测 10 秒，若对方仍没反应则放弃并断开连接。

（29）使用 TCP 进行通信时，为了保证服务端能够及时响应和处理客户端的请求和数据，可以在服务端使用多线程或多进程编程技术，为每个客户端连接创建新的线程或进程，但这样对服务器的硬件配置要求比较高。

（30）使用标准库函数 `socket.socket()` 创建的套接字对象的 `bind()` 方法绑定本地地址时，如果使用空字符串做目标主机 IP 地址，表示本地计算机所有 IP 地址。

（31）假设已导入标准库 socket，且有 `sock = socket.socket()`，语句 `sock.connect('127.0.0.1', 8080)` 的功能是连接本地回环地址的 8080 端口。

（32）使用 TCP 进行通信时，客户端套接字可以自由在多个服务端之间切换，需要和哪个服务端通信就使用 `connect()` 方法连接哪个服务端套接字，通信全部结束后调用 `close()` 方法关闭套接字。

（33）使用 TCP 进行通信时，客户端套接字可以自由在多个服务端之间切换，需要和哪个服务端通信就先调用 `close()` 方法关闭当前连接，然后使用 `connect()` 方法连接新的服务端套接字。

（34）假设已导入标准库 socket，且有 `sock = socket.socket()`，语句 `sock.bind('', 5005)` 的功能是绑定本地所有 IP 地址的 5050 端口。

（35）使用 socket 模块创建套接字后，调用套接字对象的 `bind()` 方法绑定本地地址时，不建议个人开发的网络程序使用小于 1024 的端口号。

（36）使用 socket 模块创建套接字后，调用套接字对象的 `bind()` 方法绑定本地地址时，如果端口号已被占用则会抛出 `OSError` 异常并提示每个套接字地址只能使用一次。

（37）UDP 本身不能保证数据到达接收端，也不能保证按序到达，如果需要保证这一点的话，需要程序员自己编写代码在应用层实现可靠传输。

（38）UDP 是无连接的，使用 UDP 进行通信时，如果调用套接字对象的 `connect()` 方法连接对方地址，代码会引发异常。

（39）使用 UDP 进行通信时，任何一方都可以使用 `sendto()` 方法轮流向多个 UDP 套接字发送消息，然后使用recvfrom()接收消息并根据返回值来判断是哪个套接字发来的消息。

（40）UDP套接字只能使用recvfrom()方法接收数据，不能使用recv()方法。

（41）TCP不支持广播和组播，UDP支持。

（42）UDP套接字对象可以使用sendto()方法直接向地址('255.255.255.255', 5050)广播发送数据。

（43）UDP套接字对象可以使用sendto()方法直接向地址('192.168.8.255', 5050)广播发送数据。

（44）UDP套接字也可以像TCP套接字一样使用connect()方法连接对方，然后使用send()方法发送数据，使用recv()方法接收数据。

（45）使用UCP或UDP进行通信时，为了减少对网络带宽的占用，可以使用标准库函数zlib.compress()在发送端压缩数据，并在接收端使用标准库函数zlib.decompress()进行解压缩。

（46）默认情况下，UDP套接字对象recvfrom()方法调用会进入阻塞模式，直到有数据到达才会返回并继续执行后面的代码。

（47）默认情况下，网卡收到数据帧后会对目标MAC地址进行检查，如果数据帧是广播、组播且本机属于该组或者定向发给本机的就提交给网络层，否则就直接丢弃数据，上层根本不知道有这样的数据到达。

（48）为了实现网络流量嗅探，需要将代码设置为混杂模式，并且需要使用管理员权限运行嗅探器程序。

（49）TLS对TCP连接进行封装和加密，可以用于保护请求URL的HTTPS连接和返回的内容、密码或cookie等可能在套接字传递的任意认证信息，只对发送的数据进行保护，服务端和客户端的IP地址以及端口号仍然是明文传输的。

（50）通过扩展库scapy构造一个标志位为SYN的TCP数据包，发送后如果收到目的主机的SYN+ACK数据包，就说明目的主机的端口是开放的。

（51）使用TCP或UDP进行通信时，只能使用标准库struct把要发送的对象转换为字节串，不能使用pickle。

（52）标准库struct可以把Python列表、元组、字典、集合等任意类型的对象转换为字节串。

（53）标准库pickle可以把Python列表、元组、字典、集合等任意类型的对象转换为字节串。

（54）在Windows操作系统中使用命令netstat -nbo可以查看本机所有联网应用程序的信息，包括程序名、网络协议、本机与远程套接字地址、状态、进程ID等。

（55）扩展库psutil的函数net_connections()用来查看本机套接字的连接状态，返回的信息包括本地地址、远程地址以及连接状态。

（56）扩展库psutil的函数net_io_counters()用来查看本机网络收发数据的数量。

第 14 章

多线程与多进程编程

14.1 填 空 题

（1）Python 用来支持和实现多线程并发编程的标准库是_____。

（2）Python 用来支持多进程编程实现多任务并行处理的标准库是_____。

（3）Python 用来支持子进程创建与管理的标准库是_____。

（4）标准库 threading 的函数_____用来返回当前线程对象。

（5）标准库 threading 的函数_____用来返回当前处于活动状态的线程数量。

（6）标准库 threading 的函数_____用来返回或设置线程栈的大小。

（7）标准库 threading 的类_____用来根据已有的可调用对象创建线程或者作为自定义线程类的基类。

（8）标准库 threading 的类_____用来定义延时线程对象，这样的线程启动后延迟指定的时间才会真正执行。

（9）直接使用 Thread 类实例化一个线程对象，通过参数_____指定一个可调用对象，通过参数 args 和 kwargs 指定传递给可调用对象的参数。

（10）继承 threading.Thread 类自定义线程类时,在派生类中除了重写 __init__() 方法之外，还要重写_____方法指定该线程执行时的具体任务，调用线程对象的 start() 方法时会自动调用该方法。

（11）线程对象的_____方法用来启动线程。

（12）线程对象的_____方法用来阻塞当前线程，等待指定线程运行结束或超时后继续运行当前线程的代码。

（13）如果希望主线程结束时某个子线程也随着一起结束，应该把子线程的 daemon 属性设置为_____。

（14）线程对象的_____方法用来查看当前线程是否还在执行，是则返回 True，如果已经执行结束就返回 False。

（15）如果多个线程需要做完准备工作后再同时继续后面的操作，需要创建一个 Barrier 对象，然后做完准备工作的线程都调用 Barrier 对象的_____方法。

（16）标准库 os 中的_____函数可以查看当前进程的 ID 号。

（17）标准库 os 中的_____函数可以查看当前进程的父进程的 ID 号。

（18）标准库 os 中用来获取处理器数量的函数是_____。

（19）标准库 multiprocessing 中的_____类用来创建进程，然后可以调用进程对象的 start() 方法启动进程。

（20）标准库 multiprocessing 中的_____类用来创建进程池，同一个进程池中的多个工作进程能够自动分配和执行任务，不需要额外的管理和干涉，尤其适合每个进程分配到的子任务完成顺序不重要、多个子任务可以同时进行的场合。

（21）在 Windows 操作系统中，一个进程结束时如果返回码为_____表示正常结束。

（22）使用标准库 subprocess 中的 Popen() 函数创建子进程，返回的 Popen 对象的_____方法用来结束进程。

（23）扩展库 psutil 中的_____函数用来返回当前系统中所有进程的 ID。

（24）扩展库 psutil 的类 Process 根据给定的进程 ID 创建进程对象后，可以使用进程对象的_____方法查看应用程序对应的文件路径。

（25）扩展库 psutil 的类 Process 根据给定的进程 ID 创建进程对象后，可以使用进程对象的_____方法查看进程中的线程数量。

（26）扩展库 psutil 的类 Process 根据给定的进程 ID 创建进程对象后，可以使用进程对象的_____方法查看进程中的所有线程对象。

（27）扩展库 psutil 的类 Process 根据给定的进程 ID 创建进程对象后，可以使用进程对象的_____方法查看进程的 CPU 占用情况，也就是在哪个 CPU 上运行。

（28）扩展库 psutil 的类 Process 根据给定的进程 ID 创建进程对象后，可以使用进程对象的_____方法结束进程。

（29）扩展库 psutil 的类 Process 根据给定的进程 ID 创建进程对象后，可以使用进程对象的_____方法查看创建该进程的用户名。

14.2　判　断　题

（1）线程是以阻塞模式运行的，启动一个新的线程后当前线程就不再执行了，必须等被启动的线程运行结束才能继续执行后面的代码。

（2）继承自 threading.Thread 类的派生类中不能有普通的成员方法。

（3）同一个进程中的所有线程都共享进程的地址空间、对象句柄、代码、数据和其他资源。

（4）当一个进程被创建时，操作系统会自动创建一个线程，称为主线程。一个进程中可以包含多个线程，主线程根据需要再动态创建其他子线程，子线程中也可以再创建子线程。

（5）除主线程的生命周期与所属进程的生命周期一样之外，其他线程的生命周期都小于其所属进程的生命周期。

（6）主线程是在创建进程时自动创建的。

（7）一个进程中线程的数量是在设计应用程序时定义的，不能在程序运行之后动态增加线程。

（8）线程可以脱离进程独立存在。

（9）在编写应用程序时，应合理控制线程数量，线程并不是越多越好。

（10）在多线程编程中，创建子线程时传递参数是把实参的引用传递给子线程，子线程和父线程共用参数的内存空间，除非在子线程中修改了形参的引用。

（11）标准库 threading 中的 Lock、RLock、Condition、Event、Semaphore 对象都可以用来实现线程同步。

（12）标准库 threading 中的 Semaphore 对象维护着一个内部计数器，调用 acquire() 方法时计数器减 1，如果计数器已经为 0 就阻塞线程，调用 release() 方法时计数器加 1。

（13）在多线程编程时，某子线程的 daemon 属性为 False 时，主线程结束时进程会检测该子线程是否结束，如果该子线程尚未运行结束，则进程会等待它完成后再退出。

（14）线程的 daemon 属性默认值为 False，如果需要设置为 True，必须在调用 start() 方法之前进行设置。

（15）在 4 核 CPU 平台上多线程编程技术可以轻易地获得 400% 的处理速度提升。

（16）多线程编程技术的主要目的是提高计算机硬件的利用率，别无他用。

（17）主线程结束后子线程就无法正常执行了，即使子线程的 daemon 属性为 False。

（18）线程启动后仍可以修改其 daemon 属性将线程设置为守护线程。

（19）假设 t 表示一个线程对象，执行语句 t.join(50) 时，即使线程提前运行结束了，也必须等 50 秒才能返回继续执行主调线程后面的代码。

（20）假设 t 表示一个线程对象，执行语句 t.join(3) 时，如果 3 秒后线程 t 仍未运行结束则抛出 TimeoutError 异常。

（21）同一个线程对象的 join() 方法最多只能调用一次，多次调用会抛出异常导致代码崩溃。

（22）在线程代码中可以调用自身线程的 join() 方法来阻塞自己。

（23）一个进程是正在执行中的一个程序使用资源的总和，包括虚拟地址空间、代码、数据、对象句柄、环境变量和执行单元等。一个应用程序被打开并执行多次，就会创建多个进程。

（24）在多进程编程中，创建子进程时传递参数是把实参的引用传递给子进程，子进程和父进程共用参数的内存空间，除非在子进程中修改了形参的引用。

（25）Python 程序直接运行时其特殊属性 __name__ 的值为 '__name__'，作为模块导入时值为程序文件名，没有其他的取值了。

（26）在多线程编程时，如果 Lock 对象的状态为 unlocked，则调用 acquire() 方法时会将其修改为 locked 状态并立即返回。

（27）在多线程编程时，如果 Lock 对象的状态为 locked，则调用 acquire() 方法时会阻塞线程，等其他线程释放锁对象后再将其修改为 locked 状态并立即返回。

（28）在多线程编程时，Event 对象的 set() 方法可以设置 Event 对象内部的信号标志为真表示发生了指定的事件。

（29）在多线程编程时，Event 对象的 clear() 方法可以清除 Event 对象内部的信号标志，将其设置为假。

（30）在多线程编程时，Event 对象的 wait() 方法在其内部信号状态为真时会立刻执行并返回，若 Event 对象的内部信号标志为假，wait() 方法就一直等待至超时或者内部信号状态为真。

（31）标准库 threading 中的类 Semaphore 与 BoundedSemaphore 维护着一个内部计数器，调用 acquire() 方法时计数器减 1，调用 release() 方法时计数器加 1，适用于需要控制特定资源的并发访问线程数量的场合。

（32）不同进程间的地址空间是互相隔离的，没有任何办法在不同的进程之间交换和共享数据。

（33）同一个进程的多个线程之间可以进行同步控制和协调工作，不同进程之间不可以，每个进程都是按照预定路线执行的，没有办法互相协调。

（34）调用标准库函数 time.sleep(10) 时，不仅会阻塞当前线程后面的代码 10 秒，同一个进程中的其他线程也全部被阻塞而暂停运行。

（35）在编写多进程程序时，把创建进程的代码放在 if __name__ == '__main__': 选择结构中，这只是一种习惯，实际上也可以不这样做。

（36）多进程编程模块 multiprocessing 只提供了本机不同进程之间的通信，不支持不同机器上的进程跨网络通信。

（37）如果使用了多进程编程技术的 Python 程序需要使用 pyinstaller 打包为可执行文件并脱离 Python 环境进行运行，需要在 if __name__ == '__main__': 选择结构中先调用函数 freeze_support()。

（38）多进程编程模块 multiprocessing 中的 Pipe 对象用来创建管道，管道有两个端：一个接收端和一个发送端，相当于在两个进程之间建立了一个用于传输数据的专属通道。管道既可以是单向的，也可以是双向的。

（39）使用标准库 subprocess 中的 run() 函数创建子进程时会阻塞当前进程的代码执行，只能等待子进程执行结束，没有办法提前返回。

（40）使用标准库 subprocess 中的 Popen() 函数创建子进程时不阻塞当前进程，直接返回得到 Popen 对象，通过该对象可以对子进程进行更多地操作和控制。

（41）内置模块 sys 的函数 getswitchinterval() 可以查看线程切换的时间间隔，也就是多线程调度算法中时间片的大小。

（42）把下面的代码保存为 Python 程序文件并在 IDLE 环境中运行，第一个输出为 5，第二个输出为 3。

```
from time import sleep
from threading import Thread
def func():
```

```
    sleep(1); print(3)
Thread(target=func).start()
print(5)
```

（43）把本节第（42）题中的代码保存为 Python 程序文件并在命令提示符或 PowerShell 环境中运行，第一个输出为 5，第二个输出为 3。

（44）把下面的代码保存为 Python 程序文件并在命令提示符或 PowerShell 环境中运行，第一个输出为 5，第二个输出为 3。

```
from time import sleep
from threading import Thread
def func():
    sleep(1); print(3)
Thread(target=func, daemon=True).start()
print(5)
```

（45）把本节第（44）题中的代码保存为 Python 程序文件并在 IDLE 环境中运行，第一个输出为 5，第二个输出为 3。

（46）把下面的代码保存为 Python 程序文件并运行，输出结果为 [111, 22, 3]。

```
from threading import Thread
x = [111, 3, 22]
t = Thread(target=list.sort, args=(x,), kwargs={'key':str}); t.start()
t.join()
print(x)
```

（47）下面的程序在 IDLE 中运行和在命令提示符 cmd 中运行的结果一样。

```
from time import sleep
from threading import Thread, Timer
def main(n, m):
    def func1():
        for i in range(n):
            print(i)
            sleep(1)
    def func2(): print(m)
    Thread(target=func1, daemon=True).start()
    t = Timer(m, func2); t.start(); t.join()
main(5, 3)
```

（48）在子线程中创建的全局变量只能在子线程内部使用，无法在主线程中访问，所以下面的代码会在执行最后一条语句时抛出异常并提示变量 x1 没有定义。

```
from threading import Thread
def func1():
    global x1
    x1 = 3
t = Thread(target=func1); t.start(); t.join()
print(x1)
```

（49）把下面的代码保存为 Python 程序文件并运行，程序会进入阻塞状态，因为最后一个调用 acquire() 方法时对象内部的值为 0，这时只能等待其值大于 0 后才能返回。

```
from threading import BoundedSemaphore
bs = BoundedSemaphore(3)
bs.acquire(); bs.acquire(); bs.acquire(); bs.acquire()
```

（50）把下面的代码保存为 Python 程序文件并运行，可以正常结束，不会进入阻塞状态。

```
from threading import BoundedSemaphore
bs = BoundedSemaphore(3)
bs.acquire(); bs.acquire(); bs.release(); bs.acquire(); bs.acquire()
```

（51）把下面的代码保存为 Python 程序文件并运行，会抛出 ValueError 异常。

```
from threading import BoundedSemaphore
bs = BoundedSemaphore(3); bs.release()
```

（52）把下面的代码保存为 Python 程序文件并运行，会抛出 ValueError 异常。

```
from threading import BoundedSemaphore
bs = BoundedSemaphore(3); bs.acquire(); bs.release(2)
```

第 15 章

NumPy数组运算与矩阵运算

在本章题目中，如果没有特殊说明，np 均表示扩展库 numpy，并已使用语句 `import numpy as np` 导入。

15.1 填 空 题

（1）使用 pip 命令在线安装扩展库 numpy 最新版本的完整命令是_____。

客观题
第 15 章答案 .pdf

（2）表达式 `len(np.arange(1, 8, 3))` 的值为_____。

（3）表达式 `np.arange(8)[-1]` 的值为_____。

（4）表达式 `np.zeros((3,5)).size` 的值为_____。

（5）表达式 `len(np.zeros((3,4)))` 的值为_____。

（6）表达式 `len(np.zeros((3,4))[0])` 的值为_____。

（7）表达式 `len(np.zeros((3,4)).shape)` 的值为_____。

（8）表达式 `sum(np.array((1, 2, 3, 4, 5)) * 2)` 的值为_____。

（9）表达式 `(np.array((1, 2, 3, 4, 5)) ** 2).sum()` 的值为_____。

（10）表达式 `(np.array((1, 2, 3, 4, 5))**2).max()` 的值为_____。

（11）表达式 `(np.array((1, 2, 3, 4, 5))//5).sum()` 的值为_____。

（12）已知 x = np.array((1, 2, 3, 4, 5))，表达式 `sum(x*x)` 的值为_____。

（13）已知 x = np.array([1, 2, 3]) 和 y = np.array([[3], [4], [5]])，表达式 `(x*y).sum()` 的值为_____。

（14）表达式 `np.zeros((3,4))` 生成的数组中元素个数为_____。

（15）表达式 `np.ones((3,4)).sum()` 的值为_____。

（16）表达式 `np.ones((3,4), dtype=int).sum()` 的值为_____。

（17）表达式 `np.ones((3,4), dtype=object).sum()` 的值为_____。

（18）表达式 `np.ones_like(np.arange(6), shape=(6,4)).sum()` 的值为_____。

（19）表达式 `np.identity(5).size` 的值为_____。

（20）表达式 `np.identity(5).sum()` 的值为_____。

（21）表达式 `np.eye(5, 5, k=2).sum()` 的值为_____。

（22）表达式 `sum(2**np.array(range(64))) == sum(2**i for i in range(64))` 的值为_____。

（23）表达式 `sum(2**np.array(range(64), dtype=object)) == sum(2**i for i in range(64))` 的值为_____。

（24）表达式 `len(np.r_[1:5])` 的值为_____。

（25）表达式 `len(np.c_[1:5])` 的值为_____。

（26）表达式 `np.linspace(0, 10, 11)` 生成的数组中相邻两个元素之差的绝对值为_____。

（27）表达式 `np.linspace(1, 12, 11, endpoint=False)` 生成的数组中相邻两个元素之差的绝对值为_____。

（28）表达式 `np.linspace(1, 12, 11, endpoint=False, retstep=True)[1]` 的值为_____。

（29）表达式 `np.diag((1,2,3,4)).shape` 的值为_____。

（30）表达式 `len(np.random.randint(0, 50, 5))` 的值为_____。

（31）表达式 `all(np.random.rand(20000)<1)` 的值为_____。

（32）表达式 `np.random.randn(3).shape` 的值为_____。

（33）已知 `x = np.random.randint(1, 100, (3,5))`，表达式 `np.ceil(abs(np.sin(x))).sum()` 的值最大可能为_____。

（34）表达式 `np.random.randint(0, 50, (3,5)).size` 的值为_____。

（35）表达式 `np.random.randint([1, 3, 5, 7], [[[10]], [[20]]]).shape` 的值为_____。

（36）表达式 `np.random.randint([[1, 3, 5], [5, 8, 1]], [[[10]], [[20]]]).shape` 的值为_____。

（37）已知 `x = np.diag([1,2,3,4,5])`，表达式 `x.size - x.nonzero()[0].size` 的值为_____。

（38）已知 `x = np.diag([1,2,3,4,5])`，表达式 `x.size - np.count_nonzero(x)` 的值为_____。

（39）表达式 `np.diag(np.arange(24).reshape((4,6))).sum()` 的值为_____。

（40）表达式 `np.diag([1,2,3,4]).trace()` 的值为_____。

（41）表达式 `np.arange(24).reshape(4,6).trace(-2).sum()` 的值为_____。

（42）表达式 `np.mgrid[5:10:2j, 1:10:2j].shape` 的值为_____。

（43）表达式 `np.tri(5, 5, 2, dtype=int).sum()` 的值为_____。

（44）表达式 `np.tri(5, 5, -2, dtype=int).sum()` 的值为_____。

（45）表达式 `np.vander([1,2,3,4])[:,0].sum()` 的值为_____。

（46）表达式 `np.vander([1,2,3,4], 5, increasing=True)[:,-1].sum()` 的值为_____。

（47）表达式 `np.choose([-3,1,4], [8,9,10], mode='clip').sum()` 的值为_____。

（48）表达式 np.choose([-3,1,4], [8,9,10], mode='wrap').sum() 的值为_____。

（49）表达式 np.array([3+4j, 5+6j, 7+8j]).real.sum() 的值为_____。

（50）表达式 np.ptp([1,2,3,4,5]) 的值为_____。

（51）表达式 np.average([1,2,3], weights=[0.5,0.3,0.2]).round(1) 的值为_____。

（52）表达式 np.cbrt([1, 8, 27]).tolist() 的值为_____。

（53）表达式 ([3.0,-5] == np.int64([3.0,-5])).all() 的值为_____。

（54）表达式 ([3.0,-5] == np.uint64([3.0,-5])).all() 的值为_____。

（55）表达式 np.diff([[4, 6, 1, 3, 6], [6, 4, 8, 3, 7], [4, 7, 4, 1, 8]], axis=0)[:,0].sum() 的值为_____。

（56）表达式 np.gcd(6, [3,2,5]).tolist() 的值为_____。

（57）表达式 np.left_shift(5, [1,2,3]).tolist() 的值为_____。

（58）表达式 np.log10([100, 1000, 10000]).tolist() 的值为_____。

（59）表达式 np.reciprocal([1.0,2.0,4.0,5.0]).tolist() 的值为_____。

（60）表达式 np.random.randint(1, 10, (1,3,1,4,1)).squeeze().shape 的值为_____。

（61）已知 x = np.array([3+4j, 5+6j, 7+8j])，表达式 (x + x.conj()).sum().real 的值为_____。

（62）已知 x = np.arange(25).reshape(5,5)，表达式 x[[2,4], 3:].sum() 的值为_____。

（63）已知 x = np.array([3, 5, 1, 9, 6, 3])，表达式 x[x>5].sum() 的值为_____。

（64）已知 x = np.array([3, 5, 1, 9, 6, 3])，表达式 x[(x%2==0)&(x>5)][0] 的值为_____。

（65）已知 x = np.array([3, 5, 1, 9, 6, 3])，表达式 x[(x%2==0)|(x>5)].sum() 的值为_____。

（66）已知 x = np.array([3, 5, 1, 9, 6, 3])，表达式 np.where(x>5, 1, 0).sum() 的值为_____。

（67）已知 x = np.array([[1,2,6], [2,3,9], [3,4,5]])，表达式 x[x.sum(axis=1)>10][0].tolist() 的值为_____。

（68）表达式 np.split(np.arange(10), 2)[-1].size 的值为_____。

（69）表达式 np.split(range(10), [3,5])[-1].size 的值为_____。

（70）已知 x = np.array([1,3,5,7,9,2,4,6,8,10])，执行语句 x.partition(-3) 后，表达式 x[-3] 的值为_____。

（71）已知 x = np.array([8, 3, 9, 2, 7, 0])，表达式 x[np.argpartition(x,3)][3] 的值为_____。

（72）表达式 np.arange(72).reshape(2,3,3,4).dot(np.arange(40).reshape(5,4,2)). shape 的值为＿＿＿＿＿＿。

（73）已知 x = np.matrix([[1,2,3], [4,5,6]])，表达式 x.mean(axis=0) 的值为＿＿＿＿＿＿。

（74）已知 x = np.matrix([1, 2, 3, 4, 5])，表达式 x*x.T 的值为 ＿＿＿＿＿＿。

（75）表达式 len(np.trim_zeros([0,0,1,1,0,1,0,0,0])) 的值为＿＿＿＿＿＿。

（76）表达式 np.argmax([3, 5, 1, 9, 6, 3]) 的值为＿＿＿＿＿＿。

（77）表达式 np.argmin([3, 5, 1, 9, 6, 3]) 的值为＿＿＿＿＿＿。

（78）表达式 np.argsort([1,3,4,2])[-1] 的值为＿＿＿＿＿＿。

（79）已知 x = np.array([1,3,5,7,9,2,4,6,8,10])，表达式 x[x.argsort()] [-3] 的值为＿＿＿＿＿＿。

（80）表达式 np.ceil([0.3, 0.5, 0.9, 1.2]).sum() 的值为＿＿＿＿＿＿。

（81）表达式 np.floor([0.3, 0.5, 0.9, 1.2]).sum() 的值为＿＿＿＿＿＿。

（82）表达式 np.median([1,4,2,3]) 的值为＿＿＿＿＿＿。

（83）表达式 np.median([1,4,2,3,5]) 的值为＿＿＿＿＿＿。

（84）表达式 np.signbit([1,-2,3,-4,5,-6,7]).sum() 的值为＿＿＿＿＿＿。

（85）表达式 np.bincount([3,9]).size 的值为＿＿＿＿＿＿。

（86）表达式 np.bincount([1,2,3,4,3,2,3,2,4,3]).sum() 的值为 ＿＿＿＿＿＿。

（87）表达式 np.convolve([1,2,3], [4,5]).size 的值为＿＿＿＿＿＿。

（88）表达式 np.convolve([1,2,3], [4,5]).tolist() 的值为＿＿＿＿＿＿。

（89）表达式 np.diag(np.fliplr(np.arange(1,10).reshape(3,3))).tolist() 的值为＿＿＿＿＿＿。

（90）表达式 np.diag(np.flipud(np.arange(1,10).reshape(3,3))).tolist() 的值为＿＿＿＿＿＿。

（91）表达式 np.array([3,1,2,4]).cumsum().tolist() 的值为＿＿＿＿＿＿。

（92）表达式 np.array([3,1,2,4]).cumprod().tolist() 的值为＿＿＿＿＿＿。

（93）表达式 np.triu(np.arange(12).reshape(3,4)).size 的值为＿＿＿＿＿＿。

（94）表达式 np.count_nonzero(np.triu(np.arange(12).reshape(3,4))) 的值为＿＿＿＿＿＿。

（95）表达式 np.count_nonzero(np.tril(np.arange(12).reshape(3,4))) 的值为＿＿＿＿＿＿。

（96）表达式 np.arange(6).reshape(3,2)[..., None].shape 的值为 ＿＿＿＿＿＿。

（97）表达式 np.arange(6).reshape(3,2)[None, ...].shape 的值为 ＿＿＿＿＿＿。

（98）表达式 np.tile(np.array([[4, 9, 9], [7, 7, 1]]), 2).shape 的值为 ＿＿＿＿＿＿。

（99）表达式 np.tile(np.array([[4, 9, 9], [7, 7, 1]]), (2,1)).shape 的值为＿＿＿＿＿＿。

（100）表达式 `np.tile(np.array([[4, 9, 9], [7, 7, 1]]), (2,3)).shape` 的值为_____。

（101）表达式 `(np.arange(6).reshape(3,1,2) * np.arange(16).reshape(8,2)).shape` 的值为_____。

（102）表达式 `np.arange(3).repeat([1,2,3]).tolist()` 的值为_____。

（103）表达式 `np.arange(24).reshape(2,3,4).swapaxes(0,2).shape` 的值为_____。

（104）表达式 `np.arange(24).reshape(2,3,4).transpose(0, 2, 1).shape` 的值为_____。

（105）表达式 `np.arange(24).reshape(2,3,4).transpose(1, 2, 0).shape` 的值为_____。

（106）表达式 `np.rollaxis(np.arange(48).reshape(2,3,2,4), 3, 1).shape` 的值为_____。

（107）表达式 `(np.array([[1,2,3],[4,5,6]]).T == np.rot90(np.array([[1,2,3],[4,5,6]]))).all()` 的值为_____。

（108）把下面的代码保存为 Python 程序文件并运行，输出结果为_____。

```
import numpy as np
x, y = np.array([1, 2, 3, 4]), np.array([[5], [6], [7]]); print((x*y/y).shape)
```

（109）把下面的代码保存为 Python 程序文件并运行，输出结果为_____。

```
import numpy as np
x, y = np.array([1, 2, 3, 4]), np.array([[5], [6], [7]]); print((x*y/x).shape)
```

（110）把下面的代码保存为 Python 程序文件并运行，输出结果为_____。

```
import numpy as np
x, y = np.mgrid[0:1:30j, 0:1:20j]; print(x.shape)
```

15.2 判 断 题

（1）扩展库 numpy 的函数 arange() 功能和内置函数 range() 类似，只能生成包含整数的数组，无法创建包含实数的数组。

（2）表达式 `np.empty((3,5)).sum()` 的值一定为 0。

（3）表达式 `np.empty_like(range(20)).sum()` 的值一定为 0。

（4）表达式 `len(set(np.random.choice(50, 8, replace=False)))` 的值一定为 8。

（5）表达式 `np.random.randint(1, 5)` 的值有可能为 5。

（6）表达式 `np.random.randint([3, 5, 7], 10)` 生成的数组中包含 3 个随机数，第一个介于 [3,10) 区间，第二个介于 [5,10) 区间，第三个介于 [7,10) 区间。

（7）表达式 `np.random.randint([3,50,1], [10,100,5])` 生成的数组中包含 3

个随机数，第一个介于 [3,10) 区间，第二个介于 [50,100) 区间，第三个介于 [1,5) 区间。

（8）表达式 np.random.randint([1, 3, 5, 7], [[10], [20]]) 生成2行4列随机数组，共 8 个随机整数，第一行数字分别介于 [1,10)、[3,10)、[5,10)、[7,10) 区间，第二行数字分别介于 [1,20)、[3,20)、[5,20)、[7,20) 区间。

（9）表达式 np.random.choice(5, (3,5)) 生成的数组中包含 15 个小于 5 的非负整数。

（10）扩展库 numpy 的函数 isclose() 和 allclose() 用来测试两个数组是否严格相等。

（11）扩展库 numpy 的函数 isclose() 返回包含若干 True/False 值的数组，allclose() 返回 True 或 False 值。

（12）扩展库 numpy 的函数 append() 和 insert() 是在原数组的基础上追加或插入元素，没有返回值。

（13）对于 numpy 数组来说，shape 属性值为 (3,) 和 (3,1) 的两个数组形状是相同的。

（14）已知 x 是一个足够大的 numpy 二维数组，语句 x[0, 2] = 4 的作用是把行下标为 0、列下标为 2 的元素值改为 4。

（15）已知 x.shape 的值为 (3, 5)，语句 x[:, 3] = 2 的作用是把数组 x 所有行中列下标为 3 的元素值都改为 2。

（16）已知 x = np.arange(30).reshape(5,6)，语句 x[[0,3], :] = 0 的功能为把数组 x 中行下标为 0 和 3 的所有元素值都修改为 0。

（17）两个形状不同的 numpy 数组不能相加。

（18）表达式 np.array([1,2,3]) * np.array([[4],[5],[6]]) 的值与 np.array([1,2,3]) @ np.array([[4],[5],[6]]) 相等。

（19）表达式 np.dot([1,2,3], [4,5,6]) 的值与 np.array([1,2,3]) @ np.array([[4],[5],[6]]) 相等。

（20）已知 x 和 y 是两个等长的 numpy 一维数组，表达式 x.dot(y) 和 sum(x*y) 的值相等。

（21）对于任意二维 numpy 数组 arr，表达式 (arr[:,:] == arr[()]).all() 的值为 True。

（22）对于任意二维 numpy 数组 arr，表达式 arr[[]] == arr[()] 的值为 True。

（23）已知 arr = np.arange(24).reshape((4,6))，表达式 arr[[]] 的值是形状为 (0, 6) 的空数组。

（24）已知 arr = np.arange(24).reshape((4,6))，表达式 arr[[],:] 的值是形状为 (0, 6) 的空数组。

（25）已知 arr = np.arange(24).reshape((4,6))，表达式 arr[:, []] 的值是形状为 (4, 0) 的空数组。

（26）numpy 数组的 reshape() 方法不能修改元素个数，resize() 方法可以。

（27）表达式 np.arange(12).reshape(2,2,3).sum(axis=(0,1)) 的值为 array([18, 22, 26])。

（28）表达式 np.arange(12).reshape(2,2,3).sum(axis=(0,2)) 的值为 array([24, 42])。

（29）表达式 np.array(['1', '2', '3', '4'], dtype=int).sum() 的值为 10。

（30）表达式 np.median([[1,4],[2,3]], axis=0) 的值为 array([1.5, 3.5])。

（31）表达式 np.split(np.arange(10), 3) 会抛出 ValueError 异常并提示无法等分。

（32）表达式 np.split(range(10), 3) 会抛出 ValueError 异常并提示无法等分。

（33）已知 x, y = np.mgrid[5:10:2, 1:10:2]，表达式 x.shape == y.shape 的值一定为 True。

（34）已知 x, y = np.ogrid[5:10:2, 1:10:2]，表达式 x.shape == y.shape 的值一定为 True。

（35）已知 a, b = np.mgrid[5:10:2, 1:10:2] 和 c, d = np.ogrid[5:10:2, 1:10:2]，表达式 (a*b == c*d).all() 的值为 True。

（36）已知 arr1 = np.mgrid[5:10:2, 1:10:2] 和 arr2 = np.ogrid[5:10:2, 1:10:2]，表达式 (arr1[0]+arr1[1] == arr2[0]+arr2[1]).all() 的值为 True。

（37）表达式 np.sort_complex([3+4j, 2+5j, 1, 5-2j, 3-3j]).tolist() 的值为 [(1+0j), (2+5j), (3-3j), (3+4j), (5-2j)]。

（38）已知 x 为数组，语句 x.fill(0) 的功能是把 x 中所有元素的值设置为 0。

（39）已知 x = np.array([3+4j, 5+6j, 7+8j])，执行语句 x.real = [8,9,10] 后，表达式 x.tolist() 的值为 [(8+4j), (9+6j), (10+8j)]。

（40）已知 x = np.array([3+4j, 5+6j, 7+8j])，执行语句 x.fill(666) 后，表达式 x.tolist() 的值为 [666, 666, 666]。

（41）假设 x 为二维数组，语句 np.fill_diagonal(x, 666) 的功能是把 x 主对角线上的元素值设置为 666。

（42）表达式 np.random.randint(1, 10, (1,3,1)).squeeze(axis=1) 会抛出 ValueError 异常并提示要删除的维度不为 1。

（43）矩阵只能是二维的且只能包含数字，数组没有这样的要求。

（44）扩展库 numpy 的函数 corrcoef() 用来计算相关系数矩阵。

（45）扩展库 numpy 的函数 cov() 用来计算协方差，函数 std() 用来计算标准差。

（46）扩展库 numpy 的线性代数模块 linalg 中提供了用来计算特征值与特征向量的函数 eig()。

（47）扩展库 numpy 的线性代数模块 linalg 中提供了用来计算逆矩阵的函数 inv()。

（48）扩展库 numpy 的线性代数模块 linalg 中提供了求解线性方程组的函数 solve() 和求解线性方程组最小二乘解的函数 lstsq()。

（49）扩展库 numpy 的线性代数模块 linalg 中提供了用来计算不同范数的函数 norm()。

（50）扩展库 numpy 的线性代数模块 linalg 中提供了计算奇异值分解的函数 svd()。

（51）扩展库 numpy 的线性代数模块 linalg 中提供了计算矩阵行列式的函数 det()。

（52）扩展库 numpy 的线性代数模块 linalg 中提供了计算矩阵条件数的函数 cond()。

（53）扩展库 numpy 的线性代数模块 linalg 中提供了计算矩阵 QR 分解的函数 qr()。

（54）把下面的代码保存为 Python 程序文件并运行，输出结果为 True。

```
import numpy as np
arr = np.array([[0,0,1,0], [0,0,0,1], [1,0,0,0], [0,1,0,0]])
print(arr[(0,1)] == arr[[0,1]])
```

（55）把下面的代码保存为 Python 程序文件并运行，输出结果为 False。

```
import numpy as np
arr = np.array([[0,0,1,0], [0,0,0,1], [1,0,0,0], [0,1,0,0]])
print(arr[(0,1)] == arr[[0,1]])
```

（56）把下面的代码保存为 Python 程序文件并运行，输出结果为 [23 53 88 69 90 20 20]。

```
import numpy as np
data = np.array([23, 53, 88, 69, 93, 12, 15]); data = data.clip(20, 90)
print(data)
```

（57）把下面的代码保存为 Python 程序文件并运行，输出结果为 True。

```
import numpy as np
data = np.array([[1, 2, 3], [2, 5, 7], [3, 7, 9]])
print(np.allclose(data, data.T))
```

（58）把下面的代码保存为 Python 程序文件并运行，输出结果为 array([1, 1, 2, 2, 3, 3])。

```
import numpy as np
arr = np.array([1, 2, 3]); print(np.repeat(arr, 2))
```

（59）把下面的代码保存为 Python 程序文件并运行，输出结果为 array([1, 2, 3, 1, 2, 3])。

```
import numpy as np
arr = np.array([1, 2, 3]); print(np.repeat(arr, 2))
```

15.3　单　选　题

（1）把下面的代码保存为 Python 程序文件并运行，输出结果为（　　）。

```
import numpy as np
x = np.array([1, 2, 3, 4, 3, 2, 3, 2, 4, 3]); print(np.unique(x).size)
```

A.1　　　　　　　B.2　　　　　　　C.3　　　　　　　D.4

（2）把下面的代码保存为 Python 程序文件并运行，输出结果为（　　）。

```
import numpy as np
a = np.arange(3*4*5*6).reshape(3,4,5,6); b = a.reshape(5,4,6,3)
print(a.dot(b).shape)
```

    A.(3, 4, 5, 5, 4, 3)   B.(3, 4, 5, 6, 5, 4, 3)

    C.(3, 4, 5, 6)   D.(5, 4, 6, 3)

（3）把下面的代码保存为 Python 程序文件并运行，输出结果为（　　）。

```
import numpy as np
arr = np.arange(64).reshape(2, 4, 8); arr = np.rollaxis(arr, 2)
print(arr.shape)
```

    A.(2, 4, 8)   B.(8, 2, 4)   C.(2, 8, 4)   D.(2, 8, 4)

（4）把下面的代码保存为 Python 程序文件并运行，输出结果为（　　）。

```
import numpy as np
print(np.ptp([1, 9, 30, 2, -3]))
```

    A.33   B.-3   C.1   D.30

（5）把下面的代码保存为 Python 程序文件并运行，输出结果为（　　）。

```
import numpy as np
mat = np.matrix([[1, 2, 3], [4, 5, 6]]); print(len(mat[0]))
```

    A.6   B.3   C.2   D.1

（6）把下面的代码保存为 Python 程序文件并运行，输出结果为（　　）。

```
import numpy as np
arr = np.array([[1, 2, 3], [4, 5, 6]]); print(len(arr[0]))
```

    A.6   B.3   C.2   D.1

第16章

Pandas数据分析与处理

本章题目主要考查扩展库 Pandas，题目中 pd 均表示扩展库 Pandas，并已使用语句 `import pandas as pd` 导入。除特殊说明外，Series、Categorical、DataFrame、DatetimeIndex 等均表示扩展库 Pandas 中的对象类型。

16.1 填 空 题

（1）使用 pip 命令在线安装扩展库 Pandas 最新版本的完整命令为 _____。

（2）扩展库 Pandas 的函数 _____用来读取 Excel 文件中的数据并创建 DataFrame 对象。

（3）函数 pd.read_excel() 的参数 _____用来指定工作表编号或名称。

（4）函数 pd.read_excel() 的参数 _____用来指定工作表哪一列作为 DataFrame 的行标签。

（5）函数 pd.read_excel() 的参数 _____用来指定每一列的数据类型。

（6）函数 pd.read_excel() 的参数 _____用来指定读取哪些列的数据。

（7）函数 pd.read_excel() 的参数 _____用来指定千分位符号。

（8）扩展库 Pandas 的函数 _____用来读取 CSV 文件中的数据并创建 DataFrame 对象。

（9）扩展库 Pandas 的函数 _____用来读取关系数据库中的数据并创建 DataFrame 对象。

（10）扩展库 Pandas 的函数 _____用来读取网页上表格中的数据并创建 DataFrame 对象。

（11）扩展库 Pandas 的函数 _____用来统计各数据出现的次数。

（12）表达式 `pd.Timestamp('20250101').year` 的值为 _____。

（13）表达式 `hasattr(pd.Timestamp.now(), 'hour')` 的值为 _____。

（14）函数 pd.date_range() 创建日期时间索引数组时设置参数 freq 的值为 _____表示以 3 天为时间间隔。

（15）函数 pd.date_range() 创建日期时间索引数组时设置参数 freq 的值为 _____表示以 3 个月为时间间隔且每个日期为月末最后一天。

（16）函数 pd.date_range() 创建日期时间索引数组时设置参数 freq 的值为_____表示以 3 个月为时间间隔且每个日期为月初第一天。

（17）函数 pd.date_range() 创建日期时间索引数组时设置参数 freq 的值为_____表示只包含每个月 6 号的日期。

（18）函数 pd.date_range() 创建日期时间索引数组时_____参数表示要创建的数组中包含的日期时间的数量。

（19）DateTimeIndex 对象的_____属性可以查看数组中每个日期所在的年份。

（20）DateTimeIndex 对象的_____属性可以查看数组中每个日期所在的月份（使用整数表示）。

（21）DateTimeIndex 对象的_____方法可以查看数组中每个日期所在的月份（使用英文名称字符串表示）。

（22）DateTimeIndex 对象的_____属性可以查看数组中每个日期是其所在周的第几天。

（23）DateTimeIndex 对象的_____属性可以查看数组中每个日期是当年第几天。

（24）DateTimeIndex 对象的_____属性可以查看数组中每个日期所在年份是否为闰年。

（25）DateTimeIndex 对象的_____属性可以查看数组中每个日期属于当年第几季度。

（26）DateTimeIndex 对象的_____属性可以查看数组中每个日期是否为当月第一天。

（27）DateTimeIndex 对象的_____属性可以查看数组中每个日期是否为所在季度最后一天。

（28）DateTimeIndex 对象的_____方法以 'Q' 为参数时表示把数组中每个日期转换为包含年份和季度的字符串。

（29）DateTimeIndex 对象的 to_period() 方法以_____为参数时表示把数组中每个日期转换为所在年份的字符串。

（30）DateTimeIndex 对象的 to_period() 方法以_____为参数或不带任何参数时表示把数组中每个日期转换为包含年份和月份的字符串。

（31）表达式 pd.Categorical(['a', 'b', 'c', 'a', 'b', 'c'], ordered=True, categories=['c', 'b', 'a']).min() 的值为_____。

（32）表达式 pd.Categorical(['a', 'b', 'c', 'a', 'b', 'c'], ordered=True, categories=['c', 'b', 'a']).argmin() 的值为_____。

（33）表达式 pd.Categorical(['a', 'b', 'c', 'a', 'b', 'c'], ordered=True, categories=['c', 'b', 'a']).unique().size 的值为_____。

（34）表达式 pd.Categorical(['a', 'b', 'c', 'a', 'b', 'c'], ordered=True, categories=['c', 'b', 'a']).value_counts()['a'] 的值为_____。

（35）Categorical 对象的_____方法用来将其转换为 numpy 数组。

（36）Categorical 对象的_____方法用来将其转换为列表。

（37）表达式 pd.Series(666, index=range(5)).size 的值为_____。

（38）表达式 pd.Series(5, index=range(6)).sum() 的值为_____。

（39）表达式 pd.Series({'a':97, 'b':98, 'c':99}).argmax() 的值为_____。

（40）表达式 pd.Series({'a':97, 'b':98, 'c':99}).idxmax() 的值为_____。

（41）已知 x = pd.Series({'a':97, 'b':98, 'c':99})，表达式 (x-x.mean()).abs().mean().round(3) 的值为_____。

（42）表达式 pd.Series({'a':97, 'b':98, 'c':99, 'd':99}).mode().values[0] 的值为_____。

（43）表达式 pd.Series({'a':97, 'b':98, 'c':99}).at['a'] 的值为_____。

（44）已知 x = pd.Series({'a':97, 'b':98, 'c':99})，表达式 x[x>x.mean()].keys()[0] 的值为_____。

（45）已知 x = pd.Series({'a':97, 'b':98, 'c':99})，表达式 x[x.between(97,99)].values[0] 的值为_____。

（46）已知 x = pd.Series({'a':97, 'b':98, 'c':99})，表达式 x[x.between(97,99)].values[-1] 的值为_____。

（47）表达式 pd.Series({'a':97, 'b':98, 'c':99}).nsmallest(2).values[-1] 的值为_____。

（48）已知 x = pd.Series({'a':97, 'b':98, 'c':99})，表达式 x.mask(x<98).size 的值为_____。

（49）已知 x = pd.Series({'a':97, 'b':98, 'c':99})，表达式 x.mask(x<98).dropna().size 的值为_____。

（50）已知 x = pd.Series({'a':97, 'b':98, 'c':99})，表达式 x.mask(x<98, 98).dropna().size 的值为_____。

（51）已知 x = pd.Series({'a':97, 'b':98, 'c':99})，表达式 x.where(x>98, 90).values.tolist().count(90) 的值为_____。

（52）表达式 pd.Series({'a':97, 'b':98, 'c':99})[0:2].size 的值为_____。

（53）表达式 pd.Series({'a':97, 'b':98, 'c':99})['a':'c'].size 的值为_____。

（54）表达式 pd.Series([1, 2, np.nan, np.nan, 4], index=list(range(10,60,10))).asof(40) 的值为_____。

（55）表达式 'a' in pd.Series({'a':97, 'b':98, 'c':99}) 的值为_____。

（56）表达式 98 in pd.Series({'a':97, 'b':98, 'c':99}) 的值为_____。

（57）表达式 98 in pd.Series({'a':97, 'b':98, 'c':99}).values 的值为_____。

（58）已知 x = pd.Series({'red':(1,0,0), 'green':(0,1,0), 'blue':(0,0,1)})，表达式 x[x.index.str.startswith('r')].size 的值为_____。

（59）已知 x = pd.Series({'red':(1,0,0), 'green':(0,1,0), 'blue':(0,0,1)})，表达式 x[x.index.str.count('e')==2].size 的值为_____。

（60）已知 x = pd.Series({'red':(1,0,0), 'green':(0,1,0), 'blue':(0,0,1)})，表达式 x[x.index.str.contains('e')].size 的值为_____。

（61）已知 x = pd.Series({'red':(1,0,0), 'green':(0,1,0), 'blue':(0,0,1)})，表达式 x[x.index.str.endswith('e')].size 的值为_____。

（62）已知 x = pd.Series({'red':(1,0,0), 'green':(0,1,0), 'blue':(0,0,1)})，表达式 x[x.index.str[-2]=='e'].size 的值为_____。

（63）已知 x = pd.Series({'red':(1,0,0), 'green':(0,1,0), 'blue':(0,0,1)})，表达式 x[x.index.str.len()==4].size 的值为_____。

（64）已知 x = pd.Series({'red':(1,0,0), 'green':(0,1,0), 'blue':(0,0,1)})，表达式 x[x.index.str[:3].str.contains('e')].size 的值为_____。

（65）已知 x = pd.Series({'red':(1,0,0), 'green':(0,1,0), 'blue':(0,0,1)})，表达式 x.index.str.replace('e{2}', 'f', regex=True).tolist() 的值为_____。

（66）已知 x = pd.Series({'red':(1,0,0), 'green':(0,1,0), 'blue':(0,0,1)})，表达式 x.rank().astype(int).tolist() 的值为_____。

（67）已知 x = pd.Series({'red':(1,0,0), 'green':(0,1,0), 'blue':(0,0,1)})，表达式 x.rank(ascending=False).astype(int).tolist() 的值为_____。

（68）表达式 pd.Series(['a,b,c,d','1,2,3,4','5,6,7,8,9']).str.split(',', expand=True).columns.size 的值为_____。

（69）表达式 pd.Series(['a,b,c,d','1,2,3,4','5,6,7,8,9']).str.split(',').size 的值为_____。

（70）表达式 pd.Series(['a,b,c,d','1,2,3,4','5,6,7,8,9']).str.split(',', expand=True).size 的值为_____。

（71）表达式 pd.Series([1,2,3,2,3,2]).rolling(3).sum()[4] 的值为_____。

（72）表达式 pd.Series([1,2,3,2,3,2]).rolling(4).sum()[4] 的值为_____。

（73）表达式 pd.Series([1,2,3,2,3,2]).expanding().sum()[4] 的值为_____。

（74）表达式 pd.Series([1,2,3,2,3,2]).expanding().mean()[3] 的值为_____。

（75）DataFrame 对象的 sort_index() 方法当参数 axis 为_____时表示根据行标签排序。

（76）DataFrame 对象的 sort_index() 方法当参数 axis 为_____时表示根据列标签排序。

（77）DataFrame 对象的 sort_index() 方法当参数_____为 False 时表示降序排列。

（78）DataFrame 对象的 sort_values() 方法用来对值进行排序，其参数

_____用来指定根据哪一列或哪几列进行排序。

（79）DataFrame 对象的_____方法用来查看数据的平均值、标准差、最小值、最大值等统计信息。

（80）DataFrame 对象的_____方法用来返回指定的列最大的前几行数据。

（81）DataFrame 对象的_____方法用来丢弃缺失值。

（82）DataFrame 对象的_____方法用来填充缺失值。

（83）DataFrame 对象的 `fillna()` 方法填充缺失值时，可以把参数_____设置为 True 实现原地填充而不返回新的 DataFrame。

（84）DataFrame 对象的_____方法用来实现重采样，要求行标签为日期时间类型的数据。

（85）DataFrame 对象的_____方法用来丢弃重复值。

（86）DataFrame 对象的 `drop_duplicates()` 方法用来丢弃重复值时参数 keep 设置为_____表示重复数据全部丢弃不保留。

（87）DataFrame 对象的_____方法用来实现数据分组，分组后的对象支持 `sum()`、`mean()` 等方法进行分组计算。

（88）DataFrame 对象的_____方法用来计算数据差分，其中参数 axis=0 时表示纵向差分，axia=1 时表示横向差分。

（89）DataFrame 对象的_____方法用来实现异常值处理，把超出阈值的数据都拉回到最近的边界上。

（90）DataFrame 对象的_____方法用来实现数据离散化。

（91）表达式 `pd.DataFrame({'first': [65,66,67], 'second': [1,2,[3,4,5]]}).explode('second').index.size` 的值为_____。

（92）表达式 `pd.DataFrame({'first': [65,66,67], 'second': [1,2,[3,4,5]], 'third': [[1,2,3],4,5]}).explode('second').explode('third').index.size` 的值为_____。

（93）表达式 `pd.DataFrame({'first': [65,66,67], 'second': [1,2,[3,4,5]], 'third': [4,5,[1,2,3]]}).explode(['second','third']).index.size` 的值为_____。

（94）表达式 `pd.DataFrame({'A':[1,2,3,2,3,2], 'B':[1,2,3,4,5,6]}).groupby('A').sum().loc[3,'B']` 的值为_____。

（95）表达式 `pd.DataFrame({'A':[1,2,3,2,3,2], 'B':[1,2,3,4,5,6]}).groupby('A').mean().loc[3,'B']` 的值为_____。

（96）表达式 `pd.DataFrame({'A':[1,2,3,2,3,2], 'B':[1,2,3,4,5,6]}).groupby('A').max().loc[3,'B']` 的值为_____。

（97）表达式 `pd.DataFrame({'A':[1,2,3,2,3,2], 'B':[1,2,1,2,1,2], 'C':[1,2,3,4,5,6]}).groupby(['A','B']).sum().loc[(2,2),'C']` 的值为_____。

（98）表达式 `pd.DataFrame({'A':[1,2,3,2,3,2], 'B':[1,2,1,2,1,2], 'C':[1,2,3,4,`

5,6]}).groupby(list('ababab')).sum().loc['a','C'] 的值为_____。

（99）表达式 pd.DataFrame({'A':[1,2,3,2,3,2], 'B':[1,2,1,2,1,2], 'C':[1,2,3,4,5,6]}).groupby(lambda i:i%2).sum().loc[1,'B'] 的值为_____。

（100）表达式 pd.DataFrame({'A':[1,2,3,2,3,2], 'B':[1,2,1,2,1,2], 'C':[1,2,3,4,5,6]}).groupby('A').aggregate({'B':sum, 'C':max}).loc[2,'B'] 的值为_____。

（101）表达式 pd.DataFrame({'A':[1,2,3,2,3,2], 'B':[1,2,1,2,1,2], 'C':[1,2,3,4,5,6]}).groupby('A').aggregate({'B':sum, 'C':max}).loc[2,'C'] 的值为_____。

（102）表达式 pd.DataFrame({'A':[1,2,3,2,3,2], 'B':[1,2,1,2,1,2], 'C':[1,2,3,4,5,6]}).groupby('A').agg(lambda it:sorted(it,reverse=True)).loc[2,'C'] 的值为_____。

（103）表达式 pd.DataFrame({'A':[1,2,3,2,3,2], 'B':[1,2,1,2,1,2], 'C':[1,2,3,4,5,6]}).groupby('A').agg(set).loc[2,'B'] 的值为_____。

（104）表达式 pd.DataFrame({'A':[1,2,3,2,3,2], 'B':[1,2,1,2,1,2], 'C':[1,2,3,4,5,6]}).astype(str).groupby('A').agg(','.join).loc['2','C'] 的值为_____。

（105）表达式 pd.DataFrame({'A':[1,2,3,2,3,2], 'B':[1,2,1,2,1,2], 'C':[1,2,3,4,5,6]}).groupby('A').prod().loc[2,'B'] 的值为_____。

（106）表达式 pd.DataFrame({'A':[1,2,3,2,3,2], 'B':[1,2,1,2,1,2], 'C':[1,2,3,4,5,6]}).groupby('A').nth(1)['B'].tolist() 的值为_____。

（107）表达式 pd.DataFrame({'A':[1,2,3,2,3,2], 'B':[1,2,1,2,1,2], 'C':[1,2,3,4,5,6]}).groupby('A').nth(1).loc[2].tolist() 的值为_____。

（108）表达式 pd.DataFrame({'A':[1,2,3,2,3,2], 'B':[1,2,1,2,1,2], 'C':[1,2,3,4,5,6]}).groupby('A').nth(-1).loc[2].tolist() 的值为_____。

（109）表达式 pd.DataFrame({'A':[1,2,3,2,3,2], 'B':[1,2,1,2,1,2], 'C':[1,2,3,4,5,6]}).groupby(['A','B']).agg(['sum','mean']).loc[(2,2),('C','sum')] 的值为_____。

（110）表达式 pd.DataFrame({'A':[1,2,3,2,3,2], 'B':[1,2,1,2,1,2], 'C':[1,2,3,4,5,6]}).diff().loc[2,'C'] 的值为_____。

（111）表达式 pd.DataFrame({'A':[1,2,3,2,3,2], 'B':[1,2,1,2,1,2], 'C':[1,2,3,4,5,6]}).diff(2).loc[2,'C'] 的值为_____。

（112）表达式 pd.DataFrame({'A':[1,2,3,2,3,2], 'B':[1,2,1,2,1,2], 'C':[1,2,3,4,5,6]}).pivot(index='A', columns='C', values='B').loc[2,6]的值为_____。

（113）表达式 pd.DataFrame({'A':[1,2,3,2,3,2], 'B':[1,2,1,2,1,2], 'C':[1,2,3,4,5,6]}).pivot_table(index='A', columns='C', values='B').loc[2,6] 的值为_____。

（114）表达式 pd.DataFrame({'A':[1,2,3,2,3,2], 'B':[1,2,1,2,1,2], 'C':[1,2,3,4,5,6]}).pivot_table(index='A', columns='C', values='B', aggfunc='count').loc[2,6] 的值为_____。

（115）表达式 pd.crosstab(index=[1,1,2,2,3,3,3], columns=[3,3,3,2,2,1,1], values=[1,2,3,4,5,6,7], aggfunc='count').loc[3,1] 的值为_____。

（116）表达式 pd.DataFrame({'A':[1,2,3,2,3,2], 'B':[1,2,1,2,1,2], 'C':[1,2, 3,4,5,6]}).set_index('C').loc[4,'B'] 的值为_____。

（117）DataFrame 对象的 plot() 方法用来绘制图形进行可视化，其参数_____用来指定图形的类型，例如折线图、柱状图、饼状图等。

16.2 判 断 题

（1）表达式 pd.value_counts([1,1,1,2,2,3])[1] 的值为 3。

（2）Series 对象类似于 Python 字典对象，标签可以看作字典的"键"，值可以看作字典的"值"。

（3）DataFrame 对象的每行、每列都可以看作 Series 对象。

（4）表达式 pd.Series(666, index=range(5)) 创建的 Series 对象中有 5 个相同的值 666。

（5）Series 对象的 add_suffix() 方法可以用于在每个行索引后面增加后缀。

（6）Series 对象的 hist() 方法可以用于绘制直方图。

（7）Series 对象的 asof() 方法要求标签必须已排序。

（8）已知 x = pd.Series({'red':(1,0,0), 'green':(0,1,0), 'blue':(0,0,1)})，表达式 x[x.index.str[:3].contains('e')].size 的值为 2，表示标签前 3 个字符中包含字母 e 的数据数量。

（9）表达式 98 in pd.Series({'a':97, 'b':98, 'c':99}).values() 的值为 True。

（10）函数 pd.date_range() 生成日期时间数据时，如果以 6 个月为间隔且返回月初第一天的日期可以设置参数 freq 为 '6MS'。

（11）函数 pd.date_range() 创建的 DateTimeIndex 数组中每个元素类型都是 Timestamp。

（12）TimeStamp 对象的 to_pydatetime() 方法可以转换为标准库 datetime 中的 datetime 对象。

（13）表达式 pd.to_datetime([1, 2, 3, 4], unit='s', origin=pd.Timestamp('2024-07-25 16:05')) 的值为 DatetimeIndex(['2024-07-25 16:05:01', '2024-07-25 16:05:02', '2024-07-25 16:05:03', '2024-07-25 16:05:04'], dtype='datetime64[ns]', freq=None)。

（14）函数 pd.read_csv() 用于读取 CSV 文件中的数据并创建 DataFrame 对象。

（15）函数 pd.read_excel() 读取 Excel 文件时，可以使用参数 sheet_name 指定读取哪个工作表中的数据，并且该参数必须指定为工作表的名字，不能是序号。

（16）函数 pd.read_excel() 读取 Excel 文件时，可以使用参数 thousands 指定把什么符号作为千分符。

（17）函数 pd.read_excel() 读取 Excel 文件时，可以使用参数 index_col 指定把哪一列的数据作为 DataFrame 对象的 index。

（18）函数 pd.read_excel() 读取 Excel 文件时，可以使用参数 usecols 指定只读取哪几列的数据。

（19）DataFrame 对象的 index 属性返回列标签名字。

（20）扩展库 Pandas 支持使用 Python 字典直接创建 DataFrame 对象，此时字典中的"键"将作为 DataFrame 中的 columns。

（21）已知 df 为 DataFrame 对象，df[:10] 表示访问 df 中前 10 列数据。

（22）DataFrame 对象的 loc 方法访问数据时，可以使用 DataFrame 的标签，也可以使用整数序号来指定要访问的行和列。

（23）已知 df 为 DataFrame 对象，表达式 df.at[3,'姓名'] 表示访问行下标为 3、"姓名"列的值。

（24）已知 df 为 DataFrame 对象，表达式 df[df['交易额']>1700] 表示访问 df 中交易额高于 1700 元的数据。

（25）已知 df 为 DataFrame 对象，表达式 df[df[姓名'].isin(['张三','李四'])] 表示访问 df 中"姓名"列的值为"张三"或"李四"的数据。

（26）已知 df 为 DataFrame 对象，表达式 df[df['交易额'].between(800,850)] 表示访问 df 中"交易额"列的值介于 800 和 850 之间的数据。

（27）已知 df 为 DataFrame 对象，表达式 df.describe() 可以返回所有列的数值数量、最小值、最大值、标准差、平均值等信息。

（28）DataFrame 对象的 nsmallest() 方法可以返回某列值最小的前几条数据。

（29）DataFrame 对象支持 sort_index() 方法沿某个方向按标签进行排序并返回一个新的 DataFrame 对象。

（30）DataFrame 对象支持使用 groupby() 方法根据指定的一列或多列的值进行分组，得到一个 GroupBy 对象，该 GroupBy 对象支持大量方法对列数据进行求和、求均值以及其他操作，并自动忽略非数值列。

（31）DataFrame 对象 groupby() 方法的参数 as_index=False 时用来设置分组的列中的数据不作为结果 DataFrame 对象的 index。

（32）DataFrame 对象支持使用 dropna() 方法丢弃带有缺失值的数据行，或者使用 fillna() 方法对缺失值进行批量替换，也可以使用 loc[]、iloc[] 方法直接对符合条件的数据进行替换。

（33）DataFrame 对象的 drop_duplicates() 方法用来删除重复的数据。

（34）进行重复值处理时，判断两行数据是否重复的标准不同，得到的结果也会不同。

（35）进行异常值处理时，使用不同的阈值会得到不同的结果。

（36）DataFrame 对象的 diff() 方法支持进行数据差分，返回新的 DataFrame 对象。

（37）进行四分位离散化时，函数 pd.cut() 得到的各区间长度相等，qcut() 函数得到的各区间内数据数量尽量相等。

（38）DataFrame 对象提供了 pivot() 方法和 pivot_table() 方法实现透视表所需要的功能，返回新的 DataFrame 对象。

（39）函数 pd.crosstab() 根据一个 DataFrame 对象中的数据生成交叉表，返回新的 DataFrame 对象。

（40）DataFrame 对象的 std() 方法可以计算标准差，cov() 方法可以计算协方差。

（41）Series 对象和 DataFrame 的列数据提供了 cat、dt、str3 种属性接口（accessors），分别对应分类数据、日期时间数据和字符串数据。

（42）DataFrame 对象中的日期时间列支持 dt 接口，该接口提供了 dayofweek、dayofyear、is_leap_year、quarter、weekday_name 等属性和方法。

（43）DataFrame 对象中的字符串列支持 str 接口，该接口提供了 center、contains、count、endswith、find、extract、lower、split 等大量属性和方法。

（44）DataFrame 对象的 plot() 方法可以直接绘制折线图、柱状图、饼状图等各种形状的图形来展示数据，绘图时会自动调用扩展库 Matplotlib 的功能，得到的图形也可以使用扩展库 Matplotlib 进行控制。

16.3　单　选　题

（1）把下面的代码保存为 Python 程序文件并运行，输出结果为（　　　）。

```
import pandas as pd
print(pd.value_counts('abcaba').values[0])
```

　　A.6　　　　　　　B.3　　　　　　　C.2　　　　　　　D.1

（2）把下面的代码保存为 Python 程序文件并运行，输出结果为（　　　）。

```
import pandas as pd
print(pd.value_counts(list('abcaba')).values[0])
```

　　A.6　　　　　　　B.3　　　　　　　C.2　　　　　　　D.1

（3）把下面的代码保存为 Python 程序文件并运行，输出结果为（　　　）。

```
import pandas as pd
df = pd.DataFrame({'A':[1, 2, 2, 2, 1], 'B':[1, 2, 3, 4, 5]})
print(df.loc[df.B>3, 'A'].sum())
```

　　A.3　　　　　　　B.8　　　　　　　C.5　　　　　　　D.6

（4）把下面的代码保存为 Python 程序文件并运行，输出结果为（　　　）。

```
import pandas as pd
df = pd.DataFrame({'A':[1, 2, 2, 2, 1, 2], 'B':[1, 2, 3, 4, 5, 4]})
print(df.loc[df.B.isin(df.B.nlargest(2).values), 'A'].sum())
```

　　A.3　　　　　　　B.8　　　　　　　C.5　　　　　　　D.6

（5）把下面的代码保存为 Python 程序文件并运行，输出结果为（　　　）。

```
import pandas as pd
df = pd.DataFrame({'A':[1, 2, 2, 2, 1, 2, 2], 'B':[1, 2, 3, 4, 5, 4, 5]})
print(df.loc[df.B.isin(df.B.nlargest(2).values), 'A'].sum())
```

    A.3   B.8   C.5   D.6

（6）把下面的代码保存为 Python 程序文件并运行，输出结果为（　　　）。

```
import pandas as pd
df = pd.DataFrame({'A':[1, 2, 2, 2, 1, 2, 2], 'B':[1, 2, 3, 4, 5, 4, 5]})
print(df.loc[df.B.isin(df.B.nlargest(2,'all').values),'A'].sum())
```

    A.3   B.8   C.5   D.6

（7）把下面的代码保存为 Python 程序文件并运行，输出结果为（　　　）。

```
import pandas as pd
df = pd.DataFrame({'A':[1, 2, 2, 2, 1, 2, 2], 'B':[1, 2, 3, 4, 5, 4, 4]})
print(df.loc[df.B.isin(df.B.nlargest(2,'all').values), 'A'].sum())
```

    A.4   B.5   C.6   D.7

（8）把下面的代码保存为 Python 程序文件并运行，输出结果为（　　　）。

```
import pandas as pd
df = pd.DataFrame({'A':[1, 2, 2, 2, 1, 2, 2], 'B':[1, 2, 3, 4, 5, 4, 4]})
print(df.loc[df.B.isin(df.B.nlargest(2).values), 'A'].sum())
```

    A.4   B.5   C.6   D.7

（9）把下面的代码保存为 Python 程序文件并运行，输出结果为（　　　）。

```
import pandas as pd
df = pd.DataFrame({'A':[1, 2, 2, 2, 1], 'B':[1, 2, 3, 4, 5]})
df.loc[df.A==2, 'B'] = 4; print(df.B.sum())
```

    A.15   B.12   C.18   D.20

（10）把下面的代码保存为 Python 程序文件并运行，输出结果为（　　　）。

```
import pandas as pd
df = pd.DataFrame({'A':[3, 9, 6], 'B':[39, 20, 45]})
print(df.diff().loc[1,'A'])
```

    A.6.0   B.-3.0   C.9.0   D.-19.0

（11）把下面的代码保存为 Python 程序文件并运行，输出结果为（　　　）。

```
import pandas as pd
df = pd.DataFrame({'A':[3, 9, 6], 'B':[39, 20, 45]})
print(df.diff().loc[0,'A'])
```

    A.nan   B.-3.0   C.9.0   D.-19.0

（12）把下面的代码保存为 Python 程序文件并运行，输出结果为（　　　）。

```
import pandas as pd
header = [('weight', 'kg'), ('weight', 'pounds')]
multicol = pd.MultiIndex.from_tuples(header)
df = pd.DataFrame([[1, 2], [2, 4]], index=['cat', 'dog'], columns=multicol)
print(df.loc['dog', ('weight','pounds')])
```

    A.1   B.2   C.3   D.4

（13）把下面的代码保存为 Python 程序文件并运行，输出结果为（　　　）。

```
import pandas as pd
header = [('weight', 'kg'), ('weight', 'pounds')]
multicol = pd.MultiIndex.from_tuples(header)
df = pd.DataFrame([[1, 2], [2, 4]], index=['cat', 'dog'], columns=multicol)
print(df.loc['cat', ('weight','kg')])
```

    A.1　　　　　　　　B.2　　　　　　　　C.3　　　　　　　　D.4

（14）把下面的代码保存为 Python 程序文件并运行，输出结果为（　　　）。

```
import pandas as pd
df = pd.DataFrame({'A': [1, 2, 1, 2, 1, 2], 'B': [2, 3, 2, 3, 3, 4],
                   'C': [3, 4, 5, 6, 7, 8]})
print(df.groupby(['A','B']).sum().loc[(1,2),'C'])
```

    A.9　　　　　　　　B.8　　　　　　　　C.10　　　　　　　D.11

（15）把下面的代码保存为 Python 程序文件并运行，输出结果为（　　　）。

```
import pandas as pd
df = pd.DataFrame({'A': [1, 2, 1, 2, 1, 2], 'B': [2, 3, 2, 3, 3, 4],
                   'C': [3, 4, 5, 6, 7, 8]})
print(df.groupby(['A','B']).sum().loc[(2,4),'C'])
```

    A.9　　　　　　　　B.8　　　　　　　　C.10　　　　　　　D.11

（16）把下面的代码保存为 Python 程序文件并运行，输出结果为（　　　）。

```
import pandas as pd
df = pd.DataFrame({'A': [1, 2, 1, 2, 1, 2], 'B': [2, 3, 2, 3, 3, 4],
                   'C': [3, 4, 5, 6, 7, 8]})
print(df.groupby(['A','B']).sum().loc[1,'C'].sum())
```

    A.9　　　　　　　　B.15　　　　　　　C.10　　　　　　　D.11

（17）把下面的代码保存为 Python 程序文件并运行，输出结果为（　　　）。

```
import pandas as pd
df = pd.DataFrame({'A': [1, 2, 1, 2, 1, 2], 'B': [2, 3, 2, 3, 3, 4],
                   'C': [3, 4, 5, 6, 7, 8]})
df = df.groupby(['A']).agg({'B':sum, 'C':max}); print(df.loc[2,'B'])
```

    A.9　　　　　　　　B.8　　　　　　　　C.10　　　　　　　D.11

（18）把下面的代码保存为 Python 程序文件并运行，输出结果为（　　　）。

```
import pandas as pd
df = pd.DataFrame({'A': [1, 2, 1, 2, 1, 2], 'B': [2, 3, 2, 3, 3, 4],
                   'C': [3, 4, 5, 6, 7, 8]})
df = df.groupby(['A']).agg({'B':sum, 'C':max}); print(df.loc[2,'C'])
```

    A.9　　　　　　　　B.8　　　　　　　　C.10　　　　　　　D.11

（19）把下面的代码保存为 Python 程序文件并运行，输出结果为（　　　）。

```
import pandas as pd
df = pd.DataFrame({'A': [1, 2, 1, 2, 1, 2], 'B': [2, 3, 2, 3, 3, 4],
                   'C': [3, 4, 5, 6, 7, 8]})
df['C'] = df.C.map(str); df = df.groupby(['A']).agg({'B':sum, 'C':''.join})
print(df.loc[2,'C'])
```

A.357 B.8 C.468 D.11

（20）把下面的代码保存为 Python 程序文件并运行，输出结果为（　　）。

```
import pandas as pd
df = pd.DataFrame({'A': [1, 2, 1, 2, 1, 2], 'B': [2, 3, 2, 3, 3, 4],
                   'C': [3, 4, 5, 6, 7, 8]})
df['C'] = df.C.map(str); df = df.groupby(['A']).agg({'B':sum, 'C':''.join})
print(df.loc[1,'C'])
```

A.357 B.8 C.468 D.11

（21）把下面的代码保存为 Python 程序文件并运行，输出结果为（　　）。

```
import pandas as pd
df = pd.DataFrame({'A':[3, 9, 6], 'B':[39, 20, 45]})
print(df.diff().sum(axis=1)[1])
```

A.6.0 B.-13.0 C.9.0 D.-19.0

（22）把下面的代码保存为 Python 程序文件并运行，输出结果为（　　）。

```
import pandas as pd
df = pd.DataFrame({'A': [1, 2, 3], 'B': [2, 3, 4], 'C': [3, 4, 5]})
df.set_index('A', inplace=True); print(df.loc[2, 'B'])
```

A.1 B.2 C.3 D.4

（23）把下面的代码保存为 Python 程序文件并运行，输出结果为（　　）。

```
import numpy as np, pandas as pd
sr = pd.Series([1, 2, np.nan, np.nan, 5, 6]); print(sr.asof(3))
```

A.3.0 B.2.0 C.5.0 D.6.0

（24）把下面的代码保存为 Python 程序文件并运行，输出结果为（　　）。

```
import numpy as np, pandas as pd
sr = pd.Series([1, 2, np.nan, np.nan, 5, 6]); print(sr.asof(4))
```

A.3.0 B.2.0 C.5.0 D.6.0

（25）把下面的代码保存为 Python 程序文件并运行，输出结果为（　　）。

```
import numpy as np, pandas as pd
sr = pd.Series([1, 2, np.nan, np.nan, 5, 6]); print(sr.asof([4,5]).sum())
```

A.3.0 B.2.0 C.11.0 D.6.0

（26）把下面的代码保存为 Python 程序文件并运行，输出结果为（　　）。

```
import numpy as np, pandas as pd
sr = pd.Series([1, 2, np.nan, np.nan, 5, 6]); print(sr.asof([2,5]).sum())
```

A.3.0 B.2.0 C.11.0 D.8.0

（27）把下面的代码保存为 Python 程序文件并运行，输出结果为（　　）。

```
import pandas as pd
sr = pd.Series([1,1,1,2,2,1,3,2]); print(sr.value_counts().sum())
```

A.8 B.3 C.13 D.1

（28）把下面的代码保存为 Python 程序文件并运行，输出结果为（　　）。

```
import pandas as pd
sr = pd.Series([1,1,1,2,2,1,8,2]); print(sr.value_counts().size)
```

     A.8   B.3   C.13   D.1

（29）把下面的代码保存为 Python 程序文件并运行，输出结果为（　　）。

```
import pandas as pd
df = pd.DataFrame({'A':[1, 2, 2, 2, 1], 'B':[1, 2, 3, 4, 5]})
print(df.groupby('A').ngroups)
```

     A.5   B.2   C.3   D.1

（30）把下面的代码保存为 Python 程序文件并运行，输出结果为（　　）。

```
import pandas as pd
df = pd.DataFrame({'A': [1, 2, 3], 'B': [2, 2, 2], 'C': [3, 3, 3]})
print(df.nunique().sum())
```

     A.8   B.3   C.13   D.5

（31）把下面的代码保存为 Python 程序文件并运行，输出结果为（　　）。

```
import pandas as pd
df = pd.DataFrame({'A': [1, 2, 3], 'B': [2, 2, 2], 'C': [3, 3, 3]})
print(df.nunique(axis=1).sum())
```

     A.8   B.3   C.7   D.5

（32）把下面的代码保存为 Python 程序文件并运行，输出结果为（　　）。

```
import pandas as pd
df = pd.DataFrame({'k1':['one'] * 3 + ['two'] * 4, 'k2':[1, 1, 2, 3, 3, 4, 4]})
print(df.drop_duplicates('k1')['k2'].sum())
```

     A.2   B.3   C.4   D.5

（33）把下面的代码保存为 Python 程序文件并运行，输出结果为（　　）。

```
import pandas as pd
df = pd.DataFrame({'A': [23, 32, 43, 12, 22, 33], 'B': [2, 3, 2, 3, 3, 4],
                   'C': [3, 4, 5, 6, 7, 8]})
df = df.groupby(df.A.astype(str).str[-1]).sum(); print(df.loc['3', 'C'])
```

     A.12   B.8   C.16   D.17

（34）把下面的代码保存为 Python 程序文件并运行，输出结果为（　　）。

```
import pandas as pd
df = pd.DataFrame({'A': [23, 32, 43, 12, 22, 33], 'B': [2, 3, 2, 3, 3, 4],
                   'C': [3, 4, 5, 6, 7, 8]})
df = df.groupby(df.A.astype(str).str[0]).sum(); print(df.loc['3', 'C'])
```

     A.12   B.8   C.16   D.17

（35）把下面的代码保存为 Python 程序文件并运行，输出结果为（　　）。

```
import pandas as pd
df = pd.DataFrame({'date': ['2022-11-10', '2022-12-10'], 'data': [666, 999]})
print(df['date'].str.split('-', expand=True).loc[0,1])
```

     A.2022-11-10   B.2022   C.11   D.10

（36）把下面的代码保存为 Python 程序文件并运行，输出结果为（　　）。

```
import pandas as pd
df = pd.DataFrame({'date': ['2022-11-10', '2022-12-10'], 'data': [666, 999]})
print(df['date'].str.rsplit('-', 1, expand=True).loc[0,0])
```

    A.2022-11   B.2022   C.11-10   D.10

（37）把下面的代码保存为 Python 程序文件并运行，输出结果为（　　）。

```
import pandas as pd
df = pd.DataFrame({'k1':['one'] * 3 + ['two'] * 4, 'k2':[1, 1, 2, 3, 3, 4, 4]})
print(df.drop_duplicates('k1', keep='last')['k2'].sum())
```

    A.3   B.4   C.5   D.6

（38）把下面的代码保存为 Python 程序文件并运行，输出结果为（　　）。

```
import pandas as pd
df = pd.DataFrame({'A': [30, 2, 63], 'B': [29, 32, 82]})
print(df.clip(30,60).sum().sum())
```

    A.242   B.214   C.270   D.240

（39）把下面的代码保存为 Python 程序文件并运行，输出结果为（　　）。

```
import pandas as pd
dft = pd.DataFrame({'first': [65,66,67], 'second': [1,2,[3,4,5]],
                    'third': [[1,2,3],4,5]})
print(len(dft.explode('second').explode('third')))
```

    A.5   B.7   C.3   D.1

（40）把下面的代码保存为 Python 程序文件并运行，输出结果为（　　）。

```
import pandas as pd
dft = pd.DataFrame({'first': [65,66,67], 'second': [1,2,[3,4,5]],
                    'third': [4,5,[1,2,3]]})
print(len(dft.explode('second').explode('third')))
```

    A.5   B.7   C.11   D.1

（41）把下面的代码保存为 Python 程序文件并运行，输出结果为（　　）。

```
import pandas as pd
dft = pd.DataFrame({'first': [65,66,67], 'second': [1,2,[3,4,5]],
                    'third': [4,5,[1,2,3]]})
print(len(dft.explode(['second','third'])))
```

    A.5   B.7   C.11   D.1

（42）把下面的代码保存为 Python 程序文件并运行，输出结果为（　　）。

```
import pandas as pd
df = pd.DataFrame({'A': [1, 2, 3, 4, 5, 6], 'B': [2, 3, 4, 5, 6, 7]})
print(df.groupby(df.A%2).sum().loc[0,'B'])
```

    A.12   B.13   C.14   D.15

（43）把下面的代码保存为 Python 程序文件并运行，输出结果为（　　）。

```
import pandas as pd
df = pd.DataFrame({'A': [1, 2, 3, 4, 5, 6], 'B': [2, 3, 4, 5, 6, 7]})
print(df.groupby(df.A%2).sum().loc[1,'B'])
```

  A.12   B.13   C.14   D.15

（44）把下面的代码保存为 Python 程序文件并运行，输出结果为（　　　）。

```
import pandas as pd
df = pd.DataFrame({'A': [1, 2, 3, 4, 5, 6], 'B': [2, 3, 4, 5, 6, 7]})
print(df.groupby(list('ababab')).sum().loc['a','B'])
```

  A.12   B.13   C.14   D.15

（45）把下面的代码保存为 Python 程序文件并运行，输出结果为（　　　）。

```
import pandas as pd
df = pd.DataFrame({'A': [1, 2, 3, 4, 5, 6], 'B': [2, 3, 4, 5, 6, 7]})
print(df.groupby(list('ababab')).sum().loc['b','B'])
```

  A.12   B.13   C.14   D.15

第17章

Matplotlib可视化

若无特殊说明，题目描述中的 plt 均表示扩展库 Matplotlib 的 pyplot 模块，并已使用语句 import matplotlib.pyplot as plt 导入。

17.1 填 空 题

客观题
第17章答案.pdf

（1）plt 模块的函数＿＿＿＿＿＿＿＿用来绘制折线图。

（2）函数 plt.plot() 可以使用参数 linewidth 或＿＿＿＿＿＿＿＿设置线条宽度。

（3）函数 plt.plot() 可以使用参数 color 或＿＿＿＿＿＿＿＿设置线条颜色。

（4）函数 plt.plot() 可以使用参数 linestyle 或＿＿＿＿＿＿＿＿设置线条样式。

（5）函数 plt.plot() 可以使用参数＿＿＿＿＿＿＿＿设置线条上的端点大小。

（6）函数 plt.plot() 可以使用参数＿＿＿＿＿＿＿＿设置线条的标签。

（7）函数 plt.plot() 绘制的折线图对象的方法＿＿＿＿＿＿＿＿用来重新设置采样点的纵坐标。

（8）函数 plt.plot() 绘制的折线图对象的方法＿＿＿＿＿＿＿＿用来重新设置折线图的线条颜色。

（9）函数 plt.plot() 绘制的折线图对象的方法＿＿＿＿＿＿＿＿用来重新设置折线图的线条样式。

（10）plt 模块的函数＿＿＿＿＿＿＿＿用来绘制误差线图。

（11）plt 模块的函数＿＿＿＿＿＿＿＿用来绘制散点图。

（12）plt 模块的函数＿＿＿＿＿＿＿＿用来绘制饼状图。

（13）函数 plt.pie() 的参数＿＿＿＿＿＿＿＿用来设置扇形上百分比文本的格式。

（14）函数 plt.pie() 的参数＿＿＿＿＿＿＿＿用来设置扇形上百分比文本与饼心的距离。

（15）函数 plt.pie() 的参数＿＿＿＿＿＿＿＿用来设置扇形的标签文本与饼心的距离。

（16）函数 plt.pie() 的参数＿＿＿＿＿＿＿＿设置为 True 表示呈现阴影效果。

（17）函数 plt.pie() 的参数＿＿＿＿＿＿＿＿用来设置第一个扇形的起始角度。

（18）函数 plt.pie() 的参数＿＿＿＿＿＿＿＿用来设置饼心的位置。

（19）函数 plt.pie() 的参数＿＿＿＿＿＿＿＿用来设置是否旋转标签来适应扇形角度

的方向。

（20）函数 plt.pie() 的参数_____用来设置扇形的内部填充颜色。

（21）函数 plt.pie() 的参数_____用来设置扇形尖端与饼心的距离。

（22）plt 模块的函数_____用来绘制雷达图。

（23）plt 模块的函数_____用来绘制竖直柱状图。

（24）plt 模块的函数_____用来绘制水平柱状图。

（25）plt 模块的函数_____用来绘制箱线图。

（26）函数 plt.boxplot() 的参数_____设置为 True 表示显示均值。

（27）函数 plt.boxplot() 的参数_____用来设置均值的显示样式。

（28）函数 plt.boxplot() 的参数_____用来设置中值的显示样式。

（29）函数 plt.boxplot() 的参数_____设置为 True 表示显示异常值。

（30）函数 plt.boxplot() 的参数_____用来设置异常值的显示样式。

（31）函数 plt.boxplot() 的参数_____用来设置虚线的显示样式。

（32）函数 plt.bar() 的参数_____用来设置柱的底面 y 坐标。

（33）函数 plt.bar() 的参数_____用来设置柱的内部填充符号。

（34）函数 plt.bar() 绘制竖直柱状图时参数 align 的值为_____且参数 width 的值小于 0 时表示参数 x 的值为柱的右侧边缘位置。

（35）plt 模块的函数_____用来为柱状图添加每个柱的高度标签。

（36）plt 模块的函数_____用来绘制楼梯台阶图。

（37）plt 模块的函数_____用来绘制小提琴图。

（38）plt 模块的函数_____用来绘制不填充的等高线图。

（39）plt 模块的函数_____用来绘制填充的等高线图。

（40）plt 模块的函数_____用来设置 x 轴的标签文本。

（41）plt 模块的函数_____用来设置 y 轴的标签文本。

（42）plt 模块的函数 xlabel() 和 ylabel() 设置坐标轴的标签文本时参数_____用来设置文本的旋转角度。

（43）plt 模块的函数_____用来设置 x 轴的刻度范围。

（44）plt 模块的函数 xlabel()、ylabel()、title() 等可以使用参数_____设置字体。

（45）plt 模块的函数 xlabel()、ylabel()、title() 等可以使用参数_____设置字号。

（46）plt 模块的函数_____用来设置 x 轴的刻度位置和文本。

（47）plt 模块的函数_____用来设置当前子图的标题。

（48）plt 模块的函数_____用来设置整个图形的标题。

（49）plt 模块的函数_____用来绘制图形中的网格线。

（50）函数 plt.grid() 绘制网格线时参数_____用来设置绘制主刻度网格线、次刻度网格线或者两者都绘制。

（51）函数 plt.grid() 绘制网格线时参数_____设置为 'x' 时表示只绘制

竖直网格线，设置为 'y' 时表示只绘制水平网格线，默认值 'both' 表示两者都绘制。

（52）函数 plt.grid() 绘制网格线时参数＿＿＿＿＿＿＿＿用来设置线条颜色的透明度。

（53）plt 模块的函数＿＿＿＿＿＿＿＿用来创建和显示图例。

（54）函数 plt.legend() 创建和显示图例时参数＿＿＿＿＿＿＿＿用来设置背景色。

（55）函数 plt.legend() 创建和显示图例时参数＿＿＿＿＿＿＿＿用来指定字体。

（56）函数 plt.legend() 创建和显示图例时参数＿＿＿＿＿＿＿＿用来设置分栏数量。

（57）函数 plt.legend() 创建和显示图例时参数＿＿＿＿＿＿＿＿设置为 False 可以使得标签文本在前、符号在后。

（58）函数 plt.legend() 创建和显示图例时参数＿＿＿＿＿＿＿＿用来设置图例在轴域中的位置或结合参数 bbox_to_anchor 进行定位时的参考位置。

（59）plt 模块的函数＿＿＿＿＿＿＿＿用来绘制一条贯穿轴域左右的水平直线。

（60）plt 模块的函数＿＿＿＿＿＿＿＿用来绘制一条贯穿轴域上下的垂直直线。

（61）plt 模块的函数＿＿＿＿＿＿＿＿用来绘制多条垂直直线，起止位置、宽度、颜色等属性都可以自由设置。

（62）plt 模块的函数＿＿＿＿＿＿＿＿用来在图形上输出文本。

（63）plt 模块的函数＿＿＿＿＿＿＿＿用来绘制茎叶图，也称杆图、火柴杆图。

（64）函数 plt.stem() 的参数＿＿＿＿＿＿＿＿用来设置基线的颜色、样式等属性。

（65）函数 plt.stem() 的参数＿＿＿＿＿＿＿＿用来设置火柴杆线的颜色、样式等属性。

（66）函数 plt.stem() 的参数＿＿＿＿＿＿＿＿用来设置火柴头的颜色、样式等属性。

（67）plt 模块的函数＿＿＿＿＿＿＿＿用来在图形上输出表格。

（68）plt 模块的函数＿＿＿＿＿＿＿＿用来绘制带箭头的文本标注。

（69）函数 plt.annotate() 的参数＿＿＿＿＿＿＿＿用来设置箭头前端指向的位置坐标。

（70）函数 plt.annotate() 的参数＿＿＿＿＿＿＿＿用来设置箭头的样式和属性。

（71）plt 模块的函数＿＿＿＿＿＿＿＿用来为绘制的图形添加颜色条以辅助理解。

（72）plt 模块的函数＿＿＿＿＿＿＿＿用来紧缩图形四周空白，扩大图形可用面积。

（73）plt 模块的函数＿＿＿＿＿＿＿＿用来获取和返回当前轴域。

（74）plt 模块的函数＿＿＿＿＿＿＿＿用来选择指定的轴域作为当前轴域。

（75）函数 plt.subplot() 创建轴域时参数＿＿＿＿＿＿＿＿用来设置子图的背景色。

（76）轴域对象的＿＿＿＿＿＿＿＿方法用来创建并返回一个与当前轴域共享 x 轴的新轴域。

（77）轴域对象的＿＿＿＿＿＿＿＿方法用来设置坐标轴刻度的属性。

（78）plt 模块的函数＿＿＿＿＿＿＿＿用来显示绘制的图形。

（79）plt 模块的函数＿＿＿＿＿＿＿＿用来清除当前轴域中的所有图形。

（80）plt 模块的函数＿＿＿＿＿＿＿＿用来立即重新绘制所有图形元素。

（81）plt 模块的函数＿＿＿＿＿＿＿＿用来保存绘制的图形。

（82）函数 plt.savefig() 保存绘制的图形时参数＿＿＿＿＿＿＿＿用来指定分辨率。

（83）plt 模块的属性＿＿＿＿＿＿＿＿是一个字典，其中保存了图形中的线条样式、字体、颜色等属性。

（84）使用 matplotlib.widgets.Button 创建按钮时参数＿＿＿＿＿＿＿用来设置鼠标划过按钮时按钮的背景色。

（85）matplotlib.widgets.Button 按钮对象的＿＿＿＿＿＿＿方法用来设置单击按钮时调用的可调用对象。

（86）matplotlib.widgets.Slider 滑块对象的＿＿＿＿＿＿＿方法用来设置滑块值改变时调用的可调用对象。

（87）matplotlib.widgets.RadioButtons 单选钮组对象的＿＿＿＿＿＿＿方法用来设置修改选项时调用的可调用对象。

（88）matplotlib.widgets.RadioButtons 单选钮组对象的＿＿＿＿＿＿＿方法用来设置某个单选钮处于选中状态。

17.2　判　断　题

（1）导入扩展库模块 matplotlib.pylab 后，可以直接使用扩展库 numpy 中的常用函数，可以不用单独导入 numpy。

（2）一组数据只能绘制一种图形，不可能既可以绘制折线图又可以绘制柱状图或散点图。

（3）语句 plt.xticks([]) 的作用是设置当前轴域不显示 x 轴上的刻度。

（4）使用扩展库 matplotlib 进行可视化时，轴域坐标轴上的刻度只能是均匀分布和显示的，没有办法设置为不均匀分布。

（5）在同一个图形中绘制多条折线图时，只需要设置不同颜色进行区分即可，没必要设置线条样式、宽度和其他属性。

（6）函数 plt.plot() 一次只能绘制一条折线图。

（7）函数 plt.plot() 返回值为包含折线图对象的列表。

（8）函数 plt.plot() 也可以用来绘制散点图。

（9）函数 plt.plot() 绘制的同一条折线图中不同采样点颜色可以不同。

（10）函数 plt.plot() 绘制的同一条折线图中不同采样点之间的线条颜色可以不同。

（11）函数 plt.plot() 绘制的同一条折线图中不同采样点之间的线条样式可以不同。

（12）调用函数 plt.plot(x, y, 'r-+') 使用等长数组 x 和 y 中对应元素作为端点坐标绘制红色实心线并使用加号标记端点。

（13）调用函数 plt.plot(x, y, 'g--v') 使用等长数组 x 和 y 中对应元素作为端点坐标绘制绿色短画线并以下三角标记端点。

（14）函数 plt.title() 用来给整个图形窗口设置标题。

（15）函数 plt.title() 参数字符串中间包含一对不相邻的"$"符号时，可以自动调用内置的 Latex 引擎把两个"$"符号之间的字符渲染为公式。

（16）调用函数 plt.subplots(1, 2) 可以返回一个图形和左右两个子图。

（17）调用函数 plt.gca().set_aspect('equal') 可以设置当前轴域纵横比相等。

（18）调用函数 plt.gca().set_aspect(4) 后，y 轴 1 单位长度为 x 轴 1 单位长度

的 4 倍。

（19）函数 plt.scatter() 绘制散点图时，可以设置每个散点符号的大小不同。

（20）函数 plt.scatter() 绘制散点图时，可以设置每个散点符号的颜色不同。

（21）函数 plt.scatter() 绘制散点图时，可以设置每个散点符号的形状不同。

（22）函数 plt.scatter() 绘制散点图时，参数 marker='*' 表示散点符号为五角星。

（23）函数 plt.pie() 绘制饼状图时，参数 startangle 用来设置第一块扇形的起始角度。

（24）函数 plt.pie() 绘制饼状图时，参数 shadow=True 可以使得饼状图呈现立体效果。

（25）函数 plt.pie() 绘制饼状图时，参数 pctdistance 用来设置每块扇形上的百分比字符串与饼心的距离。

（26）函数 plt.pie() 绘制饼状图时，参数 explode 用来设置每块扇形偏离饼心的程度。

（27）使用扩展库 Matplotlib 绘制折线图、散点图、柱状图等图形时，可以使用参数 zorder 设置本次绘制的图形所属的图层实现不同的遮挡关系。

（28）假设已使用语句 import matplotlib as mpl 正确导入 matplotlib，语句 mpl.rcParams['legend.fontsize'] = 10 的功能是设置图例的字号。

（29）函数 plt.legend() 创建图例时，参数 loc 和 bbox_to_anchor 共同起作用可以精准控制图例的位置。

（30）plt 模块的函数 legend()、title()、xlabel()、ylabel()、xticks()、yticks() 等都支持使用参数 fontproperties 指定中文字体。

（31）函数 plt.subplot() 用来切分绘图区域和创建轴域或子图。

（32）函数 plt.subplot() 创建轴域时，参数 projection='3d' 表示创建三维子图。

（33）plt 模块的函数 subplot() 创建轴域时，subplot(2,2,2) 和 subplot(222) 的作用是一样的。

（34）语句 ax2 = plt.subplot(222, projection='polar') 执行后，ax2 表示画布右上角的子图，并且在该子图中可以绘制极坐标图。

（35）假设 ax 为轴域对象，语句 ax.set_theta_zero_location('N') 的作用是设置正上方为 0° 的开始。

（36）假设 ax 为轴域对象，语句 ax.set_theta_direction(-1) 的作用是设置顺时针绘制。

（37）假设 ax 为轴域对象，语句 ax.spines['right'].set_visible(False) 的作用是设置轴域右侧边框不可见。

（38）假设 ax 为轴域对象，语句 ax.spines['top'].set_color('none') 的作用是设置轴域上侧边框不可见。

（39）假设 ax 为轴域对象，语句 ax.spines['left'].set_position(('data',0)) 的作用是设置左边框位于水平刻度为 0 的位置。

（40）假设 ax 为轴域对象，语句 ax.spines['bottom'].set_position(('data',0))

的作用是设置下边框位于垂直刻度为 0 的位置。

（41）把下面的代码保存为 Python 程序文件并运行，可以输出 Matplotlib 支持的所有字体。

```
from matplotlib.font_manager import fontManager
names = sorted([f.name for f in fontManager.ttflist])
for name in names: print(name)
```

（42）下面的代码无法正常执行，会报错，因为 scatter() 函数的前两个参数必须是类似于数组的数据，用来指定多个散点位置的 x 和 y 坐标，不能是标量。

```
import matplotlib.pyplot as plt
plt.scatter(3, 5, c='b', marker='*'); plt.show()
```

17.3　单 选 题

（1）函数 plt.plot() 用来绘制（　　　）。

    A．柱状图　　　　　B．折线图　　　　　C．饼状图　　　　　D．雷达图

（2）函数 plt.scatter() 用来绘制（　　　）。

    A．柱状图　　　　　B．折线图　　　　　C．饼状图　　　　　D．散点图

（3）函数 plt.bar() 用来绘制（　　　）。

    A．柱状图　　　　　B．折线图　　　　　C．雷达图　　　　　D．散点图

（4）函数 plt.pie() 用来绘制（　　　）。

    A．柱状图　　　　　B．折线图　　　　　C．饼状图　　　　　D．雷达图

（5）函数 plt.polar() 用来绘制（　　　）。

    A．柱状图　　　　　B．饼状图　　　　　C．雷达图　　　　　D．散点图

（6）函数 plt.scatter() 绘制散点图时用来设置散点符号的参数是（　　　）。

    A．c　　　　　　　B．s　　　　　　　C．marker　　　　D．alpha

（7）函数 plt.scatter() 绘制散点图时用来设置散点颜色的是（　　　）。

    A．c　　　　　　　B．s　　　　　　　C．marker　　　　D．alpha

（8）函数 plt.bar() 绘制柱状图时用来设置柱的颜色的参数是（　　　）。

    A．color　　　　B．left　　　　C．width　　　　D．fill

（9）函数 plt.bar() 绘制柱状图时用来设置柱的内部填充符号的参数是（　　　）。

    A．color　　　　B．left　　　　C．width　　　　D．hatch

（10）函数 plt.bar() 绘制柱状图时用来设置柱的边框线宽的参数是（　　　）。

    A．color　　　　B．lw　　　　　C．width　　　　D．fill

（11）函数 plt.xlabel() 设置 x 轴标签时用来设置字体的参数是（　　　）。

    A．fontproperties　　　　　　B．font

    C．prop　　　　　　　　　　　D．fontsize

（12）函数 plt.xlabel() 设置 x 轴标签时用来设置字号的参数是（　　　）。

    A．fontproperties　　　　　　B．font

C. prop   D. fontsize

（13）函数 plt.xticks() 设置 x 轴刻度时用来设置刻度文本旋转角度的参数是
（   ）。

A. rotation   B. degree   C. radian   D. angle

（14）函数 plt.pie() 绘制饼状图时用来设置每个扇形区域偏离圆心的程度的参数是
（   ）。

A. explode   B. colors   C. shadow   D. startangle

（15）函数 plt.pie() 绘制饼状图时用来设置饼状图半径的参数是（   ）。

A. explode   B. radius   C. shadow   D. startangle

（16）函数 plt.pie() 绘制饼状图时用来设置饼状图圆心的参数是（   ）。

A. explode   B. colors   C. center   D. startangle

（17）plt 模块中用来设置同一个画布中多个子图之间的水平间距和垂直间距的函数
是（   ）。

A. tight_layout()   B. subplots_adjust()
C. subplot()   D. plot()

（18）函数 plt.legend() 创建和显示图例时用来设置图例标题的参数是（   ）。

A. loc   B. title   C. prop   D. markerfirst

（19）函数 plt.legend() 创建和显示图例时用来设置图例位置的参数是（   ）。

A. loc   B. ncol   C. prop   D. markerfirst

（20）函数 plt.legend() 创建和显示图例时用来设置图例背景颜色的参数是（   ）。

A. loc   B. facecolor   C. prop   D. shadow

（21）函数 plt.legend() 创建和显示图例时用来设置图例边框颜色的参数是（   ）。

A. loc   B. ncol   C. edgecolor   D. title

（22）把下面的代码保存为 Python 程序文件并运行，绘制的柱状图中从左向右每个
柱上方的数字分别为（   ）。

```
import numpy as np
import matplotlib.pyplot as plt
x = np.arange(5); y = 5 - x
bars = plt.bar(x, y); plt.bar_label(bars); plt.show()
```

A. 5 4 3 2 1   B. 1 2 3 4 5   C. 5 5 5 5 5   D. 4 3 2 1 0

（23）把下面的代码保存为 Python 程序文件并运行，绘制的柱状图中从左向右每个
柱上方的数字分别为（   ）。

```
import numpy as np
import matplotlib.pyplot as plt
x = np.arange(5); y = 5 - x
bars = plt.bar(x, y, bottom=x); plt.bar_label(bars)
plt.show()
```

A. 5 4 3 2 1   B. 1 2 3 4 5   C. 5 5 5 5 5   D. 4 3 2 1 0

第 二 篇

编 程 题

　　本篇收录了 832 道编程题，是配套在线练习与考试软件中现有 900 个题目的一部分，并且题库中的题目数量还会不断增加。为了节约篇幅以收录更多题目，大部分题目只放了部分测试用例，更多测试用例请参考配套软件。另外，部分题目的代码在保证功能一致的前提下进行了压缩排版，读者在本地练习时可以自由调整为优雅的格式，查看完整测试用例和调整代码格式时可以参考配套软件中给出的代码。本篇每个题目都标注了配套软件中的对应题号以方便读者在线练习。除特别说明之外，所有题目都需要删除代码中的 pass 语句或下画线，替换为自己的代码，完成要求的功能，每个题目中不再赘述。答题时还需要注意，除了已经明确导入的模块，不建议导入其他模块，没有明确导入模块的题目中一般不建议导入任何模块。

第 18 章

运算符与内置函数

（1）函数 main() 接收两个正整数 p 和 q 作为参数，要求返回一个元组，元组中第 1 个元素为 p 整除 q 的商，第 2 个元素为 p 除以 q 的余数。不能使用运算符"//"和"%"。（"Python 小屋"题号：5）

编程题
第 18 章答案 .pdf

```
def main(p, q):
    return _____
```

（2）函数 main() 接收包含若干字符串的列表 lst 作为参数，要求返回其中最长的第 1 个字符串。（"Python 小屋"题号：12）

```
def main(lst):
    return _____
```

（3）函数 main() 接收包含若干整数的列表 lst 作为参数，要求返回其中绝对值最大的第 1 个整数。（"Python 小屋"题号：14）

```
def main(lst): pass
```

（4）函数 main() 接收整数 start 和 end 作为参数，要求返回闭区间 [start, end] 上所有整数之和。

下面的代码有错误，请修改后提交。（"Python 小屋"题号：83）

```
def main(start, end):
    return sum(range(start, end))
```

（5）函数 main() 接收正整数 number 作为参数，要求返回去掉十位数和个位数之后的高位数字，也就是百位以及更高位数字组成的数字，如果数字 number 小于 100 就返回 0。例如，main(1234) 返回 12，main(12345) 返回 123，main(12) 返回 0。

不能使用选择结构和循环结构。（"Python 小屋"题号：241）

```
def main(number): pass
```

（6）函数 main() 接收包含若干任意类型元素的元组 tup 作为参数，要求测试是否所有元素都等价于 True，是则返回 True，否则返回 False。例如，main((1, 0, -3)) 返回 False，main(('a', 'b', 'c')) 返回 True。

不能使用循环结构。（"Python 小屋"题号：246）

```
def main(tup): pass
```

（7）函数 main() 接收包含若干字符串的列表 lst 作为参数，要求返回一个新列表，

新列表中包含原列表 lst 中每个字符串变成小写之后的字符串。("Python 小屋"题号：8)

```
def main(lst): pass
```

（8）函数 main() 接收包含若干字符串的列表 lst 作为参数，要求把这些字符串按长度从大到小排序并返回包含排序之后字符串的新列表。("Python 小屋"题号：9)

```
def main(lst):
    return _____
```

（9）函数 main() 接收包含若干整数的列表 lst 作为参数，要求返回一个包含原列表 lst 中所有非 0 整数的新列表，并且其中的所有整数保持原来的相对顺序。例如，接收列表 [1,2,0,3,0,4]，返回新列表 [1,2,3,4]。("Python 小屋"题号：13)

```
def main(lst):
    return list(filter(_____, lst))
```

（10）函数 main() 接收包含若干整数的列表 lst 作为参数，要求返回其中所有数字绝对值之和。例如，lst 为 [-3,1,2] 时返回 6。("Python 小屋"题号：39)

```
def main(lst): pass
```

（11）函数 main() 接收包含若干整数的列表 data 作为参数，返回其中绝对值最大的第 1 个整数。

下面的代码有错误，请修改后提交。("Python 小屋"题号：84)

```
def main(data):
    return max(data, key=abs())
```

（12）函数 main() 接收包含若干整数的列表 data 作为参数，要求检查列表 data 中的整数是否已按升序排序，也就是任何两个相邻整数都是前面的小于或等于后面的，如果是就返回 True，否则返回 False。

不能使用选择结构或循环结构。("Python 小屋"题号：94)

```
def main(data): pass
```

（13）函数 main() 接收包含有限数量个元素的可迭代对象 iterable 作为参数，要求返回一个元组，元组中每个元素是包含 iterable 中每个元素下标和值的元组，并且下标从 1 开始。例如，main('Python') 返回 ((1, 'P'), (2, 'y'), (3, 't'), (4, 'h'), (5, 'o'), (6, 'n'))。("Python 小屋"题号：166)

```
def main(iterable): pass
```

（14）函数 main() 接收自然数 num 作为参数，要求返回 num 各位数字中最大的整数。例如，main(1234) 返回 4，main(9872346) 返回 9。("Python 小屋"题号：169)

```
def main(num): pass
```

（15）棋盘上一共 n 个小格子，在第一个格子里放 1 粒米，第二个格子里放 2 粒米，第三个格子里放 4 粒米，第四个格子里放 8 粒米，以此类推，后面每个格子里的米都是前一个格子里的 2 倍，一直把 n 个格子都放满。问一共需要多少粒米？

函数 main() 接收正整数 n 作为参数表示棋盘上小格子的数量，要求返回按照上面方法放满所有小格子需要的米的粒数。例如，main(3) 返回 7，main(7) 返回 127。

不能使用循环结构和任何形式的推导式。("Python 小屋"题号：172)

```
def main(n): pass
```

（16）函数 main() 接收包含任意元素的元组 tup 作为参数，要求将其中所有元素首尾交换进行翻转并返回新元组。例如，main((1,3,2)) 返回 (2,3,1)。

不能使用循环结构，不能使用切片，可以使用内置函数。("Python 小屋"题号：243)

```
def main(tup): pass
```

（17）函数 main() 接收两个自然数 start 和 end 作为参数，要求返回 [start,end] 区间内所有整数中一共出现了多少次 8。例如 main(1, 100) 返回 20。

不能使用循环结构，不能使用推导式，不能使用内置函数 sum()。("Python 小屋"题号：378)

```
def main(start, end): pass
```

（18）重做第（17）题，不能使用循环结构和推导式，不能使用字符串方法 join()。可以使用内置函数 sum()、map() 和 lambda 表达式。("Python 小屋"题号：380)

```
def main(start, end): pass
```

（19）函数 main() 接收两个自然数 start 和 end 作为参数，要求返回 [start,end] 区间内有多少个整数中含有数字 8。例如 main(1, 100) 返回 19。

不能使用关键字 for 和 while。("Python 小屋"题号：381)

```
def main(start, end): pass
```

（20）函数 main() 接收两个正整数 p 和 q 作为参数，要求返回一个元组，元组中第一个元素为 p 整除 q 的商，第二个元素为 p 对 q 的余数。

不能使用内置函数 divmod()。("Python 小屋"题号：496)

```
def main(p, q): pass
```

（21）已知自然常数 $e=\lim\limits_{n\to\infty}\left(1+\dfrac{1}{n}\right)^n$。函数 main() 接收自然数 n 作为参数，要求根据

上面的式子计算并返回自然常数的近似值，结果保留最多 6 位小数。例如，main(30) 返回 2.674319，main(300) 返回 2.713765，main(999999) 返回 2.71828。("Python 小屋"题号：606)

```
def main(n): pass
```

（22）函数 main() 接收自然数 n 作为参数，要求计算并返回至少需要多少位二进制数才能表示自然数 n。例如，main(8) 返回 4，main(123456789) 返回 27。

不能修改其他代码，不能使用整数对象方法 bit_length()。("Python 小屋"题号：826)

```
def main(n):
    return _____
```

（23）函数 main() 接收正整数 num 作为参数，要求返回正整数 num 各位数字之和。

不能使用循环结构和任何形式的推导式，不能使用内置函数 eval()。("Python 小屋"题号：6)

```
def main(num): pass
```

（24）函数 main() 接收两个包含若干整数的列表 vector1 和 vector2 作为参数，并且 vector1 和 vector2 的长度相等，分别表示两个向量，要求计算并返回两个列表表示的向量的内积，也就是对应分量乘积的和。例如，对于参数 vector1 = [1, 2, 3] 和 vector2 = [4, 5, 6]，计算过程为 $1×4 + 2×5 + 3×6 = 32$，返回 32。

不能使用循环结构和任何形式的推导式。（"Python 小屋"题号：11）

```
from operator import mul
def main(vector1, vector2): pass
```

（25）函数 main() 接收大于或等于 1 的正整数 n 和介于 [0,9] 区间的正整数 a 作为参数，要求返回表达式 a+aa+aaa+aaaa+⋯+aa⋯aa 前 n 项的和。例如，当 n=3 和 a=1 时，计算过程为 1+11+111，返回 123。

不能使用循环结构和任何形式的推导式，要求使用内置函数 map() 和 lambda 表达式。（"Python 小屋"题号：23）

```
def main(n, a): pass
```

（26）函数 main() 接收包含若干正整数的元组 tup 作为参数，要求计算并返回这些整数的截尾平均数，也就是去掉一个最高分再去掉一个最低分之后剩余数字的算术平均数，结果保留 1 位小数。

不能使用列表方法 remove()，不能使用循环结构和任何形式的推导式。（"Python 小屋"题号：30）

```
def main(tup): pass
```

（27）Python 3.8 及更低版本中标准库 math 中的函数 gcd() 用来计算并返回两个整数的最大公约数，在 Python 3.9 及更高版本中可以计算任意多个整数的最大公约数。函数 main() 接收包含若干正整数的列表 lst 作为参数，要求返回这些正整数的最大公约数。例如，lst 为 [6, 12, 15] 时返回 3，lst 为 [20, 8, 4, 60] 时返回 4。（"Python 小屋"题号：59）

```
from math import gcd
from functools import reduce
def main(lst): pass
```

（28）函数 main() 接收包含若干数字且长度相等的列表 values 和 weights 作为参数，要求计算并返回加权平均值，以列表 weights 中的数字为权重，结果保留最多 3 位小数。例如 main([1,2,3,4], [1,2,3,4]) 的计算过程为 $(1×1 + 2×2 + 3×3 + 4×4) / (1 + 2 + 3 + 4) = 3.0$，返回 3.0。

已导入的标准库对象不是必须使用的，是否使用可以自己决定。（"Python 小屋"题号：130）

```
from operator import mul
def main(values, weights): pass
```

（29）函数 main() 接收包含任意元素的列表 data 作为参数，要求统计并返回其中出现次数最多的元素，如果有多个并列就返回最先出现的那个。例如，main(['red', 'blue', 'blue', 'red', 'red', 'blue', 'green']) 返回 'red'。

不能使用循环结构和 lambda 表达式。（"Python 小屋"题号：368）

```
def main(data): pass
```

（30）函数 main() 接收任意自然数 n 作为参数，要求返回自然数 n 的所有正因数升序排序组成的元组。例如，main(100) 返回 (1, 2, 4, 5, 10, 20, 25, 50, 100)。

不能使用循环结构和任何形式的推导式。（"Python 小屋"题号：392）

```
def main(n): pass
```

（31）函数 main() 接收任意自然数 n 作为参数，要求返回自然数 n 的所有正因数降序排序组成的元组。例如，main(100) 返回 (100, 50, 25, 20, 10, 5, 4, 2, 1)。

不能使用循环结构和任何形式的推导式，不能使用内置函数 sorted()、reversed() 和列表方法 sort()、reverse()。（"Python 小屋"题号：393）

```
def main(n): pass
```

（32）函数 main() 接收包含若干任意元素的列表 data 和 data 中唯一元素组成的列表 order 作为参数，要求对 data 中的元素按其在 order 中出现的先后顺序进行排序，然后返回排序后的新列表。例如，main(['a', 3, 3, 4, 3, 'a'], ['a', 4, 3]) 返回 ['a', 'a', 4, 3, 3, 3]。

不能使用循环结构和任何形式的推导式。（"Python 小屋"题号：509）

```
def main(data, order): pass
```

（33）函数 main() 接收包含任意元素的列表 values 和 unique 作为参数，要求返回 values 中同时也在 unique 中的元素组成的新列表，且所有元素保持在 values 中的相对顺序。例如，main(['1','2','4','1','4','5'], ['1','4',5]) 返回 ['1', '4', '1', '4']，main([1,2,3,4,5], [4,1]) 返回 [1, 4]。

不能使用循环结构和任何形式的推导式。（"Python 小屋"题号：515）

```
def main(values, unique): pass
```

（34）函数 main() 接收任意多个包含任意多个整数的列表作为参数，要求返回这些列表中对应位置上元素的最大值组成的新列表，如果这些列表长度不同，以最短的为准。例如，main([1,2,3], [5,0,9,3], [666,1,5]) 返回 [666,2,9]。

不能使用循环结构和任何形式的推导式。（"Python 小屋"题号：532）

```
def main(*data): pass
```

（35）函数 main() 接收只包含整数的两层嵌套列表 arr 作为参数，要求返回嵌套列表中所有整数的最大值。例如，main([[22,33,444], [55,66,77]]) 返回 444。

不能使用循环结构和任何形式的推导式，不能在任何位置使用等号。（"Python 小屋"题号：633）

```
def main(arr): pass
```

（36）假设正在举行一个无声拍卖会，所有竞拍者仔细研究商品后，在纸上写下自己的出价。按照规则，出价最高的人获得商品，但他只需要支付次高价（排名第二的出价）

即可。函数 main() 接收若干形如（出价人姓名，价钱）的元组作为参数，返回获得商品的竞拍者姓名和需要支付的价钱组成的元组。例如，main(('张三',600), ('李四',700), ('王五',650), ('赵六',900)) 返回 ('赵六', 700)。

不能使用循环结构和任何形式的推导式。（"Python 小屋"题号：670）

```
def main(*data): pass
```

（37）main() 函数接收非负整数 day 和 days 作为参数，其中 day 的取值范围为 0~6，分别表示周日和周一~周六，要求返回 day 后面第 days 天是周几，仍使用 0 表示周日、1 表示周一、2 表示周二、…、6 表示周六。例如，main(0, 100) 返回 2，main(5, 100) 返回 0，main(3, 101) 返回 6，main(6, 98) 返回 6。

不能使用循环结构和任何形式的推导式。（"Python 小屋"题号：690）

```
def main(day, days): pass
```

（38）函数 main() 接收包含整数的 2- 元组 p、q 作为参数，每个 2- 元组表示 1 个复数的实部和虚部，例如元组 (3,4) 表示复数 3+4j，要求返回复数 p 和 q 相乘得到新复数的实部与虚部组成的新元组。例如，main((3,4), (5,6)) 返回 (-9, 38)，main((1,2), (8,6)) 返回 (-4, 22)，main((1,1), (7,7)) 返回 (0, 14)。

不能使用内置函数 complex()。（"Python 小屋"题号：700）

```
def main(p, q): pass
```

（39）函数 main() 接收字典 data 作为参数，返回"值"最小的元素的"键"，假设所有元素的"值"不同。例如，main({'董':33891, '付':20184, '国':22269}) 返回 '付'。

不能使用循环结构和任何形式的推导式，不能使用循环结构。（"Python 小屋"题号：725）

```
def main(data):
    return _____
```

（40）重做第（15）题，不能使用循环结构和任何形式的推导式，不能使用乘号，不能使用内置函数 sum()、int()、str()。（"Python 小屋"题号：728）

```
def main(n):
    return _____
```

（41）对于 $P_1(x_1,y_1)$、$P_2(x_2,y_2)$、$P_3(x_3,y_3)$ 组成的三角形，可以使用行列式计算三角形面积，即三角形面积为下面行列式的绝对值的一半：

$$M = \begin{vmatrix} x_1 & y_1 & 1 \\ x_2 & y_2 & 1 \\ x_3 & y_3 & 1 \end{vmatrix} = (x_2 \times y_3 - x_3 \times y_2) - (x_1 \times y_3 - x_3 \times y_1) + (x_1 \times y_2 - x_2 \times y_1)$$

函数 main() 接收 2- 元组 p1、p2、p3 作为参数，每个元组为三角形一个顶点的坐标 (x,y)，要求使用上面的行列式计算三角形面积，结果保留最多 2 位小数。例如，main((0,0), (3,0), (0,4)) 返回 6.0。

不能使用循环结构和任何形式的推导式。（"Python 小屋"题号：751）

```
def main(p1, p2, p3): pass
```

（42）函数 main() 接收包含若干子列表的列表 lists 作为参数，每个子列表中包含若干整数，要求返回最大值最小的第 1 个子列表。例如，main([[1, 2, 7], [2, 3, 4], [9, 8, 0]]) 返回 [2, 3, 4]，main([[1, 5], [2, 5], [3, 5]]) 返回 [1, 5]。

不能修改下画线之外的其他代码。（"Python 小屋"题号：815）

```
def main(lists):
    return _____
```

（43）函数 main() 接收包含若干子列表的列表 lists 作为参数，每个子列表中包含若干整数，要求返回最小值最大的第一个子列表。例如，main([[1, 2, 7], [2, 3, 4], [9, 8, 0]]) 返回 [2, 3, 4]，main([[1, 5], [2, 5], [3, 5]]) 返回 [3, 5]。

不能修改下画线之外的其他代码。（"Python 小屋"题号：816）

```
def main(lists):
    return _____
```

（44）函数 main() 接收自然数 n 作为参数，要求计算并返回至少需要多少位二进制数才能表示自然数 n。例如，main(8) 返回 4，main(123456789) 返回 27。

不能修改下画线之外的其他代码，不能使用内置函数 len()、bin()。（"Python 小屋"题号：825）

```
def main(n):
    return _____
```

（45）函数 main() 接收包含若干整数的列表 lst 作为参数，要求返回一个新列表，新列表包含原列表 lst 中的唯一元素（重复的元素只保留一个），且所有元素保持在原列表中首次出现的相对顺序。例如，main([1, 2, 3, 1, 4]) 返回 [1, 2, 3, 4]。

不能使用循环结构和任何形式的推导式。（"Python 小屋"题号：7）

```
def main(lst): pass
```

（46）假设某棋盘共有 n 行 n 列小格子，在第一个小格子里放 1 粒米，第二个小格子里放 2 粒米，第三个小格子里放 4 粒米，第四个小格子里放 8 粒米，以此类推，后面每个小格子里米是前一个小格子的 2 倍。函数 main() 接收正整数 n 作为参数，计算 n 行 n 列棋盘所有小格子里米粒的总数。

不能使用循环结构和任何形式的推导式，不能使用运算符"**"。（"Python 小屋"题号：44）

```
def main(n): pass
```

（47）函数 main() 接收有限长度的可迭代对象 iterable 和整数 start（默认值为 0）作为参数，要求模拟内置函数 enumerate() 的功能，但返回包含若干形式为 (index,value) 的 2- 元组的元组。例如，main(map(str, range(5)), 6) 返回 ((6, '0'), (7, '1'), (8, '2'), (9, '3'), (10, '4'))。

不能使用内置函数 enumerate()，不能使用循环结构和任何形式的推导式。（"Python 小屋"题号：248）

```
def main(iterable, start=0): pass
```

（48）函数 main() 接收包含若干整数的列表 values 作为参数，要求返回其中最大的奇数。例如，main([3, 7, 0, 2, 8, 9, 3, 20]) 返回 9。

不能使用内置函数 max()，不能使用循环结构和任何形式的推导式。（"Python 小屋"题号：497）

```
def main(values): pass
```

（49）重做本章第（48）题，不能使用内置函数 sorted()、列表方法 sort()、循环结构和任何形式的推导式。（"Python 小屋"题号：499）

```
def main(values): pass
```

（50）函数 main() 接收包含若干任意对象的列表 data 作为参数，要求计算其中所有整数或实数的平均数（四舍五入，保留最多两位小数），忽略整数或实数之外的其他元素。例如，main(['1', 2, '3', '4', 5.5]) 返回 3.75。

不能使用循环结构和任何形式的推导式，要求使用 lambda 表达式。（"Python 小屋"题号：506）

```
def main(data): pass
```

（51）函数 main() 接收包含若干整数的列表 data 作为参数，要求将其中的所有整数按照各位数字相加结果对 3 的余数的大小升序排列，返回新列表。例如，main([243, 9, 290, 610, 264, 246, 75, 365, 139, 747]) 返回 [243, 9, 264, 246, 75, 747, 610, 139, 290, 365]。

不能使用循环结构和任何形式的推导式，不能使用列表的 sort() 方法。（"Python 小屋"题号：544）

```
def main(data): pass
```

（52）函数 main() 接收包含若干正整数的列表 data 作为参数，要求返回其中个位数最大的所有正整数组成的新列表。例如，main([777, 667, 487, 222, 880]) 返回 [777, 667, 487]。

不能使用循环结构和任何形式的推导式，不能使用运算符 "%"。（"Python 小屋"题号：557）

```
def main(data): pass
```

（53）重做本章第（52）题。不能使用循环结构和任何形式的推导式，不能使用下标运算符 "[]"。（"Python 小屋"题号：558）

```
def main(data): pass
```

（54）函数 main() 接收可迭代对象 iterable 作为参数，模拟内置函数 any() 的功能。例如，main((1, 0, -3, [], {})) 返回 True。

不能使用内置函数 any() 和 bool()，不能使用循环结构和任何形式的推导式，不能使用选择结构。（"Python 小屋"题号：585）

```
def main(iterable): pass
```

（55）函数 main() 接收可迭代对象 iterable 作为参数，模拟内置函数 all() 的功能。例如，main((1, 0, -3, [], {})) 返回 False。

不能使用内置函数 all() 和 bool()，不能使用选择结构、循环结构和任何形式的推

导式。（"Python 小屋"题号：586）

```
def main(iterable): pass
```

（56）函数 main() 接收字典 data 作为参数，要求返回对应的"值"为 3 的最大的"键"。例如，main({'a':3, 'b':3, 'z':3, 'c':4}) 返回 'z'。

不能使用循环结构和任何形式的推导式，不能使用内置函数 filter()。（"Python 小屋"题号：623）

```
def main(data): pass
```

（57）如果一个自然数的平方以该自然数结尾，则称这个自然数为自守数或同构数。例如，25 是自守数，因为 25×25=625。函数 main() 把自然数 n 作为参数，要求返回所有 n 位自守数升序排列组成的元组。例如，main(1) 返回 (1, 5, 6)，main(2) 返回 (25, 76)，main(5) 返回 (90625,)，main(7) 返回 (2890625, 7109376)。

不能使用循环结构和任何形式的推导式，不能使用函数 str() 和字符串方法 endswith()，不能使用方括号，要求使用运算符 "%" 和 "=="。（"Python 小屋"题号：667）

```
def main(n): pass
```

（58）重做本章第（57）题，不能使用循环结构和任何形式的推导式，不能使用运算符 "%" 和 "=="，要求使用字符串方法 endswith()。（"Python 小屋"题号：668）

```
def main(n): pass
```

（59）函数接收任意大的自然数 n 作为参数，要求返回其位数。例如，main(123) 返回 3，main(1231231231231231231) 返回 19。

不能使用循环结构和任何形式的推导式，不能使用内置函数 map()、str()、len()。（"Python 小屋"题号：732）

```
import math
def main(n):
    return _____
```

（60）函数 main() 接收包含若干整数的列表 data 作为参数，要求返回其中最后一个最大值的下标。例如，main([1,2,2,8,8,7]) 返回 4，main([1,8,2,8,8,7]) 返回 4。

不能使用内置函数 filter()、循环结构和任何形式的推导式。（"Python 小屋"题号：733）

```
def main(data):
    return _____
```

（61）有一种古老的方法可以用来检验一个整数是否能被 11 整除：如果偶数位数字之和与奇数位数字之和的差的绝对值等于 11，那么这个数字可以被 11 整除。例如 1716，偶数位数字之和为 1+1=2，奇数位数字之和为 7+6=13，二者之差为 11，所以 1716 能被 11 整除。函数 main() 接收自然数 n 作为参数，要求按照上面的方法判断是否能被 11 整除。例如，main(1716) 返回 True，main(12345678901234567890) 返回 False。

不能使用内置函数 divmod()、int()，不能使用运算符 "%" "/" "//"，不能使用循环结构和任何形式的推导式。（"Python 小屋"题号：735）

```
def main(n): pass
```

（62）函数 main() 接收包含若干 2- 元组的元组 intervals 作为参数，其中每个 2- 元组表示数轴上一个区间的起点和终点，要求返回长度最大的一个区间，如果有多个区间长度并列最大就返回终点最小的一个。例如，main(((1,3), (1,6), (5,9), (3,5), (10,15), (11,16))) 返回 (1, 6)。

不能使用循环结构和任何形式的推导式。（"Python 小屋"题号：767）

```
def main(intervals): pass
```

（63）函数 main() 接收自然数 n 作为参数，要求计算并返回至少需要多少位二进制数才能表示自然数 n。例如，main(8) 返回 4，main(123456789) 返回 27。

不能修改下画线之外的其他代码，不能使用内置函数 len()、bin() 和整数对象方法 bit_length()。（"Python 小屋"题号：824）

```
import math
def main(n):
    return _____
```

（64）函数 main() 接收大于或等于 2 的自然数 n 作为参数，要求计算并返回 n 个人互相握手的最少次数，不重复握手，也就是 A 和 B 握手之后 B 不用再和 A 握手。例如，main(3) 返回 3，main(5) 返回 10。（"Python 小屋"题号：390）

```
def main(n): pass
```

（65）函数 main() 接收单参数函数 func 和包含若干实数的列表 lst 作为参数，要求计算 lst 中的每个实数作为自变量时 func 的函数值，返回其中的最大值。（"Python 小屋"题号：29）

```
def main(func, lst): pass
```

（66）函数 main() 接收列表 data1 和 data2 作为参数，要求测试并返回 data1 是否为 data2 的"真子集"，即 data1 中所有元素都在 data2 中，但 data2 中有的元素不在 data1 中，如果 data1 是 data2 的"真子集"就返回 True，否则返回 False。例如，main([1,2,3], [1,2,4]) 返回 False，main([1,2,3], [1,2,4,3]) 返回 True。

不能使用循环结构和任何形式的推导式，不能使用内置函数 set() 和 filter()。（"Python 小屋"题号：493）

```
def main(data1, data2): pass
```

（67）重做本章第（66）题，不能使用循环结构和任何形式的推导式以及内置函数 set() 和 map()。（"Python 小屋"题号：494）

```
def main(data1, data2): pass
```

（68）函数 main() 接收包含若干整数的列表 factor1 和 factor2 作为参数，分别表示两个多项式的系数且从高次到低次排列，例如 [1, 2, 3] 为多项式 $f(x)=x^2+2x+3$ 的系数。要求计算以 factor1 和 factor2 为系数的两个多项式相加得到的多项式的系数组成的列表，其中的系数从高次到低次排列。例如，main([1], [2, 3]) 返回 [2, 4]，main([1, 2], [3, 0, 0, 4]) 返回 [3, 0, 1, 6]。

不能使用循环结构和任何形式的推导式。（"Python 小屋"题号：567）

```
def main(factor1, factor2): pass
```

（69）函数 main() 接收包含若干数字的元组 numbers 作为参数，要求返回其中只出现过一次的数字组成的新元组，数字保持原来的相对顺序。例如，main((1, 2, 3, 4, 1, 3)) 返回 (2, 4)，main((100, 100, 100)) 返回 ()。

不能使用选择结构、循环结构和任何形式的推导式，要求使用内置函数 filter()、set() 和 lambda 表达式。（"Python 小屋"题号：578）

```
def main(numbers): pass
```

（70）函数 main() 接收包含若干整数的元组 integers 作为参数，要求返回元组 (a,b)，其中 a 和 b 均为元组 integers 的有效下标且有 a<b 和 integers[a]-integers[b] 的值最大。例如，main((38, 29, 67, 21, 30, 89, 32, 50)) 返回 (5, 6)。

不能使用循环结构和任何形式的推导式。（"Python 小屋"题号：580）

```
from itertools import combinations
def main(integers): pass
```

（71）函数 main() 接收字符串 s 作为参数，要求返回其中小写字母数量和大写字母数量组成的元组。例如，main('Python 小屋 z456a') 返回 (7, 1)。

不能使用选择结构、循环结构和任何形式的推导式，不能使用加号，不能使用小写字母字符串和大写字母字符串。（"Python 小屋"题号：598）

```
def main(s): pass
```

（72）在有向图中，从一个顶点出发的边的数量称作出度，进入一个顶点的边的数量称作入度。函数 main() 接收字典 graph 和字符串 node 作为参数，其中字典 graph 中元素的"键"表示有向图中的顶点，"值"为当前顶点出发的边能够直接到达的顶点组成的列表，参数 node 表示有向图中任意一个顶点。要求返回有向图 graph 中顶点 node 的出度和入度组成的元组。例如，main({'A':['B','C','E'], 'B':['A','D'], 'C':['A','D','E'], 'D':['E']}, 'D') 返回 (1, 2)，在有向图中从 D 点出发只有 DE 这一条边所以出度为 1，进入 D 的边有 BD 和 CD 这两条所以入度为 2。

不能使用循环结构和任何形式的推导式。（"Python 小屋"题号：618）

```
def main(graph, node): pass
```

（73）函数 main() 接收字典 data 作为参数，要求返回对应的"值"为 3 的最大的"键"。例如，main({(3,5):8, (1,2):3, (2,1):3, (1,1,1):3}) 返回 (2, 1)。

不能使用循环结构和任何形式的推导式，不能使用内置函数 max() 的 key 参数。（"Python 小屋"题号：624）

```
def main(data): pass
```

（74）函数 main() 接收包含若干整数的元组 integers 作为参数，要求对这些整数排序并返回排序后整数组成的列表。排序规则为：按偶数位置（位置从左向右编号，从 0 开始）上数字之和升序排列，如果偶数位置上数字之和相等的话再按奇数位置上数字之和进行排序，二者都相等则保持原来的相对顺序。例如，main((543, 345, 123, 1, 22, 321, 111)) 返回 [1, 111, 22, 123, 321, 543, 345]。

不能使用循环结构和任何形式的推导式。（"Python 小屋"题号：628）

```
def main(integers): pass
```

（75）函数 main() 接收包含若干数字字符的字符串 s 作为参数，要求返回其中最长有多少个连续的 1。例如，main('00101011011111010000100010010111100011111100 0011100') 返回 6。

不能使用循环结构和任何形式的推导式，要求使用内置函数 filter()、list()、tuple() 和 lambda 表达式。（"Python 小屋"题号：645）

```
def main(s): pass
```

（76）main() 函数接收自然数 a1、q、n 作为参数，a1 表示一个等比数列的首项，q 表示公比，要求返回这个等比数列前 n 项之和。例如，main(1, 2, 5) 返回 31，main(7, 12, 30) 返回 15105765423621714948205927636545l。

不能使用循环结构和任何形式的推导式，不能使用内置函数 eval()、map()，不能使用 lambda 表达式，要求使用内置函数 int()。（"Python 小屋"题号：684）

```
def main(a1, q, n): pass
```

（77）函数 main() 接收非零整数 num、m、n 作为参数，要求判断 num 是否能恰好被 m 或 n 中的一个整除。如果 num 能被 m 或 n 中的一个整除则返回 True，如果 m 和 n 同时能整除或同时不能整除 num 则返回 False。例如，main(15, 3, 5) 返回 False，main(15, 3, 7) 返回 True。

不能使用循环结构和任何形式的推导式，不能使用关键字 and、or、not。（"Python 小屋"题号：688）

```
def main(num, m, n): pass
```

（78）函数 main() 接收表达式 exp1 和 exp2 作为参数，如果两个表达式同时等价于 True 或同时等价于 False 则返回 False；如果一个等价于 True 而另一个等价于 False 则返回 True。例如，main({}, '微信公众号：Python 小屋') 返回 True，main({3}, '微信公众号：Python 小屋') 返回 False。

不能使用循环结构和任何形式的推导式，不能使用关键字 and、or、not。（"Python 小屋"题号：689）

```
def main(exp1, exp2): pass
```

（79）函数 main() 接收包含若干整数的元组 p 和 q 作为参数，分别表示两个多项式的系数且从高次到低次排列，缺项的系数为 0，例如 (1,2,0,0,5) 表示 $1x^4+2x^3+5$。要求返回这两个多项式相加得到的多项式的系数组成的新元组，仍从高次到低次排列。例如，main((1,2,3,4), (5,6,7)) 返回 (1, 7, 9, 11)。

不能使用循环结构和任何形式的推导式，不能使用 lambda 表达式。（"Python 小屋"题号：699）

```
from operator import add
def main(p, q): pass
```

（80）函数 main() 接收自然数 n 作为参数，要求判断 n 是否为素数，是则返回 True，否则返回 False。例如，main(10000000000000061) 返回 True。

不能使用循环结构和任何形式的推导式，不能修改 main() 函数框架。（"Python 小屋"题号：709）

```
def main(n):
    return _____
```

（81）函数 main() 接收自然数 start、stop、a 作为参数，统计指定的左闭右开区间 [start,stop) 中有多少自然数与区间 [1,9] 中某个自然数 a 无关。如果一个自然数能被 a 整除、某位数为 a 或各位数字之和能被 a 整除，则认为该自然数与 a 相关。例如，main(1, 10, 3) 返回 6，main(1000, 10000, 7) 返回 4282。

不能使用循环结构和任何形式的推导式。（"Python 小屋"题号：799）

```
def main(start, stop, a): pass
```

（82）函数 main() 接收自然数 n 作为参数，返回小于或等于 n 的 2 的整数次方最大值。例如，main(8) 返回 8，main(64) 返回 64，main(99999999999999999999999999999999) 返回 83076749736557242056487941267521536。

不能修改其他代码，不能使用内置函数 max()、map()、pow()、循环结构和任何形式的推导式。（"Python 小屋"题号：829）

```
import math
def main(n):
    return _____
```

（83）函数 main() 接收列表 arr1 和 arr2 作为参数，其中 arr1 中包含若干任意元素，预期 arr2 长度与 arr1 相同且只包含自然数或正实数，若 arr2 不符合预期直接返回 None，若符合预期则返回 arr1 中元素重复之后的新列表。重复过程为：元素 arr1[i] 重复 int(arr2[i]) 次。例如，main([1,2,3], [1,2,3,4]) 返回 None，main([1,2,3], [1.5,2.5,3.7]) 返回 [1, 2, 2, 3, 3, 3]。

不能使用异常处理结构，不能使用循环结构和任何形式的推导式。（"Python 小屋"题号：859）

```
def main(arr1, arr2): pass
```

（84）根据概率论知识，如果事件 $A_1, A_2, \cdots, A_n$ 构成一个完备事件组，B 是其中任意一个事件，且有 $p(A_i) \geqslant 0$ 和 $p(B) \geqslant 0$，那么根据全概率公式和贝叶斯公式可以得到下面的式子：

$$p(A_j|B) = \frac{p(A_j)p(B|A_j)}{\sum_i (p(A_i)p(B|A_i))}$$

$p(A_j)$ 表示事件 A_j 发生的概率，$p(B|A_i)$ 表示在已发生事件 A_j 的情况下发生事件 B 的条件概率，$p(A_j|B)$ 表示已发生事件 B 的情况下发生事件 A_j 的后验概率。

函数 main() 接收任意多个 3- 元组作为参数并放入元组 boxs 中，每个 3- 元组表示一个箱子，3-元组中的 3 个元素依次表示箱子里红球、绿球、蓝球的数量。函数 main() 的功能是模拟这样一个过程：先随机选择一个箱子，然后从箱子里随机选择一个球，如果选择的是红球，计算并返回这个红球来自每个箱子的概率。假设每个箱子被选择到的概率是相等的，同一个箱子里的每个球被选择到的概率也是相等的。例如，main((3, 4, 3), (5, 5, 0), (4, 4, 2)) 返回 (0.25, 0.417, 0.333)，表示有 3 个箱子，第一个箱子里有 3 个红球、4 个绿球、3 个蓝球，第二个箱子里有 5 个红球、5 个绿球、0 个蓝球，第三个箱子里有 4 个红球、4 个绿球、2 个蓝球，随机选择一个箱子然后随机选择一个球，如果选择的是红球，那么来自 3 个箱子的概率分别为 0.25、0.417、0.333。

不能使用循环结构和任何形式的推导式。（"Python 小屋"题号：614）

```
def main(*boxes): pass
```

（85）在信息论中，随机变量中某个值所携带或包含的信息量与其出现的概率有关，如果一个出现概率很大的值出现了，它携带的信息量比较小，而出现概率很小的值出现的话携带的信息量比较大。例如，在已经连续 5 个晴天并且今天傍晚天气也很好的情况下预报明天还是晴天，这样的话说出来信息量很小，而经过科学分析后预测明天有暴雨的话信息量要大很多。同样的道理，废话携带的信息量为 0，因为说的是必然会发生或不会发生的事情，不用说大家都知道，说出来大家也不会得到任何新的信息。

熵用来描述一个随机变量中所有值出现的随机程度，熵的值反映了一组数据所包含的信息量的大小。一组数据中不同值出现的概率相差越大则熵越小，不同值出现的概率越接近则熵越大。均匀分布的数据的熵最大，因为每个值出现的概率是一样的，根据已有值很难预测下一个值是什么，出现每个值的可能性一样大。

一组数据的熵定义为这组数据中所有唯一值出现的概率 p_i 与 p_i 的以 2 为底对数值的乘积之和的相反数，即 $-\sum_i (p_i \times \log 2(p_i))$。熵与数据中具体的值是什么无关，只与值出现的概率有关。例如，对于数据 '1234'，每个字符出现的概率均为 1/4，这组数据的熵为：$-(0.25 \times \log_2(0.25) + 0.25 \times \log_2(0.25) + 0.25 \times \log_2(0.252) + 0.25 \times \log_2(0.25)) = 2.0$。

函数 main() 接收任意字符串 s 作为参数表示一组数据，要求计算并返回这组数据的熵，保留最多 3 位小数。例如，main('000000000000000000001') 返回 0.286。

不能使用标准库 collections、循环结构和任何形式的推导式。（"Python 小屋"题号：615）

```
from math import log2
def main(s): pass
```

（86）函数 main() 接收嵌套的二维列表 mat 作为参数，其中每个子列表中包含相同数量的整数，模拟一个矩阵。要求对这个矩阵进行转置，返回转置之后的嵌套列表。例如，main([[1,2,3,4], [4,5,6,7], [7,8,9,10]]) 返回 [[1, 4, 7], [2, 5, 8], [3, 6, 9], [4, 7, 10]]。

不能使用循环结构、任何形式的推导式、lambda 表达式。（"Python 小屋"题号：637）

```
def main(mat): pass
```

（87）假设墙上有一排共 N 个灯分别从 1 到 N 编号，每个灯都有独立开关，一开始所有灯都是关闭的。执行下面的操作：切换（开变关、关变开）所有编号为 1 的倍数的开关，然后切换所有编号为 2 的倍数的开关……最后切换所有编号为 N 的倍数的开关。函数 main() 接收小于 N 的自然数 n 作为参数，要求返回第 n 个灯的状态，开灯状态返回 True，关灯状态返回 False。例如，main(1) 返回 True，main(2) 返回 False，main(81) 返回 True，main(90) 返回 False。

删除下面代码中的下画线，替换为合适的表达式，完成要求的功能。不能使用选择结构、循环结构和任何形式的推导式，不能使用 lambda 表达式，不能修改程序的框架，只能替换下画线为合适的表达式。（"Python 小屋"题号：671）

```
de fmain(n):
    return _____
```

（88）程序改错题：下面的 main() 函数用来计算组合数 C_n^i，例如，main(8, 3) 返回 56，main(180, 39) 返回 518868429166822561785814283114759031960。

下面的代码存在逻辑错误，导致计算结果不正确。修改代码，使得能够给出正确结果。不能修改程序前 3 行和最后一行。（"Python 小屋"题号：687）

```
def main(n, i):
    minNI = min(i, n-i)
    result = 1
    for j in range(0, minNI):
        result = result * (n-j) / (minNI-j)
    return result
```

（89）函数 main() 接收包含若干一位数字的列表 numbers 作为参数，要求返回反向拼接组成的整数。例如，numbers = [1, 2, 3, 4] 时，计算过程为 $1 + 2\times10^1 + 3\times10^2 + 4\times10^3 = 4321$。

不能使用循环结构和任何形式的推导式，不能使用切片，不能使用内置函数 int()、reversed() 和列表方法 reverse()，不能使用等于号。（"Python 小屋"题号：695）

```
from functools import reduce
def main(numbers):
    return _____
```

（90）假设墙上有一排灯（数量足够多），所有灯从 1 开始按自然数进行编号，每个灯都有独立开关，一开始所有灯都是关闭的。执行下面的操作：切换（开变关、关变开）所有编号为 1 的倍数的开关，然后切换所有编号为 2 的倍数的开关，然后切换所有编号为 3 的倍数的开关，以此类推。函数 main() 接收自然数 n 和 m 作为参数，要求返回完成 n 次上面的操作后第 m 个灯的状态，开灯状态返回 True，关灯状态返回 False。例如，main(30, 1) 返回 True，main(90, 100) 返回 False。

不能使用循环结构和任何形式的推导式。（"Python 小屋"题号：665）

```
def main(n, m): pass
```

第 19 章

列表、元组、字典、集合

（1）函数 main() 接收包含若干整数的列表 lst 作为参数，要求返回所有偶数下标元素之和与所有奇数下标元素之和组成的元组。例如，当 lst 为 [1234,5,13,65] 时返回 (1247,70)。（"Python 小屋"题号：111）

```
def main(lst): pass
```

编程题
第 19 章答案 .pdf

（2）函数 main() 接收包含任意元素的元组 tup 作为参数，要求将其中所有元素首尾交换进行翻转并返回新元组。例如，main((1,3,2)) 返回 (3,2,1)。

不能使用循环结构、内置函数 reversed()，可以使用切片。（"Python 小屋"题号：244）

```
def main(tup): pass
```

（3）函数 main() 接收列表 lst 和任意值 item 作为参数，返回 item 在 lst 中第一次出现的位置，如果列表 lst 中不存在元素 item 则返回字符串 '不存在'。

把下面函数中的 pass 语句删除，替换为自己的代码。（"Python 小屋"题号：3）

```
def main(lst, item): pass
```

（4）函数 main() 接收包含若干整数的列表 lst 作为参数，要求返回一个列表，列表中包含原列表中大于或等于所有整数平均值的整数，保持原来的相对顺序。（"Python 小屋"题号：4）

```
def main(lst): pass
```

（5）函数 main() 接收包含若干整数的列表 lst 作为参数，要求返回其中所有奇数组成的新列表，且所有元素保持原来的相对顺序。（"Python 小屋"题号：15）

```
def main(lst): pass
```

（6）函数 main() 接收包含奇数个整数的列表 data 作为参数，返回中位数，也就是对列表 data 排序后中间位置上的元素。

下面的代码有错误，请修改后提交。（"Python 小屋"题号：85）

```
def main(data):
    data_local = data[:]
    sorted(data_local)
    return data_local[len(data_local)//2]
```

（7）函数 main() 接收包含任意类型数据的元组 data 作为参数，从 data 开始处连续取 3 个元素，然后跳过 1 个元素，再连续取 3 个元素，再跳过 1 个元素，再连续取 3 个元素，重复这个过程直到 data 结束，要求返回包含这些元素的新元组。例如，data 为 (1, 2, 3, 4, 5, 6, 7, 8, 9) 时返回 (1, 2, 3, 5, 6, 7, 9)。（"Python 小屋"题号：116）

```
def main(data): pass
```

（8）函数 main() 接收任意多个列表、元组或字符串作为参数，要求返回它们中下标 1 的元素组成的列表。例如，main([1,2,3], '456', (7,8,9)) 返回 [2, '5', 8]。

已导入的对象不是必须使用的，是否使用可以自己决定。（"Python 小屋"题号：122）

```
from operator import itemgetter
def main(*iterables): pass
```

（9）函数 main() 接收可迭代对象 iterable1 和 iterable2 作为参数，要求返回这两个可迭代对象的笛卡儿积组成的列表。例如，main([1,2], 'abcd') 返回 [(1, 'a'), (1, 'b'), (1, 'c'), (1, 'd'), (2, 'a'), (2, 'b'), (2, 'c'), (2, 'd')]。

已导入的标准库不是必须使用的，是否使用可以自己决定。（"Python 小屋"题号：127）

```
import itertools
def main(iterable1, iterable2): pass
```

（10）函数 main() 接收包含若干数字的可迭代对象 data 作为参数，要求检查其中的元素是否严格升序，也就是所有相邻元素都是前面小于后面的。例如，main([1, 3, 1.4, 2.9]) 返回 False，main(range(5)) 返回 True。

已导入的标准库对象不是必须使用的，是否使用可以自己决定。（"Python 小屋"题号：129）

```
from operator import lt
def main(data): pass
```

（11）函数 main() 接收包含若干整数的元组 tup 作为参数，要求返回一个新元组，把原来的元组中所有偶数位置上的元素都改为 0，返回处理后的新元组。例如，main((1,2,3,4,5,6,7)) 返回 (0, 2, 0, 4, 0, 6, 0)。（"Python 小屋"题号：154）

```
def main(tup): pass
```

（12）函数 main() 接收列表 x 和 y 作为参数，表示相同维度空间里的两个向量，要求计算这两个向量的曼哈顿距离，也就是各分量之差的绝对值之和。例如，main([1,2,3,4],[4,3,2,1]) 返回 8，计算过程为 |1-4|+|2-3|+|3-2|+|4-1|=3+1+1+3=8。（"Python 小屋"题号：170）

```
def main(x, y): pass
```

（13）函数 main() 接收包含若干正整数的元组 integers 和一个正整数 key 作为参数，要求计算元组 integers 中每个正整数和正整数 key 进行异或运算之后结果组成的新元组。例如，main((1235,86723,9823), 33891) 返回 (32944, 120480, 41532)。"Python 小屋"题号：178）

```
def main(integers, key): pass
```

（14）函数 main() 接收任意多个以普通位置参数形式传递的整数，返回它们的乘积。要求直接使用内置模块 math 中的函数完成，不能使用 for 循环、函数 reduce() 和 lambda 表达式。（"Python 小屋"题号：193）

```
import math
def main( _____ ):
    return _____
```

（15）重做本章第（14）题，要求使用 reduce() 和 mul() 函数，不能使用 for 循环和 lambda 表达式，不能使用内置模块 math 中的函数。（"Python 小屋"题号：194）

```
from operator import mul
from functools import reduce
def main( _____ ):
    return _____
```

（16）函数 main() 接收元组 data 和任意类型的对象 item 作为参数，要求返回 data 中所有值与 item 相等的元素的下标，以元组形式返回。例如 main((1,2,2,2,3,3,2), 1) 返回 (0,)。

不能使用循环结构。（"Python 小屋"题号：223）

```
def main(data, item): pass
```

（17）函数 main() 接收列表 data 作为参数，其中每个元素都是包含若干整数的子列表，要求返回每个子列表中元素之和组成的列表。例如，main([[1,2,3], [4,5,6], [7,8,9]]) 返回 [6, 15, 24]。

不能使用循环结构。（"Python 小屋"题号：226）

```
def main(data): pass
```

（18）函数 main() 接收字符串参数 s 和正整数参数 n 作为参数，要求把字符串 s 中的水平制表符替换为 n 个空格，返回处理后的新字符串。例如，main('ab\tcd', 6) 返回 'ab   cd'。

不能使用字符串方法 replace()。（"Python 小屋"题号：229）

```
def main(s, n): pass
```

（19）函数 main() 接收字典 dictionary 和任意对象 key 作为参数，要求返回字典 dictionary 中以 key 为"键"的元素"值"，如果字典 dictionary 中不存在 key 键，返回字符串 '不存在'。例如，main({'a':97, 'b':98, 'c':99}, 'b') 返回 98，main({'a':97, 'b':98, 'c':99}, 'd') 返回 '不存在'。

不能导入任何标准库和扩展库，不能使用选择结构和异常处理结构。（"Python 小屋"题号：459）

```
def main(dictionary, key): pass
```

（20）函数 main() 接收可哈希对象 hashable 和可迭代对象 iterable 作为参数，要求返回一个包含若干字典的列表，以参数 hashable 作为字典的"键"，以参数 iterable 中每个元素作为字典的"值"。例如，main('a', '1234') 返回 [{'a': '1'}, {'a': '2'}, {'a': '3'}, {'a': '4'}]。

不能使用循环结构，不能使用内置函数 map()，不能使用 lambda 表达式。（"Python 小屋"题号：477）

```
def main(hashable, iterable): pass
```

（21）函数 main() 接收列表 data1 和 data2 作为参数，要求测试并返回 data1 是否为 data2 的"真子集"，也就是 data1 中所有元素都在 data2 中，但是 data2 中有的元素不在 data1 中，如果 data1 是 data2 的"真子集"就返回 True，否则返回 False。例如，main([1, 2, 3], [1, 2, 4]) 返回 False，main([1, 2, 3], [1, 2, 4, 3]) 返回 True，main([1, 2, 3], [1, 2, 3]) 返回 False。

不能使用循环结构和任何形式的推导式以及内置函数 map()、filter()。（"Python 小屋"题号：492）

```
def main(data1, data2): pass
```

（22）函数 main() 接收包含任意元素的列表 values 和 unique 作为参数，要求返回 values 中同时也在 unique 中的元素组成的新列表，且所有元素保持在 values 中的相对顺序。例如，main(['1','2','4','1','4','5'], ['1','4',5]) 返回 ['1', '4', '1', '4']。

不能使用内置函数 filter()、循环结构、列表方法 append() 和 insert()，要求使用列表推导式。（"Python 小屋"题号：514）

```
def main(values, unique): pass
```

（23）函数 main() 接收包含若干集合的列表 lst 作为参数，要求返回这些集合的并集。（"Python 小屋"题号：25）

```
def main(lst): pass
```

（24）函数 main() 接收 6 个整数作为参数，其中 year1、month1、day1 表示一个日期的年、月、日，year2、month2、day2 表示另一个日期的年、月、日，要求返回这两个日期之间相差的天数（必须为正数或 0）。（"Python 小屋"题号：27）

```
from datetime import date
def main(year1, month1, day1, year2, month2, day2): pass
```

（25）函数 main() 接收字符串 s 和正整数 n 作为参数，其中 n 的大小不超过 s 的长度，要求返回字符串 s 循环左移 n 位之后的结果。例如，main('abcdefg', 3) 返回 'defgabc'。（"Python 小屋"题号：33）

```
def main(s, n): pass
```

（26）函数 main() 接收包含若干整数的列表 lst 作为参数，首先计算其中的最大值，然后返回这个最大值在列表 lst 所有出现位置组成的新列表。例如，lst 为 [1, 2, 3, 3] 时返回 [2, 3]。（"Python 小屋"题号：52）

```
def main(lst): pass
```

（27）函数 main() 接收列表参数 lst 作为参数，要求判断是否其中只包含整数或实数类型的元素，如果是就返回 True，否则返回 False。

不能使用循环结构和选择结构。（"Python 小屋"题号：71）

```
def main(lst): pass
```

（28）函数 main() 接收可迭代对象 iterable1 和 iterable2 作为参数，要求把它们对应位置上的元素组合到一起变为元组，返回包含这些元组的列表。如果 iterable1 和 iterable2 的长度不一样，最终结果以长的为准，把短的一个可迭代对象使用数字 0 补齐到和元素多的那个可迭代对象一样长。例如，main('123', [5, 6, 7, 8]) 返回 [('1', 5), ('2', 6), ('3', 7), (0, 8)]。

代码中已导入的标准库不是必须使用的，是否使用可以自己决定。（"Python 小屋"题号：126）

```
import itertools
def main(iterable1, iterable2): pass
```

（29）函数 main() 接收可迭代对象 iterable1 和 iterable2 作为参数，要求检查是否 iterable1 中的所有元素都是 iterable2 的元素，如果是就返回 True，否则返回 False。如果参数 iterable1 或 iterable2 不是可迭代对象，返回字符串 '参数必须为可迭代对象。'。（"Python 小屋"题号：171）

```
def main(iterable1, iterable2): pass
```

（30）函数 main() 接收包含若干数字的元组 data 作为参数，要求返回其中大于平均数的数字组成的新元组。例如，main((1, 2, 3, 4)) 返回 (3, 4)。

要求使用生成器表达式，不能使用内置函数 filter() 和 lambda 表达式。（"Python 小屋"题号：198）

```
def main(data): pass
```

（31）函数 main() 接收包含若干整数或实数的元组 data 作为参数，要求返回其中所有数字的平方根组成的新元组，结果元组中每个数字最多保留 3 位小数，且保持原始数据的相对顺序。例如，main((1,2,3,4)) 返回 (1.0, 1.414, 1.732, 2.0)。

不能使用 for 循环或 while 循环，要求使用内置函数 round()、生成器表达式、运算符"**"。（"Python 小屋"题号：240）

```
def main(data): pass
```

（32）函数 main() 接收包含若干整数的元组 data 作为参数，要求把 data 中偶数位置上的整数升序排列，奇数位置上的整数降序排列，返回处理后的新元组。例如，main((1, 2, 3, 4, 5, 6, 7)) 返回 (1, 6, 3, 4, 5, 2, 7)。（"Python 小屋"题号：341）

```
def main(data): pass
```

（33）函数 main() 接收大于或等于 1 的正整数 n 和介于 [0,9] 区间的正整数 a 作为参数，要求返回表达式 a+aa+aaa+aaaa+…+aa…aa 前 n 项的和。例如，当 n=3 和 a=1 时，计算 1+11+111，返回 123。

不能使用 for 循环，不能使用 map() 函数，不能使用 lambda 表达式。（"Python 小屋"题号：362）

```
def main(n, a): pass
```

（34）函数 main() 接收包含任意元素的列表 data 作为参数，要求统计并返回其中出现次数最多的元素。例如，main([1, 1, 2, 2, 2, 3, 3, 2, 4]) 返回 2。

不能使用标准库 collections 和扩展库 Pandas，不能使用循环结构和各种推导式，不能使用内置函数 max()。（"Python 小屋"题号：367）

```
import statistics
def main(data): pass
```

（35）函数 main() 接收整数 start 和 end 作为参数，要求返回区间 [start,end] 中能被 7 整除但不能被 5 整除的整数组成的列表，要求数字升序排列。例如，main(136, 196) 返回 [147, 154, 161, 168, 182, 189, 196]。

不能使用循环结构，不能使用方括号定义列表。（"Python 小屋"题号：375）

```
def main(start, end): pass
```

（36）函数 main() 接收整数 start 和 end 作为参数，要求返回区间 [start, end] 中能被 7 整除但不能被 5 整除的整数组成的列表，要求数字升序排列。例如，main(136, 196) 返回 [147, 154, 161, 168, 182, 189, 196]。

不能使用循环结构，不能使用内置函数 filter()、map() 和 list()，要求使用列表推导式。（"Python 小屋"题号：376）

```
def main(start, end): pass
```

（37）函数 main() 接收字典 dic、包含若干可哈希对象的列表 keys、包含任意元素且与 keys 等长的列表 values 作为参数，要求以 keys 列表中内容为"键"、以 values 列表中对应位置上元素为"值"把得到的元素添加到字典 dic 中，如果"键"有冲突则以 values 中的值为准，返回最后得到的字典。例如，main({'a': 97}, ['b', 'a'], [98, 99]) 返回 {'a': 99, 'b': 98}。

不能使用循环结构和各种推导式。（"Python 小屋"题号：391）

```
def main(dic, keys, values):
    dic = dict(dic)
    pass
```

（38）函数 main() 接收包含若干非负整数的元组 data 作为参数，要求计算返回其中值为 0 的元素之前所有元素之和。例如，main((60,70,80,0,50)) 返回 210。

不能使用循环结构和任何形式的推导式。（"Python 小屋"题号：396）

```
def main(data): pass
```

（39）函数 main() 接收包含若干集合的列表 data 作为参数，要求返回列表中所有集合的交集。例如，main([{1,2,3,4,5}, {1,3,5,7,9}, {3,4,5}]) 返回 {3, 5}。

不能使用循环结构和任何形式的推导式以及 lambda 表达式和运算符"&"。（"Python 小屋"题号：466）

```
def main(data): pass
```

（40）重做本章第（39）题，不能使用循环结构和任何形式的推导式，不能使用集合方法 intersection()，不能使用 lambda 表达式和运算符"&"。（"Python 小屋"题号：467）

```
import operator
from functools import reduce
```

```
def main(data): pass
```

（41）重做本章第（40）题，不能使用集合方法 intersection()，不能使用 while 循环，不能使用 lambda 表达式，要求使用 for 循环和运算符"&"。（"Python 小屋"题号：468）

```
def main(data): pass
```

（42）重做本章第（41）题，不能使用集合方法 intersection()，不能使用循环结构和任何形式的推导式，要求使用 lambda 表达式和运算符"&"。（"Python 小屋"题号：469）

```
from functools import reduce
def main(data): pass
```

（43）重做第 18 章第（15）题，函数 main() 接收正整数参数 n 作为参数表示棋盘上小格子的数量，要求返回放满所有小格子需要的米的粒数。例如，main(3) 返回 7，main(7) 返回 127。

不能使用内置函数 int() 和循环结构，要求使用列表推导式、运算符"**"和内置函数 sum()。（"Python 小屋"题号：474）

```
def main(n):pass
```

（44）函数 main() 接收包含若干整数的列表 data 作为参数，要求计算并返回这些数字的平均绝对离差，也就是每个数字与平均值之差的绝对值的平均值，最终结果保留最多 2 位小数。例如，main([6, 49, 32, 31, 50]) 返回 12.72。这些数字的平均值为 33.6，然后计算 |6-33.6| + |49-33.6| + |32-33.6| + |31-33.6| + |50-33.6| = 63.6，再除以 5 得 12.72。

不能使用循环结构，要求使用列表推导式。（"Python 小屋"题号：537）

```
def main(data): pass
```

（45）重做本章第（44）题，不能使用循环结构和列表推导式，要求使用生成器表达式。（"Python 小屋"题号：538）

```
def main(data): pass
```

（46）函数 main() 接收包含若干字符串的列表 ss 作为参数，要求返回排序后的新列表，排序规则为：短的在前长的在后，一样长的降序排序。例如，main(['123', '14', '132', 'a12', 'ab']) 返回 ['ab', '14', 'a12', '132', '123']。

不能使用循环结构。（"Python 小屋"题号：563）

```
def main(ss): pass
```

（47）函数 main() 接收任意字符串 s 作为参数，要求检查其中是否只包含大小写英文字母，是则返回 True，否则返回 False。例如，main('Python') 返回 True，main('Python 小屋 ') 返回 False。

不能使用循环结构和任何形式的推导式，不能使用运算符"<""<="">="和">"。（"Python 小屋"题号：632）

```
from string import ascii_letters
def main(s): pass
```

（48）函数 main() 接收包含若干整数的列表 seq 作为参数，从前向后使用相邻元素作为"键"和"值"创建字典并返回。例如，main([1, 2, 3, 4, 5]) 返回 {1: 2, 2: 3, 3: 4, 4: 5}。

不能使用循环结构和任何形式的推导式，不能使用内置函数 len()，不能改动 main() 函数的整体结构。（"Python 小屋"题号：860）

```
def main(seq):
    return _____
```

（49）重做本章第（48）题，不能使用内置函数 len()、zip()、dict()，不能改动 main() 函数的整体结构。（"Python 小屋"题号：861）

```
def main(seq):
    return _____
```

（50）函数 main() 接收任意字符串 s 作为参数，要求返回其中出现次数最多的前 3 个字符组成的列表，并按出现次数从多到少排列。例如，接收字符串 'abbccdddeeee'，返回 ['e', 'd', 'b']。（"Python 小屋"题号：20）

```
from collections import Counter
def main(s): pass
```

（51）函数 main() 接收包含若干表示角度的实数的列表 lst 作为参数，要求返回这些实数转换为弧度之后的正弦值组成的新列表。（"Python 小屋"题号：26）

```
from math import sin, radians
def main(lst): pass
```

（52）函数 main() 接收包含若干整数或实数的列表 lst 作为参数，要求返回其中出现次数最多的一个，如果有多于一个并列最多，就返回最大的一个。例如，main([1, 1, 1, 2, 3, 4, 4, 4]) 返回 4。（"Python 小屋"题号：46）

```
def main(lst): pass
```

（53）函数 main() 接收包含若干字符串的列表 comments 作为参数，要求返回其中重复字数小于一半的字符串组成的新列表。例如，main(['好好好好好好', '董付国老师写的教材真是不错', '好书啊好书啊']) 返回 ['董付国老师写的教材真是不错']。（"Python 小屋"题号：176）

```
def main(comments): pass
```

（54）函数 main() 接收列表 data 作为参数，其中每个元素都是包含若干整数的子列表，每个子列表的长度相等。返回每个子列表对应位置元素之和组成的列表，模拟二维数组纵向求和。例如，main([[1,2,3], [4,5,6], [7,8,9]]) 返回 [12, 15, 18]。

不能使用循环结构。（"Python 小屋"题号：227）

```
def main(data): pass
```

（55）函数 main() 接收包含任意内容的元组 tup 和一个任意类型对象 value 作为参数，要求返回 tup 中值与 value 相等的所有元素的下标组成的列表。例如，main((1, 2, 3, 4, 1), 1) 返回 [0, 4]。

下面的代码有错误，并不能实现预定的功能，修改下面的代码，完成要求的功能。不能使用循环结构。（"Python 小屋"题号：249）

```
def main(tup, value):
    return [tup.index(item) for item in tup if item==value]
```

（56）函数 main() 接收包含若干数字的元组 data1 和 data2 作为参数，其中 data2 中每个数字都是唯一的。要求返回 data2 中每个数字在 data1 中出现的次数组成的元组，例如 main((1,2,1,1,1,2,3), (1,2,3,4,5)) 返回 (4, 2, 1, 0, 0)。

不能使用循环结构。（"Python 小屋"题号：328）

```
def main(data1, data2): pass
```

（57）函数 main() 接收包含若干自然数的元组 data 作为参数，要求判断其中每个自然数的奇偶性，返回表示每个自然数是奇数还是偶数的新元组。例如，main((1, 2, 3, 5, 7, 9)) 返回 ('奇数', '偶数', '奇数', '奇数', '奇数', '奇数')。

不能使用选择结构。（"Python 小屋"题号：332）

```
def main(data): pass
```

（58）函数 main() 接收包含若干整数的元组 data 作为参数，对其中的整数进行重新排列，要求所有奇数在前且升序排列，所有偶数在后且降序排列，返回处理后得到的新元组。例如，main((1,2,3,4,5,6,7)) 返回 (1, 3, 5, 7, 6, 4, 2)。

不能使用循环结构。（"Python 小屋"题号：342）

```
def main(data): pass
```

（59）重做本章第（58）题，不能使用循环结构和任何形式的推导式。（"Python 小屋"题号：343）

```
def main(data): pass
```

（60）函数 main() 接收等长的元组 x 和 y 作为参数，其中 x 中的所有元素各不相同，要求返回 x 中部分元素组成的新元组，如果 x 中某个元素在 y 中对应位置上的元素等价于 True，就保留 x 中的这个元素，最后返回所有符合条件的元素组成的元组。例如，main((1,2,3,4), (1,0,0,1)) 返回 (1, 4)。

不能使用循环结构和任何形式的推导式。（"Python 小屋"题号：344）

```
def main(x, y): pass
```

（61）重做本章第（60）题，不能使用循环结构，不能使用 lambda 表达式和内置函数 filter()。（"Python 小屋"题号：345）

```
def main(x, y): pass
```

（62）重做本章第（60）题，不能使用循环结构和任何形式的推导式，不能使用 lambda 表达式和内置函数 filter()。（"Python 小屋"题号：346）

```
import itertools
def main(x, y): pass
```

（63）函数 main() 接收任意字符串 text 作为参数，要求返回每个唯一字符及其出现次数组成的字典，以唯一字符为"键"，以字符出现次数为"值"，并且字典中元素按字符 Unicode 编码升序排列。例如，main('implicit') 返回 {'c': 1, 'i': 3, 'l': 1, 'm': 1, 'p': 1, 't': 1}。

不能使用循环结构和任何形式的推导式。（"Python 小屋"题号：383）

```
def main(text): pass
```

（64）函数 main() 接收包含若干集合的列表 data 作为参数，要求返回所有集合的交集。例如，main([{1,2,3,4,5}, {1,3,5,7,9}, {3,4,5}]) 返回 {3, 5}。

不能使用集合方法 intersection()，不能使用 lambda 表达式和运算符"&"，不能使用内置函数 all()、map()，要求使用嵌套的 for 循环。（"Python 小屋"题号：471）

```
def main(data): pass
```

（65）函数 main() 接收包含若干整数的元组 data 作为参数，对其中的整数进行重新排列，要求所有奇数在前且升序排列，所有偶数在后且降序排列，返回处理后得到的新元组。例如，main((1, 2, 3, 4, 5, 6, 7)) 返回 (1, 3, 5, 7, 6, 4, 2)。

不能使用循环结构和任何形式的推导式，不能使用内置函数 filter()。（"Python 小屋"题号：523）

```
def main(data): pass
```

（66）函数 main() 接收包含若干正整数的列表 data 作为参数，要求返回其中个位数最大的所有正整数组成的新列表。例如，main([345, 653, 189, 229, 883, 991]) 返回 [189, 229]。

不能使用循环结构，不能使用运算符"%"，不能使用内置函数 list()，不能使用 lambda 表达式，要求使用列表推导式。（"Python 小屋"题号：559）

```
def main(data): pass
```

（67）函数 main() 接收嵌套的二维列表 mat 作为参数，其中每个子列表中包含相同数量的整数，模拟一个矩阵。要求对这个矩阵进行转置，返回转置之后的嵌套列表。例如，main([[1,2,3,4], [4,5,6,7], [7,8,9,10]]) 返回 [[1, 4, 7], [2, 5, 8], [3, 6, 9], [4, 7, 10]]。

不能使用循环结构，要求使用列表推导式。（"Python 小屋"题号：636）

```
def main(mat): pass
```

（68）函数 main() 接收包含若干整数的列表 seq 作为参数，从前向后使用相邻元素作为"键"和"值"创建字典并返回。例如，main([1, 2, 3, 4, 5]) 返回 {1: 2, 2: 3, 3: 4, 4: 5}。

不能使用内置函数 len()、zip()，不能使用循环结构和任何形式的推导式，不能使用方括号，不能使用 lambda 表达式，不能改动已有代码。（"Python 小屋"题号：866）

```
import itertools
def main(seq):
    return _____
```

（69）山东省新高考政策中，考生必考科目有语文、数学、英语，然后需要在物理、化学、生物、地理、历史、政治这 6 科中任选 3 个科目，自选的 3 个科目按等级分计入高考成绩。把每个科目的卷面原始成绩参照正态分布原则划分为 8 个等级，确定每个考生成绩所处的比例和等级，然后把原始成绩转换为对应的等级成绩。考生原始成绩所处的位次越靠前，计算得到的等级成绩越高。原始成绩的等级划分与等级成绩的对应关系如下：

```
A 等级（占比 3%）==>[91,100]        B+ 等级（占比 7%）==>[81,90]
B 等级（占比 16%）==>[71,80]        C+ 等级（占比 24%）==>[61,70]
C 等级（占比 24%）==>[51,60]        D+ 等级（占比 16%）==>[41,50]
D 等级（占比 7%）==>[31,40]         E 等级（占比 3%）==>[21,30]
```

例如，小明选了化学，卷面原始成绩为 77 分，全省选考化学成绩从高到低排序后，小明的分数落在前 3%~10% 这个区间，这个区间内的最高分和最低分分别为 79 和 70，对应的等级成绩区间为 [81,90]，那么转换为等级成绩之后小明的分数为 (77-70)/(79-70)×(90-81)+81=88 分，小明最终成绩为 88 分。

函数 main() 接收 score、grade、high、low 作为参数，分别表示考生卷面原始分数、所处等级、该等级卷面原始分数的最高分和最低分，要求计算并返回考生的等级成绩，结果保留最多 3 位小数。例如，main(77, 'B+', 79, 70) 返回 88.0。（"Python 小屋"题号：138）

```
grades = {'A': (91,100), 'B+': (81,90), 'B': (71,80), 'C+': (61,70),
          'C': (51,60), 'D+': (41,50), 'D': (31,40), 'E': (21,30)}
def main(score, grade, high, low): pass
```

（70）函数 main() 接收 obj 作为参数，如果 obj 不是字典就返回字符串 '参数必须是字典。'，如果 obj 是字典但是所有元素"值"的类型不一样就返回字符串 '字典的值必须是同一种类型。'，如果 obj 是字典并且所有元素"值"的类型一样就返回"值"最大的元素的"键"。例如，main({'a': 3, 'b': 5, 'c': 9}) 返回 'c'。（"Python 小屋"题号：174）

```
def main(obj): pass
```

（71）函数 main() 接收字典 data 和集合 user 作为参数，参数 data 的每个元素的"键"是表示人名的字符串，每个元素的"值"是包含这个人看过并且喜欢的电影名称字符串的集合，参数 user 是包含某个人看过并且喜欢的电影名称字符串的集合。现在要求根据 data 的数据对 user 做推荐，也就是从 data 中找出一个和 user 不一样但是最像（看过的电影不完全一样，但是共同看过的电影数量比其他人多）的那个人，然后从那个人看过并且喜欢的电影名称中找出 Unicode 编码最小的电影名称推荐给用户 user。要求函数 main() 返回一个 2- 元组，其中第一个元素是与 user 不一样但是最像的人名字符串（也就是 data 中某个元素的"键"），第二个元素是按照上面描述的算法推荐的电影名称字符串。测试用例见配套软件。（"Python 小屋"题号：175）

```
def main(data, user): pass
```

（72）函数 main() 接收若干列表作为参数，使用参数 data 接收第一个列表，使用参数 iterables 接收剩余的所有列表，要求从 data 中删除其他列表中的元素（如果其他列表中某个元素不在 data 中就直接忽略，类似于集合的差集运算），且剩余元素保持原来的相对顺序。例如，main(list(map(str,range(10)))), ['3','5','7','9','1'], ['6',3,'3']) 返回 ['0', '2', '4', '8']。

不能使用 for 循环。（"Python 小屋"题号：203）

```
def main(data, *iterables): pass
```

（73）函数 main() 接收字符串 s 作为参数，要求使用扩展库 jieba 对其进行分词，然后把其中长度为 2 的词语按拼音进行升序排序，长度不等于 2 的词语不变，然后再把处理后的词语按原来的顺序连接起来，返回最终得到的字符串。例如，main('小明工作一向是兢兢业业、任劳任怨。') 返回 '明小工作向一是兢兢业业、任劳任怨。'

不能使用循环结构。（"Python 小屋"题号：230）

```
import jieba
from pypinyin import pinyin
# 不输出日志
jieba.setLogLevel(20)
def main(s): pass
```

（74）函数 main() 接收包含若干整数的可迭代对象 data 和正整数 n 作为参数，要求返回 data 中对 3 的余数最大的前 n 个整数组成的列表，如果有并列（余数相等）的数字就保持它们原来的相对顺序。例如，main(range(9), 3) 返回 [2, 5, 8]，main((3, 4, 5, 13, 17), 3) 返回 [5, 17, 4]。

不能使用内置函数 sorted()、列表方法 sort()、标准库 collections 和扩展库 pandas。（"Python 小屋"题号：340）

```
import heapq
def main(data, n): pass
```

（75）对于各位数字互不相同的 4 位自然数，其各位数字能够组成的最大数减去能够组成的最小数，对得到的差重复这个操作，最多 7 次肯定能得到 6174。下面的代码中，函数 get_time(num) 用来计算各位数字互不相同的 4 位自然数 num 按照上面的操作变为 6174 所需操作的次数，例如 get_times(1234) 返回 3，表示 1234 需要 3 次操作就能得到 6174。第一次为 4321-1234=3078，第二次为 8730-378=8352，第三次为 8532-2358=6174。函数 main() 接收介于 [1,7] 区间的正整数 n 作为参数，要求返回有多少个各位数字互不相同的 4 位自然数需要进行 n 次上面的操作才能得到 6174。例如，main(3) 返回 1272，表示有 1272 个符合上面条件的 4 位自然数需要进行 3 次上面的操作才能得到 6174。

不能修改函数 get_time() 的代码，不能使用 for 循环和字典方法 get()，要求使用内置函数 map() 和标准库 collections 中的 Counter 类。（"Python 小屋"题号：372）

```
from collections import Counter
def get_times(num):
    num, times = str(num), 0
    while True:
        big = int(''.join(sorted(num, reverse=True)))
        little = int(str(big)[::-1])
```

```
            difference = big - little
            times = times + 1
            if difference == 6174:
                return times
            num = str(difference)
    def main(n): pass
```

（76）函数 main() 接收包含若干集合的列表 data 作为参数，要求返回列表中所有集合的交集。例如，main([{1,2,3,4,5}, {1,3,5,7,9}, {3,4,5}]) 返回 {3, 5}。

不能使用集合方法 intersection() 和运算符 "&"，要求至少用到 lambda 表达式、内置函数 all()、map() 和运算符 in，要求使用 for 循环但不能使用嵌套的 for 循环。（"Python 小屋"题号：470）

```
    def main(data): pass
```

（77）函数 main() 接收包含 12 个整数或实数的列表 month 作为参数，表示某商店一年 12 个月的销售额，要求按季度分组求和并返回包含各季度销售额的列表。例如，main([1,2,3,4,5,6,7,8,9,10,11,12]) 返回 [6, 15, 24, 33]。

不能使用循环结构和任何形式的推导式。（"Python 小屋"题号：485）

```
    def main(month): pass
```

（78）函数 main() 接收字典 d 和任意类型对象 v 作为参数，要求返回字典 d 中 "值" 等于 v 的元素的 "键" 组成的元组，如果不存在就返回空元组。例如，main({'port1':80, 'port2':80, 'port3':8080}, 90) 返回 ()，main({'port1':80, 'port2':80, 'port3':8080}, 80) 返回 ('port1', 'port2')。

不能使用循环结构和任何形式的推导式。（"Python 小屋"题号：526）

```
    def main(d, v): pass
```

（79）函数 main() 接收包含若干数字的嵌套列表 mat 和整数 axis 作为参数，其中 mat 模拟二维数组，axis 表示计算的方向，0 表示纵向，1 表示横向，axis 默认值为 1。要求计算二维数组 mat 中 axis 方向的最大值，并返回这些最大值组成的列表。例如，main([[1,2,3], [4,5,6], [7,8,9]], 0) 返回 [7, 8, 9]。

不能使用循环结构和任何形式的推导式。（"Python 小屋"题号：525）

```
    def main(mat, axis=1): pass
```

（80）函数 main() 接收包含若干元素的可迭代对象 iterable 作为参数，要求返回一个列表，其中第一项是最大次数，后面是出现次数最多的所有元素且升序排列。例如，main([1, 1, 2, 2, 3, 3]) 返回 [2, 1, 2, 3]，表示 1、2、3 出现次数并列最多，都是 2 次。

不能使用循环结构和任何形式的推导式。（"Python 小屋"题号：554）

```
    def main(iterable): pass
```

（81）函数 main() 接收整数 k 作为参数，要求返回杨辉三角形中第 k 行（从 1 开始计数）整数组成的列表。例如，main(1) 返回 [1]，main(6) 返回 [1, 5, 10, 10, 5, 1]，main(9) 返回 [1, 8, 28, 56, 70, 56, 28, 8, 1]。

不能使用循环结构。("Python 小屋"题号：569)

```
import math
def main(k): pass
```

（82）函数 main() 接收列表 data 和自然数 n、m 作为参数，模拟 n 个人（编号从 1 到 n）坐成一圈打扑克，使用一副完整的扑克牌，列表 data 中是已经洗好的牌，第 m 个人开始摸第一张牌，然后大家按每人编号从小到大的顺序轮流摸牌，并且每个人都喜欢把自己的牌从小到大（先是数字 3~10，然后是 J、Q、K、A、2、小王、大王）排起来，相同大小的牌放在一起。要求函数 main() 返回一个列表，其中包含 n 个子列表，每个子列表中是每个玩家摸到的牌。测试用例见配套软件。

不能使用循环结构。("Python 小屋"题号：672)

```
def main(data, n): pass
```

（83）函数 main() 接收字典 d 和任意类型对象 v 作为参数，已知字典中所有元素的"值"互不相同。要求返回字典 d 中"值"与 v 相同的元素的"键"，如果不存在的话就返回字符串 '不存在'，注意使用单引号。例如，main({'port1':80, 'port2':8080, 'port3':8088}, 90) 返回 '不存在'。

不能使用循环结构和任何形式的推导式以及内置函数 filter() 和 map()。("Python 小屋"题号：527)

```
def main(d, v): pass
```

（84）赵、钱、孙、李 4 个好朋友相约出去旅游，但一下子无法确定去哪里，赵提议去 A、B、D 这 3 个城市之一，钱提议去 B、C、E 这 3 个城市之一，孙提议去 A、B 这 2 个城市之一，李提议去 A、D、E 这 3 个城市之一。最终他们打算采用搜索引擎使用的经典算法 HITS 来决定，过程如下。

①计算每个人推荐的城市被所有人推荐的总次数作为这个人的推荐水平，例如赵推荐了 A、B、D 3 个城市，A 被孙和李也推荐过，所以 A 共被推荐 3 次，同理 B 被推荐 3 次、D 被推荐 2 次，得出赵的推荐水平为 3+3+2=8，同理钱、孙、李的推荐水平分别为 6、6、7。

②计算每个城市的总得分，即推荐人的推荐水平之和，例如 A 被赵、孙、李推荐过，3 人的推荐水平分别为 8、6、7，所以 A 得分为 21 分，同理 B、C、D、E 得分分别为 20、6、15、13。

③推荐得分最高的城市，即 A。

函数 main() 接收字典 data 作为参数，字典的"键"是推荐人，"值"为被推荐的城市名称集合，要求返回得分最高的城市名称，如果有多个就返回 Unicode 编码最小的一个。例如，main({'赵':{'A','B','D'}, '钱':{'B','C','E'}, '孙':{'A','B'}, '李':{'A','D','E'}}) 返回 'A'。("Python 小屋"题号：679)

```
def main(data): pass
```

（85）在下面的代码中，字典 data 存储了一些演员名称及其主演电影名称的信息，其中每个元素的"键"表示一个演员的名字，"值"是该演员主演过的电影名称组成的集合。函数 main() 接收正整数 num 作为参数，要求根据字典 data 中的数据统计并返回关系最好的 num 个演员以及他们共同主演电影的数量。例如，main(2) 返回元组 (['演员 3'，'演员 4']，8)，表示关系最好的 2 个演员是 ['演员 3'，'演员 4']，他们共同主演过的电影有 8 个。其中演员名称要求按字符串 Unicode 编码升序排序。

不能使用循环结构和任何形式的推导式。（"Python 小屋"题号：547）

```
from operator import itemgetter as ig
from itertools import combinations
data = {'演员 1': {'电影 1', '电影 3', '电影 7', '电影 11', '电影 15', '电影 4',
                  '电影 8', '电影 13', '电影 5', '电影 10'},
        '演员 2': {'电影 1', '电影 5', '电影 2'},
        '演员 3': {'电影 1', '电影 3', '电影 9', '电影 2', '电影 6', '电影 17',
                  '电影 11', '电影 4', '电影 8', '电影 13', '电影 5', '电影 18'},
        '演员 4': {'电影 1', '电影 12', '电影 9', '电影 2', '电影 17', '电影 16',
                  '电影 7', '电影 11', '电影 18', '电影 4','电影 8', '电影 14',
                  '电影 10'},
        '演员 5': {'电影 2', '电影 3', '电影 9', '电影 6', '电影 10'},
        '演员 6': {'电影 7','电影 3'},
        '演员 7': {'电影 12', '电影 4', '电影 13', '电影 6', '电影 7'},
        '演员 8': {'电影 15', '电影 5', '电影 8'},
        '演员 9': {'电影 17', '电影 12', '电影 9', '电影 14', '电影 6'},
        '演员 10': {'电影 14', '电影 18', '电影 10'},
        '演员 11': {'电影 11', '电影 15'}, '电员 12': {'电影 12'},
        '演员 13': {'电影 16', '电影 13'}, '电员 14': {'电影 14', '电影 16'},
        '演员 15': {'电影 15'}, '电员 16': {'电影 16'}}
def main(num): pass
```

第 20 章

选择结构与循环结构

（1）函数 main() 接收任意正整数 n 作为参数，要求计算并返回其阶乘，也就是从 1 到 n 所有正整数的乘积，例如 5!=1×2×3×4×5。

删除 pass 语句，替换为自己的代码。不得修改函数定义，要求使用 for 循环实现。（"Python 小屋"题号：1）

```
def main(n): pass
```

（2）函数 main() 接收表示年份的正整数 year 作为参数，要求判断是否为闰年，是闰年就返回字符串 'yes'，否则返回字符串 'no'。（"Python 小屋"题号：28）

```
def main(year): pass
```

（3）函数 main() 接收非 0 数字 num1 和 num2 作为参数，判断 num1 和 num2 的符号是否相同。如果 num1 和 num2 都是正数或都是负数就返回字符串 ' 符号相同 '，如果一正一负就返回字符串 '符号不相同'。

删除 pass 语句，替换为自己的代码，完成预期的功能。（"Python 小屋"题号：108）

```
def main(num1, num2): pass
```

（4）函数 main() 接收介于 1 和 20 之间的正整数 k 作为参数，要求返回小于 100 的正整数中最大的第 k 个素数，例如第 1 个是 97，第 2 个是 89，以此类推。

删除下画线，替换为自己的代码，完成预期的功能。（"Python 小屋"题号：110）

```
def main(k):
    index = 0
    for num in range(2, 101)[::-1]:
        for i in range(2, int(num**0.5)+1):
            if num%i == 0:

                _____

        else:
            index = index + 1
            if index == k:
                return num
```

（5）函数 main() 接收正整数 start 和 stop 作为参数,要求返回区间 [start,stop] 上能够被 17 整除的最大正整数,如果没有这样的正整数就返回字符串 '不存在'。（"Python 小屋"题号：115）

```
def main(start, stop): pass
```

（6）函数 main() 接收迭代器对象参数 iterator 和任意类型的参数 item，要求返回迭代器对象 iterator 中第一个大于 item 的元素的"下标"，从 0 开始计数。例如，main(map(str,range(10)), '6') 返回 7。

要求使用内置函数 enumerate()。（"Python 小屋"题号：218）

```
def main(iterator, item): pass
```

（7）函数 main() 接收整数或实数 a、b 作为参数，判断 a 和 b 的符号情况，如果两个数字的符号相同（都是正数或都是负数）就返回 1，如果一正一负就返回 -1，如果其中 1 个为 0 或者两个都为 0 就返回 0。（"Python 小屋"题号：312）

```
def main(a, b): pass
```

（8）函数 main() 接收自然数 start 和 end 作为参数，要求返回 [start,end] 区间内所有整数中一共出现了多少次 8。例如，main(1, 100) 返回 20。

不能使用字符串方法 join()、内置函数 map()、列表推导式，要求使用 for 循环。（"Python 小屋"题号：379）

```
def main(start, end): pass
```

（9）函数 main() 接收字典 dictionary 和任意对象 key 作为参数，要求返回字典 dictionary 中以 key 为"键"的元素"值"，如果字典 dictionary 中不存在 key 键，返回字符串 '不存在'。例如，main({'a':97, 'b':98, 'c':99}, 'b') 返回 98。

不能使用异常处理结构，不能使用字典对象的 get() 方法。（"Python 小屋"题号：460）

```
def main(dictionary, key): pass
```

（10）函数 main() 接收正整数 n 作为参数，要求返回斐波那契数列中前 n 项的和。例如，当 n=4 时，斐波那契数列前 4 项分别为 1、1、2、3，求和为 7。（"Python 小屋"题号：31）

```
def main(n): pass
```

（11）函数 main() 接收整数或实数 r 作为参数，要求计算并返回以 r 为半径的圆的面积，使用 math 模块中已经导入的圆周率 PI，结果保留 2 位小数。如果参数 r 不是大于 0 的整数或实数，就返回字符串 '参数必须是大于 0 的整数或实数'，注意要使用单引号。（"Python 小屋"题号：42）

```
from math import pi as PI
def main(r): pass
```

（12）函数 main() 接收分别表示年、月、日的正整数 year、month、day 作为参数，要求返回 year 年 month 月 day 日是该年的第几天。例如 main(2020,10,3) 返回 277。

删除代码中的 pass 语句，替换为自己的代码，完成预期的功能。可以导入必要的标准库对象。（"Python 小屋"题号：93）

```
def main(year, month, day): pass
```

（13）函数 main() 接收表示小时的整数 hour 作为参数，如果 hour 介于 [6,18) 区间就返回 '现在是白天'，如果 hour 介于 [0,6) 或 [18,24) 区间就返回 '现在是晚上'，其他数字返回 '不是有效时间'。

删除 pass 语句，替换为自己的代码，完成预期的功能。（"Python 小屋"题号：107）

```
def main(hour): pass
```

（14）函数 main() 接收正整数 num 作为参数，要求判断是否为回文素数，也就是从左向右看和从右向左看都一样的素数，例如 7、11311、10601 等。如果是就返回 True，否则返回 False。（"Python 小屋"题号：114）

```
def main(num): pass
```

（15）函数 main() 接收包含若干数字的元组 data 作为参数，要求返回其中大于平均数的数字组成的新元组。例如，main((1, 2, 3, 4)) 返回 (3, 4)。

要求思路如下：①计算平均值；②创建空列表；③遍历 data 中每个数字，把大于平均值的数字放入第②步创建的列表尾部；④把列表转换为元组，返回这个元组。不能使用内置函数 filter() 和 lambda 表达式，不能使用生成器表达式。（"Python 小屋"题号：199）

```
def main(data): pass
```

（16）函数 main() 接收若干列表作为参数，使用参数 data 接收第一个列表，使用参数 iterables 接收剩余的所有列表，要求从 data 中删除其他列表中的元素（如果其他列表中某个元素不在 data 中就直接忽略，类似于集合的差集运算），且剩余元素保持原来的相对顺序。例如，main(list(map(str,range(10))), ['3','5','7','9','1'], ['6',3,'3']) 返回 ['0', '2', '4', '8']。

要求使用嵌套的 for 循环。（"Python 小屋"题号：204）

```
def main(data, *iterables): pass
```

（17）函数 main() 接收列表 data 作为参数，其中包含若干表示考试成绩的整数，且已知每个整数介于区间 [0,100]。假设 [90,100] 区间的分数对应 '优'，[80,89] 区间的分数对应 '良'，[70,79] 区间的分数对应 '中'，[60,69] 区间的分数对应 '及格'，[0,59] 区间的分数对应 '不及格'。要求返回每个分数段的成绩数量，以元组形式返回。例如，main([15, 94, 42, 8, 26, 0, 58, 87, 98, 1]) 返回 (('优', 2), ('良', 1), ('中', 0), ('及格', 0), ('不及格', 7))。（"Python 小屋"题号：228）

```
def main(data): pass
```

（18）函数 main() 接收元组 digits 作为参数，元组 digits 中每个元素都是 range(10) 范围内的数字，要求把 digits 中的数字按顺序拼接为一个整数，digits 中第一个元素的数字为结果整数的最高位，最后一个元素的数字为结果整数的最低位。例如，main((1,2,3,4)) 返回 1234。

不能使用 lambda 表达式，不能使用 reduce() 函数，要求使用 for 循环。（"Python 小屋"题号：236）

```
def main(digits): pass
```

（19）函数 main() 接收包含若干任意类型元素的元组 tup 作为参数，要求测试是否所有元素都等价于 True，如果 tup 中所有元素都等价于 True 就返回 True，否则返回 False。例如，main((1,0,-3)) 返回 False，main(('a','b','c')) 返回 True。

要求使用 for 循环，不能使用内置函数 bool()。（"Python 小屋"题号：247）

```
def main(tup): pass
```

（20）函数 main() 接收包含若干非 0 整数的元组 integers 作为参数，检查其中所有整数的符号情况，分别返回 '都是正数'、'都是负数'、'有正有负'。例如，main((-3, -5)) 返回 '都是负数'。

删除代码中的 pass 语句，替换为自己的代码，完成要求的功能。（"Python 小屋"题号：313）

```
def main(integers): pass
```

（21）函数 main() 接收正整数 integer 作为参数，要求返回一个包含 integer 中每位数字的列表。例如，main(123456) 返回 [1, 2, 3, 4, 5, 6]。

不能使用内置函数 map() 和 str()，可以使用循环结构。（"Python 小屋"题号：321）

```
def main(integer): pass
```

（22）函数 main() 接收列表参数 lst 作为参数，要求判断是否其中只包含整数或实数类型的元素，如果是就返回 True，否则返回 False。例如，main([1, 2, 3.14, 5, 7, 9.18]) 返回 True，main([6, 7, 8, 9, '0']) 返回 False。

要求使用循环结构和选择结构，不能使用 map()、set() 函数。（"Python 小屋"题号：333）

```
def main(lst): pass
```

（23）函数 main() 接收任意字符串 text 作为参数，要求统计其中大写英文字母、小写英文字母、阿拉伯数字、其他字符的个数，并返回每项统计结果按上述顺序组成的元组。例如，main('Python 小屋于 2016 年 6 月 29 日开通，董付国老师维护。') 返回 (1, 5, 7, 17)。

要求使用 for 循环结构和适当形式的选择结构。（"Python 小屋"题号：360）

```
def main(text): pass
```

（24）函数 main() 接收大于或等于 1 的正整数 n 和介于 [0,9] 区间的正整数 a 作为参数，要求返回表达式 a+aa+aaa+aaaa+⋯+aa⋯aa 前 n 项的和。例如，当 n=3 和 a=1 时，计算 1+11+111，返回 123。

要求使用 for 循环，不能使用 eval()、map() 函数。（"Python 小屋"题号：361）

```
def main(n, a): pass
```

（25）已知华氏温度 F 与摄氏温度 C 的转换关系如下：

$$C=5\times(F-32)/9 \qquad F=9\times C/5+32$$

函数 main() 接收整数参数 degree 和 flag 作为参数，当 flag=1 时表示要把摄氏温度 degree 转换为华氏温度并返回；当 flag=0 时表示要把华氏温度 degree 转换为摄氏温度并返回，要求结果最多保留 2 位小数。（"Python 小屋"题号：374）

```
def main(degree, flag): pass
```

（26）函数 main() 接收整数 start 和 end 作为参数，要求返回区间 [start, end] 中能被 7 整除但不能被 5 整除的整数组成的列表，要求数字升序排列。例如，main(136, 196) 返回 [147, 154, 161, 168, 182, 189, 196]。

不能使用内置函数 filter()、map() 和 list()，要求使用 for 循环结构和选择结构。（"Python 小屋"题号：377）

```
def main(start, end): pass
```

（27）函数 main() 接收整数或实数 x 作为参数，要求按下面的分段函数计算并返回 y 的值。例如，main(3) 返回 3，main(5) 返回 10。（"Python 小屋"题号：395）

$$y = \begin{cases} 0, & x < 0 \\ x, & 0 \leqslant x < 5 \\ 3x-5, & 5 \leqslant x \leqslant 10 \\ 0.5x-2, & 10 \leqslant x < 20 \\ 0, & x \geqslant 20 \end{cases}$$

```
def main(x): pass
```

（28）函数 main() 接收包含若干非负整数的元组 data 作为参数，要求计算返回其中值为 0 的元素之前所有元素之和。例如，main((60, 70, 80, 0, 50)) 返回 210，main((90, 88, 79, 0, 80, 45)) 返回 257。

不能使用内置函数 sum()。（"Python 小屋"题号：397）

```
def main(data): pass
```

（29）函数 main() 接收分别表示年份 year 和月份 month 的整数作为参数，要求返回该月的日历字符串。例如，print(main(2022, 2)) 的输出结果如下，注意最后一行后面没有空行：

```
    February 2022
Mo Tu We Th Fr Sa Su
    1  2  3  4  5  6
 7  8  9 10 11 12 13
14 15 16 17 18 19 20
21 22 23 24 25 26 27
28
```

不能使用选择结构、循环结构和任何形式的推导式。（"Python 小屋"题号：429）

```
import calendar
def main(year, month): pass
```

（30）函数 main() 接收任意类型的对象 value 作为参数，要求判断其作为条件表达式时是否等价于 True，如果等价于 True 就返回 True，否则返回 False。例如，main({'Python 小屋'}) 返回 True，main({}) 返回 False。

不能使用内置函数 bool()。（"Python 小屋"题号：462）

```
def main(value): pass
```

（31）重做第 18 章第（15）题，函数 main() 接收正整数 n 作为参数表示棋盘上小格子的数量，要求返回按照上面方法放满所有小格子需要的米的粒数。例如，main(3) 返回 7，main(7) 返回 127。

不能使用内置函数 int()，不能使用 while 循环，不能使用任何形式的推导式，不能使用运算符"**"，要求使用 for 循环。（"Python 小屋"题号：472）

```
def main(n): pass
```

（32）重做本章第（31）题，函数 main() 接收正整数 n 作为参数表示棋盘上小格子的数量，要求返回按照上面方法放满所有小格子需要的米的粒数。例如，main(3) 返回 7，main(7) 返回 127。

不能使用内置函数 int()，不能使用 for 循环或任何形式的推导式，要求使用 while 循环。（"Python 小屋"题号：473）

```
def main(n): pass
```

（33）函数 main() 接收包含若干整数的列表 lst 作为参数，要求返回一个新列表，新列表包含原列表 lst 中的唯一元素（重复元素只保留一个），所有元素保持在原列表中首次出现的相对顺序。例如，调用函数 main([1,2,3,1,4]) 会输出 [1, 2, 3, 4]。

不能使用内置函数 set() 和 sorted()。（"Python 小屋"题号：495）

```
def main(lst): pass
```

（34）函数 main() 接收包含若干任意元素的列表 data 和 data 中唯一元素组成的列表 order 作为参数，要求对 data 中的元素按其在 order 中出现的先后顺序进行排序，然后返回排序后的新列表。例如，main([1, 2, 3, 1, 2, 3, 3, 2, 1, 2], [2, 1, 3]) 返回 [2, 2, 2, 2, 1, 1, 1, 3, 3, 3]。

不能使用内置函数 sorted() 和列表方法 sort()。（"Python 小屋"题号：510）

```
def main(data, order): pass
```

（35）函数 main() 接收包含任意元素的列表 values 和 unique 作为参数，要求返回 values 中同时也在 unique 中的元素组成的新列表，且所有元素保持在 values 中的相对顺序。例如，main(['1','2','4','1','4','5'], ['1','4',5]) 返回 ['1', '4', '1', '4']。

不能使用内置函数 filter()，要求使用 for 循环。（"Python 小屋"题号：513）

```
def main(values, unique): pass
```

（36）函数 main() 接收可迭代对象 iterable 作为参数，模拟内置函数 any() 的功能。例如，main((1, 0, -3, [], {})) 返回 True，main(((), [], {}, 0, '', range(8,5))) 返回 False。

不能使用内置函数 any()、bool()、filter()，要求使用 for 循环。（"Python 小屋"题号：584）

```
def main(iterable): pass
```

（37）函数 main() 接收包含若干整数的元组 integers 作为参数，要求计算每个整数的累积并返回得到的列表。所谓累积是指，每个整数与前面所有整数相乘。例如，main((1, 2, 3, 4, 5)) 返回 [1, 2, 6, 24, 120]。（"Python 小屋"题号：629）

```
def main(integers): pass
```

（38）重做本章第（37）题，不能使用循环结构和任何形式的推导式，不能使用扩展库 NumPy。（"Python 小屋"题号：630）

```
import itertools
def main(integers): pass
```

（39）函数 main() 接收整数 seed、元组 population、整数 k、与 population 长度相同且包含若干非负整数的元组 repeats 作为参数。repeats 中的整数表示 population 中对应位置上元素的重复次数。要求以参数 seed 作为随机选择的种子数，然后从 population 中元素重复指定次数之后组成的总体中随机选择 k 个元素，要求每个元素在总体中的下标不相同，返回选择的元素组成的列表。例如，main(20230329, ('a','b','c'), 5, (1,2,3)) 返回 ['b', 'c', 'b', 'c', 'a']，表示从 1 个 'a'、2 个 'b'、3 个 'c' 中随机选择 5 个元素。

不能使用循环结构和任何形式的推导式，不能使用乘法运算符。要求 Python 版本高于或等于 3.8。（"Python 小屋"题号：631）

```
import random
import operator
def main(seed, population, k, repeats): pass
```

（40）函数 main() 接收包含若干数字字符的字符串 s 作为参数，要求返回其中最长有多少个连续的 1。例如，main('0010101101111101000010001001011100011111100 0011100') 返回 6。

不能使用内置函数 filter() 和 lambda 表达式。（"Python 小屋"题号：646）

```
def main(s): pass
```

（41）函数 main() 接收包含若干整数的列表 data 和整数 item 作为参数，要求返回列表 data 中第一个 item 后面比 item 小的整数的个数。例如，main([1, 1, 8, 3, 8, 9, 6, 4, 3, 7], 8) 返回 5。

不能使用列表方法 index()。（"Python 小屋"题号：785）

```
def main(data, item): pass
```

（42）函数 main() 接收包含若干整数的列表 data 和整数 item 作为参数，要求返回列表 data 中最后一个 item 后面比 item 小的整数的个数。例如，main([1, 1, 8, 3, 8, 9, 6, 4, 3, 7], 8) 返回 4。（"Python 小屋"题号：786）

```
def main(data, item): pass
```

（43）函数 main() 接收包含若干整数的列表 data 和整数 item 作为参数，要求返回列表 data 中最后一个 item 后面比 item 小的整数组成的新列表，其中的数字保持原来的相对顺序，没有更小数字则返回空列表。例如，main([1, 1, 8, 3, 8, 9, 6, 4, 3, 7], 8) 返回 [6, 4, 3, 7]。（"Python 小屋"题号：787）

```
def main(data, item): pass
```

（44）函数 main() 接收包含若干整数的列表 vector 和整数 p 作为参数，参数 vector 表示一个向量，参数 p 的值为 1 或 2，p=1 时返回向量 vector 的 L1 范数（所有分量的绝对值之和），p=2 时返回向量 vector 的 L2 范数（所有分量的平方和的平方根），结果保留最多 6 位小数。例如，main([1,2,3,4,5,-6,7], 1) 返回 28.0，main([1,2,3,4,5,-6,7], 2) 返回 11.83216。

不能使用内置函数 sum()、map()、abs()。（"Python 小屋"题号：792）

```
def main(vector, p): pass
```

（45）在 n 行 n 列的棋盘上，第 1 个格子里放 1 粒米，第 2 个格子里放 3 粒米，第 3 个格子里放 9 粒米，第 4 个格子里放 27 粒米，每个格子里的米是前一个格子的 3 倍，以此类推，直到所有格子都放完。

函数 main() 接收自然数 n 作为参数，要求计算一共需要多少粒米，假设 500 克米大概有 26000 粒，同时计算这些米有多少吨，换算过程中全部使用整数运算。例如，main(6) 返回 (75047317648499560, 1443217647)，第一个数字表示多少粒米，第二个数字表示多少吨。

不能使用内置函数 int() 和 sum()，不能使用列表推导式。（"Python 小屋"题号：797）

```
def main(n): pass
```

（46）函数 main() 接收自然数 start、stop、a 作为参数，统计指定的左闭右开区间 [start,stop) 中有多少自然数与区间 [1,9] 中某个自然数 a 无关。如果一个自然数能被 a 整除、某位数为 a 或各位数字之和能被 a 整除，则认为该自然数与 a 相关。例如，main(1, 10, 3) 返回 6，main(1, 100, 3) 返回 54。

不能使用内置函数 filter()、len()，不能使用 lambda 表达式。（"Python 小屋"题号：798）

```
def main(start, stop, a): pass
```

（47）函数 main() 接收自然数 a0、n、k 作为参数，返回一个数列中第 k 个数字，数列中第一个数为 a0，后面数字的生成规则为 a[i]=(a[i-1]**2+a0)%n。例如，main(131, 99991, 1) 返回 131，main(1, 789, 505) 返回 512。（"Python 小屋"题号：800）

```
def main(a0, n, k): pass
```

（48）函数 main() 接收自然数 a0、n、k 作为参数，返回一个数列中前 k 个数字的最大值，数列中第一个数为 a0，后面数字的生成规则为 a[i]=(a[i-1]**2+a0)%n。例如，main(131, 99991, 1) 返回 131，main(7, 54321, 131) 返回 52985。（"Python 小屋"题号：801）

```
def main(a0, n, k): pass
```

（49）函数 main() 接收自然数 a0、n、k 作为参数，返回一个数列中第 k 个数字，数列中第一个数为 a0，后面数字的生成规则为 a[i]=(a[i-1]**2+a[i//5])%n。例如，main(131, 99991, 1) 返回 131，main(131, 99991, 3) 返回 40305。（"Python 小屋"题号：803）

```
def main(a0, n, k): pass
```

（50）函数 main() 接收自然数 n 作为参数，返回小于或等于 n 的 2 的整数次方最大值。例如，main(8) 返回 8，main(64) 返回 64，main(65) 返回 64。

不能使用内置函数 max()、map()、pow()，不能使用乘法运算符 "*" 和幂运算符 "**"。（"Python 小屋" 题号：830）

```
def main(n): pass
```

（51）鸡兔同笼问题。函数 main() 接收正整数 n 和 m 作为参数，其中 n 表示鸡和兔子的总数量，m 表示腿的总数量，要求计算并返回一个元组，元组中第一个数字表示鸡的数量、第二个数字表示兔子的数量，如果给的 n 和 m 不合适得不到正整数解就返回字符串 '数据不对'。例如，n=30 和 m=90 时返回 (15, 15)，n=30 和 m=97 时返回字符串 '数据不对'，注意要使用单引号。

不能改动其他代码。（"Python 小屋" 题号：851）

```
def main(n, m):
    for i in range(n+1):
        for j in range(n+1):
            if _____ :
                return (i, j)
    return '数据不对'
```

（52）函数 main() 接收包含若干整数的列表 seq 作为参数，要求返回一个等长的列表，结果列表中下标 i 的元素为 seq 中下标 i（包含）前面所有元素的乘积。例如，main([1,2,3,4,5]) 返回 [1, 2, 6, 24, 120]。

要求使用嵌套的 for 循环。（"Python 小屋" 题号：862）

```
def main(seq): pass
```

（53）函数 main() 接收包含若干整数的列表 seq 作为参数，要求返回一个等长的列表，结果列表中下标 i 的元素为 seq 中下标 i（包含）前面所有元素的乘积。例如，main([1,2,3,4,5]) 返回 [1, 2, 6, 24, 120]。

不能使用循环结构和任何形式的推导式，不能修改已有的代码，不能使用标准库 functools 的函数 reduce()。（"Python 小屋" 题号：865）

```
from itertools import accumulate
def main(seq):
    return _____
```

（54）函数 main() 接收包含若干整数的列表 lst 作为参数，要求判断列表中是否存在重复的整数。如果列表中所有整数完全一样则返回整数 0，如果列表中的所有整数互不相同则返回整数 1，如果列表中有部分整数相同则返回整数 2。（"Python 小屋" 题号：18）

```
def main(lst): pass
```

（55）函数 main() 接收表示百分制成绩的实数 score 作为参数，要求返回对应的字母等级。'A' 对应于 [90,100]，'B' 对应于 [80,90)，'C' 对应于 [70,80)，'D' 对应于 [60,70)，'F' 对应于 [0,60)，其他参数值一律返回字符串 '数据不对'，注意要使用单引号。（"Python 小屋" 题号：49）

```
def main(score): pass
```

（56）函数 main() 接收正整数 n 作为参数，要求返回斐波那契数列中小于或等于 n

的最大数。例如，n=55 时返回 55，n=400 时返回 377。("Python 小屋"题号：50)

```
def main(n): pass
```

（57）鸡兔同笼问题。函数 main() 接收正整数 n 和 m 作为参数，其中 n 表示鸡和兔子的总数量，m 表示腿的总数量，要求计算并返回一个元组，元组中第一个数字表示鸡的数量、第二个数字表示兔子的数量，如果给的 n 和 m 不合适得不到正整数解就返回字符串 '数据不对'。例如，n=30 和 m=90 时返回 (15，15)，n=30 和 m=97 时返回字符串 '数据不对'，注意要使用单引号。

要求使用循环结构，但不能使用嵌套的循环结构。("Python 小屋"题号：51)

```
def main(n, m): pass
```

（58）函数 main() 接收正整数 num 作为参数，要求返回小于 num 的最大素数。所谓素数是指除了 1 和本身之外没有其他因数的自然数。

下面的代码有错误，请修改后提交。("Python 小屋"题号：86)

```
def main(num):
    for n in range(2, num+1)[::-1]:
        for i in range(2, int(n**0.5)+1):
            if n%i == 0:
                break
        else:
            result = n
        break
    return result
```

（59）假设一段楼梯有无数个台阶，小明一步最多能上 3 个台阶，每步可以上 1 或 2 或 3 个台阶，函数 main() 接收正整数 n 作为参数，返回小明爬到第 n 个台阶有多少种爬法。例如，main(4) 的结果为 7，main(5) 的结果为 13。

要求使用 for 循环。("Python 小屋"题号：99)

```
def main(n): pass
```

（60）函数 main() 接收任意多个实参元组并放入形参元组 tups 中，如果所有实参都是元组、所有元组长度相等、每个元组只包含数字（可以为整数、实数、复数），就返回这些元组对应位置上数字相加之和组成的新元组。例如，调用 main((1, 2, 3), (4, 5, 6)) 返回 (5, 7, 9)。如果实参不符合上述要求，就返回字符串 '数据不符合要求'，注意字符串两侧使用单引号。("Python 小屋"题号：119)

```
def main(*tups): pass
```

（61）函数 main() 接收表示年、月、日的整数 year、month、day 作为参数，要求返回该日期中从 9:00 到 17:00 的所有整点日期时间字符串，每个日期时间的格式为 '2020-11-06 09:00:00'，所有日期时间使用英文半角逗号连接。例如，main(2020, 11, 6) 返回字符串 '2020-11-06 09:00:00,2020-11-06 10:00:00,2020-11-06 11:00:00,2020-11-06 12:00:00,2020-11-06 13:00:00,2020-11-06 14:00:00,2020-11-06 15:00:00,2020-11-06 16:00:00,2020-11-06 17:00:00'。("Python 小屋"题号：120)

```
import datetime
def main(year, month, day): pass
```

（62）函数 main() 接收任意字符串 s 作为参数，检查字符串 s 是否为 IPv4 地址格式，也就是 3 个圆点分隔的 4 组数字，每组数字大于或等于 0 且小于或等于 255。例如，main('123.88.1.0') 返回 True，main('234.256.255.2') 返回 False。（"Python 小屋"题号：144）

```
def main(s): pass
```

（63）角谷猜想问题。函数 main() 接收正整数 num 作为参数，如果是偶数就除以 2，如果是奇数就乘以 3 再加 1，对得到的数字重复这个操作，最后总能得到 1，要求计算经过多少次之后会得到 1，返回所需的次数。例如，main(3) 返回 7，因为 3*3+1=>10，10//2=>5，5*3+1=>16，16//2=>8，8//2=>4，4//2=>2，2//2=>1，共需要 7 次计算才能得到 1。（"Python 小屋"题号：160）

```
def main(num): pass
```

（64）n 钱买 m 鸡问题。假设公鸡 5 元 1 只，母鸡 3 元 1 只，小鸡 1 元 3 只。函数 main() 接收正整数参数 n 和 m 作为参数，分别表示有 n 元钱和要求买 m 只鸡，要求函数返回一个嵌套的元组，元组中每个元组表示一种购买方案，形式为（公鸡数量，母鸡数量，小鸡数量）。例如，main(100, 50) 返回 ((3, 26, 21), (7, 19, 24), (11, 12, 27), (15, 5, 30))。（"Python 小屋"题号：187）

```
def main(n, m): pass
```

（65）函数 main() 接收列表 data1 和 data2 作为参数，要求返回 data1 是否为 data2 的"真子集"，也就是 data1 中所有元素都在 data2 中，但是 data2 中有的元素不在 data1 中，如果 data1 是 data2 的"真子集"就返回 True，否则返回 False。例如，main([1,2,3], [1,2,4]) 返回 False，main([1,2,3], [1,2,4,3]) 返回 True。

不能使用 set() 把 data1 和 data2 转换为集合对象再比较。（"Python 小屋"题号：195）

```
def main(data1, data2): pass
```

（66）有一座八层宝塔，每一层都有一些琉璃灯，从上往下每层琉璃灯越来越多，并且每一层的灯数都是上一层的二倍，已知共有多少盏琉璃灯，计算从上到下每层有多少盏琉璃灯。函数 main() 接收正整数 n 作为参数表示宝塔上的琉璃灯总数，要求返回从上到下每层有多少盏灯，以元组形式返回。例如，main(765) 返回 (3, 6, 12, 24, 48, 96, 192, 384)。如果数据 n 不合适就返回字符串 '数据有误'。

不能使用循环结构。（"Python 小屋"题号：222）

```
def main(n): pass
```

（67）函数 main() 接收正整数 num 作为参数，要求返回各位数字组成的元组。例如，main(1234) 返回 (1, 2, 3, 4)，main(3) 返回 (3,)。

不能使用内置函数 map() 和 str()。（"Python 小屋"题号：235）

```
def main(num): pass
```

（68）函数 main() 接收包含若干整数的元组 data 作为参数，要求计算并返回元组 data 的中值。中值也称中位数，是指原始数据排序后中间位置上的数字，如果原始数据的数量为奇数就返回中间位置上的数字，如果原始数据的数量为偶数就返回最中间两个数字的平均值。例如，main((1,2,3,4)) 返回 2.5，main((1,2,3)) 返回 2。（"Python 小屋"题号：239）

```
def main(data): pass
```

（69）函数 main() 接收包含若干数字的元组 data 和数字 number 作为参数，要求删除 data 中所有与 number 相等的元素，返回处理后的新元组。例如，main((1,1,2,2,2,1,1), 1) 返回 (2，2，2)。

下面的代码有错误，无法实现预期的功能。请修改代码完成要求的功能，不能改动程序框架，保留原来的循环结构和选择结构。（"Python 小屋"题号：242）

```
def main(data, number):
    temp = list(data)
    for item in temp:
        if item == number:
            temp.remove(item)
    return tuple(temp)
```

（70）函数 main() 用来计算任意多项式的值，参数 factors 是表示多项式系数（从高阶到低阶排列，缺少的项对应的系数为 0）的元组，参数 x 表示多项式中变量的值。例如，factors 为 (3,0,1) 表示多项式 $f(x)=3x^2+1$，当 x=2 时多项式的值为 13，当 x=3 时多项式值为 28。

要求使用 for 循环，但不能使用嵌套循环。（"Python 小屋"题号：250）

```
def main(factors, x): pass
```

（71）函数 main() 接收正整数 m 和 n 作为参数，要求计算并返回这两个正整数的最大公约数。例如，main(36, 24) 返回 12，main(46, 92) 返回 46。

不能使用 for 循环，要求使用 while 循环。（"Python 小屋"题号：251）

```
def main(m, n): pass
```

（72）函数 main() 接收元组 data1 和 data2 作为参数，要求删除 data2 中每个元素在 data1 中的所有出现，返回新的元组。例如，main((1,1,1,2,2,1), (1,)) 返回 (2，2)。（"Python 小屋"题号：326）

```
def main(data1, data2): pass
```

（73）函数 main() 接收包含若干非负整数的元组 data 作为参数，要求计算返回其中值为 0 的元素之前所有元素之和。例如，main((60, 70, 80, 0, 50)) 返回 210，main((90, 88, 79, 0, 80, 45)) 返回 257。

不能使用内置函数 sum()，不能使用 for 循环和任何形式的推导式。（"Python 小屋"题号：398）

```
def main(data): pass
```

（74）函数 main() 接收包含若干升序排序的整数 / 实数的元组 data 和整数 / 实数 number 作为参数，要求返回 number 在 data 中的正确插入位置，要求插入 number 之后 data 仍保持升序排列。如果 data 中已存在 number，返回 number 右边的位置。如果 number 比 data 中最大值还大，返回列表最后一个有效下标后面的位置。例如，main((1, 2, 3, 4, 5), 3) 返回 3，main((1, 2, 3, 4, 5), 5.5) 返回 5。（"Python 小屋"题号：399）

```
def main(data, number): pass
```

（75）重做本章第（74）题，不能使用循环结构和任何形式的推导式。（"Python 小屋"题号：400）

```
def main(data, number): pass
```

（76）函数 main() 用来输出下面格式的九九乘法表，每个表达式占 6 个字符的宽度，每行最后一个表达式除外（实际多宽就多宽，例如 2*2=4 的宽度为 5），同一行中相邻表达式之间使用 1 个空格分隔，每一行的行尾没有额外的空格，每一列的表达式垂直对齐。

```
1*1=1
2*1=2  2*2=4
3*1=3  3*2=6  3*3=9
4*1=4  4*2=8  4*3=12 4*4=16
5*1=5  5*2=10 5*3=15 5*4=20 5*5=25
6*1=6  6*2=12 6*3=18 6*4=24 6*5=30 6*6=36
7*1=7  7*2=14 7*3=21 7*4=28 7*5=35 7*6=42 7*7=49
8*1=8  8*2=16 8*3=24 8*4=32 8*5=40 8*6=48 8*7=56 8*8=64
9*1=9  9*2=18 9*3=27 9*4=36 9*5=45 9*6=54 9*7=63 9*8=72 9*9=81
```

要求使用嵌套的 for 循环。（"Python 小屋"题号：405）

```
def main(): pass
main()
```

（77）重做本章第（57）题，不能使用循环结构和任何形式的推导式。（"Python 小屋"题号：428）

```
def main(n, m): pass
```

（78）函数 main() 接收表示年、月、日的整数作为参数，要求返回该日期是周几，如果是周一就返回字符串 '周一'，如果是周日就返回字符串 '周日'，以此类推。例如，main(2022, 10, 26) 返回 '周三'。

不能使用选择结构、循环结构和任何形式的推导式。（"Python 小屋"题号：430）

```
import calendar
def main(year, month, day): pass
```

（79）函数 main() 接收任意自然数 num 作为参数，要求返回其各位数字之和。例如，main(1234) 返回 10，main(123456) 返回 21。

删除 pass 语句，替换为自己的代码，实现要求的功能。不能使用内置函数 sum()、eval()、for 循环和任何形式的推导式，要求使用 while 循环。（"Python 小屋"题号：475）

```
def main(num): pass
```

（80）重做本章第（79）题，删除 pass 语句，替换为自己的代码，实现要求的功能。不能使用内置函数 sum()、eval()，不能使用运算符"//"和"%"，不能使用 while 循环，要求使用 for 循环。（"Python 小屋"题号：476）

```
def main(num): pass
```

（81）函数 main() 接收包含 12 个整数或实数的列表 month 作为参数，表示某商店一年 12 个月的销售额，要求按季度分组求和并返回包含各季度销售额的列表。例如，main([1,2,3,4,5,6,7,8,9,10,11,12]) 返回 [6, 15, 24, 33]。

不能使用 lambda 表达式，不能使用内置函数 map()，要求使用 for 循环。（"Python 小屋"题号：486）

```
def main(month): pass
```

（82）函数 main() 接收包含若干整数的列表 values 作为参数，要求返回其中最大的奇数。例如，main([3, 7, 0, 2, 8, 9, 3, 20]) 返回 9。

不能使用内置函数 sorted()、max() 和列表方法 sort() 以及 lambda 表达式。（"Python 小屋"题号：498）

```
def main(values): pass
```

（83）函数 main() 接收包含若干任意对象的列表 data 作为参数，要求计算其中所有整数或实数的平均数（四舍五入，保留最多两位小数），忽略整数或实数之外的其他元素。例如，main(['1', 2, '3', '4', 5.5]) 返回 3.75。

不能使用内置函数 filter()、sum()、len()，要求使用 for 循环。（"Python 小屋"题号：505）

```
def main(data): pass
```

（84）函数 main() 接收任意多个包含任意多整数的列表作为参数，要求返回这些列表中对应位置上元素的最大值组成的新列表，如果这些列表长度不同，以最短的为准。例如，main([1,2,3,4], [5,0,9,3], [666,1,5,3,9]) 返回 [666, 2, 9, 4]。

不能使用内置函数 max() 和 zip()，要求使用 for 循环。（"Python 小屋"题号：533）

```
def main(*data): pass
```

（85）函数 main() 接收包含若干整数的列表 data 作为参数，要求返回其中相差最小的两个整数升序排列组成的元组。如果有多对符合条件的整数，要求返回最小的一组。例如，main([57, 1, 24, 1, 8, 48, 92, 2, 74, 48]) 返回 (1, 1)。

不能使用内置函数 min() 和 zip()，要求使用 for 循环。（"Python 小屋"题号：603）

```
def main(seq): pass
```

（86）函数 main() 接收字典 data 作为参数，要求返回对应的"值"为 3 的最大的"键"。例如，main({'a':3, 'b':3, 'z':3, 'c':4}) 返回 'z'。

不能使用内置函数 max()，不能使用关键字 else 和 elif。（"Python 小屋"题号：625）

```
def main(data): pass
```

（87）函数 main() 接收分别表示年、月、日的正整数 year、month、day 作为参数，返回 year 年 month 月 day 日是该年的第几天。例如 main(2020,10,3) 返回 277。

删除代码中的 pass 语句，替换为自己的代码，完成要求的功能。（"Python 小屋"题号：627）

```
def main(year, month, day): pass
```

（88）一辆卡车违章后逃逸，现场有 3 人目击整个事件，但都没有记住车号，只记下车号的一些特征。甲说：牌照的前 2 位数字是相同的；乙说：牌照的后 2 位数字是相同的，但与前 2 位不同；丙是数学家，他说：4 位的车牌号刚好是一个整数的平方。函数 main() 不接收任何参数，要求返回符合上面描述的规则的车牌号数字，也就是 7744。

要求使用嵌套的 for 循环。不能删除最后的输出语句。（"Python 小屋"题号：635）

```
def main(): pass
print(main())
```

（89）函数 main() 接收集合 s 和包含若干集合的列表 sets 作为参数，要求返回列表 sets 中与集合 s 最相似的那个集合，如果有多个相似度同样最大的集合，返回第一个。这里两个集合相似度的定义为它们交集中元素的数量除以它们并集中元素的数量得到的商。例如，main({1,2,3}, [{1,2}, {3,4,5}, {2,3,4,5,6}, {1,3,5,7}]) 返回 {1, 2}，main({1,2,3}, [{1}, {2}, {3}]) 返回 {1}。（"Python 小屋"题号：658）

```
def main(s, sets): pass
```

（90）函数 main() 接收集合 s 和包含若干集合的列表 sets 作为参数，要求返回列表 sets 中与集合 s 最相似的那个集合，如果有多个相似度同样最大的集合，返回最后一个。这里两个集合相似度的定义为它们交集中元素的数量除以它们并集中元素的数量得到的商。例如，main({1,2,3}, [{1,2}, {3,4,5}, {2,3,4,5,6}, {1,3,5,7}]) 返回 {1, 2}，main({1,2,3}, [{1}, {2}, {3}]) 返回 {3}。（"Python 小屋"题号：659）

```
def main(s, sets): pass
```

（91）已知，斐波那契数列的前两个数字都是 1，并且后面每个数字都是其紧邻的前两个数字之和，即 1，1，2，3，5，8，13，21，34，…

黄金分割比例是世界上最优美的数字之一，约等于 0.618，这个数字和自然界中大量现象相关，请自行查阅资料。斐波那契数列和黄金分割比例这二者之间有着紧密联系，数列中前后紧邻的两个数字之比无限接近黄金分割比例，数列中越靠后的数字比值越接近。

函数 main(n, k) 接收自然数 n（n>=3）和 k 作为参数，要求返回斐波那契数列中第 n-1 项与第 n 项的比值，保留 k 位小数。例如，print(main(500, 300)) 输出 0.61803 39887498948482045868343656381177203091798057628621354486227052604628189 02449707207204189391137484754088075386891752126633862223536931793180060 76672635443333890865959395829056383226613199282902678806752087898986943622018483783304996599444209109991896267262300074921621660300786717910258 96498500618。（"Python 小屋"题号：722）

```
import decimal
def main(n, k): pass
```

（92）函数 main() 接收字符串 s 作为参数，要求把其中的阿拉伯数字 0、1、2、3、4、5、

6、7、8、9分别变为零、壹、贰、叁、肆、伍、陆、柒、捌、玖，其他非阿拉伯数字保持不变，返回处理后的新字符串，注意要使用单引号。例如，main('Python 小屋 yyds') 返回 'Python 小屋 yyds'，main('Python 程序设计（第 4 版），董付国，清华大学出版社') 返回 'Python 程序设计（第肆版），董付国，清华大学出版社'。

删除 pass 语句，替换为自己的代码（可以为一行或多行代码），完成要求的功能。不能使用字符串方法 maketrans() 和 translate()，要求使用 for 循环结构，不能使用选择结构。（"Python 小屋"题号：726）

```
def main(s): pass
```

（93）给定任意自然数 n，对其所有小于 n 的正因数求和，如果恰好等于 n 则 n 称作完全数，如果大于 n 则称其为盈数，小于 n 则称其为亏数。函数 main() 接收自然数 n 作为参数，要求判断 n 是完全数、盈数还是亏数，并返回判断结果。例如，main(6) 返回 '完全数'，main(10) 返回 '亏数'，main(12) 返回 '盈数'。（"Python 小屋"题号：736）

```
def main(n): pass
```

（94）函数 main() 接收自然数 num 和 k 作为参数，要求把 num 从低位到高位每 k 位分为一组，最高位的分组可以不足 k 位，返回所有分组组成的列表。例如，main(1234567890, 3) 返回 [1, 234, 567, 890]。

不能使用内置函数 int()、str()、format()、map()、字符串方法 format()、f- 字符串。（"Python 小屋"题号：739）

```
def main(num, k): pass
```

（95）函数 main() 接收自然数 a 和 b 作为参数，分别表示分数 a/b 的分子和分母，要求将其化简为最简分数并返回化简结果的分子、分母组成的新元组。例如，main(3, 5) 返回 (3, 5)，main(30, 50) 返回 (3, 5)。（"Python 小屋"题号：745）

```
def main(a, b): pass
```

（96）函数 main() 接收自然数 n 作为参数，把 n 与其翻转得到的自然数相加，对得到的结果重复这个操作，直到结果为回文数，也就是正看反看都一样的自然数。例如，当 n=69 时有 69+96=165，165+561=726，726+627=1353，1353+3531=4884。如果给定的 n 通过上述操作能够得到回文数就返回操作次数和得到的回文数，如果连续操作 500 次还没有得到回文数就返回 None 和当前数字的长度。例如，main(69) 返回 (4, 4884)，main(89) 返回 (24, 8813200023188)，main(196) 返回 (None, 216)。（"Python 小屋"题号：772）

```
def main(n): pass
```

（97）对于任意自然数，统计各位数字中的偶数个数、奇数个数以及二者之和，把得到的 3 个数字拼接为新的数字，重复这个操作，一定能得到 123。例如，1234567890==>5510==>134==>123，1==>11==>22==>202==>303==>123。 函数 main() 接收自然数 num 作为参数，返回 num 经过几次操作可以得到 123。例如，main(22) 返回 3，main(1234567890123456) 返回 3。（"Python 小屋"题号：782）

```
def main(num): pass
```

（98）函数 main() 接收自然数 digit 和 p 作为参数，其中 digit 介于区间 [1,9] 且 p>1，要求计算至少多少位全 digit 的自然数才能被 p 整除，如果超过 1 万位仍不能被 p 整除则返回 None。例如，main(1, 2021) 返回 966，表示 966 个 1 组成的自然数能被 2021 整除。（"Python 小屋"题号：796）

```
def main(digit, p): pass
```

（99）函数 main() 接收非 0 整数 a、b 作为参数，分别表示分数 a/b 的分子和分母，要求对其进行约分化简至最简分数形式，如果 a、b 均为负数则要求结果为正分数，返回最简分数形式的分子和分母。例如，main(3, 9) 返回 (1, 3)，main(-12346, -3222306) 返回 (1, 261)，main(-12346, 3222306) 返回 (-1, 261)。（"Python 小屋"题号：805）

```
def main(a, b): pass
```

（100）函数 main() 接收列表 data 和自然数 k 作为参数，要求返回列表 data 中元素循环左移 k 次之后得到的新列表。例如，main([0,1,2,3,4,5,6,7,8,9], 2) 返回 [2, 3, 4, 5, 6, 7, 8, 9, 0, 1]。（"Python 小屋"题号：806）

```
def main(data, k):
    n, result = len(data), []
    for i in range(n):
        result.append( _____ )
    return result
```

（101）重做本章第（100）题，不能修改其他代码。（"Python 小屋"题号：807）

```
def main(data, k):
    n = len(data)
    result = [None] * n
    for i in range(n):
        result[_____] = data[i]
    return result
```

（102）给定区间 [1,n] 上所有自然数的一个排列，相邻两个数字相加得到一个新的序列，对新的序列重复上面的操作，最终得到一个数字。例如，假设 n=5 且初始排列为 1、2、3、4、5，计算过程如下：

1	2	3	4	5
3	5	7	9	
8	12	16		
20	28			
48				

函数 main() 接收包含若干自然数的列表 data 作为参数，计算并返回按照上面的过程计算得到的最终结果。例如，main([1, 2, 3, 4, 5]) 返回 48。

不能使用内置函数 map()、sum() 和 lambda 表达式，要求使用 for 循环。（"Python 小屋"题号：808）

```
def main(data): pass
```

（103）如果一个自然数 n 的所有真因数（除自身之外的因数）之和等于 m，同时 m 的所有真因数之和恰好等于 n，则称 n 和 m 为亲和数。函数 main() 接收自然数 start 和 stop 作为参数，要求返回左闭右开区间 [start,stop) 中的所有亲和数，要求升序排列。例如，main(1, 1000) 返回 [(220, 284)]，main(1000,10000) 返回 [(1184, 1210), (2620, 2924), (5020, 5564), (6232, 6368)]。

不能修改 main() 的代码。（"Python 小屋"题号：813）

```
def helper(n): pass
def main(start, stop):
    result = []
    for n in range(start, stop):
        m = helper(n)
        if m!=n and helper(m)==n and (m,n) not in result:
            result.append((n,m))
    return result
```

（104）函数 main() 接收若干 4- 元组作为参数，每个元组中的 4 个数字分别表示一个图像放置在二维平面上以后的左、下、右、上坐标，也就是图像左下角和右上角的坐标，这些图像之间可能会有重叠。要求统计并返回这些图像放置到平面上以后一共多少个像素，重叠部分的像素只统计一次。例如，main((0,0,5,5), (1,2,3,4), (2,3,7,6), (4,1,6,4)) 返回 50。（"Python 小屋"题号：817）

```
def main(*areas): pass
```

（105）函数接收自然数 n 和 k 作为参数，对区间 [0,n) 的所有数字进行分类，把平方后对 k 的余数相同的分为一类，然后返回数量最多的一类以及这类数字的平方对 k 的余数，要求同一类中的数字升序排列。例如，main(100, 17) 返回 (2, [6, 11, 23, 28, 40, 45, 57, 62, 74, 79, 91, 96])，表示 [0,100) 区间的数字平方后对 17 的余数为 2 的最多，这些数字分别为 [6, 11, 23, 28, 40, 45, 57, 62, 74, 79, 91, 96]。（"Python 小屋"题号：822）

```
def main(n, k): pass
```

（106）函数 main() 接收可迭代对象 iterable 和可调用对象 key 作为参数，如果 iterable 中至少有一个对象经过 key 处理之后等价于 True 则返回 True，否则返回 False。例如，main([1,2,3,4]) 返回 True，main([1,2,3,4], lambda x: 0) 返回 False，main([1,2,3,4], lambda x: x%3) 返回 True。

不能使用内置函数 bool()、map()、any()。（"Python 小屋"题号：833）

```
def main(iterable, key=lambda x: x): pass
```

（107）函数 main() 接收可迭代对象 iterable 和可调用对象 key 作为参数，如果 iterable 中所有对象经过 key 处理之后都等价于 True 则返回 True，否则返回 False。例如，main([1,2,3,4]) 返回 True，main([1,2,3,4], lambda x: 0) 返回 False，main([1,2,3,4], lambda x: x%3) 返回 False。

不能使用内置函数 bool()、map()、all()。("Python 小屋"题号：834)

```
def main(iterable, key=lambda x: x): pass
```

（108）函数 main() 接收自然数 n 和 m 作为参数，要求返回区间 [1,n] 中能被 m 整除的最大自然数。例如，main(200, 17) 返回 187，main(500, 10) 返回 500。

不能使用减号，不能使用列表方法 reverse() 和内置函数 reversed()。("Python 小屋"题号：835)

```
def main(n, m): pass
```

（109）函数 main() 接收自然数 n 和 m 作为参数，要求返回区间 [1,n] 中能被 m 整除的第二大自然数。例如，main(200, 17) 返回 170，main(500, 10) 返回 490。

不能使用减号，不能使用列表方法 reverse() 和内置函数 reversed()。("Python 小屋"题号：836)

```
def main(n, m): pass
```

（110）函数 main() 接收表示方阵的嵌套列表作为参数，要求检查其是否为对角矩阵，即对角线元素都不是 0 且其他元素都是 0，是则返回 True，否则返回 False。例如，main([[1,0,0], [0,1,0], [0,0,1]]) 返回 True，main([[1,2,3], [4,5,6], [7,8,9]]) 返回 False。("Python 小屋"题号：840)

```
def main(mat): pass
```

（111）函数 main() 接收大于 0 且小于 1 的十进制小数 dec 作为参数，将其转换为二进制小数的字符串形式并返回，转换规则为：把十进制小数乘以 2 然后取整数部分作为二进制小数的一位数字，重复这个过程，直到十进制小数为 0 或二进制小数位数超过 100 位。例如，main(0.1) 返回 '0.000110011001100110011001100110011001100110011001100110011001100110011001100110 011001101'，main(0.5) 返回 '0.1'。("Python 小屋"题号：841)

```
def main(dec): pass
```

（112）函数 main() 接收大于 0 且小于 1 的小数的二进制字符串形式 s_bin 作为参数，使用按权展开式将其转换为十进制小数并返回，二进制小数的第一位小数的权重为 2^{-1}、第二位小数的权重为 2^{-2}、第三位小数的权重为 2^{-3}，以此类推。例如，main('0.1') 返回 0.5，main('0.10110011001100110011001100110011001100110011001100110011') 返回 0.7。("Python 小屋"题号：842)

```
def main(s_bin): pass
```

（113）函数 main() 接收包含若干数字的列表 numbers 作为参数，要求计算并返回其几何平均数，也就是所有数字乘积的 k 次方根，k 为数字个数。结果保留最多 6 位小数。例如，main([1,2,3,4,5,6,7,8,9]) 返回 4.147166。

不能使用内置函数 eval()。("Python 小屋"题号：850)

```
def main(numbers): pass
```

（114）函数 main() 接收包含若干整数的元组 source 和 key 作为参数，以 key 元组作为滑动窗口去处理 source，每次对窗口中两个元组对应位置的元素相加，返回包含所有相加结果的新元组，长度与 source 相同。例如，main(tuple(range(15)), (8793, 2265, 3333)) 返回 (8793, 2266, 3335, 8796, 2269, 3338, 8799, 2272, 3341, 8802, 2275, 3344, 8805, 2278, 3347)。

不能使用 lambda 表达式，不能使用内置函数 map()。("Python 小屋"题号：852)

```
def main(source, key): pass
```

（115）函数 main() 接收列表 arr1 和 arr2 作为参数，其中 arr1 中包含若干任意元素，预期 arr2 长度与 arr1 相同且只包含自然数或正实数，若 arr2 不符合预期直接返回 None，若符合预期则返回 arr1 中元素重复之后的新列表。重复过程为：元素 arr1[i] 重复 int(arr2[i]) 次。例如，main([1,2,3], [1.5,2.5,3.7]) 返回 [1, 2, 2, 3, 3, 3]，main([1,2,3], [1.5,2.5,-3.7]) 返回 None。

不能使用异常处理结构，不能使用内置函数 sum()，要求使用 for 循环。("Python 小屋"题号：858)

```
def main(arr1, arr2): pass
```

（116）函数 main() 接收包含若干整数的列表 seq 作为参数，要求返回一个等长的列表，结果列表中下标 i 的元素为 seq 中下标 i（包含）前面所有元素的乘积。例如，main([1,2,3,4,5,6,7,8,9]) 返回 [1, 2, 6, 24, 120, 720, 5040, 40320, 362880]。

要求使用 for 循环，但不能使用嵌套的 for 循环。("Python 小屋"题号：863)

```
def main(seq): pass
```

（117）函数 main() 接收包含若干字符串的列表 lst 作为参数，返回其中变成小写之后最大的字符串。如果参数 lst 不是列表或者其中的元素不都是字符串，返回字符串 '数据格式不正确'。例如，lst 为 ['a', 'b', 'E'] 时函数返回 'E'，lst 为 3 或者 [3,'a'] 时函数返回字符串 '数据格式不正确'，注意要使用单引号。("Python 小屋"题号：45)

```
def main(lst): pass
```

（118）函数 main() 接收表示百分制成绩的整数 score 作为参数，要求返回对应的字母等级，规则为：区间 [0,60) 的成绩对应字母 'F'，区间 [60,70) 的成绩对应字母 'D'，区间 [70,80) 的成绩对应字母 'C'，区间 [80,90) 的成绩对应字母 'B'，区间 [90,100] 的成绩对应字母 'A'，其他成绩返回 '无效成绩。'。

下面的代码有错误，尝试阅读代码并理解代码思路，然后分析错误原因并修改代码完成要求的功能，不能改动代码框架和思路，改动越少越好。("Python 小屋"题号：132)

```
grades = {'A': (90,101), 'B': (80,90), 'C': (70,80), 'D': (60,70), 'F':(0,60)}
def main(score):
    if score<0 or score>100:
        return '无效成绩。'
    for grade, value in grades.items():
        if int(score) in range(value):
            return grade
```

（119）小明买回来一对兔子，从第 3 个月开始就每个月生一对兔子，生的每一对兔子长到第 3 个月也开始每个月都生一对兔子，每一对兔子都是这样从第 3 个月开始每个月生一对兔子，那么每个月小明家的兔子数量（对）构成一个数列，这就是著名的斐波那契数列。假设每一对兔子的寿命都是 72 个月，并且只要活着就坚持每个月生一对小兔子。函数 main() 接收表示第几个月的整数参数 n，要求返回第 n 个月时小明家里有多少只兔子。（"Python 小屋"题号：200）

```
def main(n): pass
```

（120）小明在步行街开了一家豆腐脑店，在豆腐脑里面放了一种祖传秘方腌的小咸菜，吃过的顾客都赞不绝口，每天早上都有很多顾客排队来买。为了进一步吸引顾客，小明尝试着加了一点麻汁，顾客品尝之后大呼这麻汁简直就是神来之笔。于是，小明又陆续开发出加辣椒油、加蒜蓉、加香菜等不同口味，这几种辅料可以自由组合，但顾客反馈说辣椒油和麻汁一起放了不好吃，于是小明删除了同时包含辣椒油和麻汁的组合。这样的话，祖传秘制小咸菜是必须放的，麻汁、辣椒油、蒜蓉、香菜这 4 种材料可以再放 1 到 3 种，但麻汁和辣椒油不能同时放。

编写生成器函数 main()，然后调用 main() 函数并输出小明的豆腐脑口味的所有组合，输出格式为类似于 ('小咸菜', '麻汁')、('小咸菜', '麻汁', '香菜') 这样形式的若干元组，每个元组占一行。

程序中可以使用标准库 **itertools** 中的组合函数，不能使用集合。（"Python 小屋"题号：220）

```
from itertools import combinations
def main(): pass
print(*sorted(main()), sep='\n')
```

（121）函数 main() 接收正整数 number 作为参数，要求计算其因数分解结果，返回分解结果所有因数组成的元组，所有数字升序排列。例如，main(100) 返回 (2, 2, 5, 5)，main(123456) 返回 (2, 2, 2, 2, 2, 2, 3, 643)。

不能使用递归函数。（"Python 小屋"题号：347）

```
def main(number): pass
```

（122）对于任意一个各位数字互不相同的 4 位自然数，其各位数字能够组成的最大数减去能够组成的最小数，对得到的差重复这个操作，最多 7 次肯定能得到 6174。

下面的代码中，函数 get_time(num) 用来计算各位数字互不相同 4 位自然数 num 按照上面的操作变为 6174 所需操作的次数，例如 get_times(1234) 返回 3，表示 1234 需要 3 次操作就能得到 6174。第一次为 4321−1234=3078，第二次为 8730−378=8352，第三次为 8532−2358=6174。函数 main() 接收介于 [1,7] 区间的正整数 n 作为参数，要求返回有多少个各位数字互不相同的 4 位自然数需要进行 n 次上面的操作才能得到 6174。例如，main(3) 返回 1272，表示有 1272 个符合上面条件的 4 位自然数需要进行 3 次上面的操作才能得到 6174。

要求不能修改函数 get_time() 的代码，要求使用 for 循环和字典方法 get()。（"Python 小屋"题号：371）

```
def get_times(num):
    num, times = str(num), 0
    while True:
        big = int(''.join(sorted(num, reverse=True)))
        little = int(str(big)[::-1])
        difference = big - little
        times = times + 1
        if difference == 6174:
            return times
        num = str(difference)

def main(n): pass
```

（123）函数 main() 接收整数 year、weeks、weekday 作为参数，要求返回 year 年第 weeks 个周 weekday 的日期字符串。例如，main(2020, 19, 3) 返回 '2020-05-06'，表示 2020 年第 19 个周 3 的日期是 '2020-05-06'。

要求使用 for 循环结构。（"Python 小屋"题号：387）

```
from datetime import date, timedelta
def main(year, weeks, weekday): pass
```

（124）在下面的代码中，函数 isPrime() 用来判断参数 k 是否为素数，是则返回 True，否则返回 False。函数 main() 接收元组 numbers 作为参数，其中包含若干介于 [0,9] 区间的数字，要求返回这些数字能够组成的所有素数升序排列组成的列表，每个素数中都必须使用 number 中的全部数字，且每个数字在每个素数中只能使用一次。例如，main((1, 2, 3, 4)) 返回 [1423, 2143, 2341, 4231]。（"Python 小屋"题号：394）

```
from itertools import permutations
def isPrime(k):
    if k in (2,3):
        return True
    if k%2 == 0:
        return False
    for i in range(3, int(k**0.5)+2, 2):
        if k%i == 0:
            return False
    return True
def main(numbers): pass
```

（125）假设有一条无限长的路，路上每隔 trap_step 米就有一个大坑，青蛙和狐狸同时从起点开始且以同样的频率沿着路向前跳跃，青蛙每次能跳 frog_step 米，狐狸每次能跳 fox_step 米。

函数 main() 接收正整数 frog_step、fox_step、trap_step 作为参数，模拟上面的路况和跳跃过程，返回字符串。如果青蛙先掉进坑里就返回字符串 'frog'，如果狐狸先掉进坑里就返回字符串 'fox'，如果同时掉进坑里就返回字符串 'both'。

不能使用 while 循环。（"Python 小屋"题号：401）

```
from itertools import count
```

```
def main(frog_step, fox_step, trap_step): pass
```

（126）重做本章第（125）题，不能使用 for 循环和任何形式的推导式，要求使用 while 循环。（"Python 小屋"题号：402）

```
def main(frog_step, fox_step, trap_step): pass
```

（127）某学校新生入学军训，已知学生人数恰好可以排成 n 人一行，并且 n 介于区间 [5,9]。排队时发现，7 人一行剩余 1 人，6 人一行剩余 4 人，5 人一行剩余 2 人。函数 main() 接收整数 least 作为参数，表示某学校学生人数至少为 least，要求返回这一届新生可能的最少人数以及上面描述的整数 n 组成的元组。例如，main(1000) 返回 (1072, 8)，表示这一届新生至少有 1072 人，军训时可以恰好排成 8 人一行。

不能使用 for 循环。要求使用 while 循环。（"Python 小屋"题号：420）

```
def main(least): pass
```

（128）函数 main() 接收自然数 m 和 n 作为参数，表示一个有 m 行 n 列的矩形网格，小明从左下角出发，每一步只能向右或向上行走，求解并返回有多少种走法可以到达右上角。例如，main(3, 3) 返回 20，main(5, 4) 返回 126。

服务端 Python 版本 >=3.8。（"Python 小屋"题号：451）

```
import math
def main(m, n): pass
```

（129）函数 main() 接收表示矩阵的嵌套列表 matrix1 和 matrix2（同一个列表中的所有子列表长度一样）作为参数，要求计算矩阵乘法 matrix1@matrix2 的结果并以嵌套列表的形式返回，如果两个参数列表不符合矩阵相乘的规则就返回字符串 'error'。例如，main([[1,2,3], [4,5,6]], [[1,4], [2,5], [3,6]]) 返回 [[14, 32], [32, 77]]。

不能使用运算符"@"。（"Python 小屋"题号：454）

```
def main(matrix1, matrix2): pass
```

（130）函数 main() 接收自然数 k 作为参数，要求输出杨辉三角前 k 行的内容，每行的相邻数字之间使用制表符进行分隔。杨辉三角是指一个由自然数组成的三角形，两个腰上的数字都是 1，其他位置每个数字恰好是其上方和右上方数字之和。例如，main(8) 的输出结果如下，

```
1
1	1
1	2	1
1	3	3	1
1	4	6	4	1
1	5	10	10	5	1
1	6	15	20	15	6	1
1	7	21	35	35	21	7	1
```

（"Python 小屋"题号：455）

```
def main(k): pass
main(5)
main(8)
```

（131）函数 main() 接收包含若干整数的列表 data（已升序排序）和一个整数 item 作为参数，要求使用二分法在 data 中查找 item 并返回所需要的查找次数，如果 data 中没有 item 就返回 -1。例如，main([5,7,16,20,21,24,29,32,32,37,39,40,42,53,59, 69,70,70,85,88], 53) 返回 5，main([5,7,16,20,21,24,29,32,32,37,39,40,42, 53,59,69,70,70,85,88], 3) 返回 -1。（"Python 小屋"题号：456）

```
def main(data, item): pass
```

（132）函数 main() 接收任意类型的对象 value 作为参数，如果 value 是复数就返回复数的模，如果是整数或实数就返回绝对值，其他类型返回字符串 'error'。例如，main(3+4j) 返回 5.0，main(-9.8) 返回 9.8，main('Python 小屋 ') 返回 'error'。

不能使用内置函数 abs()，不能使用异常处理结构。（"Python 小屋"题号：463）

```
def main(value): pass
```

（133）函数 main() 接收包含 12 个整数或实数的列表 month 作为参数，表示某商店一年 12 个月的销售额，要求按季度分组求和并返回包含各季度销售额的列表。例如，main([1,2,3,4,5,6,7,8,9,10,11,12]) 返回 [6, 15, 24, 33]。

不能使用 lambda 表达式，不能使用内置函数 sum() 和列表方法 append()，要求使用 for 循环。（"Python 小屋"题号：487）

```
def main(month): pass
```

（134）函数 main() 接收任意字符串 text 作为参数，要求返回其中每个唯一字符按最后一次出现位置的先后顺序拼接组成的新字符串。例如，main('Beautiful is better than ugly.') 返回 'Bfisberthan ugly.'。

不能使用字符串方法 index() 和 rindex()，要求使用 for 循环。（"Python 小屋"题号：490）

```
def main(text): pass
```

（135）函数 main() 接收包含若干正整数的元组 data 作为参数，其中每个正整数均小于100。要求对这些数字进行处理并返回新的整数，处理规则为：从右向左处理每个数字，最后一个数字对 10 的余数替换当前数字，对 10 的整商作为进位，然后前一个数字加上进位之后重复上面的过程，重复这个过程，如果处理完第一个数字之后仍有进位则增加到前面。例如，main((13, 35, 24, 78, 1)) 返回 168181，处理规则为：最后一个 1 对 10 余 1 进 0，倒数第二个数 78 加进位 0 后得 78 对 10 余 8 进 7，倒数第三个数 24 加进位 7 得 31 对 10 余 1 进 3，倒数第四个数 35 加进位 3 得 38 对 10 余 8 进 3，倒数第五个数 13 加 3 得 16 对 10 余 6 进 1，最后的进位 1 插入到最前面。

不能使用内置函数 eval()。（"Python 小屋"题号：529）

```
def main(data): pass
```

（136）函数 main() 接收包含若干自然数的元组 data 作为参数，要求将第一个自然数重复 1 次，第二个自然数重复 2 次，第三个自然数重复 3 次，以此类推，最终返回包含这些重复之后所有自然数的列表。例如，main((13, 35, 24)) 返回 [13, 35, 35, 24, 24, 24]。

不能使用加法运算符。（"Python 小屋"题号：529）

```
def main(data): pass
```

（137）函数 main() 接收包含若干整数的列表 data 作为参数，要求返回新列表，新列表中每个位置上的数字为原列表中该位置以及该位置前所有元素的最大值。例如，main([6,49,32,31,50]) 返回 [6, 49, 49, 49, 50]。

要求使用 for 循环和单分支选择结构，不能使用 else 和 elif 关键字，不能使用内置函数 map()。（"Python 小屋"题号：539）

```
def main(data): pass
```

（138）编写程序，模拟报数游戏。有 n 个人围成一圈，从 0 到 n-1 按顺序编号，从第一个人开始从 1 到 k 报数，报到 k 的人退出圈子，然后圈子缩小，从下一个人继续游戏，问最后留下的是原来的第几号。函数 main() 接收表示初始编号的列表 lst 和正整数 k 作为参数，要求返回上述游戏中最后一个人的原始编号。

删除代码中的 pass 语句，替换为自己的代码，完成要求的功能。不能使用嵌套循环结构，不能使用列表方法 append() 和 pop()。（"Python 小屋"题号：552）

```
def main(lst, k): pass
```

（139）重做本章第（138）题，删除代码中的 pass 语句，替换为自己的代码，完成要求的功能。不能使用运算符"%"，要求使用嵌套的 for 循环结构。（"Python 小屋"题号：553）

```
def main(lst, k): pass
```

（140）程序改错题：函数 main() 接收包含若干整数的列表 numbers（已按升序排序）和整数 value 作为参数，要求使用二分法查找 value 在 numbers 中的下标，如果不存在就返回 False。例如，main(tuple(range(1,7)), 3) 返回 2，main(tuple(range(1,30)), 32) 返回 False。

下面的代码有错误，请找出来并修改它。（"Python 小屋"题号：582）

```
def main(numbers, value):
    start, end = 0, len(numbers)
    while start < end:
        middle = (start + end) // 2
        if value == numbers[middle]:
            return middle
        elif value > numbers[middle]:
            start = middle + 1
        elif value < numbers[middle]:
            end = middle - 1
    return False
```

（141）函数 main() 模拟一个猜数游戏，接收整数 value、包含若干字符串的列表

guess、整数 max_times 作为参数，且参数 max_times 的默认值为3。其中参数 value 表示要猜的数，参数 guess 中的若干字符串模拟 input() 函数的返回值表示每次实际猜测的内容，参数 max_times 表示最大允许猜测的次数。要求逐个获取列表 guess 中的字符串将其转换为整数并与 value 的值进行比较，如果字符串无法转换为整数就输出字符串 '必须输入整数。'，如果猜对了就输出字符串 '恭喜，猜对了。' 并返回 True，如果猜大了就输出字符串 '太大了。'，如果猜小了就输出字符串 '太小了。'，如果次数用完了也没有猜对就返回 False。例如，print(main(7, ['5','8','7'])) 的结果为：

```
太小了。
太大了。
恭喜，猜对了。
True
```

不能使用异常处理结构，要求使用选择结构和循环结构。（"Python 小屋"题号：601）

```
def main(value, guess, max_times=3): pass
```

（142）向量的 L1 范数和 L2 范数常用于构造机器学习算法中的正则化项。其中，向量的 L1 范数定义为所有分量的绝对值之和，L2 范数定义为所有分量的平方和的平方根。另外，L-∞ 范数定义为所有分量的绝对值的最大值。函数 main() 接收 vector 和 p 作为参数，其中元组或列表 vector 表示向量，p 的值只能为 1 或 2 或字符串 'inf'。如果参数 vector 不是元组或列表则返回元组 (False, '第一个参数必须是元组或列表。')，如果参数 p 不是 1 或 2 或字符串 'inf' 则返回元组 (False, '第二个参数只能是 1 或 2 或字符串 inf。')，其他情况返回一个 2- 元组，其中第一项为 True，第二项为 L1 范数或 L2 范数或 L-∞ 范数的值。如果范数的值为整数就保持整数，如果范数的值为实数就保留最多 3 位小数。例如，main((1, 2, -3, 4), 1) 返回 (True, 10)，main((1, -2, 3, -4), 2) 返回 (True, 5.477)，main((-1, 2, 3, -4, 5), 'inf') 返回 (True, 5)。

不能使用循环结构和任何形式的推导式。（"Python 小屋"题号：609）

```
def main(vector, p): pass
```

（143）函数 main() 接收表示百分制成绩的实数 score 作为参数，要求返回对应的字母等级（大写字母）。'A' 对应于 [90,100]，'B' 对应于 [80,90)，'C' 对应于 [70,80)，'D' 对应于 [60,70)，'F' 对应于 [0,60)。例如，main(83.5) 返回 'B'。

不能使用选择结构、循环结构和任何形式的推导式。（"Python 小屋"题号：648）

```
def main(score): pass
```

（144）假设墙上有一排共 100 个灯分别从 1 到 100 编号，每个灯都有独立开关，一开始所有灯都是关闭的。然后执行下面的操作：切换（开变关、关变开）所有编号为 1 的倍数的开关，然后切换所有编号为 2 的倍数的开关……最后切换所有编号为 100 的倍数的开关。函数 main() 接收小于或等于 100 的自然数 n 作为参数，要求返回完成上面的操作后处于开状态的灯的数量以及第 n 个灯的状态（开状态返回 True，关状态返回 False）组成的元组。例如，main(1) 返回 (10, True)，main(4) 返回 (10, True)，main(5) 返回 (10, False)，main(100) 返回 (10, True)。

不能使用 lambda 表达式，必须使用 for 循环。（"Python 小屋"题号：664）

```
def main(n): pass
```

（145）main() 函数接收自然数 a1、q、n 作为参数，a1 表示一个等比数列的首项，q 表示公比，要求返回这个等比数列前 n 项之和。例如，main(1, 2, 5) 返回 31，main(7, 12, 30) 返回 15105765423621714948205927636365451。

不能使用内置函数 eval()、map()、int() 和 lambda 表达式，要求使用 for 循环。（"Python 小屋"题号：685）

```
def main(a1, q, n): pass
```

（146）函数 main() 接收包含若干整数的列表 p 和 q 作为参数，分别表示两个多项式的系数且从高次到低次排列，缺项的系数为 0，例如 [1,2,0,0,5] 表示 $1x^4+2x^3+5$。要求返回这两个多项式相乘得到的多项式的系数组成的新列表，仍从高次到低次排列。例如，main([1,2,3,4], [5,6,7]) 返回 [5, 16, 34, 52, 45, 28]。

不能使用嵌套循环结构。（"Python 小屋"题号：698）

```
from itertools import product
def main(p, q): pass
```

（147）函数 main() 接收表示无向图的邻接表的字典 graph 作为参数，字典 graph 的"键"表示顶点编号（从 0 开始），"值"为与该顶点关联的边组成的集合。例如，字典 {0:{'a','c'}, 1:{'b','a'}, 2:{'b','c'}} 表示与顶点 0 关联的边有 a 和 c，与顶点 1 关联的边有 a 和 b，与顶点 2 关联的边有 b 和 c。

要求 main() 函数检查参数字典 graph 是否存在对应的图，或者说字典 graph 是否为一个有效的邻接表，存在则返回 True，否则返回 False。这里判断一个邻接表是否有效的标准为：两个不同的点之间最多有一条边直接相连，且每条边恰好连接两个顶点，不考虑其他因素。例如，main({0:{'a','c'}, 1:{'b','a'}, 2:{'b','c'}}) 返回 True，main({0:{'a','c','d'}, 1:{'b','a','d'}, 2:{'b','c'}}) 返回 False。（"Python 小屋"题号：714）

```
def main(graph): pass
```

（148）图结构常用的表示形式有邻接矩阵、关联矩阵和邻接表。在 Python 中，可以使用二维数组或者嵌套列表表示邻接矩阵和关联矩阵，使用字典表示邻接表。例如，①使用嵌套列表 arr 表示邻接矩阵时，行下标和列下标表示顶点编号（从 0 开始编号），如果顶点 i 和顶点 j 之间有边则 arr[i][j] 的值为 1。例如，[[0,1,1,1], [1,0,1,0], [1,1,0,1], [1,0,1,0]] 的第一行表示从顶点 0 到顶点 1、2、3 都有边，第二行表示顶点 1 到顶点 0、2 有边。②使用嵌套列表 arr 表示关联矩阵时，行下标表示顶点编号（从 0 开始），列下标表示边，如果顶点 i 和边 j 关联则 arr[i][j] 为 1。③使用字典表示邻接表时，"键"表示顶点编号，"值"表示与之关联的边，例如 {0:{'a','c'}, 1:{'b','a'}, 2:{'b','c'}} 表示与顶点 0 关联的边有 a 和 c，与顶点 1 关联的边有 a 和 b，与顶点 2 关联的边有 b 和 c。

函数 main() 接收表示无向图的邻接表的字典 graph 作为参数，要求返回该图对应的邻接矩阵（嵌套列表形式）。例如，main({0:{'a','b','c'}, 1:{'a','e'}, 2:{'e'}, 3:{'b','d'}, 4:{'d','c'}})返回[[0, 1, 0, 1, 1], [1, 0, 1, 0, 0], [0, 1, 0, 0, 0], [1, 0, 0, 0, 1], [1, 0, 0, 1, 0]]。（"Python 小屋"题号：715）

```
def main(graph): pass
```

（149）函数 main() 接收表示无向图的邻接表的字典 graph 作为参数，所有的边使用连续的小写字母表示，要求返回该图对应的关联矩阵（嵌套列表形式，且所有边按小写字母升序排列，即第一列表示边 a，第二列表示边 b，以此类推）。例如，main({0:{'a','e','d'}, 1:{'b','a','f'}, 2:{'d','c','f'}, 3:{'b','c','e'}})返回[[1, 0, 0, 1, 1, 0], [1, 1, 0, 0, 0, 1], [0, 0, 1, 1, 0, 1], [0, 1, 1, 0, 1, 0]]。（"Python 小屋"题号：716）

```
def main(graph): pass
```

（150）函数 main() 接收表示无向图的关联矩阵（嵌套列表形式，且所有顶点和边都升序排列，即第一行表示顶点 0，第二行表示顶点 1，以此类推；第一列表示边 0，第二列表示边 1，以此类推）的嵌套列表 graph 作为参数，要求返回该图对应的邻接矩阵。例如，main([[1,0,0,1,1,0], [1,1,0,0,0,1], [0,0,1,1,0,1], [0,1,1,0,1,0]])返回[[0, 1, 1, 1], [1, 0, 1, 1], [1, 1, 0, 1], [1, 1, 1, 0]]。（"Python 小屋"题号：717）

```
def main(graph): pass
```

（151）图的度序列是指图中所有顶点的度（与顶点关联的边的条数，允许图有自环边，也就是以同一个顶点作为出发点和终点的边）按非递增顺序排列得到的序列。如果一个包含若干非负整数的非递增序列可以作为某个图的度序列，则称这个序列可图化，为可图化序列。容易得知，包含负数的序列一定是不可图化的，全 0 序列是可图化的。

已知，非递增序列 [a[0], a[1], a[2],…, a[n]] 是否为可图化序列，等价于序列 [a[1]-1, a[2]-1, a[3]-1, …, a[a[0]]-1, a[a[0]+1], a[a[0]+2], …, a[n]] 中的整数非递增排列后得到的序列是否为可图化序列。函数 main() 接收包含若干非负整数且按非递增顺序排列的元组 seq 作为参数，要求判断 seq 是否为可图化序列，是则返回 True，否则返回 False。例如，main((3,3,3,3)) 返回 True，main((5,3,3,3)) 返回 False，main((4,3,3,3,2,2,2,1)) 返回 True。

不能使用递归函数。（"Python 小屋"题号：719）

```
def main(seq): pass
```

（152）函数 main() 接收表示矩阵的嵌套列表 arr 作为参数，要求返回其主对角线右侧第 k 根平行线上从左向右、从上向下顺序的元素组成的列表。例如，main([[1,2,3], [4,5,6]], 0) 返回 [1, 5]，main([[1,2,3], [4,5,6]], 1) 返回 [2, 6]。（"Python 小屋"题号：729）

```
def main(arr, k): pass
```

（153）函数 main() 接收表示矩阵的嵌套列表 arr 作为参数，要求返回其主对角线左侧第 k 根平行线上从左向右、从上向下顺序的元素组成的列表。例如，main([[1,2,3], [4,5,6]], 0) 返回 [1, 5],main([[1,2,3], [4,5,6]], 1) 返回 [4]。("Python 小屋"题号：730)

```
def main(arr, k): pass
```

（154）在下面的 3x3 方阵排列中，从 1 到 9 每个数字恰好各用了一次，并且第二行的 384 为第一行 192 的二倍，第三行的 576 是第一行 192 的三倍。

```
1    9    2
3    8    4
5    7    6
```

删除 pass 语句，寻找所有具有上述特征的 3x3 方阵，返回一个列表，列表中每个元组中为方阵中数字从上向下、从左向右排列的结果。例如，[(1, 9, 2, 3, 8, 4, 5, 7, 6), (2, 1, 9, 4, 3, 8, 6, 5, 7), (2, 7, 3, 5, 4, 6, 8, 1, 9), (3, 2, 7, 6, 5, 4, 9, 8, 1)]。("Python 小屋"题号：737)

```
from itertools import permutations
def main(): pass
print(main())
```

（155）假设墙上有一排共 N 个灯分别从 1 到 N 编号，每个灯都有独立开关，一开始所有灯都是关闭的。执行下面的操作：切换（开变关、关变开）所有编号为 1 的倍数的开关，然后切换所有编号为 2 的倍数的开关……最后切换所有编号为 N 的倍数的开关。函数 main() 接收小于 N 的自然数 m、n、k 作为参数，要求返回对应编号的灯的状态，使用 True 表示开，False 表示关。例如，main(1, 3, 5) 返回 (True, False, False)，main(90, 110, 130) 返回 (False, False, False)。

不能使用内置函数 int()，不能使用运算符 "**" 和 "=="。("Python 小屋"题号：738)

```
def main(m, n, k): pass
```

（156）有若干活动需要使用同一个场地，该场地同一时刻只能容纳一个活动，且每个活动结束后需要留出一点时间收拾之后才能开始下一个活动，为使得安排的活动尽可能多，优先安排结束时间早的活动。函数 main() 接收包含多个 2- 元组的列表 activities 和一个数字 interval 作为参数，列表 activities 中每个元组的下标表示活动编号、元组中的数字表示该活动的开始时间和结束时间，参数 interval 表示相邻两个活动之间用来收拾场地的最大时间。要求返回可安排的活动编号按时间排序的列表。例如，main([(1,4), (3,5), (0,6), (5,7), (3,8), (5,9), (6,10), (8,11), (8,12), (2,13), (12,14)], 1) 返回 [0, 3, 7, 10]，main([(1,3), (4,9), (4,6), (7,9), (8,9), (6,7), (5,8), (9,12), (1,2)], 1) 返回 [8, 2, 3]。("Python 小屋"题号：763)

```
def main(activities, interval): pass
```

（157）main() 函数接收包含若干整数的可迭代对象 iterable 作为参数，使用动态规划算法求解并返回其中的最大值。例如，main([230, 358, 942, 99, 263, 928, 923, 475, 570, 176]) 返回 942。

不能修改下画线之外的其他代码。（"Python 小屋"题号：776）

```
def main(iterable):
    cache = []
    for index, value in enumerate(iterable):
        if index == 0:
            cache.append(value)
        else:
            if value > cache[index-1]:
                _____
            else:
                _____
    return cache[-1]
```

（158）一个猜想：对于任意自然数，使用各位数字组成的最大数减去各位数字组成的最小数，对得到的差重复这个操作，最终会到达一个不动点或者陷入一个圈中。不动点是指进行上面的操作总是得到自身，不再变化，或者理解为该数字自己到自己的圈，这样的数字往往称为黑洞数。陷入圈中是指到达一个数字之后，就会一直在固定的几个数字之间循环。例如，从 12345678 开始依次可以得到 12345678，75308643，84308652，86308632，86326632，64326654，43208766，85317642，75308643，从第二个数字开始后面的数字构成 ρ 形的"环"，第一个数字作为 ρ 形的"手柄"。

函数 main() 接收自然数 num 作为参数，返回按上面规则计算得到的 ρ 形上所有数字组成的列表。例如，main(123) 返回 [123，198，792，693，594，495，495]，main(12345) 返回 [12345，41976，82962，75933，63954，61974，82962]。（"Python 小屋"题号：783）

```
def main(num): pass
```

（159）函数 main() 接收包含若干整数的列表 data 和整数 item 作为参数，要求返回列表 data 中最后一个 item 后面比 item 小的整数组成的新列表，其中的数字升序排列，没有更小数字则返回空列表。例如，main([1，1，8，3，8，9，6，4，3，7]，8) 返回 [3，4，6，7]。

不能使用内置函数 sorted() 和列表方法 sort()。（"Python 小屋"题号：788）

```
def main(data, item): pass
```

（160）函数 main() 接收包含若干整数的列表 data 和整数 item 作为参数，要求返回列表 data 中最后一个 item 后面比 item 小的整数组成的新列表，其中的数字降序排列，没有更小数字则返回空列表。例如，main([1，1，8，3，8，9，6，4，3，7]，8) 返回 [7，6，4，3]。

不能使用内置函数 sorted() 和列表方法 sort()。（"Python 小屋"题号：789）

```
def main(data, item): pass
```

（161）给定区间 [1,n] 上所有自然数的一个排列，相邻两个数字相加得到一个新的序列，对新的序列重复上面的操作，最终得到一个数字。例如，假设 n=5 且初始排列为 1、2、3、4、5，计算过程如下：

```
1      2      3      4      5
   3      5      7      9
      8     12     16
        20     28
           48
```

函数 main() 接收自然数 n 和 sum_ 作为参数，要求返回 [1,n] 区间上所有自然数全排列中能使得按照上面规则计算最终得到 sum_ 的排列数量。例如，main(5, 48) 返回 8，表示 1、2、3、4、5 这 5 个数字有 8 种排列按照上面的规则计算可以得到 48。main(10, 3307) 返回 1984，main(10, 3210) 返回 2496。

不能使用嵌套定义函数，要求使用标准库函数 permutations() 和 for 循环。代码运行时间不能超过 2 分钟。（"Python 小屋"题号：810）

```python
from math import comb
from itertools import permutations
def main(n, sum_): pass
```

（162）函数 main() 接收包含若干互不相同的自然数的列表 numbers 和一个自然数 m 作为参数，查找其中相加之和恰好等于 m 的两个数，如果有多对就全部返回并升序排列，如果不存在就返回空值 None。例如，main([30, 17, 79, 36, 176, 118, 69, 90, 64, 131], 300) 返回 None，main([89, 46, 118, 91, 50, 15, 34, 95, 167, 44, 87, 6, 24, 51, 194, 48, 41, 7, 86, 10, 164, 1, 152, 181, 162, 146, 49, 113, 132, 190], 99) 返回 [(10, 89), (48, 51), (49, 50)]。

要求使用 while 循环但不能使用嵌套循环。（"Python 小屋"题号：814）

```python
def main(numbers, m): pass
```

（163）函数 main() 接收自然数 n 作为参数，模拟李白带酒壶出门的场景，假设遇到酒店就买一些酒把酒壶里的酒翻倍，遇到花店就喝掉 1 升，出门先遇到酒店且酒店和花店交替出现，遇到 n 次酒店和 n 次花店正好把酒喝完。求解并返回李白出门时带了多少酒。例如，main(3) 返回 0.875，main(5) 返回 0.96875，main(6) 返回 0.984375，main(9) 返回 0.998046875。（"Python 小屋"题号：843）

```python
def main(n): pass
```

（164）函数 main() 接收包含若干整数的列表 data 作为参数，要求返回最小值出现的所有下标升序组成的列表。例如，main([4,3,0,2,8,2,5,6,0,6]) 返回 [2, 8]。

分析下面的程序，删除其中的下画线，替换为一条或多条自己的代码，完成要求的功能。不能修改其他代码。（"Python 小屋"题号：854）

```python
def main(data):
    result, min_ = [0], data[0]
    for i, v in enumerate(data[1:], start=1):
        if v == min_:
            result.append(i)
        elif v < min_:
            _____

    return result
```

（165）求解买啤酒问题。一位酒商共有 5 桶葡萄酒和 1 桶啤酒，已知 6 个桶的容量，并且只卖整桶酒，不零卖。第一位顾客买走了 2 整桶葡萄酒，第二位顾客买走的葡萄酒是第一位顾客的 2 倍，正好卖完葡萄酒，就只剩下 1 桶啤酒了。求解多少升的桶里是啤酒。函数 main() 接收包含 6 个自然数的集合 buckets 作为参数，其中 6 个自然数分别表示 6 个桶的容量，要求返回 1 个元组，元组中第一个自然数表示啤酒桶的容量，第二个元素为第一个顾客买走的 2 桶葡萄酒的桶容量（升序排列的列表）。例如，main({30, 32, 36, 38, 40, 62}) 返回 (40, [30, 36])。（"Python 小屋"题号：867）

```
from itertools import combinations
def main(buckets): pass
```

（166）函数 main(n,i) 接收自然数 n 和 i 作为参数，计算并返回组合数 C_n^i，即从 n 个元素中任选 i 个，有多少种选法。根据组合数定义，需要计算 3 个数的阶乘，在很多编程语言中都很难直接使用整型变量表示大数的阶乘结果，虽然 Python 并不存在这个问题，但是直接根据定义式计算组合数时存在大量的重复计算，效率较低。可以对定义式进行化简后再计算，消除重复的计算，从而提高计算速度。以 C_8^3 为例，按定义式展开并化简得 $C_8^3 = \dfrac{8 \times 7 \times 6 \times 5 \times 4 \times 3 \times 2 \times 1}{3 \times 2 \times 1 \times 5 \times 4 \times 3 \times 2 \times 1} = \dfrac{8 \times 7 \times 6}{3 \times 2 \times 1}$。(5,8] 区间的数只在分子上出现，[1,3] 区间的数只在分母上出现，根据化简后的式子进行计算，可以大幅度提高计算速度。（注：Python 3.8 开始在内置模块 math 中提供了 comb() 函数可以直接计算组合数，不需要自己再专门编写代码实现这样的功能）

删除 pass 语句，替换为自己的代码，实现上面描述的算法，完成要求的功能，要求结果为整数。要求使用 for 循环、运算符 "<=" 和关键字 elif。（"Python 小屋"题号：252）

```
def main(n, i): pass
```

（167）函数 main() 接收包含若干自然数的列表 numbers 作为参数，要求对其中的自然数升序排序，然后返回紧凑形式的字符串。例如，main([5,6,7,8,9,14,13,12,11,23,29,30,39]) 返回 '5-9,11-14,23,29-30,39'，也就是把连续的自然数组合到一起使用减号连接，单个不连续的自然数独立显示，每组之间使用半角逗号分隔。（"Python 小屋"题号：389）

```
def main(numbers): pass
```

（168）函数 main() 接收包含若干整数的列表 data 作为参数，要求按所有整数的个位数进行分组并统计每个分组中整数的个数，最终返回一个升序排序的列表。例如，main([123, 223, 345, 531, 333, 666]) 返回 [[1, 1], [3, 3], [5, 1], [6, 1]]，表示列表 data 中个位数为 1 的整数有 1 个，个位数为 3 的有 3 个，个位数为 5 的有 1 个，个位数为 6 的有 1 个。

不能修改已有的代码，不能使用循环结构，不能使用任何形式的推导式。（"Python 小屋"题号：452）

```
from itertools import groupby
def classify(num):
```

```
        return str(num)[-1]
    def main(data): pass
```

（169）函数 main() 接收包含若干整数的列表 data 和一个整数 bins 作为参数，要求把 data 中的整数从小到大均匀划分为 bins 个区间，每个区间的长度相同，然后统计落在每个区间中的整数的数量，并按区间升序返回这些数量组成的列表。例如，main([1,2,3,4,5,6,7,8], 3) 返回 [3, 2, 3]，此时原始数据均匀划分得到的 3 个等长区间分别为 [1, 3.33333333, 5.66666667, 8]，落在第一个区间内的 3 个整数为 1、2、3，落在第二个区间内的 2 个整数为 4、5，落在最后一个区间内的整数为 6、7、8。（"Python 小屋"题号：480）

```
    def main(data, bins): pass
```

（170）函数 main() 接收任意多个形式为 (string, integer) 的 2-元组并存放在形参元组 data 中，要求重新整理这些数据并返回一个字典。例如，main(('a',5), ('a',5), ('b',9), ('b',1), ('b',12)) 返回 {'a': '5,5', 'b': '1,9,12'}，其中字典元素的"键"按原始数据 data 中出现顺序，字典元素的"值"字符串中的数字升序排列。（"Python 小屋"题号：482）

```
    def main(*data): pass
```

（171）函数 main() 接收包含 12 个整数或实数的列表 month 作为参数，表示某商店一年 12 个月的销售额，要求按季度分组求和并返回包含各季度销售额的列表。例如，main([1, 2, 3, 4, 5, 6, 7, 8, 9, 10, 11, 12]) 返回 [6, 15, 24, 33]。

不能使用 lambda 表达式、内置函数 sum()、列表方法 append()，要求使用嵌套的 for 循环。（"Python 小屋"题号：488）

```
    def main(month): pass
```

（172）函数 main() 接收整数 n 和 k 作为参数，要求计算自然常数 e = 1/0! + 1/1! + 1/2! + 1/3! + 1/4! + 1/5! + 1/6! + … + 1/n! 的近似值的字符串形式，且保留 k 位小数。例如，main(50, 32) 返回 '2.71828182845904523536028747135266'。（"Python 小屋"题号：566）

```
    import math
    import decimal
    def main(n, k): pass
```

（173）函数 main() 接收整数 k 作为参数，要求返回杨辉三角形中第 k 行（从 1 开始计数）整数组成的列表。例如，main(1) 返回 [1]，main(6) 返回 [1, 5, 10, 10, 5, 1]，main(9) 返回 [1, 8, 28, 56, 70, 56, 28, 8, 1]。

不能使用嵌套的循环结构。（"Python 小屋"题号：568）

```
    def main(k): pass
```

（174）函数 main() 接收包含若干（大于或等于 4 个）整数的列表参数 data 和若干（小于 4 个）整数作为位置参数并存放于形参元组 args 中，要求返回从 data 中任选 4 个整数的组合中除去同时包含 args 中所有整数的组合的数量。例如，main([1, 2, 3, 4,

5，6]，2，3，4) 返回 12，main([4，5，6，7，8]，5，7) 返回 2。

不能使用关键字 and，不能使用嵌套的循环结构。（"Python 小屋"题号：573）

```
from itertools import combinations
def main(data, *args): pass
```

（175）蒙蒂霍尔悖论游戏：小明参加一个电视节目，前方有 3 个门（编号分别为 0、1、2），已知其中一个后面是汽车，另外两个后面是山羊，主持人事先知道每个门后面是什么。小明先选择一个门，主持人并不是直接打开这个门，而是打开了另一个后面是山羊的门让大家知道门后面是山羊，然后问小明是坚持最初的选择还是要换成剩下的一个。小明做出最终选择之后，主持人打开小明选择的门，如果后面是汽车就算小明赢了，如果是山羊就算小明输了。函数 main() 接收整数 seed_num、first_choose 以及布尔值 change 作为参数，其中 seed_num 表示随机数计算过程的种子数，first_choose 表示小明最初选择的门号，change=True 时表示在主持人询问时改选为另一个门，change=False 表示坚持最初的选择。最后如果小明赢了就返回 True，小明输了就返回 False。例如，main(20221224, 0, True) 返回 True，main(20221224, 0, False) 返回 False。（"Python 小屋"题号：583）

```
from random import randrange, seed
def main(seed_num, first_choose, change):
    seed(seed_num)
    doors = dict.fromkeys(range(3), 'goat')
    doors[randrange(3)] = 'car'
    pass
```

（176）函数 main() 接收包含若干字符串的元组 inputs 作为参数，其中每个字符串表示一个输入。函数 main() 模拟的问题是：模拟键盘输入若干表示成绩的整数或实数，每个输入的形式为字符串，但有可能其中包含的不是 0~100 的有效成绩；每次输入一个成绩之后不管是否为有效成绩都询问是否继续输入，输入任意大小写字符串 'yes'、'Yes'、'yES' 或其他变形表示继续输入成绩，任意大小写字符串 'no'、'No'、'nO'、'NO' 表示结束输入成绩，其他任何输入都认为无效并重新询问；如果结束输入就计算并返回所有有效成绩的平均分且保留最多 2 位小数，如果无有效成绩就返回 0。例如，main(('59','Yes','77','nO')) 返回 68.0，main(('59','y','n','Yes','abc','yes','77','nO')) 返回 68.0，main(('159','Yes','-77','nO')) 返回 0。

不能使用内置函数 input()。（"Python 小屋"题号：640）

```
def main(inputs): pass
```

（177）函数 main() 接收元组 datasets、labels、sample 作为参数，其中 datasets 中包含若干表示二维平面上点坐标的元组 (x,y)，labels 中包含若干表示点标签的整数且与 datasets 中每个元组对应，sample 中包含 2 个整数表示二维平面上一个点的 x 和 y 坐标。要求计算每组被贴了同样标签的所有点的几何中心，然后返回与点 sample 距离最近的那个分组中心所属的类别标签。例如，main(((1,2), (3,4), (8,9), (8,9.5)), (0,0,1,1), (3,4.5)) 返回 0，计算过程为：被标记为标签 0 的点 (1,2) 和 (3,4) 的几何中心为 (2,3)，被标记为标签 1 的点 (8,9) 和 (8,9.5) 的几何中心为

(8,9.25),点 sample 的坐标为 (3,4.5),距离中心点 (2,3) 更近,所以返回中心点 (2,3) 的标签 0。("Python 小屋" 题号: 655)

```
def main(datasets, labels, sample): pass
```

（178）函数 main() 接收列表 integer1 和 integer2 作为参数，每个列表中包含若干介于 0~9 的数字，这些数字表示大整数的各位数字，例如 [1, 2, 3] 表示 123。要求返回列表 integer1 和 integer2 表示的两个整数相乘的结果，仍以列表表示。例如，main([9,9,9,9], [9,9,9]) 返回 [9, 9, 8, 9, 0, 0, 1]。

不能使用函数 str()、int()、list() 和字符串方法 join()。("Python 小屋" 题号: 666)

```
def main(integer1, integer2): pass
```

（179）我国目前使用较多的人民币主要有 100 元、50 元、20 元、10 元、5 元、1 元、5 角、1 角、5 分、2 分、1 分这几种面值的纸币或硬币。函数 main() 接收表示金额的自然数 value（单位为分）作为参数,要求返回能够恰好凑成这么多钱的所有面值人民币（单位为分）以及每种面值人民币的数量组成的列表，按面值从大到小排列且人民币的张数或枚数最少。例如，main(1234) 返回 [(1000, 1), (100, 2), (10, 3), (2, 2)]，表示 10 元 1 个、1 元 2 个、1 角 3 个、2 分 2 个。("Python 小屋" 题号: 703)

```
def main(value): pass
```

（180）函数 main() 接收表示图的邻接矩阵的嵌套列表 graph 作为参数，要求判断其是否为连通图，即是否图中任意两点之间都存在通路，是则返回 True，否则返回 False。判断思路为：从任意顶点出发，使用深度优先或广度优先算法遍历这个图上的顶点，如果能访问到所有顶点则认为图是连通的。例如，main([[0, 1, 0, 1, 1], [1, 0, 1, 0, 0], [0, 1, 0, 0, 0], [1, 0, 0, 0, 1], [1, 0, 0, 1, 0]]) 返回 True，main([[0,1,0,0], [1,0,0,0], [0,0,0,1], [0,0,1,0]]) 返回 False。

已导入的对象并不是必须使用的。("Python 小屋" 题号: 721)

```
from collections import deque
from numpy import array
def main(graph): pass
```

（181）函数 main() 接收包含若干自然数的列表 data 作为参数，要求返回这些自然数按先后顺序拼接得到的自然数。例如，main([1, 22, 333, 4444, 55555]) 返回 12233344445555，main([123, 45, 678, 9]) 返回 123456789。

不能使用内置函数 map()、int()、len()。("Python 小屋" 题号: 731)

```
def main(data): pass
```

（182）梅森素数是指形如 2^k-1 的素数。数学家已经证明，如果 2^k-1 是素数，那么 k 必然也是素数。函数 main() 接收自然数 num 作为参数，要求返回大于 num 的最小梅森素数以及对应的 k 值组成的元组。例如,main(100) 返回 (7, 127),main(1000) 返回 (13, 8191)，main(1000000) 返回 (31, 2147483647)。("Python 小屋" 题号: 734)

```
def main(num): pass
```

（183）函数 main() 接收包含若干字符串的列表 data 作为参数，要求按字符串长度升序排列，长度相同的字符串保持原来的相对顺序，返回排序后的新列表。例如，main(['1234', '123450', '1000', '1010', '123', '223', '333', '303030']) 返回 ['123', '223', '333', '1234', '1000', '1010', '123450', '303030']。

不能使用嵌套的循环结构，不能使用内置函数 sorted() 和列表方法 sort()。（"Python 小屋"题号：741）

```
def main(data): pass
```

（184）函数 main() 接收字符串 word1 和 word2 作为参数，要求检查是否为异序词，也就是两个字符串长度相同且包含同样的字符但字符顺序不相同，是则返回 True，否则返回 False。例如，main('贤出多福地', '地福多出贤') 返回 True，main('good', 'dog') 返回 False，main('python', 'python') 返回 False。

不能使用内置函数 sorted()、set()、list() 和列表方法 sort()，不能使用关键字 in。（"Python 小屋"题号：746）

```
def main(word1, word2): pass
```

（185）函数 main() 接收字符串 s 作为参数，其中的内容表示一个数学表达式，要求检查字符串 s 中的左右括号是否恰好匹配，是则返回 True，否则返回 False。例如，main('(3+5)*8') 返回 True，main('(3+5)*5+6)') 返回 False。（"Python 小屋"题号：747）

```
def main(s): pass
```

（186）函数 main() 接收任意自然数 n 作为参数，要求使用二分法查找最接近 n 的平方根的自然数。例如，main(21) 返回 5，main(20) 返回 4，main(10**81) 返回 31622 7766016837933199889354443271853337196。（"Python 小屋"题号：748）

```
def main(n): pass
```

（187）小明春节放假自驾回老家过年，已知小明的汽车加满油能行驶 k 千米，沿途经过若干加油站（从 1 开始编号）并且已知相邻加油站之间的距离。小明的习惯是尽量减少加油次数，每次路过加油站时如果剩余的油能坚持到下一个加油站就先不加油，并且每次加油都会加满。计算小明需要在哪些编号的加油站加油。

函数 main() 接收包含若干自然数的列表 distance 和自然数 k 作为参数，列表 distance 中第一个数字表示从家到第一个加油站的距离（单位为千米），最后一个数字表示最后一个加油站到老家的距离，中间的数字表示相邻加油站之间的距离，自然数 k 表示汽车加满油后的最大行驶距离（单位为千米），要求返回小明每次加油的加油站编号组成的元组。如果路线中有距离大于 k 的加油站则返回 None，表示不能选择这条路线。例如，main([50, 70, 36, 59, 40, 40, 100, 30], 150) 返回 (2, 5, 7)，main([50, 70, 36, 59, 40, 40], 50) 返回 None。（"Python 小屋"题号：758）

```
def main(distance, k): pass
```

（188）对任意自然数 n，使用包含若干个 2 的幂的集合进行划分，集合中数字均为 2 的幂，且每个集合中的自然数之和恰好为 n。例如，1 划分为 [1]，2 划分为 [1,1] 和 [2]，

3 划分为 [1,1,1] 和 [1,2],4 划分为 [1,1,1,1]、[1,1,2]、[2,2] 和 [4]。当 n 为奇数时,只需要在 n-1 划分得到的每个集合中增加一个 1 即可得到 n 的全部划分。当 n 为偶数时,在 n-1 划分得到的每个集合中增加一个 1,然后把 n/2 划分得到的每个集合中自然数乘以 2,即可得到 n 的全部划分。函数 main() 接收自然数 n 作为参数,返回所有划分组成的嵌套列表,所有子列表升序排列。例如,main(4) 返回 [[1, 1, 1, 1], [1, 1, 2], [2, 2], [4]],main(7) 返回 [[1, 1, 1, 1, 1, 1, 1], [1, 1, 1, 1, 1, 2], [1, 1, 1, 2, 2], [1, 1, 1, 4], [1, 2, 2, 2], [1, 2, 4]]。("Python 小屋"题号:761)

```
def main(n): pass
```

（189）幼儿园上午加餐吃面包,假设每个孩子的饥饿程度不同,面包大小也不同。第一轮分配中每个孩子只能吃一块面包,能吃饱（可以按需撕开一块面包,多余的面包参与第二轮分配）的孩子不再参与第二轮分配。如果第一轮分配中没有合适的面包能让孩子吃饱,就参加第二轮分配,最终让所有孩子都吃饱。已知若干孩子的饥饿程度和面包,求解第一轮分配中最多有多少孩子能吃饱。函数 main() 接收包含若干整数的列表 hungry 和 breads 作为参数,hungry 中的整数表示孩子们的饥饿程度,breads 中的整数表示面包大小,返回第一轮分配中最多有多少孩子能吃饱。例如,main([3,2,7,3,4], [3,2,1,6,5,20]) 返回 5,main([8,3,9,6,35,2], [10,1,10,10,5]) 返回 4。("Python 小屋"题号:766)

```
def main(hungry, breads): pass
```

（190）除了 2 的正整数次方 2^k,其他自然数都可以分解为若干连续自然数之和。函数 main() 接收自然数 n 作为参数,将其分解为若干连续自然数之和,返回这些自然数的起止数字（左闭右开区间）,存在多种分解方式时返回起止数字最小的一个。例如,main(6) 返回 (1, 4),表示 6=sum(range(1,4));main(28) 返回 (1, 8),表示 28=sum(range(1,8));main(12345678) 返回 (6451, 8143)。

不能使用内置函数 sum() 和 eval(),要求程序运行时间不超过 2 分钟。("Python 小屋"题号:769)

```
def main(n): pass
```

（191）除了 2 的正整数次方 2^k,其他自然数都可以分解为若干连续自然数之和。如果自然数为奇数 $2m+1$ 则可以分解为 m 与 $m+1$ 之和,如果为 3 的倍数 $3m$ 则可以分解为 $m-1$、m、$m+1$ 之和,如果能表示为 $4m+6$ 则可以分解为 m、$m+1$、$m+2$、$m+3$ 之和,如果为 5 的倍数 $5m$ 则可以表示为 $m-2$、$m-1$、m、$m+1$、$m+2$ 之和。如果可以表示为 $2^k(2m+1)$ 则可以分解为 2^k-m 至 2^k+m 之间的连续 $2m+1$ 个自然数之和。如果计算结果中有负数就稍微调整一下,确保区间只包含正整数。例如 44=sum(range(-1,10)) 调整为 44=sum(range(2,10))。

函数 main() 接收自然数 n 作为参数,按照上述规则分解为若干连续自然数之和,返回连续自然数子段的起止数字（左闭右开区间）,当 n 为 2 的整数次方无法分解时返回 None。例如,main(6) 返回 (1, 4) 表示 6=sum(range(1,4)),main(16) 返回 None 表示无法分解,main(12345678) 返回 (4115225, 4115228)。

不能使用内置函数 eval() 和 sum(),程序运行时间不超过 2 分钟。("Python 小屋"

题号：770）

```
def main(n): pass
```

（192）假设有若干个门，最后一个门后面是宝藏，前面每个门打开后会看到一个数字，这个数字表示玩家最多可以向后跨越几个门，例如 3 表示玩家可以在后面的第 1、2、3 这 3 个门中选择一个打开，1 表示只能选择打开下一个门，0 表示掉进陷阱不能再移动。玩家从第一个门开始游戏，每次打开一个门后都向后跨越尽可能多的门，判断玩家是否能够到达最后一个门获得宝藏，如果可以的话返回经过的门编号。

函数 main() 接收包含若干非负整数的列表 a 作为参数，其中每个元素的下标表示从 0 开始的门编号，元素的值表示门后面的数字。如果玩家可以到达最后一个位置就返回符合上述要求的路径，否则返回字符串 '无法跳到最后一个位置。'。例如，main([1, 2, 3, 4, 5, 6, 7, 8, 9]) 返回 [0, 1, 3, 7, 8]，main([5, 4, 3, 2, 1, 0, 3]) 返回 '无法跳到最后一个位置。'，main([2, 3, 3, 3, 2, 3, 2, 5, 5, 3, 2, 3, 2, 3, 8, 3, 2, 3, 9, 3, 2, 3, 5, 6, 6, 1, 2, 1, 1, 1, 6]) 返回 [0, 2, 5, 8, 13, 16, 18, 27, 28, 29, 30]。提示：贪心算法。（"Python 小屋"题号：775）

```
def main(a): pass
```

（193）在 n 行 n 列的棋盘上放置 n 个皇后，要求任意两个皇后不能在同一行、同一列、同一个 45° 斜线、同一个 135° 斜线上，满足这样条件的皇后位置列下标必然是 [0, 1, 2, …, n-1] 这些数字的某个排列。main() 函数接收自然数 n 作为参数，表示 n 行 n 列的棋盘要放置 n 个皇后，然后逐个测试 [0, 1, 2, …, n-1] 这些数字的所有排列并检查是否满足上面的要求，最终返回满足要求的排列数量。

删除下面程序中 check() 函数中的 pass 语句，替换为自己的代码，完成要求的功能。不能改动 main() 函数的代码。（"Python 小屋"题号：784）

```
from itertools import permutations
def check(perm): pass
def main(n):
    result = 0
    for perm in permutations(range(n), n):
        if check(perm):
            result = result + 1
    return result
```

（194）函数 main() 接收包含若干整数的列表 data 和整数 item 作为参数，要求返回列表 data 中第一个 item 后面比 item 小的整数组成的新列表，其中的数字降序排列，没有更小数字则返回空列表。例如，main([1, 1, 8, 3, 8, 9, 6, 4, 3, 7], 8) 返回 [7, 6, 4, 3, 3]。

不能使用内置函数 sorted() 和列表方法 sort()、index()。（"Python 小屋"题号：790）

```
def main(data, item): pass
```

（195）函数 main() 接收自然数 a 和 n 作为参数，其中 a 介于 [0,9] 区间，然后计算并返回表达式 a+aa+aaa+aaaa+… 前 n 项的值。例如，main(3, 151) 返回 37037

037037037037037037037037037037037037037037037037037037037037037037037037037
037037037037037037037037037037037037037037037037037037037037037037037037037
03703653。

删除下面程序中的长下画线，替换为自己的代码（可以为多行代码），完成要求的功能。不能改动其他代码。提示：加法竖式，处理各位相加之和。（"Python 小屋"题号：794）

```python
def main(a, n):
    result, c = [a], 0
    for _ in range(n-1):
        result.append(result[-1]+a)
        _____
    return int(''.join(map(str,result)))
```

（196）重做本章第（195）题，不能改动其他代码（可以为多行代码）。提示：加法竖式，处理各位相加之和。（"Python 小屋"题号：795）

```python
def main(a, n):
    num, result, c = a * n, [], 0
    while num > 0:
        _____
    result.reverse()
    return int(''.join(map(str,result)))
```

（197）小明设计了一个游戏，先往空碗里放一粒黑芝麻，然后开始下面的操作：把碗里的芝麻倒出来逐个检查，每遇到 1 粒黑芝麻就放 1 粒黑芝麻和 3 粒白芝麻到碗里，每遇到 1 粒白芝麻就放 1 粒白芝麻和 2 粒黑芝麻到碗里，然后再把原来的所有芝麻放回到碗里。函数 main() 接收自然数 n 作为参数，返回小明操作 n 次之后碗里的芝麻总数。例如，main(1) 返回 5，main(50) 返回 289574767277053714584595691732992。（"Python 小屋"题号：802）

```python
def main(n): pass
```

（198）函数 main() 接收介于 [0,100] 区间的整数 score 作为参数表示考试成绩，将其转换为对应的字母等级并返回。假设字母 A 对应区间为 [90,100]，字母 B 对应区间为 [80,90)，字母 C 对应区间为 [70,80)，字母 D 对应区间为 [60,70)，字母 F 对应区间为 [0,60)。例如，main(3) 返回 'F'，main(100) 返回 'A'，main(90) 返回 'A'。

不能使用关系运算符 ">"">=""<""<="，不能使用关键字 else、elif。（"Python 小屋"题号：844）

```python
def main(score): pass
```

（199）函数 main() 接收包含若干整数的列表 seq 作为参数，要求返回一个等长的列表，结果列表中下标 i 的元素为 seq 中下标 i（包含）前面所有元素的乘积。例如，main([1,2,3,4,5,6,7,8,9]) 返回 [1, 2, 6, 24, 120, 720, 5040, 40320, 362880]。

不能使用循环结构和任何形式的推导式，不能修改已有的代码，不能使用 itertools 标准库的函数 accumulate()。（"Python 小屋"题号：864）

```
from functools import reduce
def main(seq):
    return _____
```

（200）函数 main() 接收集合 data 作为参数，判断其是否为和谐集，也就是从中删除任意一个元素之后，剩余元素可以分成两个集合，并且两个集合中的元素相加之和相等。如果 data 是和谐集就返回 True，否则返回 False。例如，main({1, 3, 5, 7, 9, 11, 13}) 返回 True，main({1, 1, 1, 1, 1, 1, 1}) 返回 False。（"Python 小屋"题号：556）

```
from itertools import combinations
def main(data): pass
```

（201）函数 main() 接收正整数 n 作为参数，要求使用筛选法计算小于 n 的素数，并返回这些素数从小到大组成的列表。例如，main(10) 返回 [2, 3, 5, 7]。

不能使用 while 循环，不能使用嵌套的 for 循环，不能使用列表方法 remove() 和 index()，不能使用集合方法 remove() 和 discard()，不能使用关键字 del、运算符 "%"、内置函数 divmod()，必须使用内置函数 filter() 和 lambda 表达式。（"Python 小屋"题号：577）

```
def main(n): pass
```

（202）方阵的行列式是一个标量，计算公式为

$$|A| = \begin{vmatrix} a_{11} & a_{12} & \cdots & a_{1n} \\ a_{21} & a_{22} & \cdots & a_{2n} \\ \vdots & \vdots & & \vdots \\ a_{n1} & a_{n2} & \cdots & a_{nn} \end{vmatrix} = \sum_{j_1 j_2 j_3 \cdots j_n \in S} \left((-1)^{r(j_1 j_2 j_3 \cdots j_n)} \prod_{i=1}^{n} a_{ij_i} \right)$$

其中，S 表示自然数 1~n 所有数字的全排列，$r(j_1 j_2 j_3 \cdots j_n)$ 表示当前排列 $(j_1 j_2 j_3 \cdots j_n)$ 的逆序数（也就是前面的数字比后面的数字大的个数，例如排列 321 的逆序数为 3，因为第一个数字 3 后面有 2 个数字比 3 小，第二个数字 2 后面有 1 个数字比 2 小）。

函数 main() 接收列表 arr 作为参数，其中每个元素都是子列表，且所有子列表长度与子列表个数相等，用来模拟一个方阵，要求计算并返回这个方阵 arr 的行列式。例如，main([[1,2], [3,4]]) 返回 -2，main([[1,2,3], [1,0,1], [1,1,0]]) 返回 4。

不能使用扩展库函数 numpy.linalg.det()。假设 Python 版本大于或等于 3.8。（"Python 小屋"题号：613）

```
import math
import itertools
def main(arr): pass
```

（203）函数 main() 接收自然数 num 作为参数，要求将其分解为最多 4 个自然数的平方和，并返回分解结果组成的元组，元组长度尽可能短且升序排列。例如，main(2) 返回 (1, 1)，main(4) 返回 (4,)，main(9999) 返回 (1, 1, 196, 9801)，main(12345) 返回 (16, 5929, 6400)，main(99980002) 返回 (1, 99980001)。

对于上面给出的所有示例自然数，要求能在 1 分钟内完成。（"Python 小屋"题号：641）

```
import itertools
def main(num): pass
```

（204）函数 main() 接收任意字符串 s 作为参数，要求查找并返回其中最长的数字子串，如果有多个符合条件的数字子串就返回最后一个。例如，print(main('111abc2d3')) 输出 111，print(main('123a234b345cccc')) 输出 345。（"Python 小屋"题号：642）

```
def main(s): pass
```

（205）函数 main() 接收任意字符串 s 作为参数，要求查找并返回其中最长的数字子串，如果有多个符合条件的数字子串就返回第一个。例如，print(main('111abc2d3')) 输出 111，print(main('123a234b345cccc')) 输出 123。（"Python 小屋"题号：643）

```
def main(s): pass
```

（206）有若干人观看了同一批电影，每个人都根据自己的感觉对电影进行了排名，选定一个观影者（例如张三），然后寻找其余人中哪个与张三的品位最相似，也就是两个人对电影的排名最接近。以张三对电影的排序为参考，计算其他人对电影排序中的逆序数（先后顺序与张三排序中相反的电影对的数量），逆序数最小的人与张三最相似。

函数 main() 接收字典 data 和字符串 order 作为参数，其中 order 表示张三对电影的排序，字典 data 中表示其他人对电影的排序，要求返回与张三排名最相似的人名（字典 data 中某个元素的"键"）。例如，main({'u1':'abcde', 'u2':'cdbae', 'u3':'edacb', 'u4':'bdeac', 'u5':'ebdca'}, 'acdbe') 返回 'u1'。（"Python 小屋"题号：740）

```
def main(data, order): pass
```

（207）函数 main() 接收包含若干 2- 元组的列表 points 作为参数，每个 2- 元组表示二维平面上一个点的坐标 (x, y)，要求把这些点按顺时针排列起来，从最左下角的点开始往上或往右一直到最右上角的点，然后再往下或往左一直到最左下角（不包括这个点）。例如，main([(0,0), (1,5), (3,6), (1.5,6), (2,8), (2,-1), (5,2), (4,-3), (1,-3)]) 返回 [(0, 0), (1, 5), (1.5, 6), (2, 8), (3, 6), (5, 2), (4, -3), (2, -1), (1, -3)]。（"Python 小屋"题号：752）

```
def main(points): pass
```

（208）函数 main() 接收包含若干整数的列表 data 作为参数，要求返回一个表示二叉搜索树的嵌套列表。以列表 data 中第一个整数为根节点的值，嵌套列表中每个子列表要么为空列表表示上一级节点为叶子节点；要么包含 3 个元素，第 1 个元素为整数表示当前节点的值，第 2 个元素为子列表表示左子树，第 3 个元素为子列表表示右子树，并且左子树中所有节点的值均小于当前节点的值，右子树中所有节点的值均大于当前节点的值。例如，main([17, 61, 44, 8, 80, 85]) 返回 [17, [8, [], []], [61, [44, [], []], [80, [], [85, [], []]]]]。（"Python 小屋"题号：759）

```
def main(data): pass
```

（209）传说古埃及人只使用整数和分子为 1 的真分数，需要表示其他分数时就使用整数和若干分子为 1 的分数之和。同一个真分数有多种等价的表示形式，要求得到的分数数量最少，也就是每个分数的分母尽可能小。

假设分数为 a/b，其中 a<b 且 a 和 b 的最大公约数为 1，则有 b=a*c+d，其中 c=b//a 和 d=b%a。上式两边同时除以 a，得 b/a = c+d/a < c+1，记 e=c+1，然后对上式求倒数，得 a/b>1/e，于是可知 1/e 是小于 a/b 的最大分数，a/b – 1/e 后的剩余部分为 a/b – 1/e = (a*e-b)/(b*e)，对剩余部分继续分解，重复这个过程，直到等于 1 为止。

函数 main() 接收自然数 a 和 b 作为参数，分别表示分数 a/b 的分子和分母，首先给分数 a/b 进行约分，然后按照上面描述的算法进行分解，分解过程中进行必要的约分。要求返回分解后的整数和若干分数的分母组成的列表，列表中第一个数字为 a/b 的整数部分。例如，main(31, 7) 返回 [4, 3, 11, 231]，表示 31/7 分解为 4 + 1/3 + 1/11 + 1/231。main(5, 10) 返回 [0, 2]，表示 5/10 分解为 0 + 1/2。（"Python 小屋"题号：764）

```
from math import gcd
def main(a, b): pass
```

（210）函数 main() 接收包含若干 2- 元组的元组 intervals 作为参数，其中每个 2- 元组表示数轴上一个区间的起点和终点，要求合并有重叠或包含关系的区间，返回合并后的区间，按区间在数轴上的位置从左向右排列。例如，main(((1,3), (1,6), (5,9), (3,5), (10,15), (11,18))) 返回 [(1, 9), (10, 18)]。（"Python 小屋"题号：768）

```
def main(intervals): pass
```

（211）假设有若干个门，最后一个门后面是宝藏，前面每个门打开后会看到一个数字，这个数字表示玩家最多可以向后跨越几个门，例如 3 表示玩家可以在后面的第 1、2、3 这 3 个门中选择一个打开，1 表示只能选择打开下一个门，0 表示掉进陷阱不能再移动。玩家从第一个门开始游戏，判断玩家是否能够到达最后一个门获得宝藏，如果可以的话返回跳跃次数最少的方式经过的门编号，如果有多个就返回门编号最小的一种。

函数 main() 接收包含若干非负整数的列表 a 作为参数，其中每个元素的下标表示从 0 开始的门编号，元素的值表示门后面的数字。如果玩家可以到达最后一个位置就返回符合上述要求的跳跃路径，否则返回字符串 '无法跳到最后一个位置。'。例如，main([1, 2, 3, 4, 5, 6, 7, 8, 9]) 返回 [0, 1, 2, 4, 8]，main([5, 4, 3, 2, 1, 0, 3]) 返回 '无法跳到最后一个位置。'。提示：使用动态规划算法。（"Python 小屋"题号：773）

```
def main(a): pass
```

（212）假设有若干个门，最后一个门后面是宝藏，前面每个门打开后会看到一个数字，这个数字表示玩家最多可以向后跨越几个门，例如 3 表示玩家可以在后面的第 1、2、3 这 3 个门中选择一个打开，1 表示只能选择打开下一个门，0 表示掉进陷阱不能再移动。玩家从第一个门开始游戏，判断玩家是否能够到达最后一个门获得宝藏，如果可以的话返回跳跃次数最少的方式经过的门编号，如果有多个就返回门编号最大的一种。

函数 main() 接收包含若干非负整数的列表 a 作为参数，其中每个元素的下标表示从 0 开始的门编号，元素的值表示门后面的数字。如果玩家可以到达最后一个位置就返回符合上述要求的跳跃路径, 否则返回字符串 '无法跳到最后一个位置。'. 例如, main([1, 2, 3, 4, 5, 6, 7, 8, 9]) 返回 [0, 1, 3, 7, 8], main([5, 4, 3, 2, 1, 0, 3]) 返回 '无法跳到最后一个位置。'. 提示: 使用动态规划算法。("Python 小屋" 题号: 774)

```
def main(a): pass
```

(213) 函数 main() 接收自然数 k 和若干 2- 元组作为参数, 由可变长度参数 para 负责接收所有的 2- 元组, 要求返回大于 k 且对 para 中每个元组中第一个数的余数恰好是同一个元组中的第二个数的最小自然数。例如, main(500, (9,7), (5,2), (4,1)) 返回 637, 因为 637 是大于 500 且同时满足 637%9=7、637%5=2、637%4=1 的最小自然数。("Python 小屋" 题号: 838)

```
from math import lcm
def main(k, *para): pass
```

(214) 函数 main() 接收任意字符串 s 作为参数, 要求统计并返回字符 0 两侧连续字符 1 的个数之和的最大值。例如, main('01020120212110001221212110001110002201200200120211111121101000012010101000220110010202')) 返回 5。("Python 小屋" 题号: 605)

```
def main(s): pass
```

(215) 回转方阵是指把从 1 到 n^2 的数字以不间断的回转方式逐层放到 n 行 n 列的矩阵中, 第一个数字 1 放在左上角, 例如, n=6 时得到的方阵为

```
 1,  2,  9, 10, 25, 26
 4,  3,  8, 11, 24, 27
 5,  6,  7, 12, 23, 28
16, 15, 14, 13, 22, 29
17, 18, 19, 20, 21, 30
36, 35, 34, 33, 32, 31
```

函数 main() 接收自然数 n 作为参数, 要求返回表示回转方阵的嵌套列表。例如, main(7) 返回 [[1, 2, 9, 10, 25, 26, 49], [4, 3, 8, 11, 24, 27, 48], [5, 6, 7, 12, 23, 28, 47], [16, 15, 14, 13, 22, 29, 46], [17, 18, 19, 20, 21, 30, 45], [36, 35, 34, 33, 32, 31, 44], [37, 38, 39, 40, 41, 42, 43]]。("Python 小屋" 题号: 760)

```
def main(n): pass
```

(216) 函数 main() 接收表示无向图邻接矩阵的嵌套列表 graph 和包含若干整数的列表 order 作为参数, 如果顶点 i 和顶点 j 之间有边则 graph[i][j] 为 1, 否则 graph[i][j] 为 0。参数 order 中的整数表示顶点编号, order 表示顶点遍历和着色的顺序。要求返回无向图顶点着色方案数量和所有着色方案, 要求使用最少的颜色数量、使用从 1 开始的自然数表示颜色编号、优先使用编号小的颜色, 且返回结果中着色方案按颜色编号升序排列。例如, main([[0,1,1,0], [1,0,0,1], [1,0,0,1], [0,1,1,0]], [0,3,1,2]) 表示按 0、3、1、2 的顺序遍历顶点, 返回 (2, [[1, 1, 2, 2], [2, 2, 1, 1]]) 表示有 2 种着色方案, 在第一种方案中顶点 0、3、1、2 的颜色编号分别为 1、1、2、2, 第二种方

案中顶点 0、3、1、2 的颜色分别为 2、2、1、1。（"Python 小屋"题号：765）

```
from itertools import permutations
def main(graph, order): pass
```

（217）函数 main() 接收包含若干整数的列表 numbers 作为参数，要求返回其中的最长递增子序列的长度和所有的最长子序列，且按照子序列中数字在原列表中的下标升序排列。例如，main([6,5,4,3,2,1,4,7]) 返回 (3, ((3, 4, 7), (2, 4, 7), (1, 4, 7)))。

程序运行时间不能超过 2 分钟。（"Python 小屋"题号：771）

```
def main(numbers): pass
```

（218）如果一个自然数的各位数字组成的最大数减去组成的最小数之差恰好等于原来的自然数，则称其为黑洞数。例如，495 是 3 位黑洞数，各位数字组成的最大数 954 与组成的最小数 459 之差为 495；6174 是 4 位黑洞数，各位数字组成的最大数 7641 与组成的最小数 1467 的差为 6174。函数 main() 接收自然数 n 作为参数，要求返回所有 n 位黑洞数升序排列组成的列表。例如，main(3) 返回 [495]，main(6) 返回 [549945, 631764]，main(7) 返回 []，main(13) 返回 [8643319766532]。

要求运行时间不超过 2 分钟。（"Python 小屋"题号：781）

```
import itertools
def main(n): pass
```

（219）抓狐狸游戏。墙上有一排狐狸洞，最初时狐狸在其中任意一个洞里（可以使用随机数生成这个初始洞口的编号），玩家打开一个洞，如果里面有狐狸就抓住它，里面没有狐狸就再去打开另一个洞。狐狸在玩家每次打开一个洞并且没有被抓住的话就会跳到隔壁的洞里。函数 main() 接收正整数 seed_num、holes_num 和包含若干整数的元组 seq 作为参数。其中参数 seed_num 作为随机数的种子数，holes_num 表示狐狸洞的数量，seq 中的整数表示玩家在抓狐狸时依次打开的洞口编号（洞口从 0 开始编号）。如果这样的顺序能抓住狐狸就返回 True，否则返回 False。（"Python 小屋"题号：579）

```
from random import randrange, seed, choice
def main(seed_num, holes_num, seq): pass
```

（220）如果一个自然数的平方以该自然数结尾，则称这个自然数为自守数或同构数。例如，25 是自守数，因为 25*25=625。1 位自守数有 1、5、6 这 3 个，2 位以上的自守数必然以 5 或 6 结尾并且可以根据规律进行递推计算。对于 n 位以 5 结尾的自守数，其平方数的最后 n+1 位也是自守数，如果倒数第 n+1 位为 0 则不认为是 n+1 位自守数，继续往前探索，检查最后 n+2 位是否为自守数，如果倒数第 n+2 位仍为 0 就重复这个过程继续往前探索；对于 n 位以 6 结尾的自守数，取其平方数的最后 n+1 位，如果截取到的第 1 位不为 0 就变为 10 与该位的差即可得到 n+1 位自守数，如果截取到的第 1 位为 0 则不认为是 n+1 位自守数，继续探索平方数最后 n+2 位，如果首位仍为 0 就重复这个过程，直至截取到的首位不为 0，并把截取到的第 1 位变为 10 与该位的差得到更多位数的自守数。例如：

①以 5 结尾的自守数：5*5=25，25 是 2 位自守数；25*25=625，625 是 3 位自守数；

625*625=390625，0625 不认为是 4 位自守数，但 90625 是 5 位自守数；90625*90625=8212890625，890625 是 6 位自守数。

②以 6 结尾的自守数：6*6=36，截取 36，10-3=7，76 是 2 位自守数；76*76=5776，截取 776，10-7（这个 7 是第 1 个 7）=3，376 是 3 位自守数；376*376=141376，截取 1376，10-1=9，9376 是 4 位自守数；9376*9376=87909376，截取 09376 但不认为其是 5 位自守数，截取 909376，10-9（这个 9 是第 1 个 9）=1，109376 是 6 位自守数。

函数 main() 接收自然数 n（n>1）和 tail（值为 5 或 6）作为参数，要求返回大于或等于 n 且以 tail 结尾的最小自守数。例如，main(10**8, 5) 返回 212890625，main(9999999999999999999999999999999**2, 6) 返回 9937833490419136188999442576576769103890995893380022607743740081787109376。

不能使用 for 循环和任何形式的推导式，必须使用 while 循环，程序运行时间不能超过 1 分钟。（"Python 小屋"题号：673）

```
def main(n, tail): pass
```

（221）小明站在数轴上自然数 start 的位置，已知在自然数 end 的位置有个宝藏，小明每次可以选择左移一个位置、右移一个位置或者跳到当前位置自然数二倍的位置，求解小明从 start 到 end 移动次数最少的路径，如果有多条路径的话返回数字最小的一个。函数 main() 接收自然数 start 和 end 作为参数，要求返回符合上面描述的路径中自然数组成的列表。例如，main(2, 4095) 返回 [2, 4, 8, 16, 32, 64, 128, 256, 512, 1024, 2048, 4096, 4095]，main(7, 13) 返回 [7, 14, 13]，main(9, 14) 返回 [9, 8, 7, 14]，main(7, 160) 返回 [7, 6, 5, 10, 20, 40, 80, 160]。

运行时间不能超过 1 分钟。提示：广度优先遍历。（"Python 小屋"题号：777）

```
def main(start, end): pass
```

（222）给定若干自然数，检查是否能构成素数环，如果可以就返回所有素数环。素数环是指首尾相接后相邻两个数字相加之和为素数，例如 (1, 2, 3, 8, 5, 6, 7, 4)。要求同一个素数环进行移位或反向得到的不同结构只保留最小的一个，对于 (1, 2, 3, 8, 5, 6, 7, 4) 移位和翻转得到的变形 (2, 3, 8, 5, 6, 7, 4, 1)、(3, 8, 5, 6, 7, 4, 1, 2)、(4, 7, 6, 5, 8, 3, 2, 1)、(7, 6, 5, 8, 3, 2, 1, 4) 等都丢弃。

函数 main() 接收包含若干自然数的列表 numbers 作为参数，检查其中的自然数是否能构成素数环，如果不能就返回 None，如果可以就返回所有符合上面描述的素数环。例如，main([1, 2, 3, 4, 5, 6, 7]) 返回 None，main([1, 2, 3, 4, 5, 6, 7, 8]) 返回 [(1, 2, 3, 8, 5, 6, 7, 4), (1, 2, 5, 8, 3, 4, 7, 6)]，main([1, 2, 3, 4, 5, 6, 7, 22]) 返回 [(1, 4, 3, 2, 5, 6, 7, 22), (1, 6, 5, 2, 3, 4, 7, 22)]。

要求使用递归函数。（"Python 小屋"题号：779）

```
def is_prime(n):
    for i in range(2, int(n**0.5+2)):
        if n%i == 0: return False
    return True
def main(numbers): pass
```

（223）重做本章第（222）题，不能使用递归函数。（"Python 小屋"题号：780）

```
def is_prime(n):
    for i in range(2, int(n**0.5+2)):
        if n%i == 0: return False
    return True
def main(numbers): pass
```

（224）生日推理问题。已知小明的生日是下面几个日期之一：

5月15日，5月16日，5月19日，6月17日，6月18日，7月14日，7月16日，8月14日，8月15日，8月17日

小明把自己生日的"月"告诉了 A，把自己生日的"日"告诉了 B，然后让他们在不透露自己所知答案的情况下推理小明的生日是哪天。

A 说"我不知道小明的生日是哪天，但我肯定 B 也不知道。"

B 说"我现在知道小明的生日是哪天了。"

A 说"我现在也知道小明的生日是哪天了。"

由此可知，小明的生日是 7 月 16 日，推理过程如下。

① A 说"我不知道小明的生日是哪天，但我肯定 B 也不知道。"

由此可知，月份肯定不是 5 或 6，因为 5 月 19 日和 6 月 18 日中的 19 和 18 在所有数据中只出现了一次，如果是 5 月或 6 月的话，B 是有可能只根据"日"来确定小明生日的。排除 5 月和 6 月之后，剩余的候选日期还有：

7月14日，7月16日，8月14日，8月15日，8月17日

② B 说"我现在知道小明的生日是哪天了。"

此时，7 月和 8 月有个共同的"日"是 14，但是 B 说已经知道小明的生日了，所以肯定不是 14 日。排除 14 日之后，剩余的候选日期还有：

7月16日，8月15日，8月17日

③ A 说"那我也知道小明的生日是哪天了。"

如果 A 知道的月份是 8，那么他是无法知道剩余的 8 月份两个日期哪个是小明的生日的，所以 A 知道的月份是 7。剩余日期中只有一个是 7 月份的，所以最终确定小明生日是 7 月 16 日。

函数 main() 接收字典 birthday 作为参数，其中元素的"键"表示月份、"值"表示日，要求模拟上面的推理过程并返回小明生日具体日期，如果无法推理出准确的日期就返回 False。例如，main({5:{15,16,19}, 6:{17,18}, 7:{14,16}, 8:{14,15,17}}) 返回 (7, 16)，main({3:{4,5,8}, 6:{2,4}, 9:{1,5}, 12:{1,7,8}}) 返回 (9, 1)。（"Python 小屋"题号：616）

```
def main(birthday): pass
```

（225）函数 main() 接收包含若干正整数的元组 numbers 作为参数，要求返回这些数字不同顺序的拼接能够得到的最小整数。例如，main((1,2,3,4)) 返回 1234，main((3,30,300,3000)) 返回 3000300303。

不能使用嵌套定义函数，不能使用内置函数 set()，要求必须使用关键字 break，不

能使用关键字 continue，不能使用花括号 {}。（"Python 小屋"题号：639）

```
def main(numbers): pass
```

（226）关于自守数的详细描述见本章第（220）题。函数 main() 接收自然数 n 作为参数，要求返回所有 n 位自守数组成的元组，当 n 大于或等于 2 且自守数多于 1 个时，以 5 结尾的自守数在前，以 6 结尾的自守数在后。例如，main(1) 返回 (1, 5, 6)，main(7) 返回 (2890625, 7109376)，main(300) 返回值见配套软件。

不能使用字符串方法 endswith() 和运算符"%"，要求程序运行时间不超过 1 分钟。（"Python 小屋"题号：669）

```
def main(n): pass
```

（227）选座位问题：n 个人一起去看电影，坐下以后每个人和已经坐的椅子都从 0 到 n-1 进行编号，这时每个人有一次换座位的机会。所有人说出自己喜欢的座位编号然后重新调换，规则如下：如果某个人的座位没有别人选择，那么他只能坐最初的座位，他做的选择也同时作废，重复这个过程，直到处理完所有的座位。要求计算每个人最终得到的座位编号，且按每个人最初的编号升序排列。

函数 main() 接收列表 expectations 作为参数，其中元素的下标表示人的编号，元素的值表示每个人选择的座位编号，例如 [2,1,0] 表示 0 号人喜欢 2 号椅子，1 号人喜欢 1 号椅子，2 号人喜欢 0 号椅子。要求返回一个包含若干 2- 元组的列表，每个元组中第一个元素表示人的编号，第二个元素表示最终得到的座位编号，且所有元组按人的编号升序排列。例如,main([2, 2, 0, 5, 3, 5, 7, 4]) 返回 [(0, 2), (1, 1), (2, 0), (3, 3), (4, 4), (5, 5), (6, 6), (7, 7)]。（"Python 小屋"题号：701）

```
def main(expectations): pass
```

（228）函数 main() 接收包含若干整数的列表 seq 作为参数，要求返回其中的最长非递减子序列，也就是原列表中元素的"子集"，所有元素保持原来的相对顺序并且每个元素都小于或等于紧邻的下一个元素。例如，main([7, 1, 2, 5, 3, 4, 0, 6, 2]) 返回 [1, 2, 3, 4, 6]，main([860, 144, 705, 252, 123, 364, 98, 150, 232, 69, 271, 170, 852, 287, 764, 138, 87, 611, 413, 128, 605, 928, 677, 923, 785, 370, 126, 981, 94, 256, 295, 757, 30, 16, 899, 931, 517, 740, 466, 475]) 返回 [144, 150, 232, 271, 287, 413, 605, 677, 785, 899, 931]。

程序运行时间不超过 2 分钟。（"Python 小屋"题号：706）

```
def main(seq): pass
```

（229）函数 main() 接收字符串 a 和 b 作为参数，要求返回最长的公共子序列组成的新字符串，如果有多个的话返回首字符在字符串 b 中下标最小的子序列。例如，main('mhuacynyeokwhkkywgdoogrlyvpavlw', 'edyfujkymoitedzpyywvmlauztunlwnbeaz') 返回 'ekyoyvalw'。

程序运行时间不能超过 2 分钟。（"Python 小屋"题号：707）

```
def main(a, b): pass
```

（230）0-1背包问题。给定一个背包，以及若干体积和价值都不一样的物品，要求寻找一个最佳方案：选择部分物品放入背包，尽量利用背包容量，每个物品只有一份，并且要求放入背包的物品总价值最大。函数 main() 接收表示背包容量的自然数 volume 和表示若干物品价值、体积的列表 price、weight 作为参数，要求返回符合要求的物品索引组成的元组。例如，main(40, [2, 88, 77, 66, 80, 18, 35], [12, 7, 9, 4, 14, 11, 13]) 返回 (1, 2, 3, 4)。（"Python 小屋"题号：708）

```
def main(volume, price, weight): pass
```

（231）对于自然数 a 和 b，假设其最大公约数为 d，那么必然存在整数 x 和 y 使得 ax+by=d。如果最大公约数 d 为 1，那么有 ax=1 mod b 和 by=1 mod a，此时称 x 为 a 对 b 的乘模逆，y 为 b 对 a 的乘模逆。容易得知，这样的 x 和 y 有多组，公约数为 1 时一般取符合条件的最小自然数作为乘模逆。使用扩展欧几里得算法可以用来求解符合 ax+by=d 的 x 和 y，例如，a=132 和 b=123 时，有

```
132 = 123 + 9        9 = 132 - 123
123 = 13*9 + 6       6 = 123 - 13*9
9 = 6 + 3            3 = 9 - 6
6 = 2*3 + 0          0 = 6 - 2*3
```

gcd(132,123)=gcd(123,9)=gcd(9,6)=gcd(6,3)=3，最大公约数为 3，此时 132 和 123 不互素，不存在乘模逆。为计算 x 和 y，把上面计算最大公约数的过程反推

```
3 = 9 - 6 = 9 - (123-13*9)
  = 14*9 - 123 = 14(132-123) - 123
  = 14*132 - 15*123
```

所以，x=14，y=-15。

再例如，a=396 和 b=271 时，有

```
396 = 271 + 125      125 = 396 - 271
271 = 2*125 + 21     21 = 271 - 2*125
125 = 5*21 + 20      20 = 125 - 5*21
21 = 20 + 1          1 = 21 - 20
20 = 20*1 + 0        0 = 20 - 20*1
```

gcd(396,271)=gcd(271,125)=gcd(125,21)=gcd(21,20)=gcd(20,1)=1，最大公约数为 1，此时 396 和 271 互素，存在乘模逆。为了计算 x 和 y，把上面计算最大公约数的过程反推回去，

```
1 = 21 - 20 = 21 - （125-5*21)
  = 6*21 - 125 = 6(271-2*125) - 125
  = 6*271 - 13*125 = 6*271 - 13(396-271)
  = 19*271 - 13*396
```

于是 y=19 为 271 对 396 的乘模逆，x=(-13)%271=258 是 396 对 271 的乘模逆。

函数 main() 接收自然数 a 和 b 作为参数，返回元组 (d, x, y)，其中 d 为 a 和 b 的最大公约数，x 和 y 是使得 ax+by=d 的整数，如果 d 为 1 则 x 和 y 均为符合条件的最小自然数，也就是 a 对 b 的乘模逆和 b 对 a 的乘模逆。例如，main(396, 219) 返回 (3,

26, -47)，main(396, 271) 返回 (1, 258, 19)，main(37, 26) 返回 (1, 19, 10)。
不能使用嵌套函数定义。（"Python 小屋"题号：743）

```
def main(a, b): pass
```

（232）函数 main() 接收包含若干整数的列表 numbers 作为参数，要求返回其中的最长递增子序列的长度和所有的最长递增子序列，且按照子序列大小升序排列。例如，main([1,2,3,4,5,6]) 返回 (6, (1, 2, 3, 4, 5, 6))，表示最长递增子序列长度为 6，最长子序列只有一个 (1, 2, 3, 4, 5, 6)。再例如，main([95, 78, 90, 92, 17, 71, 4, 58, 55, 75, 15, 11, 97, 69, 12, 86, 98, 32, 47, 50, 1, 61, 83, 53, 39, 77, 91, 89, 60, 13]) 返回 (9, (4, 11, 12, 32, 47, 50, 53, 77, 89), (4, 11, 12, 32, 47, 50, 53, 77, 91), (4, 11, 12, 32, 47, 50, 61, 77, 89), (4, 11, 12, 32, 47, 50, 61, 77, 91), (4, 11, 12, 32, 47, 50, 61, 83, 89), (4, 11, 12, 32, 47, 50, 61, 83, 91))。

程序运行时间不能超过 2 分钟。（"Python 小屋"题号：762）

```
def main(numbers): pass
```

（233）小明站在中国象棋棋盘上某个位置（行、列下标均从 0 开始编号），已知在另一个位置上放有宝藏，小明按棋子"马"的"日"字方式行进，求解能够到达宝藏位置的最短路径，如果有多个最短路径则全部返回，且按位置编号升序排列。

函数 main() 接收元组 start 和 end 作为参数，要求返回按上面描述从 start 到 end 的所有最短路径，无法到达则返回 None。例如，main((0,0), (0,1)) 返回 [((0, 0), (1, 2), (2, 0), (0, 1)), ((0, 0), (2, 1), (1, 3), (0, 1))]。

运行时间不能超过 1 分钟。提示：广度优先遍历。（"Python 小屋"题号：778）

```
def main(start, end): pass
```

（234）给定区间 [1,n] 上所有自然数的一个排列，相邻两个数字相加得到一个新的序列，对新的序列重复上面的操作，最终得到一个数字。例如，假设 n=5 且初始排列为 1、2、3、4、5，计算过程如下：

```
1     2     3     4     5
   3     5     7     9
      8     12    16
         20    28
            48
```

函数 main() 接收自然数 n 和 sum_ 作为参数，要求返回 [1,n] 区间上所有自然数全排列中能使得按照上面规则计算最终得到 sum_ 的排列数量。例如，main(5, 48) 返回 8，main(5, 55) 返回 8，main(9, 1467) 返回 896，main(10, 3210) 返回 2496。

不能修改其他代码。代码运行时间不能超过 2 分钟。提示：回溯法，非递归。（"Python 小屋"题号：812）

```
from math import comb
def main(n, sum_):
    perm, result, i, value = [0]*n, 0, 0, 0
```

```
        factors = tuple(comb(n-1,i) for i in range(n))
        while i >= 0:
            pass
        return result
```

（235）函数 main() 接收小于或等于 30000 的自然数 n 作为参数，将其分解为若干平方数的和，要求分解结果最短，如果有多个长度相同的最短分解结果就全部返回且升序排列。例如，main(100) 返回 [[100]]，main(12345) 返回 [[16, 5929, 6400], [49, 196, 12100], [49, 4900, 7396], [64, 400, 11881], [169, 5776, 6400], [400, 3481, 8464], [484, 625, 11236], [484, 3025, 8836], [625, 2116, 9604], [1024, 4096, 7225], [1849, 4096, 6400], [2116, 4900, 5329], [2809, 3136, 6400], [3025, 3844, 5476]]。

运行总时间不能超过 2 分钟，可以自定义增加辅助函数。提示：根据四方定理，一个自然数可以分解为最多 4 个平方数之和。（"Python 小屋"题号：845）

```
def main(n): pass
```

第 21 章

字 符 串

（1）函数 main() 接收任意字符串 s 作为参数，返回一个新字符串，要求把每个单词的首字母变为大写。例如，main('Beautiful is better than ugly.') 返回 'Beautiful Is Better Than Ugly.'。（"Python 小屋"题号：145）

编程题
第 21 章答案 .pdf

```
def main(s): pass
```

（2）函数 main() 接收字符串 s 作为参数，要求返回一个长度为 20 的新字符串，原字符串 s 的内容在新字符串中居中，如果原字符串 s 长度小于 20 就在新字符串两侧使用井号"#"填充，否则不进行填充并返回原字符串。（"Python 小屋"题号：16）

```
def main(s): pass
```

（3）函数 main() 接收任意字符串 s 作为参数，要求删除两侧的空白字符，把字符串中连续多个空格替换为 1 个空格，返回处理后的新字符串。例如，s 为 'a   bb   c ' 时返回 'a bb c'。（"Python 小屋"题号：57）

```
def main(s): pass
```

（4）函数 main() 接收正整数 num 作为参数，要求返回插入千分符逗号之后的字符串形式，不足 3 位时直接返回字符串形式不插入千分符逗号，例如 num 为 1234 时返回 '1,234'，num 为 123 时返回 '123'。（"Python 小屋"题号：65）

```
def main(num): pass
```

（5）函数 main() 接收任意正整数 n 作为参数，要求返回正整数 n 的二进制形式中尾部最多有多少个连续的 0。（"Python 小屋"题号：76）

```
def main(n): pass
```

（6）函数 main() 接收任意字符串 s 作为参数，要求返回字符串 s 的前导空格数量，也就是字符串左侧有多少个连续的空格。（"Python 小屋"题号：92）

```
def main(s): pass
```

（7）服务器已安装扩展库 pypinyin-0.39.0，函数 main() 接收只包含汉字的字符串 s 作为参数，要求返回按拼音顺序升序排列后的新字符串。例如，s 为 '付国董' 时 main(s) 返回 '董付国'。（"Python 小屋"题号：95）

```
from pypinyin import pinyin
def main(s): pass
```

（8）函数 main() 接收任意字符串 text 作为参数，要求返回其中每个字符的 Unicode 编码减 1 之后对应的字符连接成的新字符串。例如，main('董付国') 返回 '蓋仕囧'，因为 '董付国' 中 3 个字符的 Unicode 编码分别为 33891、20184、22269，分别减 1 后得到 33890、20183、22268，转换为对应的字符再连接得到 '蓋仕囧'。（"Python 小屋"题号：123）

```
def main(text): pass
```

（9）函数 main() 接收任意字符串 s 作为参数，在所有相邻字符间插入字符串 '_Python 小屋 _'，返回处理后的新字符串。例如，main('abcd') 返回 'a_Python 小屋 _b_Python 小屋 _c_Python 小屋 _d'。（"Python 小屋"题号：149）

```
def main(s): pass
```

（10）函数 main() 接收包含若干数字字符串的列表 lst 作为参数，把所有的短字符串都变为与最长的字符串一样长，左侧补字符 '0'，返回处理后的新列表。例如，main(['1', '22', '3333333']) 返回 ['0000001', '0000022', '3333333']。（"Python 小屋"题号：152）

```
def main(lst): pass
```

（11）函数 main() 接收十进制整数 num 作为参数，要求返回 num 的八进制形式中 6 的个数。例如 main(104719078) 返回 3，因为十进制数 104719078 的八进制形式为 0o617361346，其中包含 3 个 6。

删除下面代码中的 pass 语句，替换为自己的代码，完成要求的功能。（"Python 小屋"题号：177）

```
def main(num): pass
```

（12）函数 main() 接收字符串 s、old、new 作为参数，要求把 s 中的所有子串 old 都替换为子串 new 的内容，返回处理后的新字符串。例如，main('abcdecdghcd', 'cd', 'hhh') 返回 'abhhhehhhghhhh'。

不能使用字符串方法 replace()。（"Python 小屋"题号：403）

```
def main(s, old, new): pass
```

（13）函数 main() 接收字符串 s 和元组 counts 作为参数，其中 counts 与字符串 s 长度相同且包含若干非负整数，要求对 s 中的字符进行重复并返回新字符串，每个字符的重复次数由 counts 元组中对应位置上的数字决定，数字 0 表示删除该字符。例如，main('abc', (3,2,5)) 返回 'aaabbccccc'，main('Python', (1,2,0,0,0,0)) 返回 'Pyy'。

不能使用循环结构和任何形式的推导式。（"Python 小屋"题号：406）

```
def main(s, counts): pass
```

（14）函数 main() 接收实数 f 作为参数，要求返回一个格式化后的字符串，要求字符串长度至少为 8 位（含小数点）、小数位数恰好为 3 位且进行四舍五入，如果小数位数不足 3 位就在右侧补 0，如果整数位数不足 4 位就在左侧补 0，如果整数位数超过 4 位就保留全部整数位数。例如，main(3.14159) 返回 '0003.142'，main(12345.14) 返

回 '12345.140'。

不能使用字符串方法 format()，不能使用内置函数 format()，不能使用特殊方法 __format__()，不能使用内置函数 round()，不能使用运算符 "%"。（"Python 小屋" 题号：437）

```
def main(f): pass
```

（15）重做本章第（14）题，不能使用内置函数 format()、f- 字符串、特殊方法 __format__()、内置函数 round()、运算符 "%"。（"Python 小屋" 题号：438）

```
def main(f): pass
```

（16）重做本章第（14）题，不能使用字符串方法 format()、f- 字符串、内置函数 format()、内置函数 round()、运算符 "%"。（"Python 小屋" 题号：439）

```
def main(f): pass
```

（17）重做本章第（14）题，不能使用字符串方法 format()、f- 字符串、特殊方法 __format__()、内置函数 round()、运算符 "%"。（"Python 小屋" 题号：440）

```
def main(f): pass
```

（18）重做本章第（14）题，不能使用字符串方法 format()、内置函数 format()、特殊方法 __format__()、f- 字符串。（"Python 小屋" 题号：441）

```
def main(f): pass
```

（19）重做本章第（14）题，不能使用字符串方法 format()、内置函数 format()、特殊方法 __format__()、f- 字符串、运算符 "%"。（"Python 小屋" 题号：503）

```
def main(f): pass
```

（20）函数 main() 接收字符串 s 作为参数，要求把其中的阿拉伯数字 0、1、2、3、4、5、6、7、8、9 分别变为零、一、二、三、四、五、六、七、八、九，其他非阿拉伯数字保持不变，返回处理后的新字符串，注意要使用单引号。（"Python 小屋" 题号：17）

```
def main(s): pass
```

（21）函数 main() 接收字符串 s 作为参数，要求返回一个元组，元组中第一个元素是 s 使用 UTF8 编码之后的字节串，元组中第二个元素是 s 使用 GBK 编码之后的字节串。如果参数 s 不是字符串，返回 '参数必须为字符串'。（"Python 小屋" 题号：40）

```
def main(s): pass
```

（22）函数 main() 接收任意字符串 s 作为参数，要求返回其中只出现了 1 次的字符组成的新字符串，每个字符保持原来的相对顺序。例如，s 为 'Beautiful is better than ugly.' 时返回 'Bfsbrhngy.'。（"Python 小屋" 题号：55）

```
def main(s): pass
```

（23）函数 main() 接收表示日期时间的字符串 s 作为参数，格式为 '2020-02-18 22:02:22'，要求删除每一部分的前导 0，返回格式为 '2020-2-18 22:2:22' 的字符串。注意年月日和时分秒之间有且只有一个空格。（"Python 小屋" 题号：63）

```
def main(s): pass
```

（24）函数 main(s) 接收日期时间字符串 s 作为参数，格式为 '2020-2-19 14:3:2'，要求在年、月、日、时、分、秒各部分前面都加上必要的字符 0，使得年份使用 4 位数字，其他部分都使用 2 位数字，例如 '2020-02-19 14:03:02'。

注意，年月日和时分秒两部分之间有且只有一个空格。（"Python 小屋"题号：64）

```
def main(s): pass
```

（25）函数 main() 接收正整数 num 作为参数，要求返回各位上数字使用英文半角逗号分隔的字符串，例如 num 为 1234 时返回 '1,2,3,4'，参数 num 不是整数时返回 '数据错误'，注意要使用单引号。（"Python 小屋"题号：66）

```
def main(num): pass
```

（26）函数 main() 接收任意长度的字符串 s1 和 s2 作为参数，要求返回两个字符串对应位置上字符相同的数量。也就是说，如果字符串 s1 中第 i 个字符与字符串 s2 中第 i 个字符完全相同则计 1 个，返回所有满足这样条件的字符数量。（"Python 小屋"题号：73）

```
def main(s1, s2): pass
```

（27）函数 main() 接收字符串 s1 和 s2 作为参数，要求返回字符串 s2 中每个唯一字符（相同字符按一个对待）在 s1 中出现的次数之和。例如，main('abcdabcab', 'aa') 的结果为 3。（"Python 小屋"题号：82）

```
def main(s1, s2): pass
```

（28）函数 main() 接收任意字符串 s 作为参数，要求将其中的元音字母 a、e、o、i、u 替换为大写，其他字符不变，返回替换后的新字符串。（"Python 小屋"题号：91）

```
def main(s): pass
```

（29）函数 main() 接收任意字符串 s 作为参数，要求返回字符串 s 使用 GBK 编码格式进行编码得到的字节串的十六进制 MD5 值。

允许导入必要的标准库对象。（"Python 小屋"题号：103）

```
def main(s): pass
```

（30）函数 main() 接收表示从坐标原点出发的二维向量的元组 vector1 和 vector2 作为参数，例如 (3,0) 表示从坐标原点 (0,0) 到坐标 (3,0) 的向量，要求返回两个向量 vector1 和 vector2 的夹角（单位为度，数值大小在 0~180），并且要求结果恰好保留 2 位小数，例如向量 (3,0) 和 (0,4) 的夹角为 90.00。

代码已导入的标准库对象不是必须使用的，可以自己决定是否使用。（"Python 小屋"题号：117）

```
from operator import mul
from math import acos, degrees
def main(vector1, vector2): pass
```

（31）访问控制列表 ACL 用来描述哪些用户能以什么样的方式访问指定文件或文件夹（统称为资源），ACL 是一个整数，其中常用的是低 9 位二进制数，分为 3 组，每组 3 位，左边第 1 组表示资源的创建者拥有的权限，第 2 组表示与创建者同组的用户拥有的权限，第 3 组表示其他用户拥有的权限。每组中 3 位分别表示读、写、执行权限，0 表示不具有该权限，1 表示具有该权限。例如，二进制数 111111111 作为 ACL 时表示一个资源的创建者、同组用户和其他所有用户都具有读、写、执行的权限，为了方便理解也常显示为字符串 'rwxrwxrwx'，其中 r 表示可读、w 表示可写、x 表示可执行，不具有某个权限时使用减号表示。

函数 main() 接收形式类似于 'rwxr-xrwx' 的字符串 mode 作为参数表示 ACL，要求返回按上述规则描述的十进制整数。例如，main('rwxrwxrwx') 返回 511，main('rwxr--rwx') 返回 487。（"Python 小屋"题号：189）

```
def main(mode): pass
```

（32）函数 main() 接收字符串 s 作为参数，其中包含若干使用中文全角逗号分隔的人名（不限于汉字，可以是英文字母），要求返回其中长度为 3 的人名的数量。例如，main('董付国，董付国，张三，李四，董付国，aaa') 返回 4。

不能使用 for 循环。（"Python 小屋"题号：202）

```
def main(s): pass
```

（33）函数 main() 接收字符串 s 作为参数，其中包含若干使用单个空格分隔的单词，要求实现字符串方法 title() 的功能，不能使用 title() 方法。例如，main('python xiaowu dong fuguo') 返回 'Python Xiaowu Dong Fuguo'。（"Python 小屋"题号：205）

```
def main(s): pass
```

（34）函数 main() 接收字符串 s、整数 width、字符串 fillchar 作为参数，要求模拟 s.ljust(width, fillchar) 的功能并返回处理后的字符串。例如，main('very GOOD', 20, ',') 返回 'very GOOD,,,,,,,,,,,'。

不能使用字符串方法 ljust()。（"Python 小屋"题号：206）

```
def main(s, width, fillchar=' '): pass
```

（35）函数 main() 接收字符串 s、整数 width、字符串 fillchar 作为参数，要求模拟 s.rjust(width, fillchar) 的功能并返回处理后的字符串。例如，main('very GOOD', 20, ',') 返回 ',,,,,,,,,,,very GOOD'。

不能使用字符串方法 rjust()。（"Python 小屋"题号：207）

```
def main(s, width, fillchar=' '): pass
```

（36）函数 main() 接收字符串 s、整数 tabsize 作为参数，要求模拟 s.expandtabs(tabsize) 的功能并返回处理后的字符串。例如，main('Python 小屋 \t董付国', 4) 返回 'Python 小屋   董付国'，main('Python\tJava\tGo', 4) 返回 'Python Java   Go'。

不能使用字符串方法 expandtabs()。（"Python 小屋"题号：208）

```
def main(s, tabsize=8): pass
```

（37）函数 main() 接收十进制整数 num 作为参数，要求返回 num 的二进制形式中 0 和 1 出现次数组成的元组。例如，main(1234) 返回 (6, 5)，因为十进制整数 1234 的二进制形式为 10011010010，其中 0 出现 6 次，1 出现 5 次。

要求仅使用内置函数解决问题。（"Python 小屋"题号：211）

```
def main(num): pass
```

（38）函数 main() 接收十进制整数 num 作为参数，要求返回数字 num 的八进制形式中出现次数最多的数字，如果有多个数字出现次数并列最多，就返回最先出现的数字。例如，main(12345678) 返回 5，因为十进制数 12345678 的八进制形式为 57060516，其中 5、0、6 都出现 2 次，7、1 分别出现 1 次，出现 2 次的数字中 5 出现最早，所以返回 5。

要求仅使用内置函数解决问题。（"Python 小屋"题号：212）

```
def main(num): pass
```

（39）函数 main() 接收元组 digits 作为参数，元组 digits 中每个元素都是 range(10) 范围内的数字，要求把 digits 中的数字按顺序拼接为一个整数，digits 中第一个元素的数字为结果整数的最高位，最后一个元素的数字为结果整数的最低位。例如，main((1,2,3,4)) 返回 1234。

不能使用 for 循环，不能使用 lambda 表达式，要求使用 int()、map() 函数。（"Python 小屋"题号：238）

```
def main(digits): pass
```

（40）函数 main() 接收整数或实数 a、b、c 作为参数，计算并返回以这 3 个数值为边长的三角形的面积，要求返回的结果恰好保留 3 位小数。例如，main(3, 4, 5) 返回 6.000。（"Python 小屋"题号：310）

```
def main(a, b, c): pass
```

（41）函数 main() 接收字符串 s 作为参数，要求检查该字符串中是否只包含阿拉伯数字字符，是就返回 True，否则返回 False。例如，main('123456') 返回 True，main('Python_xiaowu') 返回 False。

不能使用正则表达式，不能使用字符串方法。（"Python 小屋"题号：317）

```
def main(s): pass
```

（42）函数 main() 接收字符串 text 和 characters 作为参数，要求在 text 中删除 characters 中的所有字符，返回处理后的字符串。例如，main('a,b.c#@d', ',.#@') 返回 'abcd'。

不能使用循环结构，不能使用正则表达式，要求使用内置函数 filter() 和 lambda 表达式。（"Python 小屋"题号：363）

```
def main(text, characters): pass
```

（43）函数 main() 接收自然数 num 作为参数，要求返回其十六进制形式的字符串，不包含前导字符 0x，且所有英文字母都为大写。例如，main(1234567) 返回 '12D687'，main(7654321) 返回 '74CBB1'。

不能使用字符串方法 .upper()。（"Python 小屋"题号：442）

```
def main(num): pass
```

（44）函数 main() 接收字符串 text 和包含若干字符串的元组 words 作为参数，如果 text 中包含 words 中任何字符串则返回 True，否则返回 False。例如，main('测试使用，不包含敏感词。', ('色情', '暴力')) 返回 False，main('测试使用，假设色情是个敏感词。', ('色情', '暴力')) 返回 True。

不能使用循环结构和任何形式的推导式，不能使用 lambda 表达式，不能使用内置函数 any() 和 all()，不能使用关键字 in。（"Python 小屋"题号：444）

```
def main(text, words): pass
```

（45）重做本章第（44）题，不能使用循环结构和任何形式的推导式，不能使用 lambda 表达式，不能使用字符串方法 count()，不能使用内置函数 sum()、关键字 in。（"Python 小屋"题号：445）

```
def main(text, words): pass
```

（46）重做本章第（44）题，不能使用 while 循环，不能使用 lambda 表达式，不能使用字符串方法 count() 和特殊方法 __contains__()，不能使用内置函数 sum()、map()，要求使用 for 循环。（"Python 小屋"题号：447）

```
def main(text, words): pass
```

（47）函数 main() 接收任意字符串 s 作为参数，其中可能包含换行符 '\n'，要求返回每行最后一个字符组成的列表。例如，main('Python') 返回 ['n']，main('readability counts\nbeautiful\nexiplicit') 返回 ['s', 'l', 't']。

不能使用循环结构，要求使用列表推导式。（"Python 小屋"题号：561）

```
def main(s): pass
```

（48）重做本章第（47）题，不能使用正则表达式、循环结构和任何形式的推导式、运算符"[]"。（"Python 小屋"题号：562）

```
import operator
def main(s): pass
```

（49）函数 main() 接收任意字符串 s 作为参数，要求返回一个元组，元组中第一个元素是字符串 s 中包含的大写字母个数，第二个元素是小写字母个数。例如，当 s='aBcDefg' 时，main(s) 返回 (2,5)。（"Python 小屋"题号：97）

```
def main(s): pass
```

（50）凯撒加密算法的原理是：把明文中每个英文字母替换为该字母在字母表中后面第 k 个字母，如果后面第 k 个字符超出字母表的范围，则把字母表首尾相接绕回，也就是字母 Z 的下一个字母是 A，字母 z 的下一个字母是 a。要求明文中的大写字母和小写字母分别进行处理，大写字母加密后仍为大写字母，小写字母加密后仍为小写字母，非英文字母保持不变。函数 main() 接收字符串 s 和整数 k（1<=k<=25）作为参数，要求返回 s 中每个英文字母替换为字母表中后面第 k 个字母。例如，main('Beautiful is better than ugly.',3) 的结果为 'Ehdxwlixo lv ehwwhu wkdq xjob.'。（"Python 小屋"题号：102）

```
import string
def main(s, k): pass
```

（51）函数 main() 接收参数 color 作为参数，如果 color 是包含 3 个介于 [0,255] 区间的正整数的元组，就看作三原色的 RGB 分量，将其转换为井号开头的大写十六进制字符串形式返回，每个颜色分量分别转换为 2 位十六进制字符串，不足 2 位的前面补 0。如果参数 color 不符合要求，就返回字符串 '无效参数'。例如，main((255, 255, 255)) 返回 '#FFFFFF'，main((0, 0, 0)) 返回 '#000000'。（"Python 小屋"题号：134）

```
def main(color): pass
```

（52）函数 main() 接收任意字符串 s 作为参数，要求把其中的字符 'P' 替换为字符 '!'，把字符 'y' 替换为字符 '@'，把字符 't' 替换为字符 '#'，把字符 'h' 替换为字符 '$'，把字符 'o' 替换为字符 '%'，把字符 'n' 替换为字符 '^'，并删除字符串 s 中的字符 'a'、'b'、'c' 和 'd'，其他字符保持不变，返回处理后的新字符串。例如，main('PHP is a good language') 返回 '!H! is g%% l^guge'。（"Python 小屋"题号：161）

```
def main(s): pass
```

（53）函数 main() 接收中文字符串 s 作为参数，要求使用扩展库 jieba 对字符串 s 进行分词，把长度为 4 的词语翻转，其他词语保持不变，然后把所有处理后的词语按原来的相对顺序连接起来，返回得到的新字符串。例如，main('小明工作一向是兢兢业业、任劳任怨。') 返回 '小明工作一向是业业兢兢、怨任劳任。'。（"Python 小屋"题号：162）

```
import jieba
# 不输出日志
jieba.setLogLevel(20)
def main(s): pass
```

（54）函数 main() 接收字符串 s 作为参数，要求模拟字符串方法 lower() 的功能并返回处理后的新字符串。例如，main('Now is better than never. 来 Python 小屋学 Python 啊') 返回 'now is better than never. 来 python 小屋学 python 啊'。

删除 pass 语句，替换为自己的代码，完成要求的功能，不能使用 lower() 方法，不能使用 for 循环和 while 循环。（"Python 小屋"题号：209）

```
def main(s): pass
```

（55）函数 main() 接收字符串 s 作为参数，模拟字符串方法 upper() 的功能并返回处理后的新字符串。例如，main('Now is better than never. 来 Python 小屋学 Python 啊') 返回 'NOW IS BETTER THAN NEVER. 来 PYTHON 小屋学 PYTHON 啊'。

删除 pass 语句，替换为自己的代码，完成要求的功能，不能使用 upper() 方法，不能使用 for 循环和 while 循环。（"Python 小屋"题号：210）

```
def main(s): pass
```

（56）函数 main() 接收字节串 bytes_ 作为参数，这个字节串是一个字符串使用某个编码格式编码后得到的，要求检测其使用的编码格式并返回一个元组，元组中第一个元素为字节串 bytes_ 使用的编码格式，第二个元素为字节串 bytes_ 解码后的字符串。例如，main(b'Python\xe5\xb0\x8f\xe5\xb1\x8b') 返回 ('utf-8', 'Python 小屋')，如果检测结果的编码格式可信度小于 0.5，不进行解码并返回字符串 '失败'。

要求使用选择结构，不能使用异常处理结构。服务器已安装扩展库 chardet，版本号为 4.0.0。("Python 小屋"题号：253)

```
import chardet
def main(bytes_): pass
```

（57）函数 main() 接收包含 3 个介于 [0,255] 区间的正整数的元组 color_tup 作为参数，看作三原色的 RGB 分量，将其转换为井号开头的大写十六进制字符串形式返回，每个颜色分量分别转换为 2 位十六进制字符串，不足 2 位的前面补 0。例如，main((255, 255, 255)) 返回 '#FFFFFF'，main((0, 0, 0)) 返回 '#000000'。

不能使用 for 循环、map() 函数、format() 函数或字符串方法 format()，不能使用 lambda 表达式，不能使用切片。("Python 小屋"题号：262)

```
def main(color_tup): pass
```

（58）函数 main() 接收字符串 color_hex 作为参数，是以井号开头、长度为 7、后面 6 位字符都为十六进制有效字符（不区分大小写）的字符串，要求将其转换为包含 RGB 三原色十进制整数的元组并返回。例如，main('#FFFFFF') 返回 (255, 255, 255)，main('#000000') 返回 (0, 0, 0)。

不能使用 for 循环和 while 循环，不能使用 int() 函数。("Python 小屋"题号：263)

```
def main(color_hex): pass
```

（59）函数 main() 接收字符串 text 和 characters 作为参数，要求在 text 中删除 characters 中的所有字符，返回处理后的字符串。例如，main('a,b.c#@d', ',.#@') 返回 'abcd'。

不能使用循环结构，不能使用内置函数 filter() 和 lambda 表达式，不能使用正则表达式。("Python 小屋"题号：365)

```
def main(text, characters): pass
```

（60）访问控制列表 ACL 的详细描述见本章第（31）题。函数 main() 接收小于或等于 511（也就是八进制的 0o777）的整数 mode 作为参数，要求返回对应的 rwx 表示形式。例如，main(511) 返回 'rwxrwxrwx'，main(487) 返回 'rwxr--rwx'。

不能使用内置函数 map()、lambda 表达式、字符串方法 join()，要求使用 for 循环。("Python 小屋"题号：384)

```
def main(mode): pass
```

（61）函数 main() 接收字符串 s 作为参数，字符串 s 中包含若干使用顿号分隔的整数或整数范围，要求把其中的整数范围展开，返回包含所有整数的列表，并且要求数字升序排列。例如，main('5-9、11-14、23、29、39、30') 返回 [5, 6, 7, 8, 9, 11, 12, 13, 14, 23, 29, 30, 39]。("Python 小屋"题号：388)

```
def main(s): pass
```

（62）函数 main() 接收任意字符串 text 作为参数，要求返回其中每个唯一字符按最后一次出现位置的先后顺序拼接组成的新字符串。例如，main('Beautiful is better than ugly.') 返回 'Bfisberthan ugly.'。

不能使用循环结构和任何形式的推导式。（"Python 小屋"题号：489）

```
def main(text): pass
```

（63）函数 main() 接收字符串 s 作为参数，要求删除英文字母之外的其他所有字符，然后判断剩余的英文字母字符串是否为回文，是回文则返回 True，否则返回 False。例如，接收字符串 '0ab1cde234d98cba'，删除英文字母之外的字符后得到字符串 'abcdedcba'，是回文，返回 True。

不能使用循环结构和任何形式的推导式。（"Python 小屋"题号：500）

```
def main(s): pass
```

（64）重做本章第（63）题，不能使用循环结构和任何形式的推导式，不能使用内置函数 filter()。（"Python 小屋"题号：501）

```
from itertools import compress
def main(s): pass
```

（65）假设 X、Y 为两个随机变量，a、b 分别为两个随机变量取值范围中的值，那么 P(X=a,Y=b) 表示 X=a 且 Y=b 的概率，称作联合概率，P(X=a) 或 P(Y=b) 称作边缘概率。

现在有 4 副扑克牌混到一起并且随机打乱顺序，从中随机抽出来若干张，使用随机变量 X 表示花色（可能的值有红桃、黑桃、梅花、方片），随机变量 Y 表示数字（扑克牌上的数字为 A、2、3、4、5、6、7、8、9、10）或人头（扑克牌上的数字为 J、Q、K）。那么联合概率 P(X=红桃,Y=人头) 表示抽出来的扑克牌中红桃 J、红桃 Q、红桃 K 的总数与抽出来的扑克牌数量的比值，边缘概率 P(X=黑桃) 表示抽出来的扑克牌中所有黑桃花色的数量与抽出来的扑克牌数量的比值。

函数 main() 接收字符串 cards 作为参数，表示抽出来的扑克牌组成的字符串，不同扑克牌之间使用空格分隔，要求返回一个 3- 元组，其中元素分别为联合概率 P(X=红桃,Y=数字)、边缘概率 P(X=红桃)、联合概率 P(Y=数字)，结果保留最多 2 位小数。例如，main('红桃 A 红桃 2 红桃 J 黑桃 3 方片 5 红桃 9 梅花 6 红桃 6 黑桃 Q 方片 K 红桃 K 梅花 9') 返回 (0.33, 0.5, 0.67)。（"Python 小屋"题号：693）

```
def main(cards): pass
```

（66）假设 X、Y 为两个随机变量，a、b 分别为两个随机变量取值范围中的值，那么联合概率 P(X=a,Y=b) 表示 X=a 且 Y=b 的概率，边缘概率 P(X=a) 表示 X=a 的概率，条件概率 P(Y=b|X=a) 表示 X=a 时 Y=b 的概率，计算公式为 P(X=a,Y=b)/P(X=a)。

现在有 4 副扑克牌混到一起并且随机打乱顺序，从中随机抽出来若干张，使用随机变量 X 表示花色（可能的值有红桃、黑桃、梅花、方片），使用随机变量 Y 表示数字（扑克牌上的数字为 A、2、3、4、5、6、7、8、9、10）或人头（扑克牌上的数字为 J、Q、K）。那么条件概率 P(Y=数字|X=红桃) 表示红桃花色的扑克牌中数字扑克牌的占比。

函数 main() 接收字符串 cards 作为参数，表示抽出来的扑克牌组成的字符串，不同扑克牌之间使用空格分隔，要求返回条件概率 P(Y=数字|X=红桃)，结果保留最多 2 位小数。例如，main('红桃 A 红桃 2 红桃 J 黑桃 3 方片 5 红桃 9 梅花 6 红桃 6 黑桃 Q 方

片 K 红桃 K 梅花 9') 返回 0.67。("Python 小屋"题号：694)

```
def main(cards): pass
```

（67）小明是某仓库的负责人，最近打算对仓库的柜子编号贴牌进行更新，从 1 开始编号，并且每个牌子上的编号位数相同，例如，只有 9 个柜子的话就使用 1 位数分别编号为 1、2、3、4、5、6、7、8、9，如果有 100 个柜子就使用 3 位数分别编号为 001、002、003、004……100。为了节省成本，小明打算做很多个 0~9 的单数字牌，根据需要进行选择和排列来构成每个柜子的编号牌。例如，如果某个柜子的编号为 1234，就分别取数字为 1、2、3、4 的数字牌各 1 个来构成 1234。

函数 main() 接收表示最大编号的自然数 largest 作为参数，要求返回一个字典，其中的元素分别表示 0~9 的每种数字牌至少各做多少个才能满足小明的需求，且"键"从 0 到 9 升序排列。例如，main(10) 返回 {'0': 10, '1': 2, '2': 1, '3': 1, '4': 1, '5': 1, '6': 1, '7': 1, '8': 1, '9': 1}，main(2024) 返回 {'0': 1634, '1': 1613, '2': 633, '3': 603, '4': 603, '5': 602, '6': 602, '7': 602, '8': 602, '9': 602}。

不能使用循环结构和任何形式的推导式。("Python 小屋"题号：723)

```
def main(largest): pass
```

（68）为了方便大整数的阅读，有时会在千分位使用英文逗号进行分隔。如果数字不足 3 位，不应加分隔符。对于大整数只在千分位上进行分隔，并且如果加的话就在所有千分位上都加逗号。例如"12,34"和"1234,567"这样的写法都是不合适的。

函数 main() 接收包含逗号千分符的正整数字符串 s 作为参数，返回不带千分符的正整数，不能转换为整数就返回字符串 '数据错误'。例如，main('1,234') 返回 1234，main('1,234,567') 返回 1234567，main('1s3') 或 main('12,34') 返回 '数据错误'。("Python 小屋"题号：62)

```
def main(s): pass
```

（69）函数 main() 接收任意长度的字符串 s1 和 s2 作为参数，要求把这两个字符串先后拼接起来成为一个长字符串，在拼接时删除 s1 尾部与 s2 头部最长的公共子串，重叠部分只保留一份，最后返回拼接结果字符串。例如，参数分别为 'abcdefg' 和 'fghik' 时返回 'abcdefghik'。("Python 小屋"题号：74)

```
def main(s1, s2): pass
```

（70）函数 main() 接收字符串 pwd 作为参数，要求返回该字符串作为密码时的安全强度，判断规则为：①如果长度小于 6 直接判断为弱密码并返回 'weak'；②如果只包含数字、小写字母、大写字母、英文半角表达符号（只考虑逗号和句号）这 4 类符号中的 1 种，就判断为弱密码并返回 'weak'；③如果只包含上述 4 种符号中的 2 种，判断为中低强度并返回 'below_middle'；④如果只包含上述 4 种符号中的 3 种，判断为中高强度并返回 'above_middle'；⑤如果同时包含上述 4 种符号，判断为强密码并返回 'strong'；⑥其他任意情况都认为是弱密码并返回 'weak'。("Python 小屋"题号：96)

```
def main(pwd): pass
```

（71）函数接收正整数 n 作为参数，要求计算并返回 n 的阶乘。例如，main(12) 返回 479001600。

不能使用循环结构，不能使用递归函数。（"Python 小屋"题号：214）

```
def main(n): pass
```

（72）访问控制列表 ACL 的详细描述见本章第（31）题。函数 main() 接收小于或等于 511（也就是八进制的 0o777）的整数 mode 作为参数，要求返回对应的 rwx 表示形式。例如，main(511) 返回 'rwxrwxrwx'，main(487) 返回 'rwxr--rwx'。

不能使用循环结构和任何形式的推导式。（"Python 小屋"题号：385）

```
def main(mode): pass
```

（73）函数 main() 接收字符串 text 和包含若干字符串的元组 words 作为参数，如果 text 中包含 words 中任何字符串则返回 True，否则返回 False。例如，main('测试使用，不包含敏感词。', ('色情', '暴力')) 返回 False，main('测试使用，假设色情是个敏感词。', ('色情', '暴力')) 返回 True。

不能使用循环结构和任何形式的推导式，不能使用 lambda 表达式、字符串方法 count()、特殊方法 __contains__()、内置函数 sum()、关键字 in，可以导入必要的标准库对象。（"Python 小屋"题号：446）

```
def main(text, words): pass
```

（74）函数 main() 接收字符串 stu_answer、answer、type_ 作为参数，模拟考试系统客观题自动判卷的原理。其中参数 stu_answer 表示学生提交的答案，answer 表示标准答案，type_ 表示题目类型（只考虑填空题、选择题、判断题）。自动判卷的要求如下：①学生答案和标准答案完全一致判为答对；②选择题（包括单选题和多选题）忽略学生答案的字母大小写和字母顺序，例如标准答案是 ABC 时学生提交 acb 也判为答对；③判断题标准答案是 '对' 时学生提交 '正确' 或 'T' 都算答对，标准答案是 '错' 时学生提交 '错误' 或 'F' 都算答对；④填空题考虑内容正确而格式不正确的情况，例如标准答案是 [1, 2, 3] 时学生提交 [1,2,3] 或 [1, 2,3] 都算答对，标准答案是 sum() 时学生只提交 sum 没有加括号也算答对（同样适用于其他函数名）；⑤不符合前面 4 条规则的学生答案一律判为答错。答对时函数 main() 返回 True，答错时返回 False，例如，main('123', '123', '填空题') 返回 True，main('acb', 'ABC', '选择题') 返回 True，main|('[1, 2,3]', '[1, 2, 3]', '填空题') 返回 True，main('正确', '对', '判断题') 返回 True，print(main('sum', 'sum()', '填空题')) 返回 True。（"Python 小屋"题号：589）

```
def main(stu_answer, answer, type_): pass
```

（75）函数 main() 接收正整数 a 和 b 作为参数，返回它们"位与"运算的结果，即 main(a, b) == a & b。例如，main(3, 5) 返回 1，main(30, 50) 返回 18。

不能使用选择结构、循环结构和任何形式的推导式，不能使用运算符 "&"。（"Python

小屋"题号：594）

```
def main(a, b): pass
```

（76）函数main()接收正整数a和b作为参数，返回它们"位或"运算的结果，即main(a, b) == a | b。例如，main(3, 5)返回7，main(30, 50)返回62。

不能使用选择结构、循环结构和任何形式的推导式，不能使用运算符"|"。（"Python小屋"题号：595）

```
def main(a, b): pass
```

（77）函数main()接收正整数a和b作为参数，返回它们"位异或"运算的结果。例如，main(3, 5)返回6，main(30, 50)返回44，main(15, 15)返回0。

不能使用选择结构、循环结构和任何形式的推导式，不能使用运算符"^"。（"Python小屋"题号：596）

```
def main(a, b): pass
```

（78）函数main()接收字符串s作为参数，要求把其中单个小写字母i的单词改成大写I，作为单词一部分的小写字母i不做修改，返回处理后的字符串。例如，main('ski is image ignore i chili mini')返回'ski is image ignore I chili mini'。（"Python小屋"题号：600）

```
def main(s): pass
```

（79）已知某个通信系统已经根据字符频次设计好了哈夫曼编码表table = {'r': '000', 'e': '001', 'd': '0100', 'f': '0101', 'j': '0110', 'w': '0111', 'a': '10', 's': '11000', 'g': '11001', 'c': '1101', 'b': '111'}，函数main()接收表示哈夫曼编码的字符串s作为参数，要求使用给定的编码表对s进行解码，返回解码后的字符串。例如，main('11110101011111111011111111111010100110101000101110000001000101101001101100101010111001000101001111000110000 1010')返回'baaabbcbbbcdcdfsraejajgfweraawaearaa'。（"Python小屋"题号：704）

```
table = {'r': '000', 'e': '001', 'd': '0100', 'f': '0101',
         'j': '0110', 'w': '0111', 'a': '10', 's': '11000',
         'g': '11001', 'c': '1101', 'b': '111'}
def main(code): pass
```

（80）函数main()接收自然数n作为参数，要求统计区间[0,n)上所有数字中，0~9各位数字分别出现的总次数，并按0~9升序排列。例如，main(10)返回[('0', 1), ('1', 1), ('2', 1), ('3', 1), ('4', 1), ('5', 1), ('6', 1), ('7', 1), ('8', 1), ('9', 1)]。

不能修改下画线之外的其他代码。（"Python小屋"题号：821）

```
from collections import Counter
def main(n):
    return _____
```

（81）函数main()接收字符串s作为参数，要求把其中单词内部的大写字母I改成小写字母i，单词第一个字母或最后一个字母的I不变，单独的大写字母I也不变，然后返回处理后的字符串。例如，main('HIs name is xiaoming.')返回'His name is xiaoming.'，main('He goes home by taxI.')返回'He goes home by taxI.'。（"Python小屋"题号：827）

```
def main(s):
    letters = 'abcdefghijklmnopqrstuvwxyzABCDEFGHIJKLMNOPQRSTUVWXYZ'
    pass
```

（82）函数main()接收字符串s作为参数，要求把其中单词包含的大写字母I改成小写字母i，单词第一个字母或最后一个字母的I也变为小写，单独的大写字母I不变，然后返回处理后的字符串。例如，main('I am a teacher, not a busInessman.')返回'I am a teacher, not a businessman.'，main('HIs name is xiaoming.')返回'His name is xiaoming.'，main('He goes home by taxI.')返回'He goes home by taxi.'。（"Python小屋"题号：828）

```
def main(s):
    letters = 'abcdefghijklmnopqrstuvwxyzABCDEFGHIJKLMNOPQRSTUVWXYZ'
    pass
```

（83）函数main()接收两个参数，其中iterable预期为包含若干字符串的可迭代对象，sep预期为字符串。如果参数sep不是字符串就返回字符串'参数sep必须是字符串'，如果参数iterable不是可迭代对象就返回字符串'参数iterable必须为可迭代对象'，如果参数iterable是可迭代对象但其中有不是字符串的元素就返回字符串'参数iterable中所有元素都必须为字符串'。如果所有参数都符合要求就返回使用sep作为连接符对iterable中所有字符串进行连接之后的字符串。例如，main(map(str,range(5)), ',')返回'0,1,2,3,4'。（"Python小屋"题号：224）

```
def main(iterable, sep=''): pass
```

（84）函数main()接收正整数n和base作为参数，其中base介于[2,36]区间内，要求返回正整数n转换为base进制的结果字符串。例如，main(1234, 36)返回字符串'1234的36进制形式：YA'，注意结果前面的冒号是中文全角冒号。使用三十六进制表示数字时，每位数字可以是数字0~9或大写字母A~Z，大写字母A表示10、B表示1、…、X表示33、Y表示34、Z表示35，要求结果字符串中所有英文字母都使用大写。

已导入的对象不是必须使用的，是否使用可以自己决定。（"Python小屋"题号：232）

```
from string import ascii_uppercase, digits
characters = digits+ascii_uppercase
def main(n, base): pass
```

（85）下面的代码中，encrypt()函数用于把字符串编码为字节串并插入随机干扰字节，decrypt()函数用于删除字节串中的干扰字节再解码为字符串，函数main()调用这两个函数。预期main()调用2个函数后会得到并返回与参数message一样的字符串。

阅读下面的代码，分析代码功能，不能修改main()函数的代码。（"Python小屋"题号：351）

```
from random import randrange
def encrypt(message, k=3):
```

```
        m = message.encode()
        result = []
        for i in range(0, len(m), k):
            result.append(m[i:i+k])
        sep = bytes((randrange(256),))
        return sep.join(result)
    def decrypt(message, k=3): pass
    def main(message, k=3):
        return decrypt(encrypt(message,k), k)
```

（86）凯撒加密算法的原理是，把明文中每个英文字母替换为该字母在字母表中后面第 k 个字母，如果后面第 k 个字符超出字母表的范围，则把字母表首尾相接，字母 Z 的下一个字母是 A，字母 z 的下一个字母是 a。明文中的大写字母和小写字母分别进行处理，大写字母加密后仍为大写字母，小写字母加密后仍为小写字母，其他字符保持不变。

函数 main() 接收使用凯撒加密算法加密过的字符串 s 作为参数，要求对其进行解密并返回所用的密钥 k 和原来的明文字符串（均为 The Zen of Python 中的句子，可以使用 import this 查看）组成的元组。例如，main('Ehdxwlixo lv ehwwhu wkdq xjob.') 返回 (3, 'Beautiful is better than ugly.')。（"Python 小屋"题号：443）

```
import string
def main(s): pass
```

（87）函数 main() 接收正整数 a 和 b 作为参数，要求计算并返回它们"按位同或"运算的结果。所谓"按位同或"运算，是指把十进制数转换为二进制数然后右对齐，短的左侧补 0，对应的位进行运算，如果两个位相同则得到 1，否则得到 0，最后再把得到的二进制数转换为十进制数。例如，main(13, 9) 返回 11，main(8, 1) 返回 6。

不能使用循环结构和任何形式的推导式。（"Python 小屋"题号：550）

```
def main(a, b): pass
```

（88）函数 main() 接收只包含整数的两层嵌套列表 arr 作为参数，要求将其格式化为字符串返回，使得输出字符串时各行整数之间的逗号垂直对齐，每个整数所占宽度相同，且相同级别的左方括号垂直对齐。例如，print(main([[1111,2,3], [4,555,6]])) 输出如下

```
[[1111,   2,   3]
 [   4, 555,   6]]
```

不能使用循环结构和任何形式的推导式。（"Python 小屋"题号：634）

```
def main(arr): pass
```

第22章

正则表达式

（1）函数 main() 接收字符串 s 作为参数，要求返回字符串 s 中长度为 4 的单词组成的列表。例如，当 s 为 'If the implementation is easy to explain, it may be a good idea.' 时返回 ['easy', 'good', 'idea']。（"Python 小屋"题号：121）

```
import re
def main(s): pass
```

（2）函数 main() 接收任意字符串 s 作为参数，要求返回其中数字字符的数量。例如，main('a1b2c3d4e5f6789.;lasdfer8') 返回 10。（"Python 小屋"题号：141）

```
import re
def main(s): pass
```

（3）函数 main() 接收任意字符串 s 作为参数，把其中的所有连续数字子串都替换为单个字符 '8'，返回替换后的新字符串。例如，main('a1b2c3d4e5f6789.;lasdfer8') 返回 'a8b8c8d8e8f8.;lasdfer8'。（"Python 小屋"题号：142）

```
import re
def main(s): pass
```

（4）函数 main() 接收任意字符串 s 作为参数，要求返回其中所有长度为 8 且以字母 t 结尾的单词组成的列表。例如，main('Explicit is better than implicit.') 返回 ['Explicit', 'implicit']。（"Python 小屋"题号：157）

```
import re
def main(s): pass
```

（5）函数 main() 接收任意字符串 s 作为参数，要求返回其中所有长度为 8 且以字母 a 开头的单词组成的列表。例如，main('airtight alphabet analyst ant') 返回 ['airtight', 'alphabet']。（"Python 小屋"题号：158）

```
import re
def main(s): pass
```

（6）函数 main() 接收任意字符串 text 作为参数，要求返回其中的数字子串组成的列表。例如，main('a123bbb 45.3a8c3.14d') 返回 ['123', '45.3', '8', '3.14']。（"Python 小屋"题号：140）

```
import re
def main(text): pass
```

（7）函数 main() 接收任意字符串 s 作为参数，检查字符串 s 是否长度恰好为 11 且都为数字字符，返回 True 或 False。（"Python 小屋"题号：143）

```
import re
def main(s): pass
```

（8）函数 main() 接收任意字符串 s 作为参数，内容形式为 '<html><head>head</head><body>body</body></html>'，返回标签 <head></head> 之间的内容和 <body></body> 之间的内容组成的元组。例如，main('<html><head>This is head.</head><body>This is body.</body></html>') 返回 ('This is head.', 'This is body.')。（"Python 小屋"题号：148）

```
import re
def main(s): pass
```

（9）函数 main() 接收任意英文字符串 s 作为参数，把其中单词 is 的第一次出现改为大写，其余不变，返回处理后的新字符串。例如，main('Simple is better than complex.Sparse is better than dense.') 返回 'Simple IS better than complex.Sparse is better than dense.'。（"Python 小屋"题号：151）

```
import re
def main(s): pass
```

（10）函数 main() 接收任意字符串 s 作为参数，要求返回其中所有中间位置包含字母 t 的单词组成的列表，不包括第一个字母或最后一个字母是 t 的单词。例如，main('Beautiful is better than ugly.') 返回 ['Beautiful', 'better']。（"Python 小屋"题号：155）

```
import re
def main(s): pass
```

（11）函数 main() 接收任意字符串 s 作为参数，要求返回其中所有包含字母 e 的单词组成的列表。例如，main('ageement department. act bed wait easy') 返回 ['ageement', 'department', 'bed', 'easy']。（"Python 小屋"题号：159）

```
import re
def main(s): pass
```

（12）函数 main() 接收正整数参数 num 作为参数，要求返回其二进制形式中最多有多少个连续的 1。例如，main(9875716481) 返回 4，因为 9875716481 的二进制形式为 0b1001001100101000110111100110000001,其中最多有 4 个连续的 1。（"Python 小屋"题号：231）

```
import re
def main(num): pass
```

（13）函数 main() 接收字符串 s 作为参数，要求检查该字符串中是否只包含阿拉伯数字字符，是就返回 True，否则返回 False。例如，main('123456') 返回 True， main('Python_xiaowu') 返回 False。

不能使用循环结构和任何形式的推导式，不能使用字符串方法。（"Python 小屋"题号：316）

```
import re
def main(s): pass
```

（14）函数 main() 接收字符串 text 作为参数，要求使用正则表达式查找并返回其中所有以字母 a、b 或 c 开头且长度大于 1 的只包含英文字母的单词组成的列表。例如，main('c and12 Python are the best language.') 返回 ['are', 'best']。（"Python 小屋"题号：349）

```
import re
def main(text): pass
```

（15）函数 main() 接收任意字符串 text 作为参数，其中有的单字母单词 I 误写为小写字母 i，要求使用正则表达式进行纠正并返回处理后的新字符串。例如，main('i am a Python teacher, Dong Fuguo.') 返回 'I am a Python teacher, Dong Fuguo.'，main('Do you know who i am?') 返回 'Do you know who I am?'，main('Who am i? Where am i?') 返回 'Who am I? Where am I?'。

不能使用循环结构和各种推导式。（"Python 小屋"题号：355）

```
import re
def main(text): pass
```

（16）函数 main() 接收任意字符串 text 作为参数，要求使用正则表达式查找并返回以大写字母开头且长度为 3 的纯英文字母单词组成的列表，没有这样的单词就返回空列表。例如，main('The more we do, the more we CAN do; the more busy we are, the more leisure we have.') 返回 ['The', 'CAN']。

不能使用循环结构和各种推导式。（"Python 小屋"题号：358）

```
import re
def main(text): pass
```

（17）函数 main() 接收任意字符串 text 作为参数，要求删除其中除下画线之外的所有中英文标点符号，返回处理后的新字符串。例如，main('富强、民主、文明、和谐；自由、平等、公正、法治；爱国、敬业、诚信、友善。') 返回 '富强民主文明和谐自由平等公正法治爱国敬业诚信友善'。（"Python 小屋"题号：404）

```
import re
def main(text): pass
```

（18）函数 main() 接收列表 data 作为参数，其中的元素可能为整数，也可能为子列表，子列表中可能还包含整数或子列表，嵌套的层数不确定。要求把列表 data 平铺化，也就是把列表 data 及其子列表中的所有整数都按顺序提取出来放入一个列表中，并返回这个列表。例如，main([[[1]],[2,3,[4]],5]) 返回 [1, 2, 3, 4, 5]。

不能使用循环结构和推导式。（"Python 小屋"题号：426）

```
import re
def main(data): pass
```

（19）函数 main() 接收字符串 pwd 作为参数，使用正则表达式检查其中是否只包含英文字母大小写、数字字符、英文半角逗号、英文半角句点和英文半角下画线，如果是就返回 True，否则返回 False。例如，main('abcDWER,._08234AWER') 返回 True，main('abcDWER,._08234#AWER') 返回 False。

不能使用循环结构和任何形式的推导式，要求使用正则表达式函数 re.findall()。（"Python 小屋"题号：139）

```
import re
def main(pwd): pass
```

（20）函数 main() 接收任意英文字符串 s 作为参数，返回其中每个单词 than 的下一个单词组成的列表。例如，main('than a. bc than ddd') 返回 ['a', 'ddd']。（"Python 小屋"题号：150）

```
import re
def main(s): pass
```

（21）函数 main() 接收字符串 s 作为参数，返回其中所有长度为 2 的数字子串组成的列表。例如，main('99a11b22cc8c777c66') 返回 ['99', '11', '22', '66']。（"Python 小屋"题号：156）

```
import re
def main(s): pass
```

（22）函数 main() 接收任意字符串 text 作为参数，要求使用正则表达式查找并返回所有以大写字母 S 或小写字母 s 开头的纯英语单词组成的列表。例如，main('simple Six Sparse56 special and Python') 返回 ['simple', 'Six', 'special']。

要求使用正则表达式子模式扩展语法。（"Python 小屋"题号：352）

```
import re
def main(text): pass
```

（23）函数 main() 接收任意字符串 text 作为参数，其中有个单词连续出现了两次（中间有一个空格），要求使用正则表达式删除重复的单词和空格，返回处理后的新字符串。例如，main('I I am Python_xiaowu, and you?') 返回 'I am Python_xiaowu, and you?'。

不能使用循环结构和各种推导式。（"Python 小屋"题号：357）

```
import re
def main(text): pass
```

（24）函数 main() 接收字符串 text 和 characters 作为参数，要求在 text 中删除 characters 中的所有字符，返回处理后的字符串。例如，main('a,b.c#@d', ',.#@') 返回 'abcd'。

不能使用循环结构和任何形式的推导式，不能使用内置函数 filter() 和 lambda 表达式。（"Python 小屋"题号：364）

```
import re
def main(text, characters): pass
```

（25）函数 main() 接收任意字符串 text 作为参数，要求查找并返回其中恰好 2 位或 4 位连续数字子串组成的列表。例如，main('12aaa34bb66666c12345ddd8e9999') 返回 ['12', '34', '9999']。（"Python 小屋"题号：412）

```
import re
def main(text): pass
```

（26）函数 main() 接收字符串 text 作为参数，返回其中所有单词组成的列表。例如，main(r'one,two,three.four/five\six?seven[eight]nine|ten') 返回 ['one', 'two', 'three', 'four', 'five', 'six', 'seven', 'eight', 'nine', 'ten']。

要求使用正则表达式模块的 split() 函数，但不能使用减号字符"-"和尖号字符"^"。（"Python 小屋"题号：434）

```
import re
def main(text): pass
```

（27）重做本章第（26）题，要求使用正则表达式模块的 split() 函数，并且必须使用减号字符"-"和尖号字符"^"。（"Python 小屋"题号：435）

```
import re
def main(text): pass
```

（28）重做本章第（26）题，要求使用正则表达式模块的 findall() 函数。（"Python 小屋"题号：436）

```
import re
def main(text): pass
```

（29）函数 main() 接收字符串 text 作为参数，返回其中包含 2 个或更多字母 t 的单词组成的列表。例如，main('test better the east treatment triangle') 返回 ['test', 'better', 'treatment']。

不能使用循环结构和任何形式的推导式，不能使用关键字 in，不能使用字符串方法 count()。（"Python 小屋"题号：449）

```
import re
def main(text): pass
```

（30）函数 main() 接收任意字符串 s 作为参数，其中可能包含换行符 \n，要求返回每行最后一个字符组成的列表。例如，main('readability counts\nbeautiful\nexiplicit') 返回 ['s', 'l', 't']。

不能使用循环结构和任何形式的推导式，不能使用运算符"[]"，要求使用正则表达式。（"Python 小屋"题号：560）

```
import re
def main(s): pass
```

（31）函数 main() 接收任意字符串 s（可能包含多行内容）作为参数，要求删除单词 start 到 end 之间（包括这两个单词，并且可能中间包含换行符）的任意内容，返回处理后的字符串。例如，main('start\n\n\n12\n3abc\n\n,,,...endhelloworld')

返回 'helloworld'。

不能使用循环结构和任何形式的推导式，不能使用任何阿拉伯数字，要求使用参数
flags。（"Python 小屋"题号：653）

```
import re
def main(s): pass
```

（32）重做本章第（31）题，不能使用循环结构和任何形式的推导式，不能使用单词
flags，不能使用字符串方法 replace()、join()、splitlines()。（"Python 小屋"题号：654）

```
import re
def main(s): pass
```

（33）函数 main() 接收表示日期时间的字符串 s 作为参数，格式为 '2020-02-18
22:02:22'，要求删除每一部分的前导 0，返回格式为 '2020-2-18 22:2:22' 的字符串。

不能使用字符串方法 split()、join()、replace()、index()、rindex()，不能
使用加号，不能使用循环结构和任何形式的推导式，要求使用正则表达式。（"Python 小屋"
题号：727）

```
from re import sub
def main(s):
    return _____
```

（34）张三出差在候机大厅长椅上休息时习惯距离别人远一些，他选择座位的优先级
规则和顺序为：如果最左侧两个座位是空的就坐最左侧的一个座位，如果最右侧两个座位
是空的就坐最右侧的一个座位，否则就坐最长的一串连续空座位的正中间位置，如果连续
空座位长度为偶数就坐中间偏右的一个。

函数 main() 接收字符串 seats 作为参数，字符串 seats 表示长椅上的座位占用情
况，其中下画线"_"表示空座位，小写字母"x"表示已经有人的座位，要求返回张三选
择一个座位坐下之后表示长椅上座位占用情况的字符串。例如，main('___x___x___x__
x_____x_____x') 返回 'x__x___x___x___x___x_____x', main('_x__x___x__
x__x_____x_____') 返回 '_x_x___x___x_x_____x_____x'。

不能使用循环结构和任何形式的推导式。（"Python 小屋"题号：757）

```
import re
def main(seats): pass
```

（35）函数 main() 接收字符串 s 作为参数，要求删除英文字母之外的其他所有
字符，然后判断剩余的英文字母字符串是否为回文，是回文则返回 True，否则返回
False。例如，接收字符串 '0ab1cde234d98cba'，删除英文字母之外的字符后得到字符
串 'abcdedcba'，是回文，返回 True。

不能使用循环结构和任何形式的推导式。（"Python 小屋"题号：19）

```
import re
def main(s): pass
```

（36）函数 main() 接收字符串 s 作为参数，要求返回其中最长的数字子串，如果字
符串 s 中不包含阿拉伯数字，返回字符串 '没有数字'。例如，s 为 '11111a22bb333ccc'

时返回 '11111'，s 为 'abcd' 时返回 '没有数字'。

不能使用选择结构，不能使用循环结构和任何形式的推导式。("Python 小屋"题号：58)

```
from re import findall
def main(s): pass
```

（37）函数 main() 接收字符串 s 作为参数，要求返回字符串 s 中所有 AABB 形式的短语组成的列表，所有短语按出现顺序排列。例如，main('abcd 明明白白 多多少少 aaaa aabb') 返回 ['明明白白', '多多少少', 'aabb']。

是否使用已导入的正则表达式模块 re 可以自行决定。("Python 小屋"题号：104)

```
import re
def main(s): pass
```

（38）函数 main() 接收字符串 s 作为参数，返回一个列表，其中包含字符串 s 中连续出现两次的单词。例如，main('a a very good good idea') 返回 ['a', 'good']。("Python 小屋"题号：146)

```
import re
def main(s): pass
```

（39）函数 main() 接收字符串 s 作为参数，返回一个新字符串，删除原字符串 s 两端的空白字符，中间位置连续出现的任意多个空格都只保留一个，连续重复出现两次以上的单词也都只保留一个。例如，main('It is is is is a very good good idea') 返回 'It is a very good idea'。

已导入的标准库 re 不是必须使用的，是否使用可以自己决定。("Python 小屋"题号：147)

```
import re
def main(s): pass
```

（40）函数 main() 接收多行字符串 text 作为参数，要求使用正则表达式查找并返回以大写字母 S 或小写字母 s 开头且以小写字母 e 或 x 结尾的那些行组成的列表。例如，main('simple\ncomplex\nbeautiful\nSix') 返回 ['simple', 'Six']。("Python 小屋"题号：350)

```
import re
def main(text): pass
```

（41）函数 main() 接收任意字符串 text 作为参数，返回前面紧邻的单词不是 not 的单词 be 的出现次数。例如，main('not be and be be not be') 返回 2。

不能使用循环结构或列表推导式。("Python 小屋"题号：353)

```
import re
def main(text): pass
```

（42）函数 main() 接收任意字符串 s 作为参数，要求检查字符串 s 是否为有效的 IP 地址，也就是由 3 个圆点分隔的 4 组十进制数且每组十进制数都介于区间 [0,255]。如果字符串 s 符合要求就返回 True，否则返回 False。例如，main('0.0.0.0') 返回 True，main('119.189.876.0') 返回 False。

不能使用循环结构、选择结构和任何形式的推导式，要求使用正则表达式。("Python

小屋"题号: 386)

```
import re
def main(s): pass
```

（43）函数 main() 接收任意字符串 text 作为参数，要求返回其中跟在单个字母 a 后面的连续数字子串组成的列表。例如，main('aaa23455a324bb2345zzz') 返回 ['324']，main('aa,a23455a324bb2345zzz' 返回 ['23455', '324']。

删除 pass 语句，替换为自己的代码。不能使用循环结构和任何形式的推导式，要求使用正则表达式。（"Python 小屋"题号: 413)

```
import re
def main(text): pass
```

（44）函数 main() 接收任意字符串 text 作为参数，要求返回其中所有不以 ing 结束的单词组成的列表。例如，main('I can dancing and singing') 返回 ['I', 'can', 'and']，main('sorry,spelling error.') 返回 ['sorry', 'error']。

要求使用正则表达式完成。（"Python 小屋"题号: 414)

```
import re
def main(text): pass
```

（45）函数 main() 接收任意字符串 text 作为参数，要求返回其中所有不以字母 a、b 或 s 开头的单词组成的列表。例如，main('I can dancing and singing') 返回 ['I', 'can', 'dancing']，main('sorry,spelling error.') 返回 ['error']。

要求使用正则表达式完成。（"Python 小屋"题号: 415)

```
import re
def main(text): pass
```

（46）函数 main() 接收包含多行内容的字符串 text 作为参数，要求返回其中不以 abc 开头和不以字母 d 或 g 结尾的所有行组成的列表。例如，main('abc\nabcde\nbcd\nabewer\nab\nabfeg') 返回 ['abewer', 'ab']。

不能使用循环结构和任何形式的推导式，不能使用选择结构，不能使用字符串方法 startswith()、endswith()、splitlines()。（"Python 小屋"题号: 448)

```
import re
def main(text): pass
```

（47）函数 main() 接收字符串 s 作为参数，字符串内是一个实数。要求判断 s 中的实数是否为循环小数，如果不是则返回字符串 '不是循环小数。'，如果是循环小数就返回最简形式的新字符串并使用 3 个圆点表示剩余部分。例如，main('345.1231516312128121231112342') 返回 '不是循环小数。'，main('345.123127931212312793121231279312123127931212312793121231279312') 返回 '345.1231279312...'。

不能使用循环结构和任何形式的推导式。（"Python 小屋"题号: 691)

```
import re
def main(s): pass
```

（48）函数 main() 接收包含若干使用空格分隔的四字成语的字符串 text 作为参数，要求查找并返回所有 ABAC 形式的成语组成的列表，并且要求 A!=B 和 B!=C。例如，main('行尸走肉 平平安安 绘声绘影') 返回 ['绘声绘影']。

不能使用循环结构。（"Python 小屋"题号：354）

```
import re
def main(text): pass
```

（49）函数 main() 接收任意字符串 text 作为参数，其中有的非单字母单词中的小写字母 i 误写为大写字母 I，写错的字母 I 可能在单词的开头、中间或结尾，不能处理单字母单词 I，使用正则表达式进行纠正并返回处理后的新字符串。例如，main('I think Python Is very sImple. abI') 返回 'I think Python is very simple. abi'。

不能使用循环结构和各种推导式。（"Python 小屋"题号：356）

```
import ·re
def main(text): pass
```

（50）函数 main() 接收任意字符串 s（可能包含多行内容）作为参数，要求删除单词 start 到 end 之间（包括这两个单词，并且可能中间包含换行符）的任意内容，返回处理后的字符串。例如，main('hellostart123abc,Python 小屋 .endworld')、main('hellostart\n123a\nb\nc,.endworld')、main('start\n\n\n12\n3abc\n\n,,,...endhelloworld') 都返回 'helloworld'。

不能使用循环结构和任何形式的推导式，不能使用单词 flags，不能使用任何阿拉伯数字。（"Python 小屋"题号：652）

```
import re
def main(s): pass
```

（51）函数 main() 接收 Python 源程序文件路径字符串 fn 作为参数，要求返回包含该程序中所有变量名升序排列的列表，重复的变量名只保留一个。假设程序代码中缩进和空格的使用都符合规范，要求考虑下列类似代码中的变量名。

①赋值语句 name = 'dong' 中的 name。

②赋值语句 width, height = 8, 6 中的 width 和 height。

③循环结构 for i in range(5) 中的 i。

④循环结构 for i, j in [(1,2), (3,4)] 中的 i 和 j。

⑤循环结构 for i, (j, k) in enumerate(zip([1,2,3], '34')) 中的 i、j、k。

⑥函数定义 def func(a, b) 中的 a 和 b。

⑦成员方法定义 def __init__(self) 中的 self。

可以关注微信公众号"Python 小屋"发送消息"590"获取测试文件下载地址。（"Python 小屋"题号：590）

```
import re
def main(fn): pass
```

（52）函数 main() 接收 Python 源程序文件路径字符串 fn 作为参数，要求返回包含该程序中所有函数名、方法名、类名的列表（按在程序中定义的先后顺序排序），不同类中的同名方法全部保留。假设程序中缩进、空行、空格的使用完全符合 Python 编程规范，要求考虑下列类似代码中的函数名、方法名、类名。

①函数定义语句 def func(a, b, c) 中的 func。

②类定义中方法定义语句 def __init__(self) 中的 __init__。

③类定义语句 class Demo(object) 中的 Demo。（"Python 小屋"题号：591）。

```
import re
def main(fn): pass
```

（53）函数 main() 接收字符串 s 作为参数，要求统计并返回字符 0 两侧连续字符 1 的个数之和的最大值。例如，main('010201202121100012212121100011100022012002001202211010000120101010000220110010202')) 返回 5。

要求使用正则表达式模块 re 中的函数。（"Python 小屋"题号：604）

```
import re
def main(s): pass
```

（54）函数 main() 接收任意字符串 text 作为参数，要求返回其中 AABC 和 ABCD 形式的四字成语组成的元组。例如，main('积极向上　爱党爱国　欣欣向荣　绘声绘影　念念不忘　头头是道') 返回 ('积极向上', '欣欣向荣', '念念不忘', '头头是道')。

不能使用循环结构和推导式。（"Python 小屋"题号：382）

```
import re
import operator
def main(text): pass
```

第 **23** 章

函数设计与使用

（1）函数 main() 接收任意多个整数，返回它们的和。

删除下画线，替换为自己的代码。不能使用 for 循环。（"Python 小屋"题号：2）

编程题
第 23 章答案 .pdf

```
def main( _____ ):
    return _____
```

（2）函数 main() 接收正整数 n 和 i 作为参数，计算并返回组合数 C_n^i 的值，也就是从 n 个物体中任选 i 个物体有多少种选法。

不能使用循环结构和任何形式的推导式，要求结果为整数。（"Python 小屋"题号：22）

```
from math import factorial
def main(n, i): pass
```

（3）函数 main() 接收字符串 s 和正整数 n 作为参数，要求返回字符串 s 重复 n 次之后的长字符串，如果只传递字符串 s 就返回重复 3 次得到的字符串，也就是 n 默认为 3。例如，传递参数 'abc' 和 2 返回 'abcabc'，传递参数 'ab' 返回 'ababab'。（"Python 小屋"题号：32）

```
def main(s, _____ ):
    return _____
```

（4）已知多个电阻并联时，实际电阻值的倒数为每个电阻值的倒数之和。函数 main() 接收任意多个表示电阻值的正整数作为参数，要求计算并返回这些电阻并联时的实际电阻值，结果保留 1 位小数。（"Python 小屋"题号：36）

```
def main(*para): pass
```

（5）已知标准库 operator 中的函数 mul() 可以计算两个对象相乘的结果，例如，mul(3, 5) 的结果为 15。函数 main() 接收包含若干整数的列表 lst 作为参数，要求返回列表中所有整数连乘的结果。（"Python 小屋"题号：79）

```
from operator import mul
from functools import reduce
def main(lst): pass
```

（6）下面的函数 main() 有错误，预期功能为：main(x=1, y=2, z=3) 返回 6，main(a=4, b=5, c=6, d=7) 返回 22。

阅读代码，尝试理解代码思路，然后进行修改使得完成要求的功能，不能修改代码框架和基本思路，修改的地方越少越好。（"Python 小屋"题号：137）

```
def main(kwargs):
    return sum(kwargs.values())
```

（7）函数 main() 接收任意字符串 s 作为参数，要求返回其中出现次数最多的一个字符，如果有多个出现次数并列最多的字符，返回 Unicode 编码最大的字符。例如，main('aaaabbcccc') 返回 'c'。

不能使用循环结构。（"Python 小屋"题号：221）

```
def main(s): pass
```

（8）函数 main() 接收参数 a、b、c，返回它们的和，其中参数 a 必须传递，参数 b、c 可以不传递。例如，main(1) 返回 9，main(1, 2) 返回 8，main(1, 2, 3) 返回 6。

下面的 main() 函数定义有错误，仔细阅读上面的功能描述，适当进行修改，完成上面描述的功能要求。（"Python 小屋"题号：309）

```
def main(a, b, c):
    return a + b + c
```

（9）函数 main() 接收正整数 n 作为参数，返回 n 的阶乘，要求编写代码调用该函数，分别计算并输出 20 的阶乘、30 的阶乘和 40 的阶乘。不能修改已有的代码。（"Python 小屋"题号：10）

```
from functools import reduce
from operator import mul
def main(n):
    return reduce(mul, range(1, n+1))
```

（10）如果一个 k 位正整数 n 的各位数字的 k 次方之和恰好等于原来的数字 n，那么 n 为水仙花数。函数 main() 接收正整数 n 作为参数，要求判断其是否为水仙花数，如果是就返回 True，否则返回 False。（"Python 小屋"题号：38）

```
def main(n): pass
```

（11）函数 main() 接收若干字符串作为参数，如果第一个字符串包含从第二个往后的所有字符串，函数返回 True，否则返回 False。例如，调用 main('abcd', 'a', 'b', 'c') 返回 True。（"Python 小屋"题号：41）

```
def main(s1, s2, *s3): pass
```

（12）函数 main(lst) 接收包含若干正整数的列表 lst 作为参数，要求返回这些正整数按各位数字之和的大小升序排列后的新列表。例如，[1234, 5, 13, 65] 排序后得到 [13, 5, 1234, 65]。（"Python 小屋"题号：69）

```
def main(lst): pass
```

（13）Python 3.8 及之前的标准库 math 中提供了 gcd() 函数可以计算两个整数的最大公约数，Python 3.9 及之后的版本中该函数可以计算任意多个整数的最大公约数。函数 main() 接收任意多个整数作为参数，要求计算并返回这些整数的最大公约数，如果函数 main() 接收的参数为 0 个就返回字符串 '必须提供至少一个整数'，如果函数 main() 接收的参数中有不是整数的就返回字符串 '必须都是整数'。可以借助于已导入的

标准库 math 中的函数 gcd()，但不能直接调用。（"Python 小屋"题号：75）

```
from math import gcd
from functools import reduce
def main(*integers): pass
```

（14）函数 main() 接收包含若干整数的等长列表 a 和 b 作为参数，要求返回两个列表中对应位置上整数之差的绝对值之和。（"Python 小屋"题号：80）

```
from operator import sub
def main(a, b): pass
```

（15）函数 main() 接收表示圆半径的整数或实数 r 作为参数，要求返回半径为 r 的圆的面积，要求参数 r 必须为整数或实数并且必须大于 0。

把代码中的下画线删除并替换为合适的代码，使得函数 main() 能够完成预期的功能。（"Python 小屋"题号：88）

```
from math import pi as _____
def main(r):
    if isinstance(r, (int,float)) and _____ :
        return round(PI*r*r, 3)
    else:
        return '半径必须为大于 0 的整数或实数'
```

（16）在下面的代码中，已知参数 origin 和 userInput 是两个字符串，并且 origin 的长度大于 userInput 的长度。函数 main() 的功能是统计并返回字符串 origin 和 userInput 中对应位置上字符相同的数量。

把下画线删除并替换为合适的代码，完成预期的功能。（"Python 小屋"题号：89）

```
def main(origin, userInput):
    return sum(map(lambda oc, uc: _____ , origin, userInput))
```

（17）函数 main() 用来计算任意多项式的值，参数 factors 是表示多项式系数（从高阶到低阶排列，缺少的项对应的系数为 0）的元组，参数 x 表示多项式中变量的值。例如，factors 为 (3,0,1) 表示多项式 $f(x)=3x^2+1$，main((3,0,1), 2) 返回 13。

要求使用 reduce() 函数，不能使用循环结构。（"Python 小屋"题号：98）

```
from functools import reduce
def main(factors, x): pass
```

（18）函数 main() 接收分别表示年、月、日的正整数 year、month、day 作为参数，要求返回表示 year 年 month 月 day 日是周几的整数，1 表示周一，2 表示周二，以此类推，7 表示周日。例如 main(2020,10,5) 返回 1。

删除代码中的 pass 语句，替换为自己的代码，完成预期的功能。可以导入必要的标准库。（"Python 小屋"题号：105）

```
def main(year, month, day): pass
```

（19）函数 main() 接收参数 n，如果 n 不是正整数就返回字符串 '无效参数'，如果是正整数返回斐波那契数列中第 n 个数。例如 main(1) 返回 1，main(10) 返回 55。（"Python 小屋"题号：133）

```
def main(n): pass
```

（20）函数 main() 接收包含若干子列表的列表 data 作为参数，子列表中包含若干整数，不再包含深一层的子列表。要求把 data 平铺化，把子列表中的整数按原来的顺序放入单层列表中并返回最终得到的列表。例如，main([[1], [2,3], [4,5,6]]) 返回 [1, 2, 3, 4, 5, 6]。

已导入的标准库对象不是必须使用的，是否使用可以自己决定。（"Python 小屋"题号：136）

```
from itertools import chain
def main(data): pass
```

（21）删除下面程序中的下画线和 pass 语句，替换为自己的代码，使得函数的 3 次调用分别能够返回 12、1554 和 1665，也就是以关键参数形式传递实参并返回所有参数值之和。不能修改 main() 函数名称和 3 条 print() 语句。（"Python 小屋"题号：153）

```
def main( _____ ): pass
print(main(x=3, y=4, z=5))
print(main(a=666, b=888))
print(main(a=666, c=999))
```

（22）函数 main() 接收字符串 s 作为参数，其内容为空格分隔的 3 个实数，分别表示一个三角形的两个边长和它们的夹角（单位是度），要求计算并返回该三角形第三边边长，保留一位小数。如果参数 s 不符合要求，返回字符串 '数据不合法。'。例如，main('3 4 90') 返回 5.0，main('3') 返回 '数据不合法。'。（"Python 小屋"题号：165）

```
from math import cos, radians
def main(s): pass
```

（23）函数 main() 接收 datetime 日期时间对象 dt1 和 dt2 作为参数，要求返回二者之间相差的总秒数，结果应为大于或等于 0 的实数。例如，main(datetime(2021,2,3,7,52,15), datetime(2021,2,3,7,52,50)) 返回 35.0，main(datetime(2021,2,2,2,2,2), datetime(2020,2,2,2,2,2)) 返回 31622400.0。（"Python 小屋"题号：185）

```
from datetime import datetime
def main(dt1, dt2): pass
```

（24）函数 main() 接收任意多个以普通位置参数形式传递的整数，返回它们的和。要求使用 for 循环，不能使用内置函数 sum()。（"Python 小屋"题号：192）

```
def main( _____ ):
    _____
```

（25）函数 main() 接收包含若干数字的元组 data 作为参数，要求返回其中大于平均数的数字组成的新元组。例如，main((1, 2, 3, 4)) 返回 (3, 4)。

要求使用内置函数 filter() 和 lambda 表达式。（"Python 小屋"题号：197）

```
def main(data): pass
```

（26）函数接收正整数 n 作为参数，要求计算并返回 n 的阶乘。例如，main(12) 返回 479001600。

要求使用递归函数实现，也就是在 main() 函数中调用 main() 函数。（"Python 小屋"

题号：213）

```
    def main(n): pass
```

（27）函数 main() 接收迭代器对象参数 iterator 和任意类型的参数 item，要求返回迭代器对象 iterator 中第一个大于 item 的元素的"下标"，也就是第几个元素开始大于 item，从 0 开始计数。例如，main(map(str,range(10)), '6') 返回 7。

不能使用内置函数 enumerate()，不能使用 while 循环。（"Python 小屋"题号：217）

```
    from itertools import count
    def main(iterator, item): pass
```

（28）函数 main() 接收元组 digits 作为参数，元组 digits 中每个元素都是 range(10) 范围内的数字，要求把 digits 中的数字按顺序拼接为一个整数，digits 中第一个元素的数字为结果整数的最高位，最后一个元素的数字为结果整数的最低位。例如，main((1,2,3,4)) 返回 1234。

不能使用 for 循环，不能使用 str() 和 map() 函数，要求使用 reduce() 函数和 lambda 表达式。（"Python 小屋"题号：237）

```
    from functools import reduce
    def main(digits): pass
```

（29）在下面的代码中，函数 intersection() 用来计算并返回两个集合的交集，函数 main() 接收任意多个集合作为参数，要求利用函数 reduce() 和 intersection() 计算并返回这些集合的交集。例如，main({1,2,3,4}, {3,4,5}, {1,3,5}) 返回 {3}。

不能使用循环结构。（"Python 小屋"题号：307）

```
    from functools import reduce
    def intersection(x, y):
        return x & y
    def main(*p): pass
```

（30）函数 main() 接收包含若干整数的列表 data 作为参数，要求按每个整数对 5 的余数从小到大排列，对 5 的余数相同的整数放到一起并且保持原来的相对顺序，返回排序后的新列表。例如，main([1,3,5,2,9,7,6]) 返回 [5, 1, 6, 2, 7, 3, 9]。

不能使用列表的方法 sort()。（"Python 小屋"题号：431）

```
    def main(data): pass
```

（31）阅读下面的代码，把其中的两处下划线替换为自己的代码，不能修改其他位置的代码，使得代码运行后输出参数 data 中的每个元素，且以英文半角逗号分隔相邻元素，例如"1,2,3,4""3.14,9.8""Python 小屋，董付国"。（"Python 小屋"题号：464）

```
    def main(data):
        print( _____ , _____ )
    main([1, 2, 3, 4])
    main((3.14, 9.8))
    main(['Python 小屋', '董付国'])
```

（32）函数 main() 接收可哈希对象 hashable 和可迭代对象 iterable 作为参数，要求返回一个包含若干字典的列表，以参数 hashable 作为字典的"键"，以参数 iterable

中每个元素作为字典的"值"。例如，main('a', '1234') 返回 [{'a': '1'}, {'a': '2'}, {'a': '3'}, {'a': '4'}]。

不能使用循环结构和任何形式的推导式，要求至少使用内置函数 map() 和 lambda 表达式。（"Python 小屋"题号：478）

```
def main(hashable, iterable): pass
```

（33）函数 main() 接收包含若干整数的元组 integers 作为参数，要求返回其中所有整数之和。例如，main((1, 2, 3, 5, 4)) 返回 15。

不能使用循环结构和任何形式的推导式，不能使用内置函数 sum()，要求使用递归函数，也就是在 main() 函数中调用 main() 函数。（"Python 小屋"题号：581）

```
def main(integers): pass
```

（34）如果一个整数 n 的各位数字能够组成的最大数减去能够组成的最小数的差恰好等于原来的数字 n，那么 n 就是黑洞数。例如，495 是黑洞数，因为各位数字能够组成的最大数 954 与能够组成的最小数 459 的差为 495。函数 main() 接收正整数 n 作为参数，要求判断其是否为黑洞数，是则返回 True，否则返回 False。（"Python 小屋"题号：37）

```
def main(n): pass
```

（35）函数 main() 接收包含若干正整数的列表 lst 作为参数，要求返回这些正整数首尾相接能够组成的最大数字。例如，lst 为 [12, 34, 4] 时，返回 43412。

删除 pass 语句，替换为自己的代码，完成要求的功能，可以使用标准库 itertools 中的 permutations() 函数。（"Python 小屋"题号：43）

```
from itertools import permutations
def main(lst): pass
```

（36）函数 main() 接收包含若干整数的列表参数 lst 作为参数，要求返回其中大于 8 的偶数组成的新列表，如果不存在这样的数就返回空列表。如果接收到的参数 lst 不是列表或者列表中不都是整数，就返回 '数据不符合要求'。（"Python 小屋"题号：72）

```
def main(lst): pass
```

（37）小猴子有一天摘了很多桃子，一口气吃掉一半还不过瘾，就多吃了一个；第二天又吃掉剩下的桃子的一半多一个，以后每天都是吃掉前一天剩余桃子的一半还多一个，到了第 n 天再想吃的时候发现只剩下一个了。计算小猴子最初摘了多少个桃子。函数 main() 接收任意正整数 n 作为参数，表示小猴子吃完桃子用的天数，要求返回正整数表示小猴子最初摘的桃子数量。（"Python 小屋"题号：77）

```
def main(n): pass
```

（38）下面的代码预期功能是在函数 main() 中把全局变量 x 的值修改为参数 num 的值，并返回修改后全局变量 x 的值。

阅读下面的代码，把下画线删除并替换为合适的代码，使得函数 main() 能够实现预期的结果。（"Python 小屋"题号：87）

```
x = 3
```

```
def main(num):
    _____
    x = num
    return globals()['x']
```

（39）函数 main() 接收表示纪元秒数的正整数 seconds 作为参数，也就是从 1970 年 1 月 1 日 8 时 0 分 0 秒（北京时间）到目前为止经过的秒数，要求返回纪元秒数 seconds 对应的日期时间字符串。例如，main(1601901810) 返回 '2020-10-05_20:43:30'，日期和时间之间有一个下画线。

删除代码中的 pass 语句，替换为自己的代码，完成预期的功能，可以导入必要的标准库。（"Python 小屋"题号：106）

```
def main(seconds): pass
```

（40）函数 main() 接收函数 func 作为参数，要求测试该函数在区间 [0,5] 是否为递减函数。如果函数 func 在整数 0、1、2、3、4、5 的每个函数值（第一个除外）都大于或等于前一个函数值就返回 '非递减函数'，否则返回 '递减函数'。

删除 pass 语句，替换为自己的代码，完成预期的功能。（"Python 小屋"题号：109）

```
def main(func): pass
```

（41）函数 main() 接收包含若干数字且长度相等的可迭代对象 iterable1 和 iterable2 作为参数，如果这两个可迭代对象所有对应位置上的数字的绝对误差都小于或等于 1 就返回 True，否则返回 False。例如，main([3,5,6,7.9], [5,6,7,8.1]) 返回 False，main([1,2], [1.4,2.9]) 返回 True。（"Python 小屋"题号：128）

```
from math import isclose
from functools import partial
isclose = partial(isclose, abs_tol=1)
def main(iterable1, iterable2): pass
```

（42）函数 main() 接收参数 color 作为参数，若 color 是以井号开头、长度为 7、后面 6 位字符都为十六进制有效字符（不区分大小写）的字符串，就转换为包含 RGB 三原色十进制整数的元组并返回。若参数 color 不符合要求则返回字符串 '无效参数'。例如，main('#FFFFFF') 返回 (255, 255, 255)，main('#000000') 返回 (0, 0, 0)。（"Python 小屋"题号：135）

```
from functools import partial
int = partial(int, base=16)
def main(color):
    pass
```

（43）函数 helper() 接收可调用对象参数 func 和可迭代对象参数 iterable 作为参数，要求编写代码实现生成器函数 func() 模拟内置函数 map() 的功能。函数 main() 接收一个可调用对象参数 func 和一个可迭代对象参数 iterable，然后把这两个参数传递给函数 helper()，把调用函数 helper() 得到的生成器对象转换为元组返回。例如，main(sum, ((1,2), (2,3), (4,5,6))) 返回 (3, 5, 15)。

要求使用 for 循环和 yield 语句，不能修改 main() 的定义和其中的代码，不能直接使用内置函数 map()。（"Python 小屋"题号：215）

```
def helper(func, iterable): pass
def main(func, iterable):
    return tuple(helper(func, iterable))
```

（44）函数 main() 接收包含若干字符串的元组 tup 作为参数，要求返回其中只包含数字字符的字符串组成的新元组。例如，main(('1,2','34','ab','*&^%$5')) 返回 ('34',)。

不能使用循环结构，不能使用列表推导式和生成器表达式，不能使用 lambda 表达式。（"Python 小屋"题号：245）

```
def main(tup): pass
```

（45）函数 main() 接收任意多个集合作为参数，计算并返回这些集合的并集。例如，main({1,2,3,4}, {3,4,5}, {1,3,5}) 返回 {1, 2, 3, 4, 5}。

不能使用循环结构。（"Python 小屋"题号：308）

```
def main(*p): pass
```

（46）函数 main() 接收包含若干整数的元组 data 作为参数，要求返回其中与其最大值相等的所有元素的下标组成的元组。例如，main((3,30,2,5,30)) 返回 (1, 4)。

不能使用循环结构，不能使用内置函数 enumerate()。（"Python 小屋"题号：327）

```
def main(data): pass
```

（47）函数 main() 接收数字 a、b、c 作为参数，返回它们的和。要求 main() 函数的 3 个参数都必须以位置参数的形式进行传递，不能使用关键参数。

已知服务器端 Python 版本大于或等于 3.8，仔细阅读下面的代码，进行适当修改，使得函数 main() 满足上面的要求。（"Python 小屋"题号：334）

```
def main(a, b, c):
    return a + b + c
# 下面的代码不允许修改
try:
    print(main(1, 2, 3))
    print(main(4, 5, c=6))
except:
    print('必须使用位置参数的形式传递实参。')
```

（48）函数 main() 接收数字 a、b、c 作为参数，返回它们的和。要求 main() 函数的第 3 个参数 c 必须以关键参数的形式进行传递，不能使用位置参数的形式进行传递。

已知服务器端 Python 版本大于或等于 3.8，仔细阅读下面的代码，进行适当修改，使得函数 main() 满足上面的要求。（"Python 小屋"题号：335）

```
def main(a, b, c):
    return a + b + c
# 下面的代码不允许修改
try:
```

```
        print(main(4, 5, c=6))
        print(main(1, 2, 3))
    except:
        print('必须使用关键参数的形式为形参 c 传递实参。')
```

（49）函数 main() 接收等长列表 arr1、arr2 作为参数，计算 arr1 中每个数字加 3 之后对 arr2 中相同位置上数字的整商和余数组成的元组，返回这些元组组成的列表。例如，main([1,2,3,4], [4,3,2,1]) 返回 [(1, 0), (1, 2), (3, 0), (7, 0)]。

不能使用循环结构和任何形式的推导式。（"Python 小屋"题号：535）

```
    def helper(p, q): pass
    def main(arr1, arr2): pass
```

（50）函数 main() 接收包含若干整数的列表 data 作为参数，要求返回新列表，新列表中每个位置上的数字为原列表中该位置以及该位置前所有元素的最大值。例如，main([6,49,32,31,50]) 返回 [6, 49, 49, 49, 50]。

不能使用循环结构和任何形式的推导式，要求使用内置函数 map()。（"Python 小屋"题号：540）

```
    def main(data): pass
```

（51）函数 main() 接收包含若干整数的列表 vector 和一个整数 p 作为参数，参数 vector 表示一个向量，参数 p 的值为 1 或 2，p=1 时返回向量 vector 的 L1 范数（所有分量的绝对值之和），p=2 时返回向量 vector 的 L2 范数（所有分量的平方和的平方根），结果保留最多 6 位小数。例如，main([1,2,3,4,5,-6,7], 1) 返回 28.0，main([1,2,3,4,5,-6,7], 2) 返回 11.83216。

不能修改其他代码，不能使用内置函数 sum()、map()、abs()，不能使用循环结构和任何形式的推导式，不能使用扩展库 NumPy。（"Python 小屋"题号：793）

```
    from functools import reduce
    def main(vector, p):
        rule = _____
        return round(reduce(rule, vector, 0) ** (1/p), 6)
```

（52）函数 main() 接收自然数 n 作为参数，要求统计区间 [0,n) 上所有数字中，0~9 各位数字分别出现的总次数，并按 0~9 升序排列。例如，main(10) 返回 [('0', 1), ('1', 1), ('2', 1), ('3', 1), ('4', 1), ('5', 1), ('6', 1), ('7', 1), ('8', 1), ('9', 1)]。

要求使用 for 循环。（"Python 小屋"题号：820）

```
    from collections import Counter
    def main(n): pass
```

（53）函数 main() 接收自然数 n 和 i 作为参数，要求返回组合数 C_n^i 的值，即从 n 个元素中任选 i 个元素一共有多少种选法。例如，main(30, 19) 返回 54627300。

不能使用循环结构和任何形式的推导式，且运行总时间不能超过 2 分钟。提示：递归函数。（"Python 小屋"题号：837）

```
def main(n, i): pass
```

（54）函数 main() 接收自然数 n 作为参数，要求计算并返回 n 的各位数字之和。例如，main(12345) 返回 15，main(123456789) 返回 45。

不能使用内置函数 sum()、map()、divmod()、循环结构和任何形式的推导式。提示：递归函数。（"Python 小屋"题号：846）

```
def main(n): pass
```

（55）函数 main() 接收包含若干整数的元组 source 和 key 作为参数，以 key 元组作为滑动窗口去处理 source，每次对窗口中两个元组对应位置的元素相加，返回包含所有相加结果的新元组，长度与 source 相同。例如，main(tuple(range(15)), (8793, 2265, 3333)) 返回 (8793, 2266, 3335, 8796, 2269, 3338, 8799, 2272, 3341, 8802, 2275, 3344, 8805, 2278, 3347)。

不能使用循环结构和任何形式的推导式，不能使用 lambda 表达式。（"Python 小屋"题号：853）

```
import operator
import itertools
def main(source, key):
    return _____
```

（56）函数 main() 接收包含若干整数的列表 data 作为参数，返回其中的最大值。例如，main([6, 2, 3, 8, 4, 5, 4]) 返回 8。

不能使用内置函数 max()，不能使用循环结构和任何形式的推导式。提示：递归函数 + 分治法。（"Python 小屋"题号：791）

```
def main(data): pass
```

（57）函数 isPrime() 判断大于或等于 2 的正整数参数 num 是否为素数，是则返回 True，否则返回 False。函数 main() 接收大于或等于 2 的正整数 n，返回不超过 n 的最大素数。例如，n=200 时返回 199，n=2 时返回 2。

删除 pass 语句，完成函数 isPrime() 和函数 main() 的功能。不能修改函数名称。（"Python 小屋"题号：21）

```
def isPrime(num): pass
def main(n): pass
```

（58）函数 main() 接收表示三角形两个边长的实数 a、b 以及表示它们夹角的实数 theta（单位为度）作为参数，要求根据余弦定理计算并返回第三边长，保留 1 位小数。要求 a、b 都是大于 0 的实数，theta 是介于 (0,180) 开区间的实数，否则返回 '数据不对'。例如，main(3, 4, 90) 返回 5.0。（"Python 小屋"题号：47）

```
from math import cos, radians
def main(a, b, theta): pass
```

（59）函数 main() 接收包含若干整数的列表 vector1 和 vector2 作为参数，要求检查两个参数是否为列表、是否长度相等且只包含整数或实数，如果是则计算并返回对应位置元素之差绝对值的和，否则返回字符串 '数据不对'。例如，main([1, 2, 3], [4, 5, 6])

的计算过程为 abs(1-4)+abs(2-5)+abs(3-6)，返回 9。（"Python 小屋"题号：48）

```
def main(vector1, vector2): pass
```

（60）函数 main() 接收包含若干整数的列表 lst 作为参数，要求返回这些整数中相加之和等于 10 的 3- 元组（包含 3 个元素的元组，其中元素保持原来的相对顺序）组成的新列表。例如，main[1,2,3,4,5,6]) 返回 [(1, 3, 6), (1, 4, 5), (2, 3, 5)]。（"Python 小屋"题号：54）

```
from itertools import combinations
def main(lst): pass
```

（61）函数 isPrime() 用来判断正整数参数 k 是否为素数，是则返回 True，否则返回 False。函数 main() 接收正整数参数 start 和 num 作为参数，要求返回大于或等于 start 的正整数中第 num 个素数。例如，main(100,3) 返回 107。

删除 pass 语句，替换为自己的代码，完成要求的功能，在 main() 函数中可以调用函数 isPrime()。（"Python 小屋"题号：67）

```
def isPrime(k):
    if k in (2,3):
        return True
    if k%2 == 0:
        return False
    for i in range(3, int(k**0.5)+2, 2):
        if k%i == 0:
            return False
    return True

def main(start, num): pass
```

（62）函数 main() 接收正整数参数 num 作为参数，判断是否为丑数，是则返回 True，否则返回 False。丑数是指质因数中只有 2、3、5 的正整数。也就是说，如果一个正整数包含除 2、3、5 之外的其他质因数，那么该正整数不是丑数。（"Python 小屋"题号：68）

```
def main(num): pass
```

（63）编写程序，模拟报数游戏。有 n 个人围成一圈，从 0 到 n-1 按顺序编号，从第一个人开始从 1 到 k 报数，报到 k 的人退出圈子，然后圈子缩小，从下一个人继续游戏，问最后留下的是原来的第几号。函数 main() 接收表示初始编号的列表 lst 和正整数 k 作为参数，要求返回上述游戏中最后一个人的原始编号。

删除代码中的 pass 语句，替换为自己的代码，完成预期的功能。（"Python 小屋"题号：90）

```
from itertools import cycle
def main(lst, k): pass
```

（64）函数 main() 接收 3 个参数，其中参数 iterable 要求必须为只包含整数或实数的可迭代对象，否则返回字符串 '参数 iterable 必须是只包含整数或实数的可迭代对象.'。参数 operator 必须为 '+'、'-'、'*'、'/'、'//'、'**' 这几个运算符字符串之一，

否则返回字符串 '不识别的运算符。'。参数 num 必须是整数或实数，否则返回字符串 '参数 num 必须是整数或实数。'。如果 3 个参数都符合要求，返回 iterable 中每个数字都与 num 进行 operator 运算之后的结果组成的元组。例如，main(range(5), '+', 3) 返回 (3, 4, 5, 6, 7)，main(range(5), '*', 3) 返回 (0, 3, 6, 9, 12)。("Python 小屋" 题号：167)

```
def main(iterable, operator, num): pass
```

（65）如果一个 n 位正整数的各位数字的 n 次方之和等于这个数字本身，那么这个正整数是水仙花数。例如，153 是 3 位水仙花数，因为 $153=1^3+5^3+3^3$。再例如，370、371、407 也是 3 位水仙花数。函数 main() 接收正整数 n 作为参数，要求返回所有 n 位水仙花组成的元组。例如，main(6) 返回 (548834,)。

不能使用循环结构和任何形式的推导式。("Python 小屋" 题号：201)

```
def main(n): pass
```

（66）在下面的代码中，fib() 是一个用来生成任意长度斐波那契数列中数字的生成器函数。函数 main() 接收正整数参数 n 作为参数，调用 fib() 函数得到生成器对象，然后返回斐波那契数列中大于 n 的第一个数字。例如，main(100) 返回 144。

删除 pass 语句，替换为自己的代码，实现生成器函数 fib() 的预期功能。不能改变 main() 函数的定义和功能。("Python 小屋" 题号：216)

```
def fib(): pass
def main(n):
    for num in fib():
        if num > n:
            return num
```

（67）函数 main() 接收列表 data 作为参数，其中的元素可能为整数，也可能为子列表，子列表中可能还包含整数或子列表，嵌套的层数不确定。要求把列表 data 平铺化，也就是把列表 data 及其子列表中的所有整数都按顺序提取出来放入一个列表中，并返回这个列表。例如，main([[[1]],[2,3,[4]],5]) 返回 [1, 2, 3, 4, 5]。

阅读下面的代码，然后删除 pass 语句，定义内层函数 inner() 为递归函数，完成要求的功能。不能修改或删除最后两行代码。("Python 小屋" 题号：225)

```
def main(data):
    result = []
    def inner(data_inner):
        pass
    inner(data)
    return result
```

（68）main() 接收整数或实数 a、b、x 作为参数，计算并返回表达式 a*x+b 的值，要求调用函数 outer() 来完成该计算，不能在 main() 函数中直接计算。例如，main(3, 5, 7) 返回 26。

删除 pass 语句，替换为自己的代码，完成预期的功能。不能修改 main() 函数中的代码。("Python 小屋" 题号：254)

```
def outer(a, b):
    def inner(x):
        pass
    pass
def main(a, b, x):
    return outer(a,b)(x)
```

（69）函数 main() 接收正整数 a、b 作为参数，计算并返回 a 和 b 的最大公约数。例如，main(357, 123) 返回 3，main(12, 7) 返回 1。

不能使用循环结构。提示：递归函数。（"Python 小屋"题号：314）

```
def main(a, b): pass
```

（70）函数 main() 接收包含若干正整数的列表 data 作为参数，要求把这些正整数按先后顺序拼接为一个大整数，返回拼接结果。例如，main([123, 4567, 8])、main([12, 345, 678])、main([1, 2, 345678]) 都返回 12345678。

不能使用 for 循环结构，不能使用字符串方法 join()，不能使用内置函数 eval()。（"Python 小屋"题号：323）

```
from functools import reduce
def main(data): pass
```

（71）函数 main() 接收正整数 number 作为参数，要求计算其因数分解结果，返回分解结果所有因数组成的元组，所有数字升序排列。例如，main(123456) 返回 (2, 2, 2, 2, 2, 2, 3, 643)。

根据已有代码分析函数 helper() 的功能，要求使用递归函数。（"Python 小屋"题号：348）

```
def helper(num, fac): pass
def main(number):
    factors = []
    helper(number, factors)
    return tuple(factors)
```

（72）阅读下面的代码，删除函数 main() 中的 pass 语句，替换为自己的代码，完成预期的功能，使得代码能够分别输出 10、33、10。

不能使用 return 语句，不能使用循环结构和任何形式的推导式。（"Python 小屋"题号：411）

```
def main(iterable): pass
print(sum(main([1, 2, 3, 4])))
print(sum(main((5, 3, 2, 7, 7, 9))))
print(sum(main(range(5))))
```

（73）函数 main() 接收包含若干整数的列表 data 作为参数，要求返回其中相差最小的两个整数升序排列组成的元组。如果有多对符合条件的整数，要求返回最小的一组。例如，main([57, 1, 24, 1, 8, 48, 92, 2, 74, 48]) 返回 (1, 1)。

不能使用选择结构、循环结构和任何形式的推导式。（"Python 小屋"题号：433）

```
def main(data): pass
```

（74）函数 main() 接收二层嵌套列表 data 作为参数，其中每个子列表的长度相同。把二层嵌套列表 data 看作一个矩阵，要求计算并返回每列元素之和组成的列表。例如，main([[1,2,3], [4,5,6], [7,8,9]]) 返回 [12, 15, 18]。

删除 pass 语句，替换为自己的代码完成要求的功能。不能使用循环结构和任何形式的推导式，不能使用加号运算符。（"Python 小屋"题号：458）

```
from operator import add
from functools import reduce
def main(data): pass
```

（75）假设一段楼梯有无数个台阶，小明一步最多能上 3 个台阶，每步可以上 1 或 2 或 3 个台阶，函数 main() 接收正整数 n 作为参数，返回小明爬到第 n 个台阶有多少种爬法。例如，main(4) 的结果为 7，main(5) 的结果为 13。

不能使用循环结构和任何形式的推导式。（"Python 小屋"题号：504）

```
def main(n): pass
```

（76）函数 main() 接收包含若干整数的列表 data 作为参数，返回这些数字的平均绝对离差，即每个数字与平均值之差的绝对值的平均值，最终结果保留最多 2 位小数。例如，main([6,49,32,31,50]) 返回 12.72。这些数字的平均值为 33.6，然后计算 |6-33.6|+|49-33.6|+|32-33.6|+|31-33.6|+|50-33.6| = 63.6，再除以 5 得 12.72。

不能使用循环结构和任何形式的推导式。（"Python 小屋"题号：536）

```
def main(data): pass
```

（77）函数 main() 接收字符串 s1 和 s2 作为参数，要求返回 s1 中每个字符在 s2 中出现的次数之和。例如，main('abc', 'Readability counts.') 返回 4，main('dongfuguo', 'Beautiful is better than ugly.') 返回 10。

不能使用循环结构和任何形式的推导式，不能使用字符串的 count() 方法。（"Python 小屋"题号：551）

```
import itertools
def main(s1, s2): pass
```

（78）函数 main() 接收包含若干整数的元组 source 和 key 作为参数，以 key 元组作为滑动窗口去处理 source，每次对窗口中两个元组对应位置的元素相加，返回包含所有相加结果的新元组，长度与 source 相同。例如，main(tuple(range(15)), (8793, 2265, 3333)) 返回 (8793, 2266, 3335, 8796, 2269, 3338, 8799, 2272, 3341, 8802, 2275, 3344, 8805, 2278, 3347)。

不能使用循环结构和任何形式的推导式。（"Python 小屋"题号：564）

```
def main(source, key): pass
```

（79）函数 main() 接收 s1 和 s2 作为参数，如果 s1 和 s2 不都是字符串就返回字符串 'error1'，如果字符串 s1 的长度小于字符串 s2 的长度就返回字符串 'error2'，如果 s1 和 s2 都是字符串且 s1 的长度大于或等于 s2 的长度就返回对应位置上字符相同的个数。例如，main('python', 'Python') 返回 5，main('abcdefg', '123dfeaaa')

返回 'error2'，main('abcdefg', 123456) 返回 'error1'。

不能使用循环结构和任何形式的推导式，不能使用内置函数 isinstance() 和关键字 and，要求使用内置函数 filter()。（"Python 小屋"题号：565）

```
def main(s1, s2): pass
```

（80）按深度优先的顺序遍历多叉树的节点。函数 main() 接收字典 graph 作为参数，其中元素的"键"表示多叉树中的节点，"值"为当前节点的子节点组成的列表。要求查找多叉树的根节点并按深度优先的顺序遍历多叉树 graph 中的节点，每个节点的子节点按标签升序排列，返回依次经过的节点组成的列表。如果 graph 表示的树中无法确定根节点就返回 False。例如，main({'A':['B','C'], 'B':['D','G'], 'C':['E','H','I'], 'D':['F','J','K']}) 返回 ['A', 'B', 'D', 'F', 'J', 'K', 'G', 'C', 'E', 'H', 'I']，main({'G':['H', 'I'], 'H':['E','F'], 'F':['G'], 'I':['D','C','B'], 'C':['A']}) 返回 False。（"Python 小屋"题号：621）

```
def main(graph): pass
```

（81）函数 main() 接收自然数 n 作为参数，要求返回 3 的 n 次方，即表达式 3**n 的值。例如，main(5) 返回 243，main(25) 返回 847288609443，main(225) 返回 22505 17072832484040432643989199568939085306673203124011480074804148806055885 27456387252533530387658761101443。

删除 pass 语句，替换为自己的代码，并适当修改 main() 函数的定义，完成要求的功能。不能使用运算符"*""**"、循环结构和任何形式的推导式、内置函数 pow()、标准库 math 和扩展库 numpy，并且程序运行时间不能超过 5 秒。（"Python 小屋"题号：705）

```
from functools import lru_cache
def main(n): pass
```

（82）重做第 20 章第（150）题，要求使用递归函数，不能修改最后一条语句。（"Python 小屋"题号：720）

```
def main(seq):
    pass
    return main(seq)
```

（83）函数 main() 接收任意自然数 n 作为参数，要求返回各位数字组成的列表。例如，main(12345) 返回 [1, 2, 3, 4, 5]。

删除下画线，替换为合适的表达式，完成要求的功能。不能改变除下画线之外的内容。（"Python 小屋"题号：749）

```
def main(n):
    if n < 10:
        return _____
    return main(_____ ) + _____
```

（84）下面代码中 func() 函数模拟的是标准库 itertools 中 cycle() 函数的功能，循环使用可迭代对象中的元素。例如，main('Python 小屋', 20) 返回 ['P', 'y', 't', 'h', 'o', 'n', '小', '屋', 'P', 'y', 't', 'h', 'o', 'n', '小', '屋',

'P', 'y', 't', 'h']。

不能改动 main() 函数的代码，不能使用嵌套循环结构。（"Python 小屋"题号：855）

```
def func(iterable): pass
def main(iterable, n):
    result, it = [], func(iterable)
    for _ in range(n):
        result.append(next(it))
    return result
```

（85）函数 split() 接收表示考试成绩的整数或实数 score 作为参数，根据该成绩所处的分数段返回相应的字符串。函数 main() 接收一个包含若干介于 [0,100] 区间数字的元组 scores 作为参数，统计并返回各分数段的人数，要求利用题目中已定义的辅助函数 split() 和标准库 itertools 中的函数 groupby()，要求返回结果为字典，且其中的"键"按 '优'、'良'、'中'、'及格'、'不及格' 的顺序排列，某个分数段内没有成绩的话就使用 0 表示人数。例如，main((90, 91, 92, 93, 54)) 返回 {'优': 4, '良': 0, '中': 0, '及格': 0, '不及格': 1}。

不能使用循环结构，不能使用扩展库 Pandas。（"Python 小屋"题号：311）

```
from itertools import groupby
def split(score):
    if score >= 90: return '优'
    elif score >= 80: return '良'
    elif score >= 70: return '中'
    elif score >= 60: return '及格'
    else: return '不及格'
def main(scores): pass
```

（86）函数 main() 接收包含若干整数的元组作为参数，返回其中所有数字的和。check() 预期是一个修饰器函数，作用于函数 main() 的效果是：检查 main() 函数的返回值，如果返回值是 3 的倍数就返回一个元组 ('modified', result)，否则就直接返回 main() 函数的返回值。例如，main((1, 2, 3)) 返回 ('modified', 6)，main((1, 2, 3, 4)) 返回 10。（"Python 小屋"题号：359）

```
def check(func): pass
# 下面的代码不能修改
@check
def main(data):
    return sum(data)
```

（87）函数 main() 接收包含若干整数的列表 data 作为参数，要求返回排序后的新列表，排序规则为：对 5 的余数为 0、2、4 的整数归到一组并且放在结果列表的前面，对 5 的余数为 1、3 的整数归到一组并且放在结果列表的后面，同一组里的整数保持原来的相对顺序。例如，main([3, 72, 70, 75, 76, 64, 73, 30, 93, 99]) 返回 [72, 70, 75, 64, 30, 99, 3, 76, 73, 93]。

不能使用列表的方法 sort()。（"Python 小屋"题号：432）

```
def main(data): pass
```

（88）函数 main() 接收包含若干任意对象的列表 data 作为参数，要求计算其中所有整数或实数的平均数（四舍五入，保留最多两位小数），忽略整数或实数之外的其他元素。例如，main(['1', 2, '3', '4', 5.5]) 返回 3.75。

不能使用循环结构和任何形式的推导式，不能使用 lambda 表达式。（"Python 小屋"题号：507）

```
def main(data): pass
```

（89）函数 main() 接收任意多个关键参数，要求删除其中的 pass 语句，替换为自己的代码，使得 return (x, a) 语句能够正常执行，并且返回接收的关键参数中 x 和 a 的值组成的元组。例如，main(x=3, y=4, z=5, a=666) 返回 (3, 666)。不能使用 'x'、'a' 类似的表达式。（"Python 小屋"题号：521）

```
def main(**kwargs):
    pass
    return (x, a)
```

（90）函数 main() 接收任意多个关键参数，要求删除其中的 pass 语句，替换为自己的代码，使得 return (x, a) 语句能够正常执行，并且返回接收的关键参数中 x 和 a 的值组成的元组。例如，main(x=3, y=4, z=5, a=666) 返回 (3, 666)。不能使用内置函数 globals()。（"Python 小屋"题号：522）

```
def main(**kwargs):
    pass
    return (x, a)
```

（91）查阅资料，了解标准库 operator 中可调用对象 itemgetter 的功能和用法，然后完成下面的程序对其进行模拟。例如，main([[1,2,3], [4,5,6]], 1) 返回 7，main([[0,1,2], [1,2,3], [4,5,6]], -1) 返回 11。

不能使用选择结构，不能修改 main() 函数的定义。（"Python 小屋"题号：572）

```
def itemgetter(index): pass
def main(iterables, index):
    return sum(map(itemgetter(index), iterables))
```

（92）函数 main() 接收任意多个正整数作为参数表示一个箱子里不同颜色小球的数量，第一个正整数表示红色小球的数量，剩余的正整数表示其他颜色小球的数量。然后模拟闭着眼从箱子里摸球的过程，每次摸一个小球出来并且不放回。要求返回一个包含 3 个实数的元组，其中第一个数字表示第一次摸到红球的概率，第二个数字表示第二次摸到红球的概率，第三个数字表示第二次摸到红球时第一次摸到红球的概率，3 个数字都保留最多 3 位小数。例如，main(2, 3, 4) 返回 (0.222, 0.222, 0.125)，表示箱子里有 2 个红球、3 个绿球、4 个蓝球，第一次摸到红球的概率为 0.222，第二次摸到红球的概率为 0.222，第二次摸到红球时第一次也摸到红球的概率为 0.125。（"Python 小屋"题号：649）

```
def main(*balls): pass
```

（93）函数 main() 接收包含若干整数的列表 seq 作为参数，要求返回其中相差最小的两个整数升序排列组成的元组。如果有多对符合条件的整数，要求返回最小的一组。例如，main([57, 48, 24, 1, 8, 48, 92, 2, 74, 1]) 返回 (1, 1)。

不能使用循环结构和任何形式的推导式，不能使用内置函数 sorted()。（"Python 小屋"题号：651）

```
from operator import sub
from itertools import combinations
def main(seq): pass
```

（94）函数 main() 接收自然数 n、i 作为参数，计算并返回组合数 C_n^i。例如，main(8, 3) 返回 56，main(8, 5) 返回 56。

不能使用标准库 math 中的函数 comb() 和 factorial()，不能使用内置函数 len()，不能使用循环结构和任何形式的推导式，要求使用标准库 functools 中的函数 reduce()。（"Python 小屋"题号：686）

```
from functools import reduce
def main(n, i): pass
```

（95）函数 main() 接收表示矩阵的嵌套列表 mat 作为参数，返回其转置矩阵的嵌套列表形式。例如，main([[1,2,3], [4,5,6]]) 返回 [[1, 4], [2, 5], [3, 6]]。

不能使用循环结构、任何形式的推导式、内置函数 zip()，要求使用内置函数 map() 和 lambda 表达式。（"Python 小屋"题号：692）

```
def main(mat):
    return _____
```

（96）重做第 18 章第（15）题，函数 main() 接收正整数 n 作为参数表示棋盘上小格子的数量，要求返回放满所有小格子需要的米的粒数。例如，main(5) 返回 31，main(8) 返回 255，main(64) 返回 18446744073709551615。

不能使用循环结构和任何形式的推导式，不能使用运算符"**"和"-"，不能使用内置函数 pow()、int()、sum()、str()，不能改动下画线之外的内容。（"Python 小屋"题号：756）

```
from functools import reduce
def main(n):
    return _____
```

（97）重做第 20 章第（196）题，不能使用循环结构和任何形式的推导式。提示：递归函数。（"Python 小屋"题号：804）

```
def main(n): pass
```

（98）给定区间 [1,n] 上所有自然数的一个排列，相邻两个数字相加得到一个新的序列，对新的序列重复上面的操作，最终得到一个数字。例如，假设 n=5 且初始排列为 1、2、3、4、5，计算过程如下：

```
1     2     3     4     5
   3     5     7     9
      8     12    16
         20    28
            48
```

函数 main() 接收包含若干自然数的列表 data 作为参数，计算并返回按照上面的过程计算得到的最终结果。例如，main([1, 3, 5, 2, 4])返回55，main([11, 13, 12, 14, 9, 5, 3, 7, 8, 2, 4, 6, 10, 1])返回48619。

不能使用循环结构和任何形式的推导式。提示：最终计算结果与杨辉三角形有关系。（"Python小屋"题号：809）

```
import math
def main(data): pass
```

（99）下面代码中func()函数模拟的是标准库itertools中cycle()函数的功能，循环使用可迭代对象中的元素，与cycle函数的不同之处在于：先使用偶数位置上的元素，再使用奇数位置上的元素。例如，main('Python小屋', 20)返回['P', 't', 'o', '小', 'y', 'h', 'n', '屋', 'P', 't', 'o', '小', 'y', 'h', 'n', '屋', 'P', 't', 'o', '小']。

不能改动main()函数的代码，不能使用嵌套循环结构。（"Python小屋"题号：856）

```
def func(iterable): pass
def main(iterable, n):
    result, it = [], func(iterable)
    for _ in range(n):
        result.append(next(it))
    return result
```

（100）函数main()接收包含若干整数的元组data作为参数，要求返回其中的整数减3之后的结果组成的新元组，如果某个整数减3之后为0，就立即停止计算，该整数以后元组data中后面的所有整数都不再处理。例如，main((1, 2, 3, 4))返回(-2, -1)，main((5, 6, 2, 1, 3, 8, 9))返回(2, 3, -1, -2)。

不能使用循环结构。（"Python小屋"题号：330）

```
def main(data): pass
```

（101）函数main()接收包含若干正整数的列表numbers和整数k作为参数，要求返回其中相加之和与最大公约数的差最大的k个数组成的元组组成的列表，如果有多组这样的整数就全部返回，且每个元组中的k个整数保持原来的相对顺序。例如，main([14, 9, 8, 12, 10, 6], 3)返回[(14, 9, 12), (14, 12, 10)]，对于第一组数字有14+9+12-1=34，对于第二组数字有14+12+10-2=34。

不能使用循环结构和任何形式的推导式，不能使用内置函数sorted()和列表方法sort()。（"Python小屋"题号：575）

```
import math
import functools
import itertools
def main(numbers, k): pass
```

（102）按广度优先的顺序遍历多叉树的节点。函数main()接收字典graph作为参数，其中元素的"键"表示多叉树中的节点，"值"为当前节点的子节点组成的列表。要求查找多叉树的根节点并按广度优先的顺序遍历多叉树graph中的节点，每个节点的子节点按标签升序排列，返回依次经过的节点组成的列表。如果graph表示的树中无法确定根节点就返回 False。例如，main({'C':['A','D','G'], 'A':['F','E'], 'D':['H','I','B'], 'E':['K','J']}) 返回 ['C', 'A', 'D', 'G', 'E', 'F', 'B', 'H', 'I', 'J', 'K']，main({'G':['H', 'I'], 'H':['E','F'], 'F':['G'], 'I':['D','C','B'], 'C':['A']}) 返回 False。("Python 小屋"题号：622）

```
def main(graph): pass
```

（103）函数 main() 接收字典 data 作为参数，要求返回对应的"值"为 3 的最大的"键"。例如，main({'a':3, 'b':3, 'z':3, 'c':4}) 返回 'z'。

不能使用循环结构和任何形式的推导式，不能使用内置函数 max() 的 key 参数，不能使用 lambda 表达式，不能使用运算符 "=="。("Python 小屋"题号：626）

```
def main(data): pass
```

（104）假设你正参加一个有奖游戏节目，面前有 3 道门可选：其中一个后面是汽车（高价值物品），另外两个后面是山羊（低价值物品）。你选择一个门，比如说 1 号门，主持人事先知道每个门后面是什么并且打开了另一个门，比如说 3 号门，后面是一只山羊。然后主持人问"你想改选 2 号门吗？"，那么问题来了，改选的话对你会有利吗？

函数 main() 接收自然数 n 作为参数表示参与上述游戏节目的次数，然后返回坚持最初选择时赢得高价值物品的概率和改选主持人询问的门号时赢得高价值物品的概率。函数 func() 接收一个自然数作为参数表示生成伪随机数算法的种子数，模拟上述游戏的进行过程，返回包含两个元素的元组，其中第 1 个元素表示是否改选，第 2 个元素表示最终选择门后面的物品。在函数 main() 和 func() 都使用 0 表示低价值物品，1 表示高价值物品。例如，main(9999) 返回 (0.34, 0.66)，main(99999) 返回 (0.33, 0.67)。

仔细阅读题目要求和两个函数的已有代码，然后删除 func() 中的 pass 语句，替换为自己的代码，完成要求的功能。不能修改函数 main() 的定义。("Python 小屋"题号：650）

```
from random import choice, seed
def func(start):
    # 设置生成伪随机数的种子数
    seed(start)
    pass
def main(n):
    # 字典 result 中的元素分别表示不改选的话得到低价值物品和高价值物品的次数
    # 以及改选的话得到低价值物品和高价值物品的次数
    result = {False: [0,0], True: [0,0]}
    for _ in range(n):
        # 记录每次游戏的结果
        is_change, success = func(_*2)
        result[is_change][success] += 1
    # 返回的结果元组中两个元素分别表示坚持最初选择时赢得高价值物品的概率
    # 改选时赢得高价值物品的概率
    return (round(result[False][1]/sum(result[False]), 2),
            round(result[True][1]/sum(result[True]), 2))
```

（105）小明爬楼梯时一步最多可以上 3 个台阶，也就是每步可以上 1、2 或 3 个台阶。函数 main() 接收自然数 n 作为参数，要求返回小明爬一段 n 个台阶的楼梯时所有可能的方式，按升序排列。例如，main(5) 返回 [(1, 1, 1, 1, 1), (1, 1, 1, 2), (1, 1, 2, 1), (1, 1, 3), (1, 2, 1, 1), (1, 2, 2), (1, 3, 1), (2, 1, 1, 1), (2, 1, 2), (2, 2, 1), (2, 3), (3, 1, 1), (3, 2)]。（"Python 小屋"题号：750）

```
def main(n): pass
```

（106）函数 main() 接收包含若干整数的列表 data 作为参数，要求返回元素之和最大的连续子序列，如果存在多个连续的子序列元素之和并列最大，则返回最短的一个。返回结果为 3- 元祖，其中第一个元素表示子序列中数字之和，后面两个元素表示子序列的起止下标，左闭右开区间。例如，main([1, 2, 3, 4, -3, 3]) 返回 (10, 0, 4)，表示原始数据中下标介于 [0,4) 的子序列之和为 10。再例如，main([1, 2, 3, 4, -3, 4]) 返回 (11, 0, 6)，main([0, -2, 3, 4, -3, 3]) 返回 (7, 2, 4)。（"Python 小屋"题号：753）

```
def main(data): pass
```

（107）函数 main() 接收列表 arr 和自然数 item 作为参数，列表 arr 中包含若干自然数和子列表，子列表中又包含自然数或子列表。要求删除列表 arr 及其子列表中所有与 item 相等的元素，如果某个子列表处理完为空则把子列表删除，最后返回处理后的列表。例如，main([3, 3, 3, 3, 3], 3) 返回 []，main([3, 1, 2, [3], [[3]], [[[3,3,3]]], [3,5]], 3) 返回 [1, 2, [5]]。（"Python 小屋"题号：832）

```
from copy import deepcopy
def main(arr, item): pass
```

（108）下面代码中 func() 函数模拟的是标准库 itertools 中 cycle() 函数的功能，循环使用可迭代对象中的元素。例如，main('Python 小屋', 20) 返回 ['P', 'y', 't', 'h', 'o', 'n', '小', '屋', 'P', 'y', 't', 'h', 'o', 'n', '小', '屋', 'P', 'y', 't', 'h']。

不能改动 main() 函数的代码，不能使用运算符 "+" "-" "%"。（"Python 小屋"题号：848）

```
def func(iterable): pass
def main(iterable, n):
    result, it = [], func(iterable)
    for _ in range(n):
        result.append(next(it))
    return result
```

（109）小明买回来一对兔子，从第 3 个月开始就每个月生一对兔子，生的每一对兔子长到第 3 个月也开始每个月都生一对兔子，每一对兔子都是这样从第 3 个月开始每个月生一对兔子，那么每个月小明家的兔子数量（单位：对）构成一个数列，这就是著名的斐波那契数列。现在假设每一对兔子开始生兔子的月份、停止生兔子的月份以及兔子的寿命都是可以任意指定的参数，要求计算任意第 n 个月兔子的数量。

函数 main() 接收的参数含义如代码中注释所示，要求返回第 n_month 个月时小明家里有多少只兔子。例如，main(3, 5, 6, 20) 返回 572，main(3, 4, 6, 20) 返回 6。（"Python 小屋"题号：219）

```
def main(start_produce, stop_produce, life_span, n_month):
    ''' 从第 start_produce 个月开始生兔子
        从第 stop_produce 个月停止生兔子
        兔子寿命为 life_span 个月
        计算并返回第 n_month 个月的兔子总数（单位：只）
    '''
    pass
```

（110）某银行推出了一个贷款产品，客户每次贷款并还款后，下次贷款额度自动提高。规则如下（单位为元）。

	优质客户	中端客户	普通客户
初始额度	600	350	300
提高算法	×1.3-30	×1.2-20	×1.1-10

例如，优质客户初始贷款额度为 600 元，每次还款之后贷款额度变为之前额度的 1.3 倍再减去 30 元最后四舍五入的整数结果，即第二次贷款的额度为 round(600*1.3-30)=750。main() 函数接收表示某客户当前贷款额度的自然数 current 作为参数，要求返回该客户所属级别以及已贷款次数。例如，main(9057) 返回 ('优质客户', 11)，main(5639) 返回 ('中端客户', 17)，main(571) 返回 ('普通客户', 9)。（"Python 小屋"题号：450）

```
def main(current): pass
```

（111）寻找有向图中的路径。在有向图中，如果存在若干条首尾相接的边使得从一个顶点 A 出发可以到达另一个顶点 B，则称存在一条从 A 到 B 的路径。这样的路径可能不止一条。

函数 main() 接收字典 graph 和字符串 start、stop 作为参数，其中字典 graph 中元素的"键"表示一个顶点，"值"为从该顶点出发的边可以直接到达的顶点组成的列表，start 和 stop 为有向图中任意两个顶点。要求寻找并返回从 start 出发到达 stop 的所有路径组成的列表，每条路径为若干顶点组成的列表，且所有路径按长度升序排列，长度相同的路径按升序排列。并且要求路径中不能有回路，例如 ['A', 'B', 'C', 'A', 'D'] 这样的路径不能出现。例如，main({'A':['B','C','D'], 'B':['A','C','D'], 'C':['B','D','E'], 'D':['A','C','E']}, 'D', 'E') 返回 [['D', 'E'], ['D', 'C', 'E'], ['D', 'A', 'C', 'E'], ['D', 'A', 'B', 'C', 'E']]。（"Python 小屋"题号：619）

```
def main(graph, start, stop): pass
```

（112）函数 main() 接收包含若干正整数的元组 numbers 作为参数，返回这些数字不同顺序拼接能够得到的最小整数。例如，main((3,30,300,3000)) 返回 3000300303。不能使用关键字 break 和 continue，要求使用嵌套定义函数。（"Python 小屋"题号：638）

```
def main(numbers): pass
```

（113）函数 main() 接收包含若干自然数的列表 data 作为参数，要求重新排列这些自然数并返回新的列表，使得新列表中全部数字先后拼接起来得到的自然数最小，并且原列表 data 中不影响结果的自然数重新排列后保持原来的相对顺序。例如，main([345, 555,

912, 22, 1, 2, 5, 23]) 返回 [1, 22, 2, 23, 345, 555, 5, 912]。("Python 小屋"
题号: 647)

```
def main(data): pass
```

（114）假设有若干个门，最后一个门里是宝藏，前面每个门打开后会看到一个数字，
这个数字表示玩家最多可以向后跨越几个门，例如 3 表示玩家可以在后面的第 1、2、3 这
3 个门中选择一个打开，1 表示只能选择打开下一个门，0 表示掉进陷阱不能再移动。玩
家从第一个门开始游戏，判断玩家是否能够到达最后一个门获得宝藏，如果可以的话给出
所有的有效路径。

函数 main() 接收包含若干非负整数的列表 a 作为参数，其中每个元素的下标表示
从 0 开始的门编号，元素的值表示门后面的数字。如果玩家可以到达最后一个位置就
返回所有路径升序排列组成的列表，否则返回字符串 '无法跳到最后一个位置。'。例
如，main([1,2,3,4,5]) 返回 [(0, 1, 2, 3, 4), (0, 1, 2, 4), (0, 1, 3, 4)]，
main([5,4,3,2,1,0,3]) 返回 '无法跳到最后一个位置。'。("Python 小屋"题号: 742)

```
def main(a): pass
```

（115）给定区间 [1,n] 上所有自然数的一个排列，相邻两个数字相加得到一个新的
序列，对新的序列重复上面的操作，最终得到一个数字。例如，假设 n=5 且初始排列为 1、
2、3、4、5，计算过程如下：

1		2		3		4		5
	3		5		7		9	
		8		12		16		
			20		28			
				48				

函数 main() 接收自然数 n 和 sum_ 作为参数，要求返回 [1,n] 区间上所有自然数全
排列中能使得按照上面规则计算最终得到 sum_ 的排列数量。例如，main(5, 48) 返回 8，
main(5, 55) 返回 8，main(9, 1467) 返回 896，main(10, 3210) 返回 2496。

不能修改 pass 语句之外的其他代码。代码运行时间不能超过 2 分钟。提示：深度优
先搜索。("Python 小屋"题号: 811)

```
from math import comb
def main(n, sum_):
    data = set(range(1,n+1))
    result = 0
    # 杨辉三角中某一行的所有系数
    factors = tuple(comb(n-1,i) for i in range(n))
    def nested(value=0, perm=(), k=0):
        pass
    for i in data:
        nested(i, (i,), 1)
    return result
```

（116）小明去海边玩时捡到了一些漂亮的小石头，他打算给自己做一个手链，于是从
这些小石头中又精心挑选了一部分进行打磨得到了满意的珠子，并对最终每个珠子的成色

和漂亮程度进行打分。为了把这些珠子串成更漂亮的手链，小明的计划是让所有相邻两颗珠子的分数之差的绝对值之和（称作美誉度）最大。例如，如果有 4 颗珠子的分数分别为 1、2、3、4，那么按 (1, 2, 3, 4) 这样的顺序串起珠子得到的美誉度为 1+1+1+3=6，按 (1, 3, 2, 4) 的顺序串起珠子得到的美誉度为 2+1+2+3=8。这样的 4 颗珠子共有 24 种排列方式，其中 (1, 3, 2, 4)、(1, 4, 2, 3)、(2, 3, 1, 4)、(2, 4, 1, 3)、(3, 1, 4, 2)、(3, 2, 4, 1)、(4, 1, 3, 2)、(4, 2, 3, 1) 这几种排列的美誉度为 8，其他均为 6。由于手链是圆环形状，忽略起点的话，(1, 3, 2, 4)、(3, 2, 4, 1)、(2, 4, 1, 3)、(4, 1, 3, 2) 这几种排列实际上是一样的，应算作一种，可以都看作是 (1, 3, 2, 4) 的变形；同样，(1, 4, 2, 3)、(4, 2, 3, 1)、(2, 3, 1, 4)、(3, 1, 4, 2) 这几种排列也是一样的，可以看作是 (4, 2, 3, 1) 的变形。如果再忽略圆环方向的话，(1, 3, 2, 4) 和 (4, 2, 3, 1) 又可以看作是一样的排列方式。所以，对于漂亮程度分数为 1、2、3、4 的 4 颗珠子，只有一种美誉度最高的排列方式。

函数 main() 接收包含若干自然数的元组 data 作为参数，其中每个自然数表示一颗珠子的分值，要求计算并返回这些珠子能够串成多少种美誉度最大的手链。例如，main((12, 35, 24)) 返回 1，main((31, 39, 33, 3, 35, 36)) 返回 6。（"Python 小屋"题号：531）

```
from operator import sub
from itertools import permutations
def main(data): pass
```

（117）张、李、周、赵这 4 位同学发明了一个游戏，在地上写了从 1 到 10 这 10 个数字，然后规定好每个人从哪个数字出发可以一步到达哪个数字，如下所示：

	张	李	周	赵
1		2,6		
2	3		4	6
3			5,8	7
4	5			8
5				9
6	7		8	
7			9	
8	9			
9				
10				

在上面的表格中，最左侧一列表示当前数字，第一行表示"李"处于数字 1 的位置时下一步可以到达数字 2 或数字 6 的位置，其他人在数字 1 的位置上不能再走了；第二行表示"张"可以从数字 2 到数字 3，"周"可以从数字 2 到数字 4，"赵"可以从数字 2 到数字 6，"李"在数字 2 的位置上不能再走了；第三行表示"周"可以从数字 3 到 5 或 8，"赵"可以从数字 3 到数字 7，"张""李"从数字 3 的位置不能再走了；后面几行以此类推。

有了上面的表格之后，4 位同学设计的游戏规则是：其中 1 位同学任意说出一个数字，另外 3 位同学都从那个数字的位置上出发并按照上面表格中定义的方向行走，并记录每个人经过的数字，在行走过程中 3 位同学结为同盟可以互相交换位置以发现更多路径，直到不能再走或者没有新的路可走。最后得到 3 位同学可能经过的所有数字组成的集合（去除重复位置）。

函数 main() 接收表示同学名字的字符串 gamer 和表示初始数字的 start 作为参数，要求返回除 gamer 之外的其他 3 位同学从 start 出发能够经过的所有数字组成的集合，如果除初始数字之外没有经过任何数字就返回空集合 set()，如果参数 gamer 不是 4 位同学的名字或者参数 start 不是有效的数字就返回 None。例如，main('李', 9) 返回 set()，main('张', 50) 返回 None，main('张', 3) 返回 {8, 9, 5, 7}。

可以自定义辅助函数。（"Python 小屋"题号：546）

```
# 状态最小编号为1，最大编号为N
N = 10
def main(gamer, start): pass
```

（118）（根据中国传媒大学胡凤国老师交流的青少年编程挑战赛题目改编）学校举办亲子趣味运动会，规定每个孩子必须有一个家长陪同，所有的家长一组，孩子一组，为确保孩子们的安全，上场后每位家长最多只能照看一个孩子（不必须是自己的），要求家长组先派人上场之后孩子组才能派人上场，每个孩子上场时必须保证场上至少有一个家长能照看 Ta。假设每队 3 个人，那么可能的出场方案有 5 种：

大大大小小小	大大小小大小	大大小大小小	大小大大小小	大小大小大小

函数 main() 接收小于或等于 15 的自然数 n 作为参数，表示孩子的数量，要求计算并返回有多少种出场方案。例如，main(9) 返回 4862，main(15) 返回 9694845。

要求代码运行时间不超过 2 分钟。（"Python 小屋"题号：555）

```
def main(n): pass
```

（119）寻找有向图中的回路。在有向图中，如果存在若干条首尾相接的边使得从一个顶点出发可以回到该顶点，则称存在一条回路。

函数 main() 接收字典 graph 作为参数，其中每个元素的"键"表示一个顶点，"值"为从该顶点出发的边可以直接到达的顶点组成的列表，要求寻找并返回有向图中所有回路组成的列表，每个回路使用包含该回路依次经过的顶点组成的列表表示，要求所有回路按长度升序排列，长度相同的回路按顶点编号升序排列，并丢弃重复的回路。例如，ABA 和 BAB 认为是同一条回路，保留 ABA 而丢弃 BAB，也就是保留编号最小的回路。例如，main({'A':['B','C','D'], 'B':['A','C','D'], 'C':['B','D','E'],

'D':['A','C','E']}) 返回 [['A', 'B', 'A'], ['A', 'D', 'A'], ['B', 'C', 'B'], ['C', 'D', 'C'], ['A', 'B', 'D', 'A'], ['A', 'C', 'B', 'A'], ['A', 'C', 'D', 'A'], ['B', 'D', 'C', 'B'], ['A', 'B', 'C', 'D', 'A'], ['A', 'C', 'B', 'D', 'A'], ['A', 'D', 'C', 'B', 'A']]。("Python 小屋"题号：620)

```
def main(graph): pass
```

（120）函数 main() 接收包含若干自然数的列表 data 作为参数，要求重新排列这些自然数并返回新的列表，使得新列表中全部数字先后拼接起来得到的自然数最小，并且原列表 data 中不影响结果的自然数重新排列后保持原来的相对顺序。例如，main([345, 555, 912, 22, 1, 2, 5, 23]) 返回 [1, 22, 2, 23, 345, 555, 5, 912]。

不能使用循环结构和任何形式的推导式。("Python 小屋"题号：644)

```
import functools
def main(data): pass
```

（121）函数 main() 接收自然数 n 作为参数，要求返回表达式 1!+2!+3!+⋯+n! 的值，其中叹号表示阶乘。例如，main(4) 返回 33，main(60) 返回 8462062043468059715276872005310364902965828848477685901450258075155728920420940313。

不能使用循环结构和任何形式的推导式，不能使用内置函数 sum()、eval()、map()，不能使用 lambda 表达式，要求使用嵌套函数定义。("Python 小屋"题号：696)

```
from functools import reduce
def main(n): pass
```

（122）重做本章第（121）题，不能使用循环结构和任何形式的推导式，不能使用内置函数 eval()、map()，不能使用嵌套函数定义，要求使用 lambda 表达式。("Python 小屋"题号：697)

```
from functools import reduce
def main(n):
    return _____
```

（123）0-1 背包问题。给定背包容量和若干物品的体积与价值，每个物品可以放入或不放入背包，不允许只放入物品的一部分，也不允许同一个物品放入多次。函数 main() 接收自然数 volume 和包含若干自然数的列表 price、weight 作为参数，其中 volume 表示背包容量，长度相同的列表 price、weight 中的数字分别表示若干物品的价值与体积，计算并返回能够放入背包的物品的最大总价值。例如，main(40, [2, 88, 77, 66, 80, 18, 35], [12, 7, 9, 4, 14, 11, 13]) 返回 311。

不能修改其他代码，不能使用循环结构。运行时间不能超过 2 分钟。提示：动态规划算法，记忆化搜索，递归函数。("Python 小屋"题号：818)

```
def main(volume, price, weight):
    dp = [[0 for _ in range(volume+1)] for _ in range(len(price)+1)]
    def nested(i, j):
        pass
    nested(len(price), volume)
    return dp[-1][-1]
```

（124）函数 main() 接收包含若干整数的列表 data 作为参数，将其分为两个子列表，求解两个子列表分别求和的差的绝对值的最小值。例如，[1,2,3,6] 可以分为 [1,2,3] 和 [6]，二者各自求和都是 6，差为 0。[1,3,4,6] 可以分为 [1,6] 和 [3,4]，二者各自求和都是 7，差为 0。

可以自定义辅助函数。理论运行时间 1 秒，不能超过 2 分钟。提示：动态规划算法，非递归。（"Python 小屋" 题号：819）

```
def main(data): pass
```

（125）函数 main() 接收只包含数字字符的字符串 digits 和整数 total 作为参数，要求在字符串 digits 中合适位置插入若干加号和减号，使得表达式的值恰好等于 total，返回所有符合条件的表达式字符串升序排列组成的列表。例如，main('123456789', 80) 返回 ['1+2+3+4-5+6+78-9', '1+2-3+4-5-6+78+9', '1-2-3+4+5+6+78-9', '1-2-3+4+56+7+8+9', '1-2-3-4-5+6+78+9', '1-23+4+5+6+78+9', '12+3+4-5+67+8-9', '123+45-6+7-89', '123-45-6+7-8+9']。

不能使用内置函数 eval()，可以自定义辅助函数。运行总时间不能超过 2 分钟。（"Python 小屋" 题号：847）

```
import itertools
def main(digits, total): pass
```

第 **24** 章

面向对象程序设计

（1）函数 main() 接收任意类型对象 obj 作为参数，检查其是否为迭代器对象，是则返回 True，否则返回 False。所谓迭代器对象，是指同时具有特殊方法 __iter__() 和 __next__() 的对象。例如，生成器对象、map 对象、enumerate 对象、zip 对象等都是迭代器对象。例如，main(enumerate('Python')) 返回 True。（"Python 小屋"题号：173）

编程题
第 24 章答案 .pdf

```
def main(obj): pass
```

（2）函数 main() 接收表示类型名的对象 cls1 和 cls2 作为参数，要求测试 cls1 是否为 cls2 的派生类，如果是就返回 True，否则返回 False。例如，main(IOError, Exception) 返回 True，main(int, float) 返回 False。（"Python 小屋"题号：196）

```
def main(cls1, cls2): pass
```

（3）函数 main() 接收任意对象 obj 作为参数，要求测试其是否为可调用对象，是则返回 True，否则返回 False。例如，main(sum) 返回 True，main(3) 返回 False。

不能使用内置函数 callable()。（"Python 小屋"题号：233）

```
def main(obj): pass
```

（4）函数 main() 接收任意对象 obj 作为参数，要求测试其是否为可哈希对象，是则返回 True，否则返回 False。例如，main(3) 返回 True，main([]) 返回 False。

不能使用内置函数 hash()，不能使用异常处理结构。（"Python 小屋"题号：234）

```
def main(obj): pass
```

（5）函数 main() 接收包含任意元素的列表 values 和 unique 作为参数，要求返回 values 中同时也在 unique 中的元素组成的新列表，且所有元素保持在 values 中的相对顺序。例如，main(['1','2','4','1','4','5'], ['1','4',5]) 返回 ['1', '4', '1', '4']，main([1,2,3,4,5], [4,1]) 返回 [1, 4]。

不能使用循环结构和任何形式的推导式，不能使用 lambda 表达式。（"Python 小屋"题号：516）

```
def main(values, unique): pass
```

（6）在下面的程序中，定义了一个不完整的类 T，然后在 main() 函数中使用这个类创建两个对象并进行加法运算。预期结果为：print(main(3, 5)) 输出 8，print(main(5, 8))

输出 13，print(main(3, 8)) 输出 11。("Python 小屋" 题号：587)

```
class T:
    def __init__(self, value):
        self.__value = value
    pass
    def __str__(self):
        return f'{self.__value}'
    __repr__ = __str__
def main(a, b):
    return T(a) + T(b)
```

（7）在下面的程序中，定义了一个不完整的类 T，然后在 main() 函数中使用这个类创建两个对象并进行乘法运算。预期结果为：print(main(3, 5)) 输出 15，print(main(5, 8)) 输出 40，print(main(3, 8)) 输出 24。("Python 小屋" 题号：588)

```
class T:
    def __init__(self, value):
        self.__value = value
    pass
    def __str__(self):
        return f'{self.__value}'
    __repr__ = __str__
def main(a, b):
    return T(a) * T(b)
```

（8）下面代码定义的类 MyList 继承自内置类型 list，新增支持类似于字符串对象的 rindex() 方法，返回指定元素最后一次出现的下标，如果列表中不存在指定的元素就返回 -1。例如，main([1,2,3,4,4,4,5], 4) 返回 5，main([1,2,3,4,4,4,5], 3) 返回 2，main([1,2,3,4,4,4,5], 6) 返回 -1。("Python 小屋" 题号：755)

```
class MyList(list):
    def __init__(self, iterable):
        self.__value = list(iterable)
    pass
def main(lst, item):
    return MyList(lst).rindex(item)
```

（9）类 Number 模拟整数类型的部分操作，要求构造方法可以接收一个整数，并且支持两个 Number 对象的加法运算，返回一个 Number 对象，使用 print() 内置函数输出 Number 对象时得到 Number 对象内部实际的值。main() 函数接收两个 Number 对象作为参数，返回一个 Number 对象。例如，print(main(Number(3), Number(5))) 输出 8。("Python 小屋" 题号：34)

```
class Number:
    def __init__(self, value): pass
    def __add__(self, another): pass
    def __str__(self): pass
def main(x, y):
    return x+y
```

（10）类 Number 模拟一个整数或实数类的部分操作，要求支持接收一个整数或实数然后创建一个 Number 对象（如果初始值不是整数或实数，则设置内部数据成员的值为整数 0），为 Number 实现属性 value 并支持返回和修改 Number 对象内部数据成员的值，要求内部数据成员只能为整数或实数，如果试图修改内部数据成员的值为非整数或实数时，保持原来的值不变。

函数 main() 接收整数或实数 x、y 作为参数，首先创建一个 Number 对象 obj 并设置内部数据成员的值为 x，然后修改 Number 对象 obj 的内部数据成员值为 y，最后返回 obj 的类型以及 obj 的属性 value 的值。

不能修改 main() 函数的代码。（"Python 小屋"题号：35）

```python
class Number:
    def __init__(self, value): pass
    def __set(self, value): pass
    def __get(self): pass
    value = property(__get, __set)
def main(x, y):
    obj = Number(x)
    obj.value = y
    return (type(obj), obj.value)
```

（11）以内置列表类 list 为基类，设计派生类 MyList，重新实现下标运算。要求：下标运算的形式与列表一样，当指定的下标存在时与列表具有同样的表现和功能，当指定的下标不存在时返回空值 None，不抛出异常。函数 main() 接收可迭代对象 data 和整数 index 作为参数，把 data 转换为 MyList 类的对象，然后尝试返回其中下标 index 的元素。例如，main('abcde', 3) 返回 'd'，main('abcde', 8) 返回 None。（"Python 小屋"题号：163）

```python
class MyList(list): pass
# 不要修改下面的代码
def main(data, index):
    my_list = MyList(data)
    return my_list[index]
```

（12）阅读下面的代码，删除 Test 类定义中的 pass 语句，替换为合适的代码，使得 Test 类的对象为可迭代对象以支持 main() 函数中星号表达式的用法。

不能修改 main() 函数定义和调用的代码，不能使用特殊方法 __iter__()。（"Python 小屋"题号：408）

```python
class Test:
    def __init__(self, *values):
        self.values = values
    pass
def main():
    t = Test(1, 2, 3, 4, 5)
    print(*t, sep=',')
    t = Test(5, 4, 3, 2, 1)
    print(*t, sep=',')
main()
```

（13）函数 main() 接收整数 v 作为参数，使用这个参数创建 Demo 类的对象 t，如果 t 等价于 True 就返回字符串 'Y'，否则返回字符串 'N'。

在下面代码中，类 Demo 的定义不完整，预期功能为：如果构造方法中参数 value 大于 3，创建的对象就等价于 True，否则等价于 False。

删除其中的 pass 语句，替换为自己的代码，完成要求的功能。不能修改 main() 函数的定义。（"Python 小屋"题号：599）

```python
class Demo:
    def __init__(self, value):
        self.value = value
    pass
def main(v):
    t = Demo(v)
    if t:
        return 'Y'
    return 'N'
```

（14）下面代码中的类 MyStr 继承自内置类型 str，与内置类型 str 不同的是，类 MyStr 支持字符串与实数相乘实现字符串重复。具体过程为：把实数分成整数部分（记为 d）和小数部分（记为 f），首先对字符串重复 d 次得到 s1，然后小数部分 f 与字符串长度相乘后取整（记为 dd）并截取字符串的前 dd 个字符 s2，然后返回 s1+s2。例如，main('Python 小屋', 2.2) 返回 'Python 小屋 Python 小屋 P'。

删除 pass 语句，替换为自己的代码，完成要求的任务。（"Python 小屋"题号：744）

```python
class MyStr(str): pass
def main(s, f):
    return MyStr(s) * f
```

（15）SingleCharacter 类继承了 Python 内置类 str 并且只能表示一个字符，要求补充该类的实现使得支持减号运算符，返回两个字符 Unicode 编码的差。例如，main('b', 'a') 返回 1，main('z', 'a') 返回 25。（"Python 小屋"题号：754）

```python
class SingleCharacter(str):
    def __init__(self, s=''):
        assert isinstance(s,str) and len(s)==1
        self.__s = s
    pass
def main(c1, c2):
    return SingleCharacter(c1) - SingleCharacter(c2)
```

（16）函数 main() 接收整数或实数 a、b、x 作为参数，计算并返回表达式 a*x+b 的值，但要求使用 outer 类的对象来实现，不能在 main() 函数中直接计算。例如，main(3, 5, 7) 返回 3*7+5 的结果 26。

删除 pass 语句，替换为自己的代码，完成预期的功能。不能修改 main() 函数中的代码。（"Python 小屋"题号：255）

```python
class outer: pass
def main(a, b, x):
```

```
    return outer(a,b)(x)
```

（17）函数 main() 接收 Student 类的对象 stu 作为参数，返回一个元组，元组中有 2 个元素，分别为 pickle 对 stu 序列化的结果 stu_dumped 和对 stu_dumped 反序列化的结果。

要求为类 Student 增加新的特殊方法，使得 pickle 模块的函数 dumps() 对类 Student 的对象 stu 进行序列化时，如果对象 stu 是女生，序列化得到的结果字节串中不包含数据成员 age 的信息；如果是男生就在序列化时包含全部数据成员。反序列化时，如果 stu 是男生就直接反序列化创建对象；如果 stu 是女生就把新对象的数据成员 age 设置为 18。

删除下面代码中的 pass，替换为自己的代码，完成要求的功能。不能修改 main() 函数的代码。（"Python 小屋"题号：182）

```
from pickle import dumps, loads
class Student:
    def __init__(self, username, sex, age):
        '''username 为字符串，sex 为 'Female' 或 'Male'，age 为正整数 '''
        self.username = username
        self.sex = sex
        self.age = age
    def __str__(self):
        return str(self.__dict__)
    __repr__ = __str__
    pass
def main(stu):
    stu_dumped = dumps(stu)
    return (stu_dumped, loads(stu_dumped))
```

（18）在下面的代码中，先定义了基类 Base，又派生了两个子类 Child1 和 Child2，最后的 Test 类派生自 Child1 和 Child2，从 Base 类到 Test 类属于菱形派生。函数 main() 接收 4 个整数作为参数，然后创建 Test 类的对象 obj，并输出 obj 的数据成员。

在现有的代码中，创建 Test 类的对象时会调用两次 Base 类的构造方法。例如，print(main(3, 5, 6, 7)) 的结果为

```
Base
Base
(3, 5, 6, 7)
```

要求修改代码，使得创建 Test 类对象时只调用一次 Test 类的构造方法。例如，print(main(3, 5, 6, 7)) 的结果为

```
Base
(3, 5, 6, 7)
```

（"Python 小屋"题号：259）

```
class Base:
    def __init__(self, b):
        self.b = b
```

```
            print('Base')
    class Child1(Base):
        def __init__(self, b, c1):
            Base.__init__(self, b)
            self.c1 = c1
    class Child2(Base):
        def __init__(self, b, c2):
            Base.__init__(self, b)
            self.c2 = c2
    class Test(Child1, Child2):
        def __init__(self, b, c1, c2, t):
            Child1.__init__(self, b, c1)
            Child2.__init__(self, b, c2)
            self.t = t
    def main(b, c1, c2, t):
        obj = Test(b, c1, c2, t)
        return (obj.b, obj.c1, obj.c2, obj.t)
```

（19）函数 main() 接收包含若干自然数的元组 data 作为参数，然后根据元组 data 创建 SortedIterator 对象，返回其中奇数升序排列组成的元组。例如，main((3,6,6, 2,6,7,24,7,8,2,345,7,24,2,9)) 返回 (3, 7, 7, 7, 9, 345)。

根据上面的描述和 main() 函数的定义，分析 SortedIterator 类预期的功能，然后删除其中的 pass 语句，替换为自己的代码，完成要求的功能。不能使用循环结构和任何形式的推导式，不能改变 main() 函数的定义。（"Python 小屋"题号：657）

```
    class SortedIterator:
        pass
    def main(data):
        obj = SortedIterator(data)
        return tuple(filter(lambda num: num%2==1, obj))
```

（20）小明需要把一些书（多于 n 本）放入书架，书架上一共有 n 个尊贵位置，每个位置可以放 1 本书。这 n 个位置用来摆放自己最喜欢的书，剩余的放入书架下面的橱子里。小明每次从待整理的书或已经放入尊贵位置的书中拿起 1 本，将其放入所有空位置中最左侧，n 个位置都放满以后还有新书要放入的话就把最左侧的 1 本拿走放到下面的橱子里，其他书左移，在最右侧腾出 1 个空位置来放新书。重复这个过程直到所有的书都处理完，要么放到 n 个尊贵位置上，要么放到下面的橱子里。

函数 main() 接收自然数 n 和元组 data 作为参数，n 表示书架上尊贵位置的数量，data 中数字表示小明依次拿起的图书编号，可能是待整理的书，也可能是从书架尊贵位置上拿的书。要求该函数返回处理完 data 中所有编号的图书以后书架尊贵位置上的书的编号从左向右组成的列表。例如，main(6, (1,2,3,4,2,3,1,5,6,7,8,1,9,6)) 返回 [5, 7, 8, 1, 9, 6]，main(4, (1,2,3,4,2,3,1,5,6,7,8,1,9,6)) 返回 [8, 1, 9, 6]。

删除 pass 语句，替换为自己的代码，实现 LRU 类预期的功能。不能使用 for 循环和任何形式的推导式，不能使用关键字 in，不能改变 main() 函数的代码。（"Python 小屋"题号：683）

```
class LRU: pass
def main(size, data):
    cache = LRU(size)
    i = 0
    while i < len(data):
        cache.put(data[i])
        i = i + 1
    return cache
```

第 25 章

文件与文件夹操作

（1）函数 main() 接收表示文件路径的字符串 s 作为参数，要求在主文件名后面加上字符串 '_new' 之后返回，其他内容不变。例如，main(r'C:\Windows\notepad.exe') 返 回 'C:\Windows\notepad_new.exe'。（"Python 小屋"题号：53）

编程题
第 25 章答案 .pdf

```
from os.path import splitext
def main(s): pass
```

（2）函数 main() 接收任意类型的对象 obj 作为参数，要求使用 pickle 模块中的函数对 obj 进行序列化，然后计算并返回序列化结果字节串的 CRC32 值。例如，main('董付国，Python 小屋') 返回 1897847627。（"Python 小屋"题号：256）

```
import zlib
import pickle
def main(obj): pass
```

（3）函数 main() 接收任意类型的对象 obj 作为参数，要求使用 pickle 模块中的函数对 obj 进行序列化，然后计算并返回序列化结果字节串的十六进制 MD5 值。例如，main('董付国，Python 小屋') 返回 76214015aacf6c15b1c526d03e72507a。（"Python 小屋"题号：257）

```
import hashlib
import pickle
def main(obj): pass
```

（4）已知当前文件夹中文件 data24.txt 中有若干使用英文半角逗号分隔的整数，函数 main() 用来读取文件 data24.txt 中的内容，把每个数字乘以 10，返回这些乘积结果组成的列表。例如，如果文件 data24.txt 中的内容如下：

```
23,34
```

函数 main() 会返回 [230, 340]。不能删除最后的调用语句。（"Python 小屋"题号：24）

```
def main(): pass
print(main())
```

（5）已知当前文件夹中文件 data100.txt 中有若干行英文文本，函数 main() 用来读取文件 data100.txt 中的内容，返回文件中最长的一行的长度。

例如，如果文件 data100.txt 中的内容为

```
abcd
abcde
ab
```

那么函数 main() 会返回 6，注意每行最后的换行符也算一个字符。

不能删除最后的调用语句。（"Python 小屋"题号：100）

```
def main(): pass
print(main())
```

（6）访问控制列表 ACL 的详细描述见第 21 章第（31）题。函数 main() 接收小于或等于 511（也就是八进制的 0o777）的整数 mode 作为参数，要求返回对应的 rwx 表示形式。例如，main(511) 返回 'rwxrwxrwx'，main(487) 返回 'rwxr--rwx'。

不能使用循环结构和任何形式的推导式，不能使用内置函数 map()。（"Python 小屋"题号：188）

```
import stat
def main(mode): pass
```

（7）（山东工商学院方向老师提供）某模式识别研究小组对若干名学生做了人脸识别测试，将照片编号与被测试同学学号对应组合存放在文件 data520.csv 中，文件部分内容如下：

```
照片编码 , 学号
photo1,stu201821236
photo2,stu201821213
...
photo100,stu201821230
```

使用字典和列表型变量进行数据分析，给出每位同学被拍照的次数（按拍照次数降序排列，次数相同的按学号升序排列），并最终获取参加拍照的学生人数。输出结果如下（注意，第二行中的逗号是中文逗号）：

```
共有 35 名同学参与人脸识别拍照
学号，拍照次数
stu201821225:7
stu201821230:6
...
stu201821239:1
```

（"Python 小屋"题号：520）

```
def main(): pass
main()
```

（8）在当前目录中有文件 data118.csv，其中存放了某小区 1000 位用户（用户名已进行脱敏处理，使用编号表示）2020 年 7 月 1 日至 2020 年 11 月 1 日之间的所有通话时间和每次通话时长的数据，共 552521 条记录，文件使用 UTF8 编码，格式如下：

```
用户名,开始通话时间,通话时长（秒）
user385,2020-07-01 00:00:00,869
user862,2020-07-01 00:13:51,3403
```

```
user211,2020-07-01 00:19:52,622
user68,2020-07-01 00:22:41,1023
```

函数 main() 接收整数 flag 作为参数，要求当 flag=0 时返回早上 8:00（包括）至晚上 18:00（不包括）之间累计通话时间最长的用户名及该用户该时段的通话总时长（秒）组成的元组，当 flag=1 时返回其他时间累计通话时间最长的用户及其通话总时长（秒）组成的元组，格式为 ('user783', 789630)。不考虑一次通话跨越两个时段的情况，早上 8:00 前发起的通话如果在 8:00 之后结束，本次通话时长全部计入发起时所在的时间段，18:00 前后的情况同样处理。

已导入的对象不是必须使用的，是否使用可以自己决定。（"Python 小屋"题号：118）

```
from csv import reader
from operator import itemgetter
def main(flag): pass
```

（9）已知在当前目录中有个 UTF8 编码格式的文件 data131.csv，其中存放了多个人的爱好，格式如下：

```
姓名,看书,喝酒,写代码,健身,旅游,吃零食,喝茶
张三,是,否,是,否,否,否,是
李四,是,是,否,是,否,否,否
王五,否,是,是,否,是,是,否
```

函数 main() 接收表示人名的字符串 name，要求返回这个人具体爱好的字符串，返回的字符串中只包含这个人实际具有的爱好名称，不同爱好之间使用中文全角逗号分隔。例如，main('张三') 返回 '看书,写代码,喝茶'。（"Python 小屋"题号：131）

```
import csv
def main(name): pass
```

（10）函数 main() 接收表示任意类型文件路径的字符串 fn 作为参数，要求读取 fn 文件中的内容，计算并返回文件内容的十六进制 MD5 值。（"Python 小屋"题号：258）

```
import hashlib
def main(fn): pass
```

（11）函数 main() 接收文件路径 fn 和字符串 flag 作为参数，已知文件 fn 中保存了某商场平面图部分位置的手机信号强度测量结果，每行表示一个测量位置的 x、y 坐标和信号强度，其中 x、y 坐标以商场西南角为坐标原点，向东为 x 正轴、向北为 y 正轴。文件 fn 的内容格式如下：

```
0,0,60
5,0,68
10,0,73
```

要求完成代码，读取文件 fn 中的内容，当函数 main() 的另一个参数 flag='max' 时返回信号最强的所有位置和强度，flag='min' 时返回信息最弱的所有位置和强度。例如，main('data545.txt', 'max') 返回 [[60, 15, 100], [120, 16, 100], [38, 16, 100]]，main('data545.txt', 'min') 返回 [[148, 0, 10]]。

不能使用循环结构和任何形式的推导式，不能使用选择结构。（"Python 小屋"题号：545）

```
def main(fn, flag): pass
```

（12）函数 main() 接收二进制文件名 fn 作为参数，里面包含 256 个实数的字节串（使用 struct 序列化），要求读取这些实数并返回它们的和。例如，main('data570_1.dat') 返回 128.43，main('data570_2.dat') 返回 129.25，main('data570_3.dat') 返回 126.56。

不能使用循环结构和任何形式的推导式，不能使用乘号运算符。关注微信公众号"Python 小屋"并发送消息"570"可以下载本题目用到的数据文件。（"Python 小屋"题号：570）

```
import struct
def main(fn): pass
```

（13）函数 main() 接收二进制文件名 fn 作为参数，里面包含 256 个整数的字节串，每个整数占 20 字节且使用小端方式存储，要求读取这些整数并返回它们的最大值。例如，main('data571_1.dat') 返回 9886474，main('data571_2.dat') 返回 9999326，main('data571_2.dat') 返回 9996428。

关注微信公众号"Python 小屋"并发送消息"571"可以下载本题目用到的数据文件。（"Python 小屋"题号：571）

```
def main(fn): pass
```

（14）已知在 Windows 操作系统中可以任意修改文件扩展名（但是修改后很可能会无法正常打开和使用），所以根据扩展名判断文件类型是不准确的，根据文件头格式和数据进行判断更准确一些。gif 格式的文件有一个明显的特征就是文件内容中开头 4 字节为 b'GIF8'，可以根据这一特征进行判断。但是需要注意的是，txt 格式的文件没有文件头，如果文件内容前 4 字节恰好为 b'GIF8'，会被误判为 gif 文件。

函数 main() 接收表示文件路径的字符串 fn 作为参数，要求检查文件 fn 是否为 gif 文件，是则返回 True，否则返回 False。要考虑 txt 文件的特殊性，要求能够返回正确结果，前 4 字节恰好为 b'GIF8' 的 txt 文件不能被误判为 gif 文件。（"Python 小屋"题号：260）

```
def main(fn): pass
```

（15）函数 main() 接收 UTF8 编码格式的文本文件路径字符串 fn1 和 fn2 作为参数，要求把两个文件中的行交替合并到一起并返回得到的结果字符串，如果两个文件的行数不一样多，就把多的文件内容直接拼接到字符串最后。例如，data592_1.txt 文件中的内容为（为节约篇幅，使用 \n 表示换行）：

```
a\nb\nc\nd\ne\nf\ng
```

data592_2.txt 文件中的内容为：

```
1\n2\n3\n4
```

那么 print(main('data592_1.txt', 'data592_2.txt')) 返回

```
a\n1\nb\n2\nc\n3\nd\n4\ne\nf\ng
```

关注微信公众号"Python 小屋"并发送消息"592"可以获取本题目配套数据文件下载地址。（"Python 小屋"题号：592）

```
def main(fn1, fn2): pass
```

（16）函数 main() 接收文本文件路径 fn_txt 作为参数，该文件中有若干行整数，每行一个整数。要求返回文件中各位数字之和最大的整数，例如，print(main('662_1.txt')) 输出 9，print(main('662_4.txt')) 输出 66。

不能使用循环结构和任何形式的推导式。（"Python 小屋"题号：662）

```
def main(fn_txt): pass
```

（17）重做本章第（15）题，不能使用循环结构和任何形式的推导式。关注微信公众号"Python 小屋"并发送消息"592"可以获取本题目配套数据文件下载地址。（"Python 小屋"题号：593）

```
from itertools import zip_longest
def main(fn1, fn2): pass
```

（18）凯撒加密算法是指对一段文本中每个英文字母都变成其在字母表中后面第 k 个字母。例如，当 k=3 时，所有 a 变为 d，b 变为 e，c 变为 f，…，x 变为 a，y 变为 b，z 变为 c。大写字母也按此变换。

函数 main() 接收只包含 ASCII 字符的文本文件路径 fn 作为参数，已知文件 fn 中的内容是经过凯撒加密的，要求对文件内容进行破解并返回其加密时使用的密钥 k 的值。例如，main('data682_1.txt') 返回 17，main('data682_2.txt') 返回 23。

提示：①文件 fn 中的内容是 The Zen of Python 原文，在 IDLE 交互模式中执行 import this 可以查看原文内容；②凯撒加密的密钥 k 只有 25 个可能的值；③如果解密得到的字符串中包含足够多的正常单词则认为解密成功。（"Python 小屋"题号：682）

```
from string import ascii_lowercase, ascii_uppercase, ascii_letters
def main(fn): pass
```

（19）某省 2023 年高考考生需要参加语文、数学、英语统一考试和 6 选 3 选考科目的考试，对选考科目成绩赋分后计算总分并按总分、语文、数学、英语的分数降序排列得到升序位次，然后按照位次数字从小到大（即分数从高到低）对考生进行投档和录取。

每个志愿（学校 + 专业或专业类）都有计划招生人数和选考科目要求，每个考生可以填报 96 个志愿，当投档进行到某个考生时按照其填报的志愿顺序检查，如果某志愿尚未录满并且该考生符合选科要求则录取，否则检查下一个志愿，如果该考生填报的所有志愿都无法录取则滑档。如果某个志愿没有录取满预期人数，则需要继续征集志愿。

函数 main() 接收表示文件路径的字符串 zhiyuan_fn 和 kaosheng_fn 作为参数，其中参数 zhiyuan_fn 为 CSV 文件，文件中存放了若干志愿的名称、计划人数、选科要求等信息，格式如下，选科要求中竖线表示"或者"，加号表示"并且"：

志愿名称	计划人数	选科要求
志愿 1	17	地理 + 历史
志愿 2	7	地理 + 思想政治 + 化学
志愿 3	17	地理 | 物理
志愿 4	15	不限

main() 函数的另一个参数 kaosheng_fn 为 JSON 文件，其中存放了若干考生的姓名、高考位次以及填报的志愿，格式如下：

{"考生1": [4659, "物理+历史+生物", "志愿536", "志愿596", "志愿264", "志愿486", "志愿244", "志愿280", "志愿752", "志愿235",...],"考生2": [...], ...}

要求 main() 函数返回录取失败的考生人数和没有招满的志愿数量组成的元组。例如，main('data663.csv', 'data663_1.json') 返回 (364, 78)，main('data663.csv', 'data663_2.json') 返回 (409, 82)。

题目中用到的文件可以关注微信公众号"Python 小屋"并发送"663"获取下载地址。（"Python 小屋"题号：663）

```
from json import load
def main(zhiyuan_fn, kaosheng_fn): pass
```

第 26 章

Office文件操作

（1）函数 main() 接收表示 xlsx 格式 Excel 文件名的字符串参数 workbook_name 和表示工作表名的字符串参数 worksheet_name 作为参数，要求返回工作簿 workbook_name 中工作表 worksheet_name 的实际数据行数和列数组成的元组。例如，data164.xlsx 文件中工作表 'a' 有 11 行 7 列，main('data164.xlsx', 'a') 返回 (11, 7)。

服务器已安装扩展库 openpyxl，版本号大于或等于 1.4.1。（"Python 小屋" 题号：164）

编程题
第 26 章答案 .pdf

```
import openpyxl
def main(workbook_name, worksheet_name): pass
```

（2）已知服务器当前文件夹中有个文件 data60.docx，里面有几段文字和一个表格，表格中有若干行和列，每个单元格中有一个整数。

函数 main() 使用扩展库 python-docx 读取文件 data60.docx 中的几段文字，返回同时包含字符串 '山东' 和 '烟台' 的那一段的全部文字，在原文中只有一段是符合条件的。（"Python 小屋" 题号：60）

```
from docx import Document
def main(): pass
print(main())
```

（3）服务器当前文件夹中有个文件 data60.docx，里面有几段文字和一个表格，表格中有若干行和列，每个单元格中有一个整数。函数 main() 的功能是使用扩展库 python-docx 读取文件 data60.docx 中表格里所有单元格的整数，然后返回这些整数的和。（"Python 小屋" 题号：61）

```
from docx import Document
def main(): pass
print(main())
```

（4）已知当前文件夹中有个文件 data78.docx，里面有几段文本，其中大部分文本是默认的颜色，还有一部分文本设置了不同的颜色。函数 main() 的功能是使用扩展库 python-docx 读取文件 data78.docx 中的文字，统计并返回除黑色和默认颜色之外使用次数最多的前 3 种（按使用次数降序排列）颜色。要求返回一个元组，里面是 3 种十六进制字符串形式的 3 种颜色值，形式为('FF0000', '00FF00', '0000FF')。（"Python 小屋"

题号: 78）

```
from operator import itemgetter
from docx import Document
from docx.shared import RGBColor
def main(): pass
print(main())
```

（5）服务器已安装扩展库 openpyxl，当前文件夹中 Excel 文件 data101.xlsx 的第一个工作表中第一行为表头不包含有效数据，然后有若干行整数（每行的单元格数量一样），函数 main() 用来读取文件 data101.xlsx 的第一个工作表中的数据并按行求和，返回一个列表，列表中每个元素为工作表中每行所有单元格整数之和。

不能删除最后的调用语句。（"Python 小屋"题号: 101）

```
import openpyxl
def main(): pass
print(main())
```

（6）已知当前文件夹中有个文件 data112.docx，里面有几段文本，每一段中都随机为一些文字设置了不同的字体，例如黑体、隶书、宋体等。

函数 main() 的功能是使用扩展库 python-docx 读取文件 data112.docx 中的文字，返回使用字体最多的段落文本，也就是包含字体名称最多的那个段落的文本。（"Python 小屋"题号: 112）

```
from docx import Document
def main():
    doc = Document('data112.docx')
    pass
print(main())
```

（7）服务器已安装扩展库 openpyxl，当前文件夹中 Excel 文件 data113.xlsx 的第一个工作表中第一行为表头不包含有效数据，然后有若干行数据，每行共 4 列，其中前 3 列为整数，第 4 列是求和公式。函数 main() 用来读取文件 data113.xlsx 的第一个工作表中的第 4 列单元格中公式计算结果，并把计算结果放入列表 data 中返回。

不能删除最后的调用语句。（"Python 小屋"题号: 113）

```
from openpyxl import load_workbook
def main():
    data = []
    wb = load_workbook('data113.xlsx', _____ )
    ws = wb.worksheets[0]
    for index, row in enumerate(ws.rows, start=1):
        if index == 1:
            _____
        data.append( _____ )
    return data
print(main())
```

（8）函数 main() 接收字符串 fn 和 wps_word 作为参数，其中 fn 表示一个 docx 格式文档的路径，wps_word='wps' 时表示这个文件是 WPS 创建，wps_word='word' 表示这个文件是 Word 创建的。要求返回包含文档 fn 中所有超链接文本和地址的元组组成的列表，测试用例和预期结果见配套软件。

不能使用正则表达式，不能使用双引号。关注微信公众号"Python 小屋"并发送消息"574"可以下载题目中用到的测试文件。（"Python 小屋"题号：574）

```
from docx import Document
def main(fn, wps_word): pass
```

（9）函数 main() 接收表示 docx 格式或 xlsx 格式的文件路径字符串作为参数，文件中包含若干图片，要求返回其中最小图片的长度与宽度（单位为像素）的乘积。

删除 pass 语句，把下画线替换为合适的对象，感觉实在用不上的话也可以删除，完成要求的功能。不能使用内置函数 open()，不能使用扩展库 docx 和 openpyxl、xlwings。请自行制作本地文件进行测试。（"Python 小屋"题号：576）

```
from io import _____
from operator import _____
from zipfile import _____
from PIL import _____
def main(fn): pass
```

第 27 章

NumPy数组运算与矩阵运算

（1）函数 main() 接收 NumPy 数组 arr 作为参数，要求返回数组 arr 的维数，如果是一维数组就返回 1，二维数组就返回 2，三维数组就返回 3，以此类推。（"Python 小屋"题号：179）

编程题
第 27 章答案 .pdf

```
import numpy as np
def main(arr): pass
```

（2）函数 main() 接收 NumPy 二维数组 arr 作为参数，要求返回每列元素的中值组成的一维数组。例如，main(np.array([[73, 61, 69], [13, 85, 2], [34, 30, 19], [4, 18, 83], [23, 96, 52]])) 返回 array([23., 61., 52.])。

不能使用循环结构。（"Python 小屋"题号：286）

```
import numpy as np
def main(arr): pass
```

（3）函数 main() 接收 NumPy 一维数组 arr 作为参数，要求返回一个形状相同的新数组，如果 arr 中某个元素大于 128 则新数组中对应位置上的元素为 255，否则新数组中对应位置上的元素为 0。例如，main(np.array([3,101,149,248,180,242,79,181,226,239])) 返回 array([0, 0, 255, 255, 255, 255, 0, 255, 255, 255])。

不能使用循环结构。（"Python 小屋"题号：288）

```
import numpy as np
def main(arr): pass
```

（4）函数 main() 接收包含复数的 NumPy 数组 arr 作为参数，要求返回所有元素的实部组成的新数组，新数组与原数组 arr 形状相同。例如，main(np.array([3+4j, 5+6j, 7+8j])) 返回 array([3., 5., 7.])。

不能使用循环结构。（"Python 小屋"题号：289）

```
import numpy as np
def main(arr): pass
```

（5）函数 main() 接收任意形状的 NumPy 数组 arr 作为参数，要求压缩掉其中所有大小为 1 的维度，然后返回新数组的形状。例如，main(np.random.randint(1, 10, (3,1,1,4))) 返回 (3, 4)。（"Python 小屋"题号：290）

```
import numpy as np
def main(arr): pass
```

（6）函数 main() 接收任意形状的 NumPy 数组 arr 作为参数，要求返回其中每个数字的平方之和。例如，main(np.array([1,2,3,4])) 返回 30。

不能使用循环结构。（"Python 小屋"题号：291）

```
import numpy as np
def main(arr): pass
```

（7）函数 main() 接收相同形状的 NumPy 数组 arr1 和 arr2 作为参数，要求返回两个数组中对应位置上元素相等的个数。例如，main(np.array([[1,2], [3,4]]), np.array([[1,3], [3,5]])) 返回 2。

不能使用循环结构。（"Python 小屋"题号：297）

```
import numpy as np
def main(arr1, arr2): pass
```

（8）函数 main() 接收 NumPy 数组 arr 和数值 a、b 作为参数，要求返回同样形状的新数组，原数组 arr 中所有小于 a 的值在新数组中变为 a，所有大于 b 的值在新数组中变为 b。例如，main(np.array([1,5,6,7,8,100]), 5, 10) 返回 array([5, 5, 6, 7, 8, 10])。

不能使用循环结构，不能使用 clip() 相关的函数或方法。（"Python 小屋"题号：301）

```
from copy import deepcopy
import numpy as np
def main(arr, a, b):
    arr_t = deepcopy(arr)
    pass
    return arr_t
```

（9）函数 main() 接收 NumPy 一维数组 arr1 和 arr2 作为参数，要求返回数组 arr1 和 arr2 进行"差集"运算得到的新数组，也就是新数组中只包含 arr1 中的元素而不包含 arr2 中的元素，并且 arr1 中每个元素都认为是唯一的、不同的，结果数组中的元素保持其在 arr1 中原有的相对顺序。例如，main(np.array([5,1,2,2,3]), np.array([3])) 返回 array([5, 1, 2, 2])。

不能使用循环结构，不能使用 Python 内置集合类。（"Python 小屋"题号：306）

```
import numpy as np
def main(arr1, arr2): pass
```

（10）函数 main() 接收包含若干整数的列表 data 作为参数，将其转换为 NumPy 数组，然后返回其中所有小于 30 或大于 70 的数字之和。例如，data 为 [79, 22, 84, 8, 11, 51, 54, 17, 92, 47] 时返回 313。（"Python 小屋"题号：125）

```
from numpy import array
def main(data):
    data = array(data)
    pass
```

（11）函数 main() 接收行数和列数都大于 3 的 NumPy 数组 arr 作为参数，返回该数组中前 3 行、前 3 列的区域中所有元素之和。例如，main(np.arange(16,32).

reshape(4,4)) 返回 189。

不能使用 for 循环。("Python 小屋"题号：271)

```
import numpy as np
def main(arr): pass
```

（12）函数 main() 接收 NumPy 数组 arr 和整数 col 作为参数，返回该数组中列下标 col 中所有元素之和。例如，main(np.arange(16,32).reshape(4,4), 3) 返回 100。

不能使用 for 循环。("Python 小屋"题号：272)

```
import numpy as np
def main(arr, col): pass
```

（13）函数 main() 接收包含若干整数的 NumPy 数组 arr 作为参数，返回该数组中所有偶数之和。例如，main(np.arange(16,32).reshape(4,4)) 返回 184。

不能使用 for 循环。("Python 小屋"题号：273)

```
import numpy as np
def main(arr): pass
```

（14）函数 main() 接收包含若干整数的 NumPy 数组 arr 作为参数，返回数组中所有大于 20 的偶数之和。例如，main(np.arange(16,32).reshape(4,4)) 返回 130。

不能使用 for 循环。("Python 小屋"题号：274)

```
import numpy as np
def main(arr): pass
```

（15）函数 main() 接收包含若干整数的 NumPy 数组 arr 作为参数，返回该数组中所有能被 2 整除或者能被 7 整除的整数之和。例如，main(np.arange(16,32).reshape(4,4)) 返回 205。

不能使用 for 循环。("Python 小屋"题号：275)

```
import numpy as np
def main(arr): pass
```

（16）函数 main() 接收一维数组 arr 作为参数，要求返回升序排序后的新数组。例如，main(array([3, 1, 8, 6, 2, 0])) 返回 array([0, 1, 2, 3, 6, 8])。

不能使用 for 循环，不能使用数组的 sort() 方法，不能使用 NumPy 函数 sort()。("Python 小屋"题号：278)

```
from numpy import array
def main(arr): pass
```

（17）函数 main() 接收 N 行 N 列的方阵 A 和大小为 N 的一维数组作为参数，要求返回线性方程组 Ax=b 的解（一维数组）。例如，main(np.matrix([[3,1], [1,2]]), np.array([9,8])) 返回 array([2., 3.])。("Python 小屋"题号：280)

```
import numpy as np
def main(A, b): pass
```

（18）函数 main() 接收一维 NumPy 数组 arr 以及数值 a、b 作为参数，要求返回新数组，数组 arr 中所有小于 a 的数值都变为 a，所有大于 b 的值都变为 b，介于 [a,b] 区间内的数值不变。例如,main(np.array([3,1,1,2,9,8]), 3, 8)返回array([3, 3, 3, 3, 8, 8])。

不能使用 for 循环。("Python 小屋"题号:282)

```
import numpy as np
def main(arr, a, b): pass
```

(19)函数 main() 接收 N 行 N 列的二维数组作为参数,要求返回数组中对角线之外其他所有数字之和。例如,main(np.arange(9).reshape((3,3)))返回 24。

不能使用循环结构。("Python 小屋"题号:285)

```
import numpy as np
def main(arr): pass
```

(20)函数 main() 接收 NumPy 二维数组 arr 作为参数,要求返回其中非零元素的行下标和列下标组成的嵌套列表,列表中第一个子列表为 arr 中非零元素的行下标,第二个子列表为 arr 中非零元素的列下标。例如,main(np.array([[0, 0, 31], [52, 0, 0], [0, 0, 15], [9, 0, 0]]))返回 [[0, 1, 2, 3], [2, 0, 2, 0]]。

不能使用循环结构。("Python 小屋"题号:287)

```
import numpy as np
def main(arr): pass
```

(21)函数 main() 接收任意形状的 NumPy 数组 arr 作为参数,要求返回 arr 中所有元素的小数部分组成的新数组,并且新数组形状与 arr 相同。例如,main(np.array([1.23, 2.34, 3.45, 4.56]))返回 array([0.23, 0.34, 0.45, 0.56])。

不能使用循环结构,不能使用列表推导式或 map() 函数。("Python 小屋"题号:293)

```
import numpy as np
def main(arr): pass
```

(22)函数 main() 接收任意形状的复数 NumPy 数组 arr 作为参数,要求返回所有复数对应的向量与二维平面直角坐标系中 x 正方向的夹角(单位:度)组成的新数组,并且新数组与原数组 arr 形状相同,每个角度的值介于区间 (-180, 180]。例如,main(np.array([3+3j, -3-3j]))返回 array([45., -135.])。

不能使用循环结构。("Python 小屋"题号:294)

```
import numpy as np
def main(arr): pass
```

(23)函数 main() 接收任意形状的复数 NumPy 数组 arr 作为参数,要求返回所有复数的模组成的新数组,新数组形状与原数组 arr 相同。例如,main(np.array([3+4j, -6+8j]))返回 array([5., 10.])。

不能使用循环结构。("Python 小屋"题号:295)

```
import numpy as np
def main(arr): pass
```

(24)函数 main() 接收任意形状的 NumPy 数组 arr(元素可能为整数、实数或复数)作为参数,要求检查是否所有元素的绝对值或模都大于 4,是则返回 True,否则返回

False。例如, main(np.array([3+4j, -6+8j, 8, 9, 10j])) 返回 True, main(np. array([3-4j, -3-4j, 3j, 2j])) 返回 False。

不能使用循环结构。("Python 小屋"题号: 296)

```
import numpy as np
def main(arr): pass
```

（25）函数 main() 接收 NumPy 二维数组 arr 作为参数, 要求返回每行最大值与最小值之差组成的一维数组。例如, main(np.arange(60).reshape(6,10)) 返回 array([9, 9, 9, 9, 9, 9])。

不能使用循环结构, 不能使用 max() 和 min() 相关的函数或方法。("Python 小屋"题号: 300)

```
import numpy as np
def main(arr): pass
```

（26）对于一组向量 $(x_1, x_2, \cdots, x_n)$ 和一组实数 $(k_1, k_2, \cdots, k_n)$, 可以得到一个新向量

$$x=k_1x_1+k_2x_2+\cdots+k_nx_n$$

上面的式子叫作线性组合, 其中 $(k_1, k_2, \cdots, k_n)$ 每个分量表示系数或权重。

函数 main() 接收二维数组 vectors 和一维数组 weights 作为参数, 其中 vectors 每行表示一个向量, weights 中每个实数表示对应向量的系数或权重, 数组 weights 中实数的个数和数组 vectors 的行数相等。要求计算返回 vectors 中所有向量以 weights 中实数为系数进行线性组合得到的新向量, 要求所有分量最多保留 2 位小数, 例如, print(main(np.array([[1,2], [3,4], [5,6]]), np.array([1,2,1]))) 输出 [12 16], print(main(np.array([[1,2,3,4,5,6], [6,5,4,3,2,1], [2,3,4,5,6,7]]), np.array([1,0.5,2]))) 输出 [8. 10.5 13. 15.5 18. 20.5]。

不能使用循环结构和任何形式的推导式, 不能使用 lambda 表达式, 不能使用内置函数 map()。("Python 小屋"题号: 612)

```
import numpy as np
def main(vectors, weights): pass
```

（27）函数 main() 接收表示有向图的邻接矩阵的嵌套列表 arr 作为参数, 行下标和列下标表示顶点编号（从 0 开始编号）, 如果顶点 i 和顶点 j 之间有边则 arr[i][j] 的值为 1。要求函数 main() 返回邻接矩阵 arr 表示的有向图中每个顶点的出度组成的列表, 顶点的出度是指从该顶点出发的边的数量。例如, main([[0,1,1,1], [1,0,1,0], [1,1,0,1], [1,0,1,0]]) 返回 [3, 2, 3, 2]。

不能使用循环结构和任何形式的推导式。("Python 小屋"题号: 710)

```
from numpy import array
def main(arr): pass
```

（28）函数 main() 接收表示有向图的邻接矩阵的嵌套列表 arr 作为参数, 行下标和列下标表示顶点编号（从 0 开始编号）, 如果顶点 i 和顶点 j 之间有边则 arr[i][j] 的值为 1。要求函数 main() 返回邻接矩阵 arr 表示的有向图中每个顶点的入度组成的列表,

顶点的入度是指以该顶点为终点的边的数量。例如，main([[0,1,1,1], [1,0,1,0], [1,1,0,1], [1,0,1,0]]) 返回 [3, 2, 3, 2]。

不能使用循环结构和任何形式的推导式。（"Python 小屋"题号：711）

```
from numpy import array
def main(arr): pass
```

（29）函数 main() 接收表示有向图的邻接矩阵的嵌套列表 arr 作为参数，行下标和列下标表示顶点编号（从 0 开始编号），如果从顶点 i 出发到顶点 j 有边则 arr[i][j] 的值为 1。要求函数 main() 检查邻接矩阵 arr 表示的有向图中是否存在自环边，也就是以同一个顶点为出发点和终点的边，是则返回 True，否则返回 False。例如，main([[0,1,1,1], [1,0,1,0], [1,1,0,1], [1,0,1,0]]) 返回 False,main([[0,0,0,0,1], [1,0,0,1,1], [0,0,1,1,1], [1,1,1,0,1], [1,0,0,0,0]]) 返回 True。

不能使用循环结构和任何形式的推导式。（"Python 小屋"题号：712）

```
from numpy import array
def main(arr): pass
```

（30）函数 main() 接收表示有向图邻接矩阵的嵌套列表 arr 作为参数，行下标和列下标表示顶点编号（从 0 开始编号），如果从顶点 i 到顶点 j 有边则 arr[i][j] 的值为 1。函数 main() 检查邻接矩阵 arr 表示的有向图是否可以转换为无向图。也就是说，如果存在顶点 i 到顶点 j 的边就同时存在顶点 j 到顶点 i 的边，是则返回 True，否则返回 False。例如，main([[0,1,1,1], [1,0,1,0], [1,1,0,1], [1,0,1,0]]) 返回 True，main([[0,1,1,1], [1,0,0,0], [0,1,0,1], [1,1,1,0]]) 返回 False。

不能使用循环结构和任何形式的推导式。（"Python 小屋"题号：713）

```
from numpy import array
def main(arr): pass
```

（31）函数 main() 接收 NumPy 数组 arr 作为参数，创建一个与 arr 形状相同的全 1 数组，然后返回全 1 数组对角线元素组成的一维数组。例如，main(np.arange(16).reshape(4,4)) 返回 array([1, 1, 1, 1])。

不能使用 for 循环，不能使用列表推导式，不能使用 list() 函数。（"Python 小屋"题号：269）

```
import numpy as np
def main(arr): pass
```

（32）函数 main() 接收 NumPy 数组 arr 作为参数，创建一个与 arr 形状相同的全 0 数组，然后返回全 0 数组对角线元素组成的一维数组。例如，main(np.arange(16).reshape(4,4)) 返回 array([0, 0, 0, 0])。

不能使用 for 循环，不能使用列表推导式，不能使用 list() 函数。（"Python 小屋"题号：270）

```
import numpy as np
def main(arr): pass
```

（33）函数 main() 接收方阵 mat 和实数 val 作为参数，要求返回矩阵 mat 的所有奇异值中大于 val 的数量。例如，main(np.matrix([[1,2,3], [4,5,6], [7,8,9]]), 2) 返回 1，因为矩阵 np.matrix([[1,2,3], [4,5,6], [7,8,9]]) 的奇异值为 1.68481034e+01、1.06836951e+00 和 3.33475287e-16，其中大于 2 的只有 1 个。

不能使用 for 循环，不能使用运算符 “>”。（“Python 小屋”题号：279）

```
import numpy as np
def main(mat, val): pass
```

（34）函数 main() 接收一维 NumPy 数组 arr 作为参数，要求 arr 数组中小于 3 的元素变为 -1，大于 3 且小于 5 的元素变为 1，大于 7 的元素乘以 4，其他元素变为 0，返回得到的新数组。例如，main(np.array([3,1,1,2,9,8])) 返回 array([0, -1, -1, -1, 36, 32])。

不能使用 for 循环。（“Python 小屋”题号：281）

```
import numpy as np
def main(arr): pass
```

（35）函数 main() 接收 NumPy 数组 arr 和数值 a、b 作为参数，要求返回同样形状的新数组，原数组中小于 a 或者大于 b 的数值在新数组中全部变为 0，其他不变。例如，main(np.array([1,5,6,7,8,100]), 5, 10) 返回 array([0, 5, 6, 7, 8, 0])。

不能使用循环结构，不能使用 clip() 相关的函数或方法，要求使用 piecewise() 函数。（“Python 小屋”题号：303）

```
import numpy as np
def main(arr, a, b): pass
```

（36）函数 main() 接收 NumPy 数组 arr 和数值 a 作为参数，要求返回同样形状的新数组，原数组 arr 中大于 a 的数值或者偶数在新数组中保持不变，其他元素在新数组中全部变为 0。例如，main(np.array([1,5,6,7,8,101]), 7) 返回 array([0, 0, 6, 0, 8, 101])。

不能使用循环结构，不能使用 clip() 相关的函数或方法，要求使用 piecewise() 函数。（“Python 小屋”题号：304）

```
import numpy as np
def main(arr, a): pass
```

（37）函数 main() 接收 NumPy 一维数组 arr1 和 arr2 作为参数，要求返回数组 arr1 和 arr2 卷积运算的结果数组，并且只计算两个数组完全重叠或者其中一个完全包含另一个时的结果。例如，main(np.arange(4), np.arange(3)) 返回 array([1, 4])，而不是 array([0, 0, 1, 4, 7, 6])。

不能使用循环结构。（“Python 小屋”题号：305）

```
import numpy as np
def main(arr1, arr2): pass
```

（38）函数 main() 接收包含若干整数的元组 tup 作为参数，要求返回其中有多少个元素比前一个元素大。例如，main((3, 1, 2, 3, 1)) 返回 2，因为 1<2 并且 2<3。同理，

main((1, 2, 3, 4, 5)) 返回 4，main((5, 4, 3, 2, 1)) 返回 0。

不能使用循环结构和推导式。（"Python 小屋"题号：421）

```
import numpy as np
def main(tup): pass
```

（39）函数 main() 接收包含若干整数的列表 data 和整数 bins 作为参数，要求把 data 中的整数从小到大均匀划分为 bins 个区间，每个区间的长度相同，然后统计落在每个区间中的整数的数量，并按区间升序返回这些数量组成的列表。例如，main([1,2,3,4,5,6,7,8], 3) 返回 [3, 2, 3]，此时原始数据均匀划分得到的 3 个等长区间分别为 [1, 3.33333333, 5.66666667, 8]，落在第一个区间内的 3 个整数为 1、2、3，落在第二个区间内的 2 个整数为 4、5，落在最后一个区间内的整数为 6、7、8。

不能使用循环结构和任何形式的推导式。（"Python 小屋"题号：479）

```
import numpy as np
def main(data, bins): pass
```

（40）函数 main() 接收等长的列表 arr1、arr2 作为参数，要求计算 arr1 中每个数字加 3 之后对 arr2 中相同位置上数字的整商和余数组成的元组，最终返回所有元组组成的列表。例如，main([1,2,3,4], [4,3,2,1]) 返回 [(1, 0), (1, 2), (3, 0), (7, 0)]。

不能使用循环结构和任何形式的推导式，不能使用内置函数 map()。（"Python 小屋"题号：534）

```
import numpy as np
def helper(p, q): pass
def main(arr1, arr2): pass
```

（41）函数 main() 接收一个 array-like 的对象 data 作为参数，其中要么包含若干数字或字符串，要么包含若干等长的列表或数组。要求统计其中每个数字或字符串出现的次数，返回每个唯一数字或字符及其出现次数组成的字典，要求字典的"键"升序排列。例如，main(list('abcabbbaaadcabs')) 返回 {'a': 6, 'b': 5, 'c': 2, 'd': 1, 's': 1}，main([[2,6,2,3], [3,2,1,2]]) 返回 {1: 1, 2: 4, 3: 2, 6: 1}。

不能使用循环结构和任何形式的推导式，不能使用标准库 collections 和扩展库 Pandas，不能使用内置函数 map()。（"Python 小屋"题号：548）

```
import numpy as np
def main(data): pass
```

（42）函数 main() 接收包含若干整数的元组 data 作为参数，要求返回其中所有正数之和。例如，main((1, -2, 3, -4, 5, -6)) 返回 9。

不能使用循环结构和任何形式的推导式。（"Python 小屋"题号：549）

```
import numpy as np
def main(data): pass
```

（43）通路是指图的顶点和边交替排列的序列，其中首尾为顶点，前后紧邻的顶点和边之间是关联的。通路的长度定义为通路中所含的边的条数。

假设图 *G* 的邻接矩阵为 *A*，则记矩阵 *A* 的 *k* 次方得到的矩阵为 *B*，那么矩阵 *B* 中行下标 *i*、

列下标 j 的元素为图 G 中从顶点 i 到顶点 j 之间长度为 k 的不同通路的条数。

函数 main() 接收表示图的邻接矩阵的嵌套列表 graph、表示顶点编号（从 0 开始）的整数 i 和 j、表示通路长度的自然数 k 作为参数，要求返回图 graph 中的从顶点 i 到顶点 j 的长度为 k 的通路条数。例如，main([[0, 1, 1], [1, 0, 1], [1, 1, 0]], 0, 2, 3) 返回 3。

不能使用循环结构和任何形式的推导式。（"Python 小屋"题号：718）

```
import numpy as np
def main(graph, i, j, k): pass
```

（44）设矩阵 $A = \begin{bmatrix} 1 & 1 \\ 1 & 0 \end{bmatrix}$，那么矩阵 A^n 中左下角和右上角数字恰好为斐波那契数列中第 n 个值。函数 main() 接收自然数 n 作为参数，按上面描述的算法计算并返回斐波那契数列中第 n 个数字。例如，main(5) 返回 5，main(10) 返回 55，main(100) 返回 354224848179261915075。

不能修改其他代码。（"Python 小屋"题号：823）

```
import numpy as np
def main(n):
    return _____
```

（45）函数 main() 接收列表 arr1 和 arr2 作为参数，其中 arr1 中包含若干任意元素，预期 arr2 长度与 arr1 相同且只包含自然数或正实数，若 arr2 不符合预期直接返回 None，若符合预期则返回 arr1 中元素重复之后的新列表。重复过程为：元素 arr1[i] 重复 int(arr2[i]) 次。例如，main([1,2,3], [1,2]) 返回 None，main([1,2,3], [1.5,2.5,3.7]) 返回 [1, 2, 2, 3, 3, 3]。

不能使用循环结构和任何形式的推导式，不能使用异常处理结构，不能使用内置函数 sum()。（"Python 小屋"题号：857）

```
import numpy as np
def main(arr1, arr2): pass
```

（46）函数 main() 接收包含若干整数的 NumPy 二维数组 arr 作为参数，要求返回每列平均值小于 8 的那些列所有整数之和。例如，main(array([[3,11,12,2,8,11], [13,10,15,12,10,13], [4,3,3,16,4,14], [13,5,11,1,9,12]])) 返回 91。

不能使用循环结构。（"Python 小屋"题号：267）

```
from numpy import array
def main(arr): pass
```

（47）函数 main() 接收包含若干整数的 NumPy 二维数组 arr 作为参数，要求返回每行平均值小于 8 的那些行所有整数之和。例如，main(array([[3,11,12,2,8,11], [13,10,15,12,10,13], [4,3,3,16,4,14], [13,5,11,1,9,12]])) 返回 91。

不能使用循环结构。（"Python 小屋"题号：268）

```
from numpy import array
def main(arr): pass
```

（48）函数main()接收包含若干整数的NumPy二维数组arr以及两个整数col和value作为参数，返回数组arr中列下标为col的元素中数值等于value的那些行的整数之和。例如，main(array([[2,10,16,1,3,10], [10,2,5,3,11,11], [4,12,16,2,3,17], [19,18,7,1,8,5]]), 1, 18)返回58。

不能使用for循环。（"Python小屋"题号：276）

```
from numpy import array
def main(arr, col, value): pass
```

（49）函数main()接收NumPy一维数组arr和整数n作为参数，要求将arr尽可能等分为n个新数组，然后返回最后一个新数组的形状。例如，main(np.array([1, 2, 3, 4, 5, 6, 7, 8]), 3)返回(2,)。

不能使用循环结构。（"Python小屋"题号：298）

```
import numpy as np
def main(arr, n): pass
```

（50）函数main()接收NumPy二维数组arr和整数k作为参数，要求返回数组arr中与主对角线平行的右边第k个次对角线上所有元素之和。例如，main(np.arange(60).reshape(6,10), 3)返回183。

不能使用循环结构。（"Python小屋"题号：299）

```
import numpy as np
def main(arr, k): pass
```

（51）函数main()接收NumPy数组arr和数值a、b作为参数，要求返回同样形状的新数组，原数组arr中所有小于a的值在新数组中变为a，所有大于b的值在新数组中变为b。例如，main(np.array([1,5,6,7,8,100]), 5, 10)返回array([5, 5, 6, 7, 8, 10])。

不能使用循环结构，不能使用clip()相关的函数或方法，要求使用piecewise()函数。（"Python小屋"题号：302）

```
import numpy as np
def main(arr, a, b): pass
```

（52）函数main()接收NumPy三维数组作为参数，要求返回沿第一和第三个维度进行求和的结果。例如，main(np.arange(12).reshape(2,2,3))返回array([24, 42])，main(np.arange(24).reshape(2,3,4))返回array([60, 92, 124])。

不能使用循环结构和推导式。（"Python小屋"题号：424）

```
import numpy as np
def main(arr): pass
```

（53）函数main()接收NumPy数组作为参数，首先检查其是否为方形二维数组，是则返回其上三角矩阵元素组成的一维数组，否则返回字符串 '必须是方形二维数组。'，注意使用单引号。例如，main(np.array([[1,2,3], [4,5,6]]))返回字符串 '必须是方形二维数组。'，print(main(np.array([[1,2,3], [4,5,6], [7,8,9]])))输出 [1 2 3 5 6 9]。

不能使用循环结构和任何形式的推导式。（"Python 小屋"题号：528）

```
import numpy as np
def main(arr): pass
```

（54）在机器学习算法中，分类算法的目标是判断样本所属的类别，线性分类器是最简单的分类算法之一。

在二维平面中，直线 $ax+by+c=0$ 把二维平面分为两部分：一部分是直线上方，另一部分是直线下方。对于平面中的任意一点 (x,y)，把点的坐标代入直线隐式方程，如果得到的值大于 0 就表示这个点在直线上方，如果得到的值小于 0 表示这个点在直线下方，如果得到的值等于 0 表示正好在直线上。

在三维空间中，平面 $ax+by+cz+d=0$ 把三维空间分为两部分：一部分是平面上方，另一部分是平面下方。对于三维空间中的任意一点 (x,y,z)，把点的坐标代入平面的隐式方程，如果得到的值大于 0 就表示这个点在平面上方，如果得到的值小于 0 表示这个在平面下方，如果得到的值等于 0 表示正好在平面上。

扩展到任意 n 维空间，超平面 $w_1x_1+w_2x_2+w_3x_3+\cdots+w_nx_n+b=0$ 把 n 维空间分为两部分：一部分是超平面上方，另一部分是超平面下方。对于 n 维空间中的任意一点 $(x_1, x_2, x_3, \cdots, x_n)$，把点的坐标代入超平面隐式方程，如果得到的值大于 0 就表示这个点在超平面上方，如果得到的值小于 0 表示这个点在超平面下方，如果得到的值等于 0 表示正好在超平面上。

函数 main() 接收元组 w、实数 b、元组 x 作为参数，其中 w 中每个数值表示二维平面中的直线、三维空间中的平面以及 n 维空间中的超平面隐式方程中变量的系数，b 表示隐式方程中的偏置项或常数项，x 中的数值表示 n 维空间中的点的坐标，元组 w 和 x 的长度相同。要求判断 x 表示的点与 w、b 共同表示的直线、平面或超平面的位置关系，根据情况返回字符串 '上'、'中' 或 '下'。例如，main((1, -2, 1, -3), 1, (1, 1, 1, 1)) 返回 '下'，main((1, -2), 6, (-1, 1)) 返回 '上'，main((1, -2), 6, (2, 4)) 返回 '中'。

不能使用选择结构、循环结构、任何形式的推导式、lambda 表达式、内置函数 map()、字典和集合。（"Python 小屋"题号：611）

```
import numpy as np
def main(w, b, x): pass
```

（55）函数 main() 接收列表 data 作为参数，其中包含 12 个数字模拟某商店一年 12 个月的销售数据，要求按季度分组求和并返回结果列表。例如，main([54, 83, 58, 82, 79, 56, 14, 29, 85, 43, 29, 29]) 返回 [195, 217, 128, 101]。

不能使用循环结构和任何形式的推导式，不能使用加号和方括号。（"Python 小屋"题号：656）

```
from numpy import array
def main(data): pass
```

（56）函数 main() 接收 NumPy 数组 data 和数字 sample 作为参数，要求返回数组 data 中与数字 sample 最接近的一个数字，如果有多个数字并列最接近的话返回第一个。例如，main(np.array([3,4,5,6,7,8,9]), 6.2) 返回 6，main(np.

array([3,4,5,6,7,8,9]), 6.5) 返回 6。

不能使用循环结构和任何形式的推导式。（"Python 小屋"题号：681）

```
import numpy as np
def main(data, sample): pass
```

（57）假设无向图表示为 *G=(V,E)*，其中 *V* 表示顶点的集合，*E* 表示边的集合。如果其边集的某个子集 *M*（*M⊆V*）中任意两条边都没有共同顶点，或者说每个顶点最多只有一条边与之关联，则称该子集为一个匹配。如果把图中剩余边集 *E-M* 中的任意一条边加入 *M*，都会使其不再是一个匹配，则称 *M* 是极大匹配。如果 *M* 是 *G* 的所有匹配中边的数量最多的一个，则称 *M* 为最大匹配。如果 *M* 匹配了图中全部顶点，则称 *M* 为完美匹配，此时边的数量必然是顶点数量的一半。

函数 main() 接收无向图邻接矩阵 graph 作为参数，顶点 i 和顶点 j 之间有边则 graph[i][j]=graph[j][i]=1，要求判断邻接矩阵 graph 表示的图中的所有边是否为完美匹配，是则返回 True，否则返回 False。例如，main([[0,1,1], [1,0,1], [1,1,0]]) 返回 False，main([[0,0,1,0], [0,0,0,1], [1,0,0,0], [0,1,0,0]]) 返回 True。

不能使用循环结构和任何形式的推导式。（"Python 小屋"题号：724）

```
from numpy import array
def main(graph): pass
```

（58）鸡兔同笼问题。函数 main() 接收自然数 legs 和 heads 作为参数，分别表示笼子里鸡兔的腿总数量和头总数量，要求计算并返回一个列表，其中第一个数字表示鸡的数量、第二个数字表示兔子的数量。如果参数 legs 和 heads 不合适得不到非负整数解就返回 False。例如，main(90, 30) 返回 [15, 15]，main(90, 300) 返回 False。

不能使用循环结构和任何形式的推导式，不能使用减号、乘号、除号和内置函数 int()、map()。（"Python 小屋"题号：849）

```
import numpy as np
def main(legs, heads): pass
```

（59）程序改错题：函数 main() 接收正整数 n 作为参数，然后计算并返回数组 [1, 2, 4, 8, 16, 32, …, 2**(n-1)] 中所有数字的和。但是代码有 bug，当 n 特别大时会给出错误结果。

改正代码中的错误，使得 n 任意大时都可以计算正确。例如，main(164) 返回 23338402619729444669125895732346052831449492068761 5。（"Python 小屋"题号：284）

```
import numpy as np
def main(n):
    arr = 2 ** np.arange(n)
    return arr.sum()
```

（60）函数 main() 接收任意形状的 NumPy 整数数组 arr 作为参数，要求返回数组 arr 中所有整数的阶乘之和。例如，main(np.array([1, 2, 3, 4])) 返回 33。

不能使用循环结构和任何形式的推导式，不能使用 map() 函数。（"Python 小屋"题号：292）

```
from math import factorial
```

```
import numpy as np
def main(arr): pass
```

（61）函数 main() 接收列表 sample_x、sample_y、x 作为参数，其中两个长度均为 n 的列表 sample_x 和 sample_y 分别表示一组二维采样点的 x 坐标和 y 坐标，要求根据这一组采样点拟合一个 n-1 次多项式，使得该多项式对应的函数曲线恰好经过所有采样点。然后计算该多项式的变量分别取参数列表 x 中数值时得到的插值点 y 坐标（保留 2 位小数）组成的列表。例如，main([1,2,3,4,5], [18,13,13,19,16], [3.6,4.5]) 返回 [16.48, 20.19]，因为以采样点 (1,18)、(2,13)、(3,13)、(4,19)、(5,16) 进行拟合得到 4 次多项式 $-0.667x^4+6.883x^3-21.83x^2+22.67x+11$，然后把 3.6 和 4.5 分别代入多项式并对结果四舍五入保留 2 位小数得到 16.48 和 20.19。（"Python 小屋"题号：491）

```
import numpy as np
def main(sample_x, sample_y, x): pass
```

（62）在二维平面上，点 (x,y) 到直线 $ax+by+c=0$ 的距离计算公式为 $\dfrac{|ax+by+c|}{\sqrt[2]{a^2+b^2}}$。

在三维空间中，点 (x,y,z) 到平面 $ax+by+cz+d=0$ 的距离计算公式为 $\dfrac{|ax+by+cz+d|}{\sqrt[2]{a^2+b^2+c^2}}$。

在 n 维空间中，点 $(x_1,x_2,x_3,\cdots,x_n)$ 到超平面 $w_1x_1+w_2x_2+\cdots+w_nx_n+b=0$ 的距离计算公式为 $\dfrac{|w_1x_1+w_2x_2+\cdots+w_nx_n+b|}{\sqrt[2]{w_1^2+w_2^2+\cdots+w_n^2}}$。

函数 main() 接收元组 w、实数 b、元组 x 作为参数，其中 w 中每个数值表示二维平面中的直线、三维空间中的平面以及 n 维空间中的超平面隐式方程中变量的系数，b 表示隐式方程中的偏置项或常数项，x 中的数值表示 n 维空间中的点的坐标，元组 w 和 x 的长度相同。要求计算点 x 到由 w 和 b 共同确定的直线、平面或超平面的距离，结果保留最多 3 位小数。例如，main((1, -2, 1, -3), 1, (1, 1, 1, 1)) 返回 0.516，main((1, -2), 6, (-1, 1)) 返回 1.342。

不能使用循环结构和任何形式的推导式，不能使用 lambda 表达式，不能使用内置函数 map()。（"Python 小屋"题号：610）

```
import numpy as np
def main(w, b, x): pass
```

（63）使用 HITS 算法确定旅游最终目的地的详细描述见第 19 章第（84）题。函数 main() 接收二维数组 arr 作为参数，其中每行表示一个城市、每列表示一个推荐人，数组中 0 表示没推荐、1 表示推荐，然后根据上面的算法返回最终推荐的城市编号（即数组 arr 的行号，从 0 开始），有多个得分一样的城市时推荐序号最小的一个。例如，main(array([[1,0,1,1], [1,1,1,0], [0,1,0,0], [1,0,0,1], [0,1,0,1]])) 返回 0，其中数组含义为

```
    赵 钱 孙 李
A 1 0 1 1
B 1 1 1 0
C 0 1 0 0
D 1 0 0 1
E 0 1 0 1
```

第一列表示赵推荐了 A、B、D 这 3 个城市，第一行表示 A 城市被赵、孙、李推荐过，以此类推。

要求使用 NumPy 完成，不能使用 Pandas。（"Python 小屋"题号：678）

```
from numpy import array
def main(arr): pass
```

（64）函数 main() 接收二维数组 arr、表示下标的整数 i、表示轴的整数 axis（0 表示第一个维度、1 表示第二个维度）作为参数，要求在不对数组进行完全排序的情况下返回二维数组 arr 中沿 axis 维度第 i+1 小的元素组成的一维数组。例如，main(array([[2,10,16,1,3,10], [10,2,5,3,11,11], [4,12,16,2,3,17], [19,18,7,1,8,5]])), 3, 1) 返回 array([10, 10, 12, 8])，也就是每行第 4 小的元素组成的一维数组，或者说每行元素升序排序后下标 3 的元素组成的一维数组。

不能使用 for 循环，不能对数组进行完整排序。（"Python 小屋"题号：277）

```
from numpy import array
def main(arr, i, axis): pass
```

（65）函数 main() 接收包含若干整数的等长元组 tup1 和 tup2 作为参数，要求返回一个 2- 元组，元组中第一个元素是 tup1 和 tup2 对应位置上元素整商结果组成的数组，第二个元素是 tup1 和 tup2 对应位置上元素的余数构成的数组。例如，main((3, 6, 7, 2), (5, 4, 3, 7)) 返回 (array([0, 1, 2, 0], dtype=object), array([3, 2, 1, 2], dtype=object))。

不能使用循环结构和任何形式的推导式，不能使用运算符"//"和"%"。（"Python 小屋"题号：422）

```
import numpy as np
def main(tup1, tup2): pass
```

（66）已知可以使用若干段连续的直线段来逼近任意一条光滑曲线，直线段越短、数量越多则逼近效果越好，所有直线段的长度之和越接近曲线的实际长度。

函数 main() 接收实数 start、stop 和自然数 n 作为参数，要求返回余弦函数 y = cos(x) 在自变量区间 [start, stop] 的那部分曲线长度近似值，参数 n 表示把区间 [start, stop] 均匀分为 n-1 段，也就是使用 n 个点确定的 n-1 段连续的直线段来逼近余弦曲线。要求最终结果保留最多 3 位小数。例如，main(0, 3.14159, 50) 返回 3.82，main(0, 3.14159, 10) 返回 3.814，main(0, 3.14159, 5) 返回 3.79。（"Python 小屋"题号：608）

```
import numpy as np
def main(start, stop, n): pass
```

（67）如果把每天的天气情况看作是一个随机变量，那么一段时间内每天天气组成的序列可以看作一个随机过程。已知某地区每天的天气可以分为晴天、阴天、下雨这 3 种，且 3 种天气互相之间的状态转移矩阵为

```
      晴天   阴天   下雨
晴天： 0.6   0.2   0.2
阴天： 0.4   0.3   0.2
下雨： 0.3   0.3   0.4
```

其中，第一行表示晴天、第二行表示阴天、第三行表示下雨，第一列表示晴天、第二列表示阴天、第三列表示下雨，第 i 行第 j 列位置上的数字表示第 i 行的天气变成第 j 列的天气的概率。例如，第二行第三列数字 0.2 表示今天阴天而明天下雨的概率为 0.2，第三行第二列数字 0.3 表示今天下雨而明天阴天的概率为 0.3。另外，对该地区大量历史天气数据进行分析后还发现了另一个规律，第二天的天气只与头一天的天气有关，与再早日期的天气无关，满足马尔可夫假设。

函数 main() 接收二层嵌套列表 P、列表 today 和整数 n 作为参数，其中 n 行 n 列的二层嵌套列表 P 表示某地区的天气状态转移矩阵，列表 today 表示今天的天气情况（其中 3 个数字分别表示晴天、阴天、下雨的概率），要求计算并返回 n 天后那一天的天气是晴天的概率，结果保留最多 3 位小数。例如，main([[0.7,0.2,0.1], [0.4,0.5,0.1], [0.3,0.4,0.3]], [1,0,0], 3) 返回 0.568，计算过程为：1 天后的天气为 [1*0.7+0*0.4+0*0.3, 1*0.2+0*0.5+0*0.4, 1*0.1+0*0.1+0*0.3] = [0.7, 0.2, 0.1]，2 天后的天气为 [0.7*0.7+0.2*0.4+0.1*0.3, 0.7*0.2+0.2*0.5+0.1*0.4, 0.7*0.1+0.2*0.1+0.1*0.3] = [0.6, 0.28, 0.12]，3 天后的天气为 [0.6*0.7+0.28*0.4+0.12*0.3, 0.6*0.2+0.28*0.5+0.12*0.4, 0.6*0.1+0.28*0.1+0.12*0.3] = [0.568, 0.308, 0.124]，所以晴天的概率为 0.568。

删除下面代码中的 pass 语句，替换为自己的代码，完成要求的功能。不能使用循环结构和任何形式的推导式。（"Python 小屋"题号：617）

```
import numpy as np
def main(P, today, n): pass
```

（68）对于次数和系数任意的多项式，只需要两步即可确定全部系数。①计算未知数 $x=1$ 时多项式的值，假设结果是 k 位数；②计算未知数 $x=10^{k+1}$ 时多项式的值，对结果从右向左每 $k+1$ 位为一组进行划分，每组的值即为多项式的系数，同时也就确定了多项式的最高次数。例如，多项式 $f(x)=2x^3+7x^2+9x+13$，把 $x=1$ 代入多项式得到 31 为两位数。然后把 $x=10^3=1000$ 代入多项式得到 2007009013，从右向左每 3 位一组划分得到 [2, 007, 009, 013]==>[2, 7, 9, 13] 即多项式的系数。

函数 main() 接收 NumPy 多项式作为参数，要求返回其所有系数从高次到低次组成的列表。例如，main(poly1d([1,2,3,4])) 返回 [1, 2, 3, 4]。

不能使用循环结构和任何形式的推导式，不能使用函数 list() 和 NumPy 多项式的 coef 或类似的属性。（"Python 小屋"题号：674）

```
from numpy import poly1d, array, int64
```

```
def main(p): pass
```

（69）函数 main() 接收表示彩色图像文件路径的字符串 image_fn 作为参数，要求读取图像数据，对每个像素的红、绿、蓝分量值求平均，对平均值取整，然后统计并返回红绿蓝平均值取整后小于 200 的像素个数。（"Python 小屋"题号：283）

```
import numpy as np
from PIL import Image
def main(image_fn): pass
```

（70）函数 main() 接收 N 行 N 列的二维数组 arr 作为参数，要求把该数组中对角线上的元素修改为 666,返回处理后的新数组。例如,main(np.array([[1,2,3], [4,5,6], [7,8,9]])) 返回

```
array([[666,   2,   3],
       [  4, 666,   6],
       [  7,   8, 666]])
```

不能使用循环结构和推导式。（"Python 小屋"题号：423）

```
from copy import deepcopy
import numpy as np
def main(arr):
    temp = deepcopy(arr)
    pass
    return temp
```

（71）某工厂马上就要下班时，突然来了一车零件需要在半小时内完成卸货，时间紧任务重，于是值班组长紧急安排张、刘、赵 3 个人加班卸货。这一车零件共有 600 个，半小时张一个人干活能卸 100 个、刘一个人干活能卸 120 个、赵一个人干活能卸 50 个；如果张、刘一起干活能卸 260 个，张、赵一起干活能卸 350 个，刘、赵一起干活能卸 330 个；3 个人一起干活正好可以卸完 600 个。为了奖励 3 个人，组长给了 2000 元，如果按贡献大小分配的话每个人应该拿多少奖金呢？

假设张率先发起合作的邀请，先邀请刘加入再邀请赵加入，此时刘的贡献（即刘加入前后团队卸货能力的差）为 26-100=160，赵的贡献为 600-260=340；如果张先邀请赵再邀请刘，此时赵的贡献为 350-100=250，刘的贡献为 600-350=250。重复上面的过程，计算每个人率先发出邀请以及不同邀请顺序中每个人的贡献，得到下面的矩阵，左边一列表示不同发起人和邀请顺序：

	张	刘	赵
张刘赵	100	160	340
张赵刘	100	250	250
刘张赵	140	120	340
刘赵张	270	120	210
赵张刘	300	250	50
赵刘张	270	280	50

然后对矩阵计算纵向平均值得到每个人的 Shapley 值，根据每个人 Shapley 值占比来计算和分配奖金。按照这个规则，得到张、刘、赵 3 人的 Shapley 值分别为

196.66666667、196.66666667、206.66666667，按占比分配 2000 元奖金的话 3 人分别得到 655.56 元、655.56 元、688.89 元。

函数 main() 接收字典 data 和整数 money 作为参数，data 字典中存放了不同组合的卸货能力，money 表示总奖金，要求返回一个字典表示每个人应得奖金数量（人名顺序和 data 中相同），奖金数额保留 2 位小数，忽略因为四舍五入产生的误差，剩余的几分钱交公，多发的几分钱由组长补上。例如，main({'张':180, '刘':160, '赵':80, '张刘':450, '张赵':350, '刘赵':225, '刘张赵':800}, 3000) 返回 {'张': 1293.75, '刘': 1021.88, '赵': 684.38}。（"Python 小屋"题号：677）

```
from math import factorial
from itertools import permutations
import numpy as np
def main(data, money): pass
```

（72）找明星问题：n 个人（编号分别为 0,1,2,…,n-1）中最多有一个是明星，他不认识其他人但是其他人都认识他。编写程序找出这个明星。

函数 main() 接收嵌套列表 G 作为参数，表示一个 n 行 n 列的二维数组，G[i][j]=1 时表示 i 认识 j，G[i][j]=0 表示 i 不认识 j，为方便处理假设每个人都不认识自己，即 G[i][i]=0。要求返回明星的编号，如果没有明星则返回字符串 '不存在'。例如，main([[0,1,0,1,1], [1,0,1,0,1], [0,1,0,1,1], [1,0,1,0,1], [0,0,0,0,0]]) 返回 4, main([[0,0,0,0,0], [1,0,1,0,1], [0,1,0,1,1], [1,0,1,0,1], [0,0,0,0,0]]) 返回 '不存在'。

不能使用循环结构和任何形式的推导式。（"Python 小屋"题号：702）

```
import numpy as np
def main(G): pass
```

第 28 章

Pandas数据分析与处理

（1）函数 main() 接收包含若干整数的元组 values 作为参数，要求统计其中各整数出现的次数，返回一个字典，字典中每个元素的"键"表示一个唯一的整数，元素的"值"表示该整数出现的次数，要求字典中元素按整数出现次数升序排序。例如，main((1,1,1,2,2,3)) 返回 {3: 1, 2: 2, 1: 3}。

不能使用循环结构、任何形式的推导式、内置函数 map()，可以使用扩展库 Pandas 中的函数。（"Python 小屋"题号：265）

```
import pandas as pd
def main(values): pass
```

（2）函数 main() 接收包含若干整数的元组 data 作为参数，要求返回其中的唯一元素组成的新元组，并且按元素首次出现的位置排序。例如，main((5,3,3,2,1,1,5,2,8)) 返回 (5, 3, 2, 1, 8)。

不能使用函数 set()、sorted()，不能使用循环结构。（"Python 小屋"题号：318）

```
import pandas as pd
def main(data): pass
```

（3）函数 main() 接收本地 HTML 文件的路径或网页链接地址 html_file 作为参数，要求返回该 HTML 文件或网页中表格的数量。

要求使用 Pandas 实现。（"Python 小屋"题号：319）

```
import pandas as pd
def main(html_file): pass
```

（4）函数 main() 接收 Pandas 的 Series 对象 data 作为参数，要求返回按索引升序排序之后的值。例如，main(pd.Series([1,2,3,4,5], index=[3,5,6,1,9])) 返回 [4 1 2 3 5]。

不能使用内置函数 sorted()、列表方法 sort()，不能使用循环结构和任何形式的推导式。（"Python 小屋"题号：457）

```
import pandas as pd
def main(data): pass
```

（5）函数 main() 接收表示年、月、日的 3 个整数作为参数，要求返回参数表示的日期是当年第几天。例如，main(2022, 10, 31) 返回 304。

不能使用循环结构、任何形式的推导式、标准库 datetime 和 time，要求使用 Pandas 实现。（"Python 小屋"题号：511）

```
import pandas as pd
def main(year, month, day): pass
```

（6）函数 main() 接收表示 pickle 文件路径的字符串 pk_path 作为参数，该文件中存放了一个使用 pickle 序列化后的列表对象，要求使用 Pandas 读取文件中的数据，然后返回其中出现次数最多的元素值。

不能使用循环结构，不能使用标准库 pickle 和 collections。（"Python 小屋"题号：325）

```
import pandas as pd
def main(pk_path): pass
```

（7）函数 main() 接收 Excel 文件路径字符串 xlsx_fn 作为参数，文件中包含若干学生的考试数据，每门课程允许考多次，Excel 文件中数据格式如下（姓名均为化名）：

姓名	课程	成绩
李坤	英语	49
李艳	数学	38
赵坤	数学	2
孙东坤	英语	44
钱志	语文	91

要求函数 main() 统计 Excel 文件中只出现过一次的记录的数量。

要求使用 Pandas 实现，不能使用扩展库 openpyxl、xlwings，不能使用循环结构。（"Python 小屋"题号：329）

```
import pandas as pd
def main(xlsx_fn): pass
```

（8）函数 main() 接收包含若干任意元素的列表 data 和 data 中唯一元素组成的列表 order 作为参数，要求对 data 中的元素按其在 order 中出现的先后顺序进行排序，然后返回排序后的新列表。例如，main([1, 2, 3, 1, 2, 3, 3, 2, 1, 2], [2, 1, 3]) 返回 [2, 2, 2, 2, 1, 1, 1, 3, 3, 3]。

不能使用内置函数 sorted() 和列表方法 sort()，不能使用循环结构和任何形式的推导式。（"Python 小屋"题号：508）

```
import pandas as pd
def main(data, order): pass
```

（9）函数 main() 接收包含任意元素的列表 values 和 unique 作为参数，要求返回 values 中同时也在 unique 中的元素组成的新列表，且所有元素保持在 values 中的相对顺序。例如，main(['1','2','4','1','4','5'], ['1','4',5]) 返回 ['1', '4', '1', '4']，main([1,2,3,4,5], [4,1]) 返回 [1, 4]。

不能使用循环结构和任何形式的推导式，不能使用内置函数 filter()。（"Python 小屋"题号：512）

```
import pandas as pd
def main(values, unique): pass
```

（10）函数 main() 接收 Pandas 的 Series 对象 sr 作为参数，格式如下：

```
2022-05-26 00:00:00    0
2022-05-26 01:00:00    1
...
2022-05-29 07:00:00    79
Freq: H, Length: 80, dtype: int64
```

要求返回其中时间为 3:00 的数据组成的列表。例如，main(pd.Series(range(80), index=pd.date_range('20220526', periods=80, freq='H'))) 返回 [3, 27, 51, 75]，main(pd.Series(range(50,180,3), index=pd.date_range('202205262300', periods=44, freq='H'))) 返回 [62, 134]。

不能使用循环结构和任何形式的推导式。（"Python 小屋"题号：517）

```
import pandas as pd
def main(sr): pass
```

（11）函数 main() 接收 Pandas 的 Series 对象 sr 作为参数，格式如下：

```
2022-05-26 00:00:00    0
2022-05-26 01:00:00    1
...
2022-05-29 06:00:00    78
2022-05-29 07:00:00    79
Freq: H, Length: 80, dtype: int64
```

要求返回其中时间从晚上 19:00 到凌晨 3:00（包含这两个时间）之间的数据之和。例如，main(pd.Series(range(80), index=pd.date_range('20220526', periods=80, freq='H'))) 返回 1275。

不能使用循环结构和任何形式的推导式。（"Python 小屋"题号：518）

```
import pandas as pd
def main(sr): pass
```

（12）函数 main() 接收包含若干介于 [0,100] 区间整数的列表 scores 和字符串 grade 作为参数，要求统计并返回 grade 等级的分数个数。假设 [90,100] 区间的分数对应 '优'，[80,89] 区间的分数对应 '良'，[70,79] 区间的分数对应 '中'，[60,69] 区间的分数对应 '及格'，[0,59] 区间的分数对应 '不及格'。例如，main([89,70,49,87,92,84,73,71,78,81,90,37,77,82,81,79,80,82,75,90,54,80,70,68,61], '及格') 返回 2。

不能使用关键字 if、for、while。（"Python 小屋"题号：839）

```
import pandas as pd
def main(scores, grade): pass
```

（13）已知有若干 Excel 文件，其中工作表 sheet_name 中有若干行数据，数据格式如下：

```
姓名 数值
张三 100
李四 200
周八 390
```

函数 main() 接收字符串 xlsx_name 和 sheet_name 作为参数，其中 xlsx_name 表示 Excel 文件名称，sheet_name 表示工作表名称，要求使用 Pandas 读取 Excel 文件 xlsx_name 中工作表 sheet_name 中的数据，根据"姓名"列的值进行分组求和，返回"数值"总和大于 350 的姓名组成的列表，要求按"姓名"的拼音顺序升序排列。

不能使用 for 循环和 while 循环。("Python 小屋"题号：266)

```python
import pandas as pd
import pypinyin
def main(xlsx_name, sheet_name): pass
```

（14）函数 main() 接收本地 HTML 文件路径或网页链接地址 html_file 作为参数，返回一个表示该网页文件中每个表格行数的元组。例如，如果网页中只有一个表格并且其中有 3 行就返回 (3,)，如果网页中有两个表格并且分别有 5 行和 8 行就返回 (5，8)。

要求使用 Pandas 实现。("Python 小屋"题号：320)

```python
import pandas as pd
def main(html_file): pass
```

（15）函数 main() 接收 Excel 文件路径字符串 xlsx_fn 作为参数，文件中包含若干学生的考试数据，每门课程允许考多次，数据格式如下（姓名均为化名）：

姓名	课程	成绩
李坤	英语	49
李艳	数学	38
赵坤	数学	2
孙东坤	英语	44

要求函数 main() 统计 Excel 文件中只参加过一次考试的学生姓名和课程名的组合升序排序组成的元组。例如，main('data331_1.xlsx') 返回 (('李昀坤', '英语'), ('李琛坤', '英语'), ('赵琛艳', '英语'))。

要求使用 Pandas 实现，不能使用扩展库 openpyxl、xlwings，不能使用循环结构。("Python 小屋"题号：331)

```python
import pandas as pd
def main(xlsx_fn): pass
```

（16）对于任意一个各位数字互不相同的 4 位自然数，其各位数字能够组成的最大数减去能够组成的最小数，对得到的差重复这个操作，最多 7 次肯定能得到 6174。

下面的代码中，函数 get_times(num) 用来计算各位数字互不相同 4 位自然数 num 按照上面的操作变为 6174 所需操作的次数，例如 get_times(1234) 返回 3，表示 1234 需要 3 次操作就能得到 6174。第一次为 4321−1234=3078，第二次为 8730−378=8352，第三次为 8532−2358=6174。函数 main() 接收介于 [1,7] 区间的正整数 n 作为参数，要求返回有多少个各位数字互不相同的 4 位自然数需要进行 n 次上面的操作才能得到 6174。例如，main(3) 返回 1272，表示有 1272 个符合上面条件的 4 位自然数需要进行 3 次上面的操作才能得到 6174。

不能修改函数 get_time() 的代码，不能使用 for 循环和字典方法 get()，不能使用 Pandas 的 value_counts() 函数，不能使用 collections 模块，要求使用 pandas 的

DataFrame 类以及 DataFrame 对象的分组方法。（"Python 小屋"题号：373）

```
import pandas as pd
def get_times(num):
    num, times = str(num), 0
    while True:
        big = int(' '.join(sorted(num, reverse=True)))
        little = int(str(big)[::-1])
        difference = big - little
        times = times + 1
        if difference == 6174:
            return times
        num = str(difference)
def main(n): pass
```

（17）（山东工商学院方向老师提供）函数 main() 接收 Excel 文件路径字符串 xlsx_fn 作为参数，文件中包含若干个员工的工资数据，格式如下（均为化名）：

姓名	技术职称	岗位工资	薪级工资	工资总额
郭宇翔	助教	590	233	
纪雯丹	助教	590	151	
李邦烁	助教	590	165	
李凯	助教	590	215	
梁雨晴	助教	590	205	

要求函数 main() 读取给定的 Excel 文件创建 DataFrame 对象，先将所有小于 200 元的薪级工资增加 50 元，再计算工资总额（工资总额 = 岗位工资 + 薪级工资），返回姓名和工资总额的组合并以工资总额降序排列组成的元组。例如：print(main('data417.xlsx')) 输出 (('黄依依', 1573), ('李训东', 1473), ('姜奇慧', 1401), ('高雅卓', 1235), ('贾京晶', 1158), ('何艳玲', 1097), ('李佳轩', 1097), ('黄晴晴', 1021), ('郭宇翔', 823), ('刘畅', 823), ('李邦烁', 805), ('李凯', 805), ('梁雨晴', 795), ('纪雯丹', 791), ('李齐', 735), ('李兴豪', 735))。（"Python 小屋"题号：417）

```
import pandas as pd
def main(xlsx_fn): pass
```

（18）（山东工商学院方向老师提供）函数 main() 接收 csv 文件路径字符串 csv_fn 作为参数，文件中包含某小朋友一周的上课情况，如果一天上课超过 8 个小时就会影响身体发育。文件内容格式如下：

Weekday	School	Piano	Drawing	English
Monday	6	0	0	2
Tuesday	6	2	0	0
Wednesday	6	0	2	2
Thursday	6	2	2	0
Friday	6	0	2	0
Saturday	0	2	2	2
Sunday	0	2	2	2

要求函数 main() 统计出一周内影响身体发育的 Weekday 和该天课时数 ColSum，返回 Weekday 和 ColSum 的组合组成的元组。例如，print(main('data418_1.csv')) 返回 (('Wednesday', 10), ('Thursday', 10))。（"Python 小屋" 题号：418）

```
import pandas as pd
def main(csv_fn): pass
```

（19）（山东工商学院方向老师提供）函数 main() 接收 Excel 文件路径字符串 xlsx_fn 作为参数，文件中包含校园歌手大赛所有选手的打分信息，文件中格式如下：

Name	judge1	judge2	judge3	judge4	judge5
Lucy	7.5	8.6	9.4	6.7	8.6
Alyssa	6.3	5.4	9.1	8.2	7.7
July	6.5	7.6	8.8	8.6	7.2
Eva	5.4	8.2	8.9	9.1	7.8

要求函数 main() 统计出每位参赛选手的总分（去掉一个最高分，去掉一个最低分后的总和），并返回包含总分最高的前 5 个人（假设无并列）得分情况的 DataFrame 对象。例如，main('data419.xlsx') 返回：

Name	judge1	judge2	judge3	judge4	judge5	Score
Rose	9.8	9.2	9.9	9.3	9.1	28.3
Marita	9.4	8.2	9.6	8.8	8.9	27.1
Norma	7.2	9.1	9.5	8.8	8.9	26.8
Vivian	7.7	8.2	9.3	8.9	8.4	25.5
Eva	5.4	8.2	8.9	9.1	7.8	24.9

（"Python 小屋" 题号：419）

```
import pandas as pd
def main(xlsx_fn): pass
```

（20）函数 main() 接收表示 Excel 文件路径的参数 xlsx 和表示工作表名称的参数 sheetname，要求读取 xlsx 文件中 sheetname 工作表的数据然后进行处理，Excel 文件中数据格式如下，其中第二列有缺失值：

```
列  值
a   1
b   2
c
...
k
l   5
m   6
```

要求先使用缺失值前最后一个有效值填充接下来紧邻的最多两个缺失值，然后使用缺失值后第一个有效值填充紧邻的最多前两个缺失值，如果还有缺失值的话使用第二列填充缺失值后的中值进行填充，最后返回第二列所有数值之和，结果为实数。

要求使用 Pandas 实现功能，不能使用循环结构和任何形式的推导式。（"Python 小屋" 题号：453）

```
import pandas as pd
def main(xlsx, sheetname): pass
```

（21）函数 main() 接收表示 xlsx 格式 Excel 文件名的字符串 xlsx_file 作为参数，其中有 2 个工作表，Sheet1 中存放学生的学号和姓名，格式为

```
学号 姓名
1001 张三
1002 李四
1003 王五
```

Sheet2 中存放学生考试成绩，格式为

```
学号 语文 数学 英语
1001 80  90  78
1002 60  100 70
```

要求在 main() 函数中使用 Pandas 读取 Excel 文件中的数据，然后返回平均分最高的学生姓名。例如，main('data315_1.xlsx') 返回 '王五'。（"Python 小屋"题号：315）

```
import pandas as pd
def main(xlsx_file): pass
```

（22）函数 main() 接收 Excel 文件路径字符串 excel_fn 作为参数，文件中包含若干学生的考试数据，每门课程允许考多次，文件中数据格式如下（姓名均为化名）：

```
姓名      课程      成绩
李坤      英语      49
李艳      数学      38
赵坤      数学      2
孙东坤    英语      44
```

要求函数 main() 统计 Excel 文件中每个学生每门课程的最高分，然后计算并返回这些最高分的平均分。

要求使用 Pandas 实现，不能使用扩展库 openpyxl、xlwings。（"Python 小屋"题号：322）

```
import pandas as pd
def main(excel_fn): pass
```

（23）函数 main() 接收 Pandas 的 DataFrame 对象 df 作为参数，其中包含两列数据，one 列内容是字符串，two 列内容是整数，格式如下：

```
   one  two
0   a    7
1   a    2
2   b    3
3   b    4
4   c    5
5   b    6
6   a    1
```

对于上面的示例数据，要求返回字典 {'a': [1, 2, 7], 'b': [3, 4, 6], 'c': [5]}，其中元素的"键"按在 df 中首次出现的先后顺序、"值"列表中的数字升序排列。

不能使用循环结构和任何形式的推导式。（"Python 小屋"题号：483）

```
import pandas as pd
def main(df): pass
```

（24）函数 main() 接收 Pandas 的 DataFrame 对象 df 作为参数，其中 one、two、three 3 列均为整数，格式如下：

```
    one  two  three
0   1    2    1
1   2    1    2
2   1    2    3
3   2    1    4
4   1    2    5
5   3    4    6
6   3    4    7
```

要求根据 one 列的值进行分组，每组中 two 列数据求和，three 列求最大值，返回处理后的 DataFrame 对象。例如，上面的数据会返回下面的结果：

```
    one  two  three
0   1    6    5
1   2    2    4
2   3    8    7
```

不能使用循环结构和任何形式的推导式。（"Python 小屋"题号：484）

```
import pandas as pd
def main(df): pass
```

（25）使用 HITS 算法确定旅游最终目的地的详细描述见第 19 章第（84）题。函数 main() 接收字典 data 作为参数，字典的"键"是推荐人，"值"为被推荐的城市名称集合，要求返回得分最高的城市名称，如果有多个就返回 Unicode 编码最小的一个。例如，main({'赵':{'A','B','D'}, '钱':{'B','C','E'}, '孙':{'A','B'}, '李':{'A','D','E'}}) 返回 'A'。

不能使用循环结构和任何形式的推导式，不能使用 NumPy，要求使用 Pandas 完成。（"Python 小屋"题号：680）

```
import pandas as pd
def main(data): pass
```

（26）函数 main() 接收表示 SQLite 数据库文件路径的字符串 db_path 作为参数，数据库中有一个名为 Python_xiaowu 的数据表，其中有 value（数值）和 datetime（文本）两个字段，数据表中数据格式如下：

```
value   datetime
89      2021-07-22
78      2022-11-09
23      2023-01-01
```

要求使用 pandas 读取该数据表中的数据，然后根据月份进行分组求和，返回数值之和最大的月份，返回值格式为 '2021-07'。

不能使用循环结构，不能使用 sqlite3 的函数直接读取数据。（"Python 小屋"题号：324）

```
import sqlite3
import pandas as pd
def main(db_path): pass
```

（27）函数 main() 接收表示 csv 文件路径的字符串 csv_filepath 作为参数，该文件中保存了小明连续 100 天一日三餐所吃的食物，文件中内容的格式如下：

```
日期，一日三餐
2021-11-01,"面包，火腿，鸡肉"
2021-11-02,"苹果，鱼，火腿"
2021-11-03,"牛排，米饭，鱼"
2021-11-04,"芒果，面包，马铃薯"
```

已知小明吃的食物中属于蛋白质类的有牛排、火腿、鸡肉、鱼，属于碳水化合物的有面包、米饭、苹果、马铃薯、芒果。

根据 csv_filepath 文件中内容，统计小明进餐蛋白质类食物和碳水化合物类食物的次数。如果两类食物的进餐次数之差小于 10 则认为营养均衡并返回 True，否则认为营养不均衡并返回 False。例如，main('data425_1.csv') 返回 False，因为根据文件内容可知小明食用蛋白质类 163 次、碳水化合物类 137 次，二者相差 26 次，不小于 10。（"Python小屋"题号：425）

```
from operator import sub
import pandas as pd
def main(csv_filepath): pass
```

（28）函数 main() 接收表示 Excel 文件路径的字符串作为参数，例如 data427.xlsx，其中内容格式如下，每行有 3 列，分别为电影名称、导演、演员，其中演员列的演员名称使用中文全角逗号分隔：

```
电影名称    导演      演员
电影1      导演1     演员1，演员2，演员3，演员4
电影2      导演2     演员3，演员2，演员4，演员5
电影3      导演3     演员1，演员5，演员3，演员6
电影4      导演1     演员1，演员4，演员3，演员7
电影5      导演2     演员1，演员2，演员3，演员8
```

要求编写程序，使用 pandas 读取 Excel 文件中的内容，然后进行处理，返回如下格式的数据，其中参演电影数量表示每个演员参演的电影数量，要求按演员列的字符串顺序排序，不需要专门设置 DataFrame 对象的格式。

```
       演员    参演电影数量
0     演员1      10
1     演员10     3
2     演员11     2
...
14    演员8      3
15    演员9      5
```

不能使用循环结构和推导式，要求使用 Pandas 完成全部功能。（"Python小屋"题号：427）

```
from operator import itemgetter
```

```
import pandas as pd
def main(xlsx_path): pass
```

（29）函数 main() 接收 Pandas 的 DataFrame 对象 df 作为参数，其中包含两列数据，one 列内容是字符串，two 列内容是整数，格式如下：

```
   one  two
0   a    1
1   a    2
2   b    3
3   b    4
4   c    5
5   c    6
6   a    7
```

对于上面的示例数据，要求返回字典 {'a':'1,2,7', 'b':'3,4', 'c':'5,6'}。不能使用循环结构和任何形式的推导式。（"Python 小屋"题号：481）

```
import pandas as pd
def main(df): pass
```

（30）某软件平台举办了在线编程比赛，设置了 3 个赛道：大学生、中小学、社会人士，每个参赛选手根据实际情况选择一个合适的赛道参加，每个赛道单独排名、单独设置奖项，每个赛道分别设置一等奖 1 名、二等奖 2 名、三等奖 3 名。比赛结束后所有答题记录导出为 Excel 文件，格式如下：

姓名	所属分组	答对题目数量
张三	大学生	520
李四	大学生	522
王五	社会人士	522
赵六	大学生	490
赵七	中小学	400
李八	社会人士	450
张九	中小学	470
王十	中小学	300
李三	社会人士	400
张四	大学生	520

函数 main() 接收两个字符串作为参数，其中 xlsx_file 表示 Excel 文件路径，sheet_name 表示存放数据的工作表名称，要求编写程序，读取文件中的答题记录创建 DataFrame 对象（自动生成非负整数作为 index），处理后返回新的 DataFrame 对象，要求新增一列"组内排名"表示每个选手在本赛道中的排名（如果有选手并列则取最小数作为共同的名次），每个赛道中答题数量最多的为第 1 名，以此类推。要求返回的 DataFrame 对象按所属分组字符串降序排列、同一赛道中按组内排名升序排列。例如，对于上面的数据，返回的结果如下（不需要特意处理每列的对齐格式，直接返回处理后的 DataFrame 对象即可）：

	姓名	所属分组	答对题目数量	组内排名
2	王五	社会人士	522	1
5	李八	社会人士	450	2

8	李三	社会人士	400	3
1	李四	大学生	522	1
0	张三	大学生	520	2
9	张四	大学生	520	2
3	赵六	大学生	490	4
6	张九	中小学	470	1
4	赵七	中小学	400	2
7	王十	中小学	300	3

不能使用循环结构和任何形式的推导式。（"Python 小屋"题号：524）

```
import pandas as pd
def main(xlsx_file, sheet_name): pass
```

（31）已知某 Excel 文件中第一个工作表保存了某小区所有业主的用水情况，文件内容格式如下：

日期	房号	用水量（立方米）
201701	010101	4
201701	010102	21
201701	010201	22
201701	010202	14
201701	010301	10

其中，"日期"列为字符串格式，前 4 位表示年份，后 2 位表示月份；"房号"列为字符串格式，分别为 2 位楼号、2 位层号、2 位房间号；"用水量（立方）"列为数字格式，表示用水量。例如，上面第一行数据表示 2017 年 1 月 1 号楼 1 层 1 户用水 4 立方米。完整数据文件可以关注微信公众号"Python 小屋"并发送消息"541"获取下载地址。

函数 main() 接收表示 Excel 文件路径的字符串 fn、表示年份的字符串 year、表示楼号的字符串 building_num 作为参数，要求读取并分析 Excel 文件 fn 中的数据，把所有缺失值都替换为用水量一列的平均值（取整），然后返回 year 年 building_num 号楼用水量最大的住户的用水量。例如，main('data541.xlsx', '2017', '01') 返回 253.0，表示 2017 年 1 号楼用水量最大的住户全年用水 253.0 立方米。

不能使用循环结构和任何形式的推导式。（"Python 小屋"题号：541）

```
import pandas as pd
def main(fn, year, building_num): pass
```

（32）已知 Excel 文件中存放了某商场一段时间的交易数据，格式如下：

日期时间	商品编码	交易额
20220101091943	9787111730903	141
20220101092622	9787560659602	507
20220101093616	9787560659602	924
20220101092348	9787121355394	236
20220101094259	9787111696704	982
20220101091215	9787563560653	715

其中，日期时间字符串分别表示年月日时分秒，例如 20220101091943 表示 2022 年 1 月 1 日 9 时 19 分 43 秒。关注微信公众号"Python 小屋"并发送消息"675"可以获取该

文件的下载地址。

函数 main() 接收 Excel 文件路径字符串 wb、工作表名称字符串 ws、表示年份的整数 year、表示季度的整数 quarter 作为参数，要求返回该年该季度的交易额总和。例如，main('data675.xlsx', 'Sheet1', 2023, 2) 返回 6831136.0，main('data675.xlsx', 'Sheet3', 2026, 3) 返回 6882717.0。

不能使用循环结构和任何形式的推导式，不能使用 Pandas 的 cut() 函数，要求使用日期时间对象的属性接口 dt。（"Python 小屋"题号：675）

```
import pandas as pd
def main(wb, ws, year, quarter): pass
```

（33）重做本章第（32）题，不能使用循环结构和任何形式的推导式，不能使用 Pandas 的 DatetimeIndex 类和日期时间接口 dt，要求使用 cut() 函数。（"Python 小屋"题号：676）

```
import pandas as pd
def main(wb, ws, year, quarter): pass
```

（34）Excel 文件中数据格式与含义见本章第（31）题。函数 main() 接收表示 Excel 文件路径的字符串 fn、表示年份的字符串 year、表示楼号的字符串 building_num 作为参数，要求读取并分析 Excel 文件 fn 中的数据，把所有缺失值都替换为用水量一列的平均值（取整），然后返回 year 年 building_num 号楼用水量最大的住户房号。例如，main('data541.xlsx', '2017', '01') 返回 '010701'，表示 2017 年 1 号楼用水量最大的住户是 7 层 1 户。

不能使用循环结构和任何形式的推导式。（"Python 小屋"题号：542）

```
import pandas as pd
def main(fn, year, building_num): pass
```

（35）山东省新高考政策 3+3 中，考生必考科目有语文、数学、英语，然后需要在物理、化学、生物、地理、历史、政治这 6 科中任选 3 个科目，自主选择的 3 个科目按等级分计入高考成绩。把每个科目的卷面原始成绩参照正态分布原则划分为 8 个等级，确定每个考生成绩所处的比例和等级，然后把原始成绩转换为对应的等级成绩。考生原始成绩所处的位次越靠前，计算得到的等级成绩越高。原始成绩的等级划分与等级成绩的对应关系如下：

A 等级（占比 3%）==>[91,100]	B+ 等级（占比 7%）==>[81,90]
B 等级（占比 16%）==>[71,80]	C+ 等级（占比 24%）==>[61,70]
C 等级（占比 24%）==>[51,60]	D+ 等级（占比 16%）==>[41,50]
D 等级（占比 7%）==>[31,40]	E 等级（占比 3%）==>[21,30]

例如，小明选了化学，卷面原始成绩为 77 分，全省选考化学成绩从高到低排序后，小明的分数落在前 3%~10% 这个区间，对应 B+ 等级，这个区间内的最高分和最低分分别为 79 分和 70 分，对应的等级成绩区间为 [81,90]，那么转换为等级成绩之后小明的分数为 (77-70)/(79-70)×(90-81)+81=88 分，小明最终成绩为 88 分。

函数 main() 接收字符串 fn 和 student 作为参数，其中 fn 表示存放考生数据的 Excel 文件路径，student 表示考生名字。Excel 中包含大约 3 万条数据，数据格式如下，可以关注微信公众号"Python 小屋"并发送消息"661"获取 Excel 文件下载地址。

	语文	数学	英语	物理	化学	生物	历史	地理	思想政治
考生1	3	102	54	62	40		93		
考生2	124.5	90	150		16		19		27
考生3	106.5	147	49.5		38		56		74
考生4	52.5	16.5	99			75			20
考生5	40.5	46.5	139.5	71			90	96	

文件中每行表示一个学生的成绩，每个学生有 6 个成绩，其中语文、数学、英语是必考的，后面 6 门课程中任意选考 3 门，缺失值表示学生没有选考这个科目。

要求函数 main() 根据文件 fn 中的数据和上面描述的赋分规则对所有学生的选考科目进行赋分，然后返回学生 student 的原始成绩总分和赋分后的总分构成的元组，并且保留最多 2 位小数。例如，main('data660.xlsx', '考生 1531') 返回 (530.5, 505.61),main('data660.xlsx', '考生 11') 返回 (386.5, 406.79)。（"Python 小屋"题号：661）

```python
from copy import deepcopy
import numpy as np
import pandas as pd
from sklearn.preprocessing import minmax_scale
def main(fn, student): pass
```

参 考 文 献

[1] 董付国.Python 程序设计（微课版·在线学习软件版）[M].4 版.北京：清华大学出版社，2024.

[2] 董付国.Python 程序设计基础（微课版·公共课版·在线学习软件版）[M].3 版.北京：清华大学出版社，2023.

[3] 董付国.Python 网络程序设计（微课版）[M].北京：清华大学出版社，2021.

[4] 董付国.Python 数据分析与数据可视化（微课版）[M].北京：清华大学出版社，2023.

[5] 董付国.Python 程序设计实验指导书[M].2 版.北京：清华大学出版社，2024.

[6] 董付国.Python 算法设计、实现、优化与应用（微课版·在线学习软件版）[M].北京：清华大学出版社，2025.

[7] 董付国.Python 程序设计基础与应用[M].2 版.北京：机械工业出版社，2022.

[8] 董付国.Python 程序设计实例教程[M].2 版.北京：机械工业出版社，2023.

[9] 董付国. 大数据的 Python 基础[M].2 版.北京：机械工业出版社，2023.

[10] 董付国.Python 数据分析、挖掘与数据可视化（慕课版）[M].2 版.北京：人民邮电出版社，2024.

[11] 董付国.Python 程序设计与数据采集（微课版）[M].北京：人民邮电出版社，2023.

[12] 董付国.Python 程序设计实用教程[M].2 版.北京：北京邮电大学出版社，2024.

[13] 董付国.Python 程序设计入门与实践[M].2 版.西安：西安电子科技大学出版社，2025.